Robert Kaltenbrunner
Peter Jakubowski

Die Stadt der Zukunft

aufbau

Robert Kaltenbrunner
Peter Jakubowski

DIE STADT DER ZUKUNFT

Wie wir leben wollen

aufbau

MIX
Papier aus verantwortungsvollen Quellen
FSC® C083411

ISBN 978-3-351-03743-7

Aufbau ist eine Marke der Aufbau Verlag GmbH & Co. KG

1. Auflage 2018

Satz und Reproduktion LVD GmbH, Berlin
Druck und Binden CPI books GmbH, Leck, Germany
Printed in Germany

www.aufbau-verlag.de

Inhalt

Einleitung

»Es gibt kein Leben, in dem nicht eine Stadt eine Rolle spielt«, notierte die Schriftstellerin Karen Blixen, »und es macht wenig aus, ob man ihr wohl oder übel gesinnt ist, sie zieht die Gedanken an sich nach einem geistigen Gesetz der Schwere.« Wir halten diesen im Roman *Jenseits von Afrika* versteckten Satz für so hellsichtig wie maßgebend. Tatsächlich ist die Stadt der Seismograph einer Gesellschaft. Ob nun Babylon, als das Symbol der Sprachverwirrung und der uneinholbaren Perspektivendifferenz, oder das himmlische Jerusalem als der Ort, an dem die Einheit der Verheißung gestiftet wird: Stets waren es Städte, in denen die entscheidenden Entwicklungen ihren Ausgang hatten und auch kumulierten. Folgerichtig ist der Weltengang bis heute durch das ewige Ringen um eine stadtnahe Gesellschaft bestimmt – wo schon im Begriff des Politischen das Städtische der *polis* unverrückbar im Mittelpunkt steht. Insofern offenbaren sich Städte als Laboratorien der Moderne, als die Orte, an denen sich die funktional ausdifferenzierten Zentren der Gesellschaft – Ökonomie, Politik, Recht, Religion, Bildung, Kunst und Wissenschaft – begegnen und aufeinander bezogen werden. In städtischen Räumen verdichten sich also gesellschaftliche Strukturen, Differenzierungen und Routinen an einem Ort. Und ja, letztlich sind Städte auch Orte, an denen sich dem sensiblen Beobachter in amüsanten, verwirrenden und lyrischen Episoden ein ganz eigener Blick auf das Leben eröffnet. Hier spielt die Musik des Zufalls eine leise wie unverzichtbare Hauptrolle, wie sie Paul Auster in seinem breiten schriftstellerischen Wirken kunstvoll arrangiert. »Die [mit der Stadt] verbundenen Erscheinungen sind Zufall, Gleichzeitigkeit, Bilokation und andere Dinge, die das Metaphysische streifen, aber man denkt dabei auch an Chiffren, Spiele, Aufführungen, spontane Darbietungen auf dem Bürgersteig – die Insiderscherze der Großstadt. Scheinbar zufällige Elemente sind wie durch Tunnel oder Gassen miteinander verbunden.«[1] So entstehen fernab jeder Theorie und Planung urbane Wirklichkeiten und Gefühlslagen, die das Menschsein immer wieder aufs Neue mit der Stadt verbinden.

Kultur und Unkultur, das Seelenleben ganzer Völker ebenso wie Wunden und Rehabilitationen machen wir häufig an den Namen von Orten fest. Wie die große Historie lassen sich aber auch Familiengeschichten und Einzelschicksale mit den Städten der Welt verbinden. Die europäische Stadt – Abbild von Errungenschaften ohnegleichen, aber auch von Irrungen und Wirrungen des Kontinents: Athen, Rom, London, Paris, Madrid, Lissabon, Wien, Budapest, Moskau, Warschau, Prag. Chemnitz, Karl-Marx-Stadt und dann wieder Chemnitz. Sankt Petersburg, Leningrad, wieder Sankt Petersburg. Oder das schillernde Venedig – La Serenissima. Konstantinopel, seit 1876 Istanbul, gegründet 660 v. Chr. – Stadt auf zwei Kontinenten. Ferne Städte, zu denen wir hier im Westen eine hochemotionale, zugleich kaum sachkundige Verbindung spüren – Hiroshima, Nagasaki, Fukushima. New York vor und nach 9/11, New Orleans oder, räumlich näher, Srebrenica, Aleppo.

Schon diese Aufzählung macht deutlich, dass wir das Leben in den Städten nicht mehr als rein lokales oder regionales Problem begreifen dürfen. Die Großstädte sind die Zentren der globalen Wirtschaft. Zugleich rückt im Stadtdiskurs der jüngeren Zeit die Rolle der Migration in den Fokus. Weltweit sind Millionen Menschen auf grenzüberschreitender Wanderung, eine Zahl, die von den Massen der Binnenwanderer noch weit übertroffen wird. In den Entwicklungsländern schreitet die Urbanisierung so rasch voran, dass sich die Zahl der Megastädte mit mehr als fünf Millionen Einwohnern in Afrika, Asien und Lateinamerika dramatisch erhöht hat. Das tatsächliche Drama der Urbanisierung findet in den Entwicklungen in Europa kaum Anknüpfungspunkte, wenngleich die Globalisierung die für uns so gemütliche Trennung von Wohlstand und Armut und Sicherheit und Krieg bzw. Terror längst aufgehoben hat.[2]

Deshalb kann man behaupten, dass die Städte hierzulande

– all ihren Problemen zum Trotz – nach wie vor Geschöpfe ziviler Prosperität sind. Sie markieren auf je eigene Weise so etwas wie Mitte: Zwischen einem staatlichen chinesischen Hochgeschwindigkeitsurbanismus, der mit Hilfe westlicher Stararchitekten ganze Städte vom Reißbrett weg baut, auf der einen und auf der anderen Seite den megalomanen Armutswucherungen der Dritten Welt. Beispielsweise in Dakar, Jakarta, Lagos, Kairo und teilweise in São Paulo. Hier stoßen Slum und *Gated Community* unvermittelt aufeinander. Direkt neben den Wellblechhütten der Favelas, in denen ein einfacher Wasserhahn fehlt, ragen Bauten mit Luxusappartements empor, deren Balkone Swimmingpools beherbergen.

Doch auch viele unserer alten, traditionellen Großstädte stehen vor neuen Wachstumsschüben – und ihre Bewohner vor altbekannten Kalamitäten. In Frankfurt, Köln, München oder Berlin wühlt das derzeitige Baufieber den gegelten Glanz vieler zwischenzeitlich zur Ruhe gekommener Stadtviertel auf. Es gibt wieder Landschaften von Baustellen und halbfertigen Häusern. Erneut erleben wir diesen Staubgeruch, dieses Gewimmel von winzigen behelmten Gestalten. Und wir sind einem Baulärm ausgesetzt, den alles andere als smarte Maschinen wie Bagger, Kräne und Presslufthämmer durch die Straßen treiben. Die Stadtbewohner ächzen unter diesen Wachstumsschmerzen und möchten lieber nichts von der neuen Stadtlust wissen. Und zugleich sprechen Planer und Stadtpolitiker vom Sexappeal einer »Renaissance der Städte«.

Neben dieser Entwicklungswucht existieren freilich auch andere Naturen von Stadt, die fern des großen Trubels Menschen Heimat sind, manchmal still und vergessen scheinen, mitunter jedoch im Brennpunkt auftauchen und ganz andere Geschichten erzählen können. Letztere werden im Fachjargon oft allzu abschätzig als schrumpfende Städte bezeichnet. Wie viel Geschichte, Schweiß, Stolz und Hoffnung, aber auch Erschöpfung und Enttäuschung verbindet man mit dem Kohle- und Stahlrevier in Nordrhein-Westfalen, mit dem »Ruhrpott«, in dem heute über fünf Millionen Menschen in allein zehn kreisfreien Städten leben. Vieles hier machte sich lange an einer Kohle- und Stahlromantik fest. Der Pulk an Städten war lange eng mit stolzen Zechennamen verknüpft. Hamm (Zechen Maximilian, Heinrich Robert oder Radbod), Lünen (Zechen Victoria, Preußen oder Minister Achenbach), Herne (Shamrock, Königsgrube oder Mont Cenis). Und größer dann und zwischenzeitlich mächtiger die Städte Dortmund, Bochum (die Blume im Revier), Essen oder Gelsenkirchen.

Städte mögen aus der Ferne jeweils wie ein festes Gefüge wirken, sie sind aber dynamischen Herausforderungen ausgesetzt: Eingebettet in ein weltumspannendes Wirtschaften, konfrontiert mit Klimawandel und demographischem Wandel, mit Migrationsströmen, mit sozialer Polarisierung, mit enger

Die Erwartungen, mit denen Stadträume und Häuser benutzt werden, sind wichtiger als die äußere Form. Deren Fassaden darf man auch als eine Art Vexierspiel deuten: Sie lassen nur wenig ahnen, was darin und darum herum passiert. Diese Fähigkeit, überaus präsent und zugleich unsichtbar zu sein, scheint eine grundlegende Eigenschaft von Stadt zu sein. Selbst der jüngste Bauboom, wie hier in London, ändert daran nichts.

werdenden finanziellen Handlungsspielräumen, regional zudem unterschiedlichsten Veränderungsprozessen ausgesetzt. Wie die Städte damit umgehen, wie sie darauf reagieren, das wird zudem durch vielerlei Rahmenbedingungen limitiert: »Von oben« begrenzen oder verändern etwa übergeordnete politische Ebenen durch Zuweisung von Aufgaben oder durch Vorgaben der Leistungserbringung die Möglichkeiten der lokalen Gestaltung. »Von unten« sind es beispielsweise steigende Erwartungen der Bürgerinnen und Bürger in Hinblick auf Beteiligung und Teilhabe, die die Kultur lokaler Politik verändern. Und schließlich impliziert jede neue Weichenstellung auch neue Unsicherheiten. Dennoch – oder gerade deshalb – gilt jener Satz, der John F. Kennedy zugeschrieben wird, noch immer: »Wenn wir unsere Städte vernachlässigen, bringen wir die Nation in Gefahr.«

Die Zukunft liegt in der Stadt. Doch *die* Stadt gibt es nicht. Und auch eine einzelne Stadt, herausgepickt aus dem schier unendlichen Universum von Städten, ist alles andere als ein fixiertes, starres System aus Bauten, Bewohnern und Verbindungsadern. Stadt besteht aus vielschichtigen, uneindeutigen Assoziationen, Erinnerungen und Ideen, aus Verwicklungen, Tragödien ebenso wie ungeheuren Energien und oftmals irrationalen und unauflösbaren Widersprüchen – im Planen, im Bauen und vor allem im Mit- und Gegeneinander der Stadtmenschen. Die kumulierte Geschichte einer Stadt macht sie zu dem, was wir ihr von außen beimessen, bestimmt ihre Aura und Attraktivität, ihre Gegenwart und tendenziell auch ihre Zukunft. Und natürlich können wir, kann die Stadt selbst nicht sicher sein, dass sich ihr Bild stetig und konsistent entwickelt. So ist das Berlin um 1870 ein ganz anderes als das der 1920er Jahre. Wir haben eine deutsche Hauptstadt nach 1933, eine weitere vom Mai 1945 in unserem kollektiven Gedächtnis gespeichert. Dann gibt es die Metropole, auf die Wim Wenders in seinem Film »Himmel über Berlin« Bruno Ganz und Otto Sander hat schauen lassen. Wir erinnern uns an die beiden Teilstädte zwischen dem 13. August 1961 und dem 9. November 1989. Und das heutige Berlin dürfte allen ein Begriff sein – in dem alle möglichen Facetten der Historie mitschwingen und sich auf eigentümliche Art und Weise überlagern. Doch Berlin ist nicht mehr als ein Beispiel, denn all diese Geschichten, Eigenschaften und Zuschreibungen vervielfachen sich rund um den Globus des Urbanen und zeichnen ein Seelenbild der Menschheit. Vieles ist dran an der – in diesem Falle politisch unverdächtigen – Einschätzung von Karl Marx, wie sie in der Eingangshalle des Bundesamtes für Bauwesen und Raumordnung in Bonn prangt: »Der Mensch erblickt sich im Antlitz seiner Städte.«

Die Stadt, wie wir sie kennen, stellt eine Ansammlung von Räumen dar, in denen Geschichte und Geschichten eingelagert sind: offensichtliche und verborgene, vertraute und mit Spannung zu entdeckende. Das betrifft nicht nur Gebrauchswert und Stimmung, sondern die Wahrnehmung überhaupt. Oft allerdings entsprechen sich »reale Stadt« und das »Bild von Stadt« nicht mehr so recht. Der flächenhafte Ein- und Zweifamilienhausbau am Stadtrand und tief ins Umland reichende führt zu einem siedlungsstrukturellen Patchwork, das sinnlich kaum zu fassen ist. Auch Produktion, Verkauf und Logistik siedeln sich in der Peripherie an, wobei die Handels- und Gewerbeentwicklung großmodulare städtebauliche Strukturen entweder präferiert oder benötigt. In diesen dispersen Räumen wird die Landschaft als zunehmend urbanisiert wahrgenommen, nicht richtig Natur, aber auch nicht erkennbar städtisch. Doch dieses fragmentierte Nebeneinander konnte man in Deutschland auch schon vor fast einem Jahrhundert erkennen, wie der Geograph Friedrich Leyden festhielt: »Es ist mißlich, Grenzen zu ziehen, wo keine vorhanden sind, und Unterscheidungen oder Klassifizierungen zu versuchen, wo sich überall nur Übergänge oder unerwartete Wechsel feststellen lassen. […] Laubenkolonien und Industriesiedlungen, rein dörfliche Reste und unfertig gebliebene Vorstadtbildungen schalten sich neben- und zwischeneinander, lockern sich randlich auf, wachsen teilweise in die benachbarten Wälder hinein und finden schließlich ihr Ende.«[3]

Auch gesellschaftlich ist – im engeren Wortsinne – die Einheit der Stadt nicht mehr gegeben; zu zersplittert und enträumlicht sind die Erfahrungs- und Lebensräume des Einzelnen. »Die sich herausbildenden Sozialstrukturen lassen sich nicht mehr – wie lange Zeit üblich – bruchlos auf räumliche Ordnungsbilder projizieren. Vielmehr stellen die sozialen Unterschiede und Beziehungen in ihrer sozialräumlichen Projektion auf das Siedlungsbild ein Gewirr dar, das sich erst auf einer höheren, nicht mehr geographisch fassbaren Abstraktionsebene entwirren lässt: Die Lebensstile kennzeichnen die Personen lediglich in biographischen Phasen, ihre räumliche Konzentration besagt wenig über die Kontinuität der Lebensläufe: die Beziehungsnetze überlagern einander, haben aber im gleichen Stadtraum fast nichts mehr miteinander gemeinsam; die Familien- und Freundeskreise erweisen sich als räumlich weit verzweigt.«[4] Stadt kann wohl nicht mehr als Synonym für eine klar definierte, baulich gefasste und kommunal administrierte Einheit gelten. Folgerichtig gibt es in der Fachwelt keinen rechten Konsens darüber, was Stadt heute ist. Bei den einen schwingt, wenn sie von Stadt sprechen, die Assoziation von der geschlossenen, kompakten Form mit, das Bild der »Europäischen Stadt« als regionales Zentrum. Für die anderen hat sich dieses traditionelle Image längst verflüchtigt. Für sie macht sich ein neuer Typus von Stadt breit, die Stadt ohne Eigenschaften, die Netzwerkstadt, die Zwischenstadt, die Regionalstadt – es kursieren eine Reihe von Begriffen, die meisten so unscharf wie missverständlich.

Davon sollte man sich nicht verwirren lassen. Hier bietet sich ein Blick auf die Literatur der Moderne an: Denn verschiedentlich wurde das »Nichtverstehenkönnen« als eines ihrer wesentlichen Merkmale attestiert. Der Philologe Horst Steinmetz hat das folgendermaßen ausgedrückt: »Wenn man in früheren Zeiten ein Werk nicht verstand, hielt man es für schlecht. Bis zum Zeitalter der Aufklärung hat es geschlossene Weltbilder gegeben, in die hinein Literatur geschrieben, aus denen heraus sie verstanden werden konnte. Spätestens im 20. Jahrhundert hat sich das entscheidend gewandelt: Im literarischen Werk wird die Illusion einer in sich geordneten Welt zerstört, um die falsche Folgerung zu vermeiden, die Welt außerhalb der Literatur sei ähnlich sinnvoll gestaltet. »Schwierig« ist die moderne Literatur deshalb, weil Unverständlichkeit und Nichtverstehenkönnen nicht nur als Thema wichtig werden, sondern weil sie sich in der Form niederschlagen.«[5] Unverständlichkeit und Nichtverstehenkönnen prägen auch die »Form« der heutigen Stadt. Deshalb birgt der Begriff Stadt, wird er zur Beschreibung aktueller gesellschaftlich-räumlicher Zusammenhänge herangezogen, in sich viele Ungereimtheiten. Zumindest ist er nicht der Bedeutungsraum, der alle mit ihm bezeichneten empirischen Beobachtungen erfassen würde.

Was hilft angesichts dessen der Blick auf eine eindrucksvolle urbane Kulturgeschichte? Dass die Stadt die Wiege der Demokratie war – im antiken Griechenland –, der mittelalterliche Ort der Sehnsucht, an dem die Luft frei machte, oder auch das Pandämonium schlechthin, wie etwa in Fritz Langs »Metropolis«? Dass sie in Alfred Döblins *Berlin Alexanderplatz* zum topographischen Sinnbild der moralischen Auflösung der Menschen wurde? Dass sie, in Ridley Scotts »Blade Runner«, als verseuchte Metropole die Trostlosigkeit der Zukunft in den 1980er Jahren spiegelte? Das legte doch bloß eine lineare Entwicklungslogik – vom Traum zum Trauma – nahe, die nicht der heutigen, vielschichtiger gewordenen Empfindung entspricht. Zumal es ebenso viele Bilder und Mythen von der Stadt gibt wie Städte selbst. Wir wollen dem entgegenhalten: Stadt ist Zukunft!

Mögen namhafte Theoretiker auch der Meinung sein, dass die Folgen des *world wide web* und beschleunigter Mobilität die Stadt mittlerweile zu einem Thema gemacht haben, das sich durch konkrete Räumlichkeit und Verortung gar nicht mehr beschreiben und bearbeiten lässt: Wir halten das für Unsinn. Denn das würde bedeuten, dass alles heute an der Stadt neu und anders wäre. Dass der Mensch tatsächlich wieder zum Nomaden wird, wie mancherorts diagnostiziert wurde, und dass der Raum bedeutungslos werden wird wie das Stichwort Telepolis suggeriert. So sinnvoll solche diagnostischen Thesen sein mögen, um einen Trend überhaupt erkennen zu können, so absurd ist die Ausschließlichkeit, mit der sie behauptet werden. Der Mensch in seinem Leib wird weiter ein sich räumlich definierendes Wesen bleiben. Er wird weiter wohnen. Er wird weiter als soziales Wesen mit anderen persönlich und materiell agieren. Die Stadt hat sich dafür als kulturelle und soziale Maschine herausgebildet. Sie wird sich ändern. Aber sie muss nicht neu erfunden werden. Der italienische Architekt und Ingenieur Carlo Ratti formuliert zur digitalen Transformation unserer Städte seine pointierte Überzeugung: »Von fliegenden Autos, die in jeder Debatte über neue Städte unweigerlich auftauchen, müssen wir uns verabschieden. Denn die urbane Formgebung ist in den vergangenen Jahrtausenden erstaunlich stabil geblieben – viele Elemente davon fanden sich schon bei den antiken Griechen und Römern. Menschen werden auch weiterhin physische Strukturen für ihr Alltagsleben brauchen: horizontale Böden und vertikale Wände (Es tut mir leid, Frank Gehry!). Aber das Leben, das sich innerhalb dieser Wände abspielt, wird sich mehr denn je verändern: Umgebungsintelligenz erzeugt keine smarten Städte, sondern smarte Bürger.«[6]

Der amerikanische Schriftsteller Hendrik Willem van Loon sagte einmal: »Es waren die Städter, die der Menschheit alles geschenkt haben: den Mehrwert, die Proportion, das Maß, die Ideen, das Schöne, das Weltbürgertum. Nicht die Schäfer, nein, und auch nicht die Rinderhirten. Die großen Sätze der Menschheitsgeschichte wurden nicht auf Weiden ausgedacht und ausgesprochen, sondern auf den Foren.« Heute deutet vieles darauf hin, dass die ganze Welt Stadt werden wird. Mehr als die Hälfte der Weltbevölkerung lebt nun in Städten, in weniger als zehn Jahren wird diese Zahl auf zwei Drittel angestiegen sein. Damit wird deutlich, dass sich die entscheidenden Herausforderungen der Weltgesellschaft tatsächlich am Städtischen festmachen werden. Dazu gehören ökologische Fragen ebenso solche der Versorgung, logistische Herausforderungen und schließlich auch die soziale Frage.

Eine gewisse Schwierigkeit liegt in dem Umstand, dass Stadt ein zugleich analytischer wie normativer Begriff ist. Stadtbilder und -geschichten geben besondere Antworten auf allgemeinere Fragen nach Identität, das heißt danach, was Menschen (geworden) sind und gemacht haben. Städte bilden den Widerstreit zwischen Allgemeinplätzen, übergreifenden Strömen und besonderen Räumen ab, sie geben universellen Entwicklungen eine jeweils besondere lokale Form. Und das Urbane, wie wir es verstehen, hat vor allem die Beziehung von gelebtem Alltag und gebauter Umwelt zum Gegenstand. Ganz in diesem Sinne äußerte sich auch der Schriftsteller Ingo Schulze: »Denn um zu beantworten, was für eine Stadt wir wollen, das heißt, welche Funktion, welche Räume, welche Architektur wir uns wünschen, müssen wir wissen, was wir wollen und wer wir sind. Umgekehrt lässt sich aus der Architektur, aus der Anlage einer Stadt etc. darauf schließen, welche Interessen sich durchgesetzt haben, welches Bild die Gesellschaft von sich entwirft, welche Geschichte erzählt werden soll.«[7] Wir haben den Anspruch, Räume und Häuser nicht bloß als unbelebtes Etwas, sondern als Substrat übergeordneter Zusammenhänge wahrzunehmen. Deshalb geht es uns im Folgenden um eine geistig-gedankliche Vorstellung dessen, was Stadt in Zeiten des technologischen und gesellschaftlichen Umbruchs sein könnte.

Dabei lassen sich durchaus einige unterschiedliche Stoßrichtungen des zeitgenössischen Urbanismus umreißen. Sie lauten: Verdichtung, Durchmischung, Mobilität, neue Landschaftsbildung. Verdichtung zielt nicht nur auf Büroturmquartiere, Verkehrsknotenpunkte und Wohnareale, sondern auch auf Grünräume mit ihren Zyklen ökologischer Selbstregeneration etwa auf ehemaligen Industriehalden im Sinne einer in die Stadt zurückgekehrten Natur. Durchmischt werden, im Unterschied zu der aus Amerika kommenden Ideologie der *Gated Communities*, die sozialen Schichten, Lebensalter, Kulturhintergründe, aber auch die täglichen Lebensfunktionen: kombinierte Quartiere des Wohnens, Arbeitens, Ausruhens, des Lernens, Einkaufens und Genesens. Mobil gemacht werden soll das gesamte Stadtgebiet für dessen Bewohner: nicht durch ein Verkehrsnetz möglichst gleichmäßiger Schnellanbindungen, sondern durch abgestufte Erschließung, die dem Raum seine Topographie und seine entlegenen Stellen belässt. Zugleich erobert das postindustrielle Zeitalter – vom New Yorker Fresh Kills Park bis zum deutschen Vorzeigeprojekt der Internationalen Bauausstellung Emscher Park – den Industrieschrottplatz als umweltverträglichen Lebensraum zurück. Dessen Potential ist mit der ganzen Spannweite zwischen Schrebergarten und Tarkowskis »Stalker«-Vision noch nicht ausgeschöpft.

Alltagsmobilität und die vielfältige Bedeutung des Wohnens, Selbstverwirklichungsangebote und notwendige Infrastrukturen, öffentlicher und privater Raum, Identifikation und Ausgrenzung, Mieten und die Logik des Investmentkapitals, Shoppinganreize und Bürgerbeteiligung, Dichte und Atmosphäre, die zunehmende Eventfixierung ebenso wie das Unsicherheitsgefühl angesichts von Terroranschlägen und Flüchtlingsproblematik – all das sind Aspekte, ja Schlüsselfaktoren unserer Zusammenschau. Sie versteht ihren Gegenstand als Mikrokosmos, den man nur kaleidoskopisch fassen kann. Sie widmet sich der physischen Gestalt ebenso wie der sozialen Welt der Stadt. Und sie zeigt, dass gesellschaftliche Komplexität durchaus etwas mit räumlichen Arrangements zu tun hat.

Was macht die Stadt heute aus?

Die Architektur der letzten zehn bis zwanzig Jahre hat, allen Unkenrufen zum Trotz, einen enormen Aufschwung erlebt. Sie kann durchaus vielfältig und kreativ, anregend und ideenreich, frisch und experimentierfreudig sein. Man erinnere sich nur an die große Agonie nach der Bürgerwut auf die Massenbetonware der 1970er Jahre, die darauffolgende allgemeine Verunsicherung und schließlich die schillernde Postmoderne, die auch auf den zweiten Blick eine große Ratlosigkeit hinterließ. Das darf aber nicht davon ablenken, dass auch heute noch sehr viele Bauten und Ensembles eher durch eine Abwesenheit von Baukultur hervortreten. Eine qualitätsvolle gebaute Umwelt muss den Menschen, seine Bedürfnisse und Erwartungen, in den Mittelpunkt rücken. Fraglos nimmt der Sport in der heutigen Gesellschaft eine enorm wichtig Rolle ein – hier zu sehen das Baseballstadion am Petco Park, mitten in San Diego (USA). Doch das »Leben zwischen Häusern« hat weit mehr Facetten.

Leben zwischen Häusern

In seinem 1978 erschienenen Roman *Heimatmuseum* bezeichnet Siegfried Lenz Heimat als »eine Erfindung der Melancholie«. Erst mit dem verklärenden Blick auf die entfernten Orte der Kindheit gewinne ein diffuses Gefühl von Zugehörigkeit an Kontur und produziere weich gezeichnete Bilder von Harmonie und Identität. Demgegenüber repräsentiert der Alltag das Un-Heimatliche, die Distanz zum Ursprung, den Verlust. Es handelt sich freilich um eine sehr enge Auslegung, wenn Heimat, wie bei Lenz, nur auf eine *Sonderzone* verweist – ein- und zugleich ausgrenzend –, die im Moment drohenden Verlusts als Projektion einer ins Historische gewendeten Utopie bewusst wird.

Denn die Art und Weise des Heimisch-Werdens ist auch unter heutigen Bedingungen etwas ganz Zentrales. Wie das geschieht, und welche Anliegen, Erwartungen und Notwendigkeiten dabei jeweils in den Fokus rücken, ist nicht leicht vorhersagbar. So hat beispielsweise das Psychologenteam des Forschungsinstituts Rheingold aus Köln überraschende Ergebnisse zutage gefördert, als es kürzlich in 100 zweistündigen Interviews junge Erwachsene nach ihren Wünschen und Überzeugungen befragte: »Angesichts einer als zerrissen und brüchig erlebten Lebenswirklichkeit sehnt sich die Jugend nach Stabilität. Sicherheit und Kontrolle findet sie in der Flucht in eine abgesteckte, verlässliche Biedermeier-Welt.« Ob Schrebergarten, Schrankwand oder Beamtenlaufbahn: »All das, was die Jugendlichen der siebziger Jahre noch aufbrachte, was ihnen Symbol einer bornierten, betonierten Welt war, wirkt in den Augen der Jungen heute begehrenswert.«[1]

Mag der Begriff Heimat also unbestimmt sein, so klar ist das Bedürfnis nach dem Überschaubaren, dem Individuellen und dem Aneigenbaren. Heimisch zu werden ist für die meisten Menschen ein unverzichtbarer Akt. Spätestens an dieser Stelle kommt die gebaute Umwelt ins Spiel. Und das bezieht sich beileibe nicht nur auf das vermeintliche Einfamilienhausidyll in grüner Umgebung, sondern auf urbane Lebenssituationen. Es stimmt zwar, dass in den Text der Stadt seit jeher kulturpessimistische Energien eingeflossen sind. Nachdem Alexander Mitscherlich in den 1960er Jahren die »Unwirtlichkeit der Städte« weltanschaulich auf den Begriff gebracht hatte, dauerte es zunächst einige Jahre, ehe sich der postmoderne Zeitgeist mittels eines Wortspiels in den achtziger Jahren der »Unwirklichkeit der Städte« zu öffnen vermochte. Das klang inszeniert und künstlich. Es war aber auch eine Art Neuentdeckung des Städtischen als Gestaltungs- und Phantasieraum. Man nahm nun weit mehr wahr als nur den Waschbeton der Fußgängerzonen und die abendliche Verödung der Innenstädte nach Büro- und Ladenschluss. Mit der Rede von

Die Straße im Quartier, mit ihren Angeboten und Läden, mit der abendlichen Geschäftigkeit kann, eine gewisse Dichte an Bevölkerung und Interaktion vorausgesetzt, noch immer als Inbegriff urbanen Lebens gelten. Hier ein Beispiel aus dem Bezirk Wanchai in Hongkong.

der Unwirklichkeit der Städte wurde der Blick auch auf den historischen Raum gerichtet, der mal mit filmischen, mal mit literarischen Mitteln ausgeleuchtet und nicht zuletzt als neue Spielfläche individueller Selbstbehauptungskämpfe erobert wurde. Vor allem ist das Urbane jedoch Projektionsfläche für eine so unspektakuläre wie eigenverantwortliche Bewältigung des Alltags. Heute genießt das Leben in der Stadt wieder einen hohen Grad an Selbstverständlichkeit.[2] Zugleich scheint die Aufgabe, räumliche Bedingungen zu schaffen, die notwendige oder wünschenswerte Entwicklungen eher unterstützen, notwendiger denn je. Die Organisation des alltäglichen Neben- und Miteinanders steht dabei an erster Stelle. Und dem antiquiert anmutenden Begriff der Nachbarschaft kommt neue Bedeutung zu.

Nachbarschaft oder: Die Schwierigkeit des städtischen Miteinanders

Hans Magnus Enzensberger hat 1992 in einem *Spiegel*-Essay sehr anschaulich über den alltäglichen Beginn der Besitzverteidigung geschrieben: Zwei Fahrgäste haben sich im Eisenbahnabteil eingerichtet und Kleiderhaken, Tischchen, Gepäckablagen belegt. Auf freien Sitzen liegen Zeitungen und Taschen. Zwei neue Reisende treten ein. Die, die vorher da waren, müssen aufräumen und zusammenrücken. Langsam gewöhnen sich die Fahrgäste aneinander. »Nun öffnen zwei weitere Passagiere die Tür des Abteils. Von diesem Augenblick an verändert sich der Status der zuvor Eingetretenen. Eben noch waren sie Eindringlinge, Außenseiter; jetzt haben sie sich mit einem Mal in Eingeborene verwandelt. Sie gehören zum Clan der Sesshaften, der Abteilbesitzer. Paradox wirkt dabei die Verteidigung eines ›angestammten‹ Territoriums, das soeben erst besetzt wurde; bemerkenswert das Fehlen jeder Empathie mit den Neuankömmlingen; eigentümlich die rasche Vergesslichkeit, mit der das eigene Herkommen verdeckt und verleugnet wird.« Wer versteht, dass die Verteidigung des Territoriums ein ureigenes Bedürfnis ist, der sucht vielleicht nach

Möglichkeiten, vor diesem Hintergrund das urbane Miteinander neu zu gestalten.

Aus Individuen (und ihren Besitzansprüchen) allein formt sich weder eine Stadt noch eine Gesellschaft. Gewissermaßen eine Vermittlungsinstanz stellt hier die Nachbarschaft dar. Man kann sie als eine Art Schnittstelle vom Einzelnen zu nächstgrößeren Einheiten, den Quartieren und dann auch der Gesamtstadt, verstehen. Was macht diese Schnittstelle aus? In ihr wachsen und artikulieren sich die Motive zur Aktivierung lokaler Potentiale. In der Nachbarschaft wie auch im deutlich raumgreifenderen Quartier finden wir Momente der Nähe, die sich oft genug in gestalterische Energie verwandeln. Hier kann die Anonymität der Gesamtstadt plötzlich in eine Solidarität und Interessengemeinschaft umschlagen, die kleine und größere Projekte der Stadtentwicklung vordenkt und umsetzen hilft. Im Quartier gelingt dann oft die Aneignung von Teilen der Stadt durch Gleich- oder Ähnlichgesinnte. Diese Schnittstelle wirkt sozusagen als vermittelnde Ebene zwischen dem Globalen und dem Lokalen, zwischen einzelnen Punkten und der Gesamtheit des Urbanen. Der Mensch befindet sich als Individuum in einem steten Spannungsfeld zwischen dem Rückzug in die Privatsphäre und der Öffnung nach außen, zwischen dem Bedürfnis nach Schutz und dem nach Kontakt, zwischen kontemplativen, auf die eigene Person konzentrierten, und kommunikativen, auf Geselligkeit oder Gemeinschaftlichkeit gerichteten Phasen. Das zeigt sich ganz besonders bei jungen Familien in der Stadt, die in den letzten beiden Jahrzehnten eine gern gesehene und stark umworbene urbane Klientel geworden sind. Während sich die bürgerliche junge Familie in den 1970er Jahren mit Vorliebe in den Einfamilienreihenhaus-Siedlungen Suburbias verortete (und als innerstädtische Anspruchsteller und Gestalter kaum wahrnehmbar war), drängt diese Gruppe in letzter Zeit immer stärker in die Städte zurück – zumindest in dem Maß, das von hohen Mieten und Immobilienpreisen und Lebenshaltungskosten zugelassen wird.

In ganz Deutschland scheinen um die Bedürfnisse junger Familien und um das Bestreben der Stadtpolitik, über diese

Klientel Leben und Zukunft in die Stadt zu locken, neue Mosaiksteine des Urbanen zu entstehen. Wer mit Kindern in die Stadt zieht, hat seine eigene Sicht auf Qualitäten, insbesondere auf sein Wohnumfeld. Entfaltungsräume für Kinder und Jugendliche gewinnen ebenso an Bedeutung wie das Engagement für Gefahrlosräume im Verkehr, auf den Wegen zu Kita, Schule, Spiel- oder Sportplatz. Oft dauert es nicht lange, bis man sich gegen die eher kinderfeindlichen Elemente des Stadtdschungels auflehnt. Mit dem Ansinnen, bestimmte Qualitäten eines eher ländlichen Lebens in der Stadt zu fordern, ergeben sich oft genug Initialzündungen in Sachen Engagement und Stadtaneignung. Gleichwohl ist hier zu erkennen, dass dieses Engagement nicht selten durch die Lebensphase geprägt und entsprechend begrenzt ist. Ein anderes im Wettbewerb um die jungen Familien auftauchendes Phänomen ist das dorfgleicher Sozialstrukturen in extrem homogenen, dichtbebauten Familienwohngebieten in beinahe innerstädtischer Lage. Hier wird der Traum vom Häuschen mit Garten in Suburbia in neu geschaffene innerstädtische Quartiere verlagert. Von der zwei Hektar großen Brache bis hin zu weit größeren Konversionsgeländen entstanden und entstehen gezielt vermarktete Quartiere, gefüllt mit Stadthäusern, Garagen und handtuchgroßen Grundstücken, in denen nur und ausschließlich Familien mit Kindern leben können und wollen, gleichsam eine Spielart der *Gated Communities*. Architektonisch nicht selten geprägt durch Gleichförmigkeit und durch ein – auf Seiten der Bauträger – offensichtliches Austarieren von kostengünstiger Bauweise und Gewinnmaximierung je Quadratmeter. Sozial bestimmt durch eine bodenständige Nähe, Dichte, Transparenz und soziale Kontrolle, die im urbanen Umfeld ihresgleichen kaum finden dürfte.

Allgemein scheint, einerseits, ein gewisser Trend zur Homogenisierung von Nachbarschaften und Quartieren erkennbar. Gleichwohl, und andererseits, ist in der Stadt kaum etwas beständiger als der Wandel. Nachbarschaften sind, ebenso wie gleiche Interessen, nicht in Beton gegossen; sie gelten nicht ewig. Auch wenn das Miteinander zu Beginn gut war, kann vieles plötzlich weniger einfach oder gar problematisch werden. Das weiß jeder, hat es in seinem Lebensalltag hin und wieder auch gespürt: Das ewige Kindergeschrei nervt ebenso wie das ständige Getrampel von oben, die Gerüche vom Balkon nebenan sind die reinste Zumutung, dann der Köter in der Wohnung darunter, ganz zu schweigen von Habitus und Umgangsformen der Mitbewohner. Nichts charakterisiert sich mehr durch Distanz als das Verhältnis zu den Nachbarn. Nachbarschaft ist ein gelebter territorialer Eigenanspruch. Und was für die heimelige kleine Welt gilt, ist für die große umso prägender. Der kleine Kosmos unseres privaten Haushaltes ist ein Abbild der globalen Strukturen.

Dazu gehört eine zentrale Erkenntnis: Nachbarschaft braucht immer den anderen. Wir können Nachbarschaft nicht allein erzeugen. Dieser Umstand macht deutlich, dass zu Nachbarschaft immer auch Unsicherheit gehört: Wir können nicht alles über den anderen wissen, gleichzeitig brauchen wir ihn, um Gemeinschaft herstellen zu können. Dabei muss man sich bewusst machen, dass künftige Nachbarschaften wenig gemein haben werden mit dem Geflecht sozialer und ökonomischer Abhängigkeiten vormoderner dörflicher Nachbarschaften. Im Folgenden soll ein Blick darauf geworfen werden, warum das so ist und wie Nachbarschaft als Ressource zukünftiger Stadt aktiviert und gestaltet werden könnte.

»Die Gemeinsamkeit des Ortes«, sagt der große amerikanische Stadtforscher und Architekturhistoriker Lewis Mumford, »ist vielleicht die ursprünglichste der sozialen Bindungen, und im Gesichtskreis seines Nachbarn leben die einfachsten Formen der Vergesellschaftung.«[3] Die Art und Weise, Nachbarschaft zu verstehen, leitet sich von der territorialen Begebenheit nicht nur ab, sie ist sogar deren Bedingung. Denn menschliches Handeln ist nicht denkbar außerhalb der fundamentalen Kategorie des Raumes. Einige Funktionen des Raumes sind unmittelbar einsichtig: So geschieht etwa die Selektion von Interaktionspartnern explizit (geschlossene Gesellschaft) wie implizit (Zusammenkunft) durch die räumlichen Grenzen eines bestimmten Bereichs. Dem Großtheoretiker Georg Simmel ist zwar zuzustimmen, wenn er schreibt, dass »nicht die Form räumlicher Nähe oder Distanz«, sondern

»durch seelische Inhalte erzeugte Tatsachen« den Raum erst soziologisch interessant werden lassen. Seine Überlegungen führen aber sofort über den rein formalen Aspekt hinaus: »Immer fassen wir den Raum, den eine gesellschaftliche Gruppe in irgendeinem Sinne erfüllt, als eine Einheit auf, die die Einheit jener Gruppe ebenso ausdrückt und trägt, wie sie von ihr getragen wird.«[4]

Greift man diesen Gedanken auf, dann landet man sehr schnell bei dem beinahe traditionellen Problem des Städtebaus, welches kulminiert in der Frage: Ist es möglich, durch die Manipulation der gebauten Umwelt auf soziale Prozesse und Beziehungen gestaltend einzuwirken? Wenn der physische Raum in soziologischer Perspektive als die »Möglichkeit des Beisammenseins« gedeutet wird, dann bedeutet die Organisation dieses Raums, wie sie durch Stadtplanung vorgenommen wird, eine Vorstrukturierung dieser Möglichkeit. Das heißt, es wird so eine Entscheidung darüber gefällt, wer mit wem an welchem Ort und in welcher Art in soziale Beziehungen eintreten kann – auch wenn räumliche Organisation nicht als determinierend für Sozialbeziehungen angesehen werden darf. So ist wohl kaum zu bestreiten, dass der Planer eine Kategorie sozialer Beziehungen maßgeblich mitgestaltet. Kann man hier gar von einem Mittel zu gesellschaftlicher Reform sprechen?

Planer und Architekten sind nicht selten mit dem Anspruch aufgetreten, diese Fragen bejahen zu dürfen. Idealstadt- und sonstige Konzeptionen reden diesbezüglich eine deutliche Sprache. Solche Ambitionen wiederum müssen vor dem Hintergrund und den Folgen jener Veränderungen gesehen werden, die mit dem Anwachsen der Bevölkerung, der steigenden Industrieproduktion und der Mechanisierung der Produktion Mitte des 18. Jahrhunderts in England einsetzte. Diese Mechanismen haben nachfolgend die Besiedlung in Europa quantitativ und qualitativ tiefgreifend verändert. Stadterweiterungen in der sogenannten Peripherie bestanden zunächst nicht aus wohldurchdachten, im Voraus geplanten Stadterweiterungen – wie etwa die mittelalterlichen oder die des Barock –, sondern aus einer Vielzahl unabhängig voneinander durchgeführter Initiativen. Es entstand ein ungeordnetes Nebeneinander von Stadtteilen mit Luxusbauten, Armenvierteln, Fabriken, Lagerhäusern und technischen Anlagen. Im Zusammenspiel von privaten und öffentlichen Interessen und deren Umsetzung verdichteten sich die Städte als Ergebnis einer von Spekulation getragenen Entwicklung.[5] Friedrich Engels hat diese Widersprüche am Beispiel Manchesters eindrucksvoll beschrieben. Als Reaktion auf die unhaltbaren Zustände in den Städten entstehen bereits 1820 erste Siedlungsutopien, wie sie etwa von den Protagonisten Owen, Fourier oder Cabet vorgestellt werden. Ihre Entwürfe für Siedlungsformen zwischen Land und Stadt versuchen, landwirtschaftliche und industrielle Tätigkeit miteinander zu verbinden. Später entwickeln sich aus diesen Konzepten die paternalistischen Arbeitersiedlungen englischer Industriedörfer und der Arbeiterkolonien in Deutschland.

Doch Nachbarschaft als Paradigma des Urbanismus verdankt sich im Wesentlichen zweier späterer Impulse. Zum einen geht sie begrifflich auf die *neighbourhood unit* des amerikanischen Planers C. A. Perry (1929) zurück. Seine – auf den Erkenntnissen der Chicagoer Schule für Sozialökologie[6] basierende – Nachbarschaftseinheit weist zunächst recht nüchterne Inhalte aus: »Sie sollte sowohl Wohnungen wie deren Umgebung umfassen, wobei die Ausdehnung der letzteren in der Fläche zu sehen ist, die alle öffentlichen Einrichtungen und Voraussetzungen enthält, deren eine durchschnittliche Familie für ihre Bequemlichkeit und für sie geeignete Entwicklung innerhalb des Einzugsbereichs ihrer Wohnung bedarf.« Soweit stellt sich das Konzept einfach als technisches Organisationsschema dar. Und doch waren die sozialen Implikationen weit bedeutsamer, als der Satz vom räumlichen Rahmen, in den gleichsam gesellschaftliche Ziele eingepasst werden, glauben macht.[7]

Zum anderen begründete der britische Parlamentsstenograph Ebenezer Howard 1898 mit der Gardencity of Tomorrow eine völlig neue Städtebautradition. Von England ausgehend fand die Gartenstadtidee schnell auch in Deutschland ihre Umsetzungen, wie etwa in der Gründung der Gartenstadt Hellerau bei Dresden, das Augsburger Thelottviertel, die Krupp-Siedlung Margarethenhöhe in Essen oder der Gartenstadt Karlsruhe-Rüppurr. Deren wohnungs- und sozialreformerisches Anliegen, einen neuen Typus durchgrünter, in Dichte und Ausdehnung begrenzter Idealstädte dörflicher Nachbarschaft zu gründen, konnte zwar in keiner Weise den akuten Wohnungsnotstand in den Städten auffangen, bildet jedoch im Verlangen einer neuen Einheit von Stadt und Land eine Grundlage der fortgesetzten Entwicklungen städtebaulicher Leitbilder. Für die Städtebauer wurde Nachbarschaft zum Allheilmittel: Als Elementareinheit verstanden, sollte sie sich zu einer organischen Stadtstruktur addieren lassen und Humanität im Städtebau garantieren. Nachbarschaft als »Gemeinschaft, Geborgenheit, Überschaubarkeit«, so der Soziologe Hellmut Klages, sollte das wiederbringen, »was dem Menschen beim überstürzten Exodus aus der ›heilen Welt‹ seiner ländlichen Herkunftsräume verloren gegangen war«.[8]

Es ist dies ein Gegensatz, der auch heute noch unser Verständnis von Nachbarschaft zu prägen scheint. Deshalb stellt sich nun die Frage, ob sie sich immer nur in Gegensatz und Abgrenzung zu Stadt begreifen lässt oder ob es nicht eine andere Begriffsinterpretation von Nachbarschaft gibt, die beides stärker zusammendenkt. Kann man sie als eine Art gesellschaftlicher Wertefamilie betrachten, die durch eine gewisse Selbstbestimmung, vor allem aber Subsidiarität geprägt ist? Mehr Subsidiarität bedeutet mehr Verantwortung und mehr Ressourcenallokation auf niedrigerer Ebene und eröffnet dort neue Chancen relevanter und bedeutungsvoller demokratischer Politik. Hinzu kommen die Begriffe Partizipation und Solidarität: Solidarität kommt aus der Erkenntnis, dass wir in einer vernetzten Gesellschaft im Guten wie im Schlechten voneinander abhängen. Um langfristig etwas zu verändern, müssen wir kooperativ und einträchtig arbeiten. Damit wird angedeutet, wie wichtig quartiersweise Organisationsformen sein können, gerade in Angrenzung zur grobkörnigen, immer mehr zu Ressortdenken tendierenden Stadt-, Landes- und Bundespolitik. Es ist durchaus möglich und sinnvoll, Nachbarschaft komplexer zu verstehen. Kann sie doch den aktivierenden Motor zur Gestaltung oder Umdeutung kleiner Elemente der Stadt darstellen. Und ein auch heute zeitgemäßer Ausdruck eines vitalen Gesamtkörpers namens Stadt.

Um hier einen Ausblick in die Zukunft zu geben, ist es hilfreich, Beispiele aus der jüngeren Architekturgeschichte heranzuziehen, die an der Schnittstelle von Gemeinschaft und Bauen neue Denkmodelle möglicher Zukunft entwickelt haben.[9] Peter und Alison Smithson etwa geben ein Beispiel des Denkens nachbarschaftlicher Urbanität als dichtes Gewebe. Sie sind der Auffassung, dass das »Netz der menschlichen Beziehungen einer Konstellation gleicht, mit unterschiedlichen Werten von unterschiedlichen Teilen in einem immens komplizierten Netz, das das System durchkreuzt«.[10] Wie aber wird das Netz lebendig? Die Antwort sahen die Smithsons in der Spontaneität des Handelns in der Straße – wobei sie die Muster von spielenden Kindern in den Vordergrund stellten. Aus den hierbei gewonnenen Erkenntnissen leiten sie den Vorschlag einer freieren Organisation von Stadt ab. Das Ergebnis ihrer Beobachtungen und Reflexionen mündet 1952 in das Projekt Golden Lane Housing: der Entwurf einer vernetzten, in Clustern organisierten Stadt, der die traditionellen Hierarchien urbaner Ordnung unterlaufen sollte. Wobei das Konzept die kreativen Spiele der Kinder nicht eins zu eins kopierte, sondern sie in ein Modell kontinuierlicher Mobilität übersetzte. Daraus wiederum leiteten Alison und Peter Smithson ihre Idee der sogenannten »Assoziationsmuster« ab, ein modales Denken, das Variationsparameter wie Haus, Straße, Viertel und City als wechselseitig verkoppelt interpretiert. Die Straße stellt dabei so etwas wie die Erweiterung des Hauses dar; darin lernen die Kinder erstmals die Welt außerhalb der Familie kennen: ein Mikrokosmos, in dem die Spiele sich mit der Jahreszeit ändern und die Stunden im Zyklus der Verkehrsaktivitäten gespiegelt werden. Daraus ziehen die Smithsons eine fundamentale Erkenntnis: »Die Beziehung zwischen dem Umland und der Stadt, zwischen der Bank und dem Wohnhaus, zwischen der Schule und dem Pub wird bestimmt von der Form, die sie annehmen. Form ist eine aktive Kraft, sie erschafft die Gemeinde, sie ist das sichtbar gemachte Leben.«[11]

Hinter der Vorgehensweise der Smithsons steht eine grundsätzliche Kritik am funktionalistischen Leitbild: Er scheint ihnen entschieden zu diagrammatisch, formalistisch und legalistisch. Sie stellen ihm eine städtebauliche Neuorientierung gegenüber, die die urbane, mannigfaltige Stadt einfordert.[12] Ihre Ablehnung stützt sich auf die Beobachtung einer zunehmenden Anonymisierung von Gesellschaft. Obgleich ihre Postulate romantisch eingefärbt sind, erweisen sich die Smithsons als Analytiker einer auseinanderdriftenden Gesellschaft, deren Behausungspraktiken zunehmend an Qualität verlieren. Gerade in ihrem Bezug auf den Alltag wird ein Blick auf jene Koexistenzform frei, die im funktionalistischen Urbanismus als Nebenprodukt ohne Beachtung blieb. Sie fordern deshalb eine neue qualitative Stufe: Nicht Architektur als Anordnung im Raum, sondern als Struktur der Beziehungen, die die Menschen befähigt, mit anderen verbunden zu werden. Ihre Rolle als Kritiker des Massenwohnungsbaus liegt für die Smithsons nicht in dessen Reform, sondern in der neuen Formgebung: Es geht ihnen um Architektur, die, wie sie es formulieren, aus dem Geflecht des Lebens selbst gemacht sei.

Wenn es darum geht, sich nicht darauf zu beschränken, einen Zustand zu beschreiben, sondern auch, diese Erkenntnisse in Handlungsmuster und die konkrete Gestaltung von Raum zu überführen, dann könnte man von solchen Protagonisten lernen, wie man den urbanistischen Theorien der Moderne einen menschlichen Maßstab zurückgeben kann, zumindest versuchsweise.

Die Vorstellung von Urbanität, die seit jeher auf der Verdichtung und Überlagerung von Funktionen und Ereignissen gründet, hat sich mit dieser Entwicklung deutlich relativiert. Es sind nicht einzig die global wirksamen ökonomischen und technologischen Kräfte, die zu einer (stadt)räumlichen und funktionalen Entflechtung geführt haben. Auch eine kontinuierliche Steigerung von Bewegungen und Interaktionen führt permanent zu Umschichtungen. Ein Großteil dessen, was geschieht, erweist sich heute als fluktuierend, kurzlebig und vor allem dispers. Zwischen den einzelnen Teilen der Stadt, den Städten untereinander und somit auch zwischen den Menschen selbst, die sie bevölkern, haben sich neue Verhältnisse eingestellt. Die städtischen Lebenswelten haben sich längst mit der einstigen Peripherie zu einer ausufernden Stadtlandschaft verbunden und stellen sich nun als ein komplexes Gefüge unterschiedlichster, autarker, teils autistischer Bausteine dar. Die städtische Wirklichkeit ist zum lesbaren Ausdruck vielfältiger, mitunter gegensätzlicher gesellschaftlicher Ansprüche an die Stadt geworden.

Das gleichzeitige Nebeneinander von Unvereinbarem und Austauschbarem hat vielleicht die Oberfläche einer Stadt ohne Eigenschaften hervorgebracht, in der jedoch – folgt man der Romanidee von Robert Musils *Mann ohne Eigenschaften* – das, was ist, nicht wichtiger sein kann als das, was nicht ist. Zwischen den unterschiedlichen Teilen besteht ein Zusammenhang, der sich – auch wenn er sich dem Blick entzieht – als ein Verhältnis der Möglichkeiten begreifen lässt. »Es ist die Wirklichkeit, welche die Möglichkeiten weckt, und nichts wäre so verkehrt, wie das zu leugnen.«[13]

Wenn man nach aktuellen Beispielen sucht, die die Vorgehensweise der Smithsons auf ihre eigene Art weiterführen, so rückt das französische Architektenduo Anne Lacaton und Jean Philippe Vassal in den Blick. Auch sie gehen in ihren Arbeiten vom kleinteiligen Maßstab, von der einzelnen Situation aus. Zunächst einmal wollen sie die Elemente, Kräfte und Energien identifizieren – die räumliche Performanz des Vorgefundenen. Architektur verstehen sie als etwas, das aus einer situativen Bewegung hervorgerufen wird. Erst das Leben, die Aneignung konstituiere den Raum als Qualität. Lacaton und Vassal geht es – und das ist für ›Baumeister‹ höchst bemerkenswert – weniger um Architektur, als vielmehr um die Aktivitäten, die in ihr und um sie herum stattfinden. Entscheidend für sie ist es, aus der einzelnen Intervention heraus eine Textur zu entwickeln, um die in der Situation angelegten Kräfte zur Entfaltung zu bringen. Für ihn, so äußerte sich Vassal im Interview, sei eine Intervention erst dann »kontextuell«, wenn es ihr gelinge, in eine Austauschbeziehung mit der Umgebung zu kommen.[14] Das heißt jedoch nicht, sich vom Kontext abhängig zu machen. Sondern es bedeutet im Gegenteil, die ungenutzten Möglichkeiten des Gegebenen nutzbar zu machen. Die Aufgabe des Gestalters liegt dann zuvorderst in der Sichtbarmachung der Potentiale, im Aufzeigen dessen, was uns sonst im und als Alltag nicht auffällt, vielleicht weil es uns schon zu selbstverständlich geworden ist oder in unserem Deutungs- bzw. Erwartungshorizont gar nicht vorkommt.

Geht man zu weit, wenn man behauptet, dass es künftig um eine Form der Ermöglichungsarchitektur gehen muss, die Potentiale einer städtischen Situation sichtbar macht und Nachbarschaft als Gewerbe von Beziehungen aktivieren hilft? Man könnte sagen, dass die Modelle der 1960er Jahre noch von großteiligen Utopien und maximalem Maßstab geprägt waren. Heute wird es – zumindest im mitteleuropäischen Raum – solche Mega-Entwürfe absehbar nicht mehr geben, vielmehr werden die Potentiale der Veränderung in kleinteiligen Situationen und Mikropolitiken zu finden sein.[15] Die Stadt, so sagt man leichthin, sei schließlich bereits gebaut. Doch von nun an geht es um ihre Transformation und Qualifizierung. Auch hier sollte uns genaues Hinsehen schlauer und treffsicherer werden lassen. Denn sosehr es stimmt, dass die *neue* Stadt hierzulande – im Gegensatz etwa zu Ostasien – kaum zu erwarten ist, geschehen Abriss, Freiräumen von Flächen und großflächige bauliche Umgestaltungen heute deutlich stärker, als man es auf den ersten Blick wahrnimmt. Gerade in den unter Wachstumsdruck ächzenden Städten verändern Nachverdichtungen, Brachenreaktivierungen etc. das bauliche, raumstrukturelle und soziale Gefüge selbst großer Stadtteile. Teilweise mit einer Hauruck-Dynamik, die einen ob ihrer Geschwindigkeit erschrecken lässt. (»Hupps, sie bewegen sich doch«.) Deren bauliche Resultate entstammen in puncto Gestaltung dem Kostendruck, unterliegen oft gleichzeitig einer phantasielosen Überforderung. Aber sie decken einen Bedarf der in die Städte strömenden Menschen, die über die entsprechende Zahlungsbereitschaft verfügen.

Gewiss, »Nachbarschaft« erweist sich bei näherem Hinsehen als ein Mikrokosmos von Widersprüchen. Das scheinbar unvermittelte Neben- und Ineinander von sozialer Enge und Offenheit, von Repression und Fürsorge schafft Lebensformen, die für so manchen nicht fremder sein könnten. Man hüte sich also vor der Vorstellung einer vorindustriellen Dorfgemeinschaft. Dennoch weist Nachbarschaft auch Züge dessen auf, was André Gorz in einer ›Bürgergesellschaft‹ mittels sogenannter öffentlicher Tugenden realisiert wissen wollte. Denn sie sei jenes Gewebe aus gesellschaftlichen Beziehungen, die auf Gegenseitigkeit und Freiwilligkeit beruhen und nicht auf Recht und juristische Verbindlichkeit. Ein möglicherweise unter den Bewohnern bestehender Konsens in Bezug auf den symbolischen Wert ihrer gebauten Umgebung mag ähnlich gemeinschaftsfördernd sein wie, sagen wir, relative Sicherheit vor Einbruchdiebstahl durch soziale Kontrollmechanismen. Dabei ist das ›Bild‹ der Nachbarschaft ein großes Ganzes und mehr als die Summe seiner Teile. Und sie steht stellvertretend für eine Methode, in der sowohl die sozialen als auch die räumlichen Aspekte der Stadt in ihrer Eigenschaft als interagierende und voneinander abhängige Dimensionen gesehen werden.[16] Schließlich hat die Aufgabe, die der französische Soziologe P. H. Chombart de Lauwe bereits 1952 formulierte, noch immer Bestand: »Es geht nicht darum zu wissen, ob sich die Menschen an die neuen Anforderungen des städtischen Lebens anpassen oder nicht; das wahre Problem besteht darin, Städte zu schaffen, die sich anpassen an die neue Gesellschaft und an die neuen Menschen, die sich abzeichnen.« Mehr und mehr wird man sich wieder daranmachen (müssen), sie zu beantworten.

Städte für Menschen

Dass die Stadt etwas Lebendiges ist, das sich nicht nur wandelt und wächst, sondern wie ein Lebewesen schützt und schutzbedürftig ist, das ist wohl eine Erkenntnis, die man nicht zuletzt Leonardo Benevolo zu verdanken hat. Der namhafte Autor verfasste seine *Storia della Città* 1975 – und markierte mit seiner kontextuellen Herangehensweise erfolgreich die Abkehr von einer technokratischen Stadtplanung am Reißbrett. Allerdings hat sich diese Wende bislang eher deklamatorisch bemerkbar gemacht, war weniger praktisch spürbar.

Zur Illustration ein Beispiel aus dem belgischen Gent: Im Zentrum der flandrischen Universitätsstadt überrascht ein Bauwerk, das sich unlängst auf die Freifläche zwischen den gotischen Belfried mit der angedockten Tuchhalle und den Chorabschluss von Sankt Niklas gestellt hat. Die nicht zu übersehende Hallenkonstruktion verläuft an einer Geländekante vis-à-vis des alten Rathauses. Wegen ihrer Holzverkleidung mutet sie inmitten des steinernen Architekturerbes wie ein in die Stadt geholtes trojanisches Pferd an. Unter den robust aufragenden Doppelgiebeln entstand dabei ein überdachter Platz auf dem Platz. Die *Stadshal* (nach einem Entwurf des Architekturbüros Robbrecht en Daem) wirkt wie ein großes, öffentliches Wohnzimmer. Strahler tauchen das Dach nachts von innen in ein goldenes Licht. Sie lassen den 16 Meter breiten und 40 Meter langen Hallenraum wie einen überdimensionierten Reliquienschrein erscheinen. Er bietet eine formidable Gelegenheit für alltägliche Begegnungen, selbstorganisierte Öffentlichkeit und spontane Gemeinschaft – Qualitäten, für die es in der von Kommerz und Eventkultur geprägten Genter Innenstadt nicht mehr viele Orte gibt.

Eine Ausnahme stellt Leben und Werk des dänischen Architekten Jan Gehl dar.[17]

Gehl ist wohl einer der aktuell einflussreichsten Stadtplaner weltweit geworden, weil er nur eine einfache Frage stellt: Wie wollen wir eigentlich leben? Doch da sie eher rhetorischer Natur ist, lässt er potentielle Auftraggeber in den Metropolen nicht lange über eine Antwort grübeln, sondern drückt ihnen Vorschläge in die Hand. Und die sind in aller Regel knapp und eingängig: Einschränkung des Autoverkehrs, verbesserte Anreize zum Fahrradfahren, Förderung des öffentlichen Nahverkehrs und eine bessere Gestaltung des öffentlichen Raumes, der am Bewegungsspielraum der Menschen orientiert ist. Und keine Verkehrsinfrastrukturen, die allein fahrdynamischen Regeln folgen. Gute Architektur, sagt Gehl, gehe nicht in Form auf, sondern vermittele zwischen Leben und Gestalt: Sie sei nichts anderes als das Dazwischen.

Architektur schafft zwar reale Räume, in denen wir uns aber verhalten und zu denen wir uns verhalten müssen. Namhafte Philosophen wie John Dewey haben vehement darauf hingewiesen, wie bedeutsam die Erfahrung sinnlich wahrnehmbarer Gestaltungen für den Menschen ist. Oder anders formuliert: Als Individuen leben wir in Abhängigkeit von einer durch *andere* gestalteten und organisierten gebauten Umwelt. Wir können uns ihr, von Ausnahmen abgesehen, weder entziehen noch sie unmittelbar beeinflussen. Aber wir können von guten Beispielen lernen. Eine Art Erweckungserlebnis hatte Jan Gehl auf der Piazza del Campo in Siena: Dimension und Proportion des Platzes, seine Situierung in der Stadt, seine haptische Qualität und nicht zuletzt seine Belebtheit. Da erfuhr er am eigenen Leib, wie wichtig das menschliche Maß für eine gelungene Stadtplanung ist. Natürlich sitzt er dabei nicht dem Missverständnis auf, wonach man die Qualität von Stadtraum quantitativ mit dem Meterstab ermessen könne. Doch für ihn ist offenkundig, dass es elementare Bedürfnisse für die Gestaltung öffentlicher Räume gibt. Und im Gegensatz zur Architektur, die ebenso wie das Leben wechselnden Moden und Strömungen unterliegt, bleiben diese Kriterien überraschend konstant.

Gerade weil wir als Menschen offenbar festen Regeln fürs Wohlbefinden im Raum gehorchen, herrscht mittlerweile ein diffuses Gefühl vor, dass städtische Umgebungen durch Bauwut, Planungswahnsinn und Immobilienspekulation zusehends an Attraktivität eingebüßt haben. Das befördert heute fraglos ein neues Nachdenken. Jan Gehl hat das »Leben zwischen Häusern« als einen potentiell sich selbst verstärkenden Prozess analysiert. Im öffentlichen Raum beeinflussen und stimulieren sich Individuen und Ereignisse gegenseitig. Wenn viele Menschen anwesend sind oder etwas vor sich geht, kommen für gewöhnlich weitere hinzu. Die Aktivitäten steigen sowohl im Umfang als auch in der Dauer. Und genau diese Art von Stadtleben will er befördern. Genau diese Dynamik – so die Hoffnung – macht für immer mehr Menschen die Stadt attraktiv.

Modelle und Gebäude interessieren den Architekten nicht so sehr wie ihre Bewohner. Was womöglich die Voraussetzung dafür darstellt, dass Jan Gehl mit seinen Projekten in Brisbane, Paris, Rom oder jüngst auch in Berlin einen Paradigmenwechsel einleiten konnte: Hin zu lebenswerteren, nachhaltigen und gesünderen Städten. Die dänische Kapitale gilt heute als Blaupause für den fundamentalen Wandel von der autogerechten Stadt der Nachkriegszeit zu einer fußgänger- und radfahrerfreundlichen Metropole des 21. Jahrhunderts. Gewiss ging das nicht ohne Widerstände; gerade in New York wurde anfangs massiv dagegen opponiert, den Autoverkehr auf dem Broadway einzuschränken. Doch heute sitzen Einwohner und Besucher des Big Apple einträchtig in Liegestühlen am Times Square und genießen eine wiedergewonnene Urbanität.

Jan Gehl verwahrt sich gegen die – wie er es drastisch nennt – ›birdshit‹-Architektur des Funktionalismus, die dahingewürfelten Bauten im fließenden Raum, ohne deswegen ein Neotraditionalist oder konservativer Kleingeist zu sein. Dass namhafte Architekten wie Aldo Rossi oder die Brüder Leon und Rob Krier schon früh Widerspruch gegenüber einem modernistisch verkürzten Stadtverständnis anmeldeten, hat Gehl sofort eingeleuchtet. Bedeutsamer waren zwei andere Referenzfiguren: zum einen die kanadische Journalistin Jane Jacobs, die mit ihrem 1961 erschienenen Buch *The Death and Life of Great American Cities* berühmt wurde, das sich vehement gegen die Modernisten und ihr Planungsparadigma wandte. Aber auch als Bürgerrechtlerin hat sie den Widerstand gegen New Yorks mächtigen Chefplaner Robert Moses erfolgreich angeführt, als der eine Autobahnschneise durch das beliebte Greenwich Village bauen wollte. Zum anderen der englisch-schwedische Architekt Ralph Erskine, der mit dem Byker Wall in der englischen Arbeiterstadt Newcastle-upon-Tyne ein Ausrufezeichen der 1970er Jahre baute: Erskine hat eine abweisende Großsiedlung – als mehrgeschossige Wand gegen die Nordwinde errichtet – in ein vitales Gebilde verwandelt, indem er das Bandwurm-Gebäude mit Laubengängen, Brücken und Gärten neu strukturierte. Man geht wohl kaum zu weit, wenn man sagt, dass Jan Gehl seine Planungsideale mit Jane Jacobs und Ralph Erskine teilt: Entschleunigung, Fußläufigkeit, Klein-Maßstäblichkeit und viel Stadtgrün. Und das Fernziel: die großen Metropolen in kleine, übersichtliche Nachbarschaften auflösen.

Gehl wirft nicht unlösbare Grundsatzprobleme oder Aporien auf, sondern macht konstruktive Vorschläge. Er entzieht sich dem Schubladendenken, weil er – zu klug für alle Formen des Katechismus – seine Positionen immer wieder überprüft und revidiert hat. Er sagt, die Zeit der modernistischen Stadtplaner, die bloß auf Solitäre setzen, oder der Verkehrsstrategen, die nur an die autogerechte Stadt denken, sei vorbei. Denn sie haben nichts dazu beigetragen, die Urbanität in den Städten zu erhalten oder gar zu verbessern. Damit trifft er vielerorts ins Schwarze. Seine städtebaulichen Interventionen sind eher »understated«, also unauffällig, aber von einer gewissen zeitlosen Eleganz.

Augenscheinlich hält er sich strikt an den Sinnspruch, den Erich Kästner 1931 in seinem Roman *Fabian* prägte: »Es gibt nichts Gutes, außer: man tut es.« Bemerkenswert ist, dass Jan Gehl mit seiner Karriere einen fulminanten Kaltstart hingelegt hat – doch erst nach seiner Emeritierung von der Kopenhagener Akademie vor fast 20 Jahren. Erst dann eröffnete er sein eigenes Architekturbüro, das seither wächst und unlängst Dependancen in San Francisco und New York gründete. Vor einiger Zeit wurde in den Kinos – ein weiterer, später Triumph – der Dokumentarfilm »The Human Scale« über seine Ideen gezeigt. Und neben der dänischen Hauptstadt erzielte er seine größten Erfolge wohl im australischen Melbourne. Noch in den 1980er Jahren war Melbournes City ein willkürliches Sammelsurium von Bürogebäuden und Hochhäusern. Sie wurde landläufig nur »Donut« getauft, weil sich im Innern gähnende Leere ausbreitete (so ähnlich kennt man das aus Detroit). Gehl begann, die Bewegungsmuster der Passanten und die städtebaulichen Verhältnisse eingehend zu untersuchen, dann wurde sukzessive die bauliche Umgestaltung angegangen. 2004 hatte sich die Anzahl der Wohneinheiten im Zentrum verzehnfacht, es entstanden Kunstzentren, neue Plätze, kleine Arkaden, Gassen und Promenaden mit Freizeitangeboten. Wahrhaft eine Renaissance des Urbanen.

Geht man zu weit mit der Behauptung, dass Jan Gehl die diskursive Auseinandersetzung im Geist der antiken Rhetorik pflegt? Zumindest scheint deren Zielsetzung – docere, delectare, movere (also: belehren, erfreuen, bewegen) – zu seiner Maxime als Stadtveränderer geworden zu sein. Wenn er seine Forderungen aufmacht – »Vorrang für Radfahrer« etwa, »Städte für Menschen statt für Autos« oder »Dichte und Nachhaltigkeit« –, dann mögen sie auf den ersten Blick nicht besonders originell wirken. Aber sie legen die Finger tatsächlich in die Wunde. Und nicht zuletzt dürfte es deren unverdrossener Wiederholung zu verdanken sein, dass es nun vielerorts positive Entwicklungen gibt. Selbst bei mittleren Großstädten ist heute angekommen, dass ihre Innenbereiche inzwischen oft austauschbar und konturlos wirken,[18] dass damit jene lokale Identität in Gefahr gerät, die bisher den wesentlichen Ortsbezug für Firmen, Medien, Touristen wie Einheimische bildete: jene spezifische Erfahrung und Vorstellung nämlich, in München eben anders zu leben als in Berlin, in Mannheim anders als in Bonn, weil sich Geschichte, Architektur, Landschaft, Mentalität und Lebensart jeweils unterscheiden. Deshalb wird vom Stadtmarketing heute auch so intensiv darüber nachgedacht, was Städte letztlich unverwechselbar macht, was ihren besonderen Stil, ihre spezifische Atmosphäre bestimmt. Denn in spätmodernen Zeiten und in globalen Kontexten scheint dies besonders wertvoll: die Betonung und Pflege der eigenen Charakterzüge, die in die Stadt regelrecht eingeschrieben sind, die auch ihren Bewohnern Züge eines *local spirit* verleihen und die sie dadurch als ein urbanes »Wir« erscheinen lassen. Gehls Umgestaltung des Federation Square in Melbourne oder die Revitalisierung des Takutai Square in Auckland sind dafür subtile Belege.

Es ist müßig, darüber zu befinden, ob Gehl mit seinen Ansätzen eine *unique selling proposition*, ein Alleinstellungsmerkmal, besitzt. Aber man muss festhalten, dass die Ideen von Jan Gehl seinerzeit revolutionär waren. Denn damals herrschte unangefochten ein unverdrossener Zukunftsoptimismus, dessen zum Bild verdichtete Formel jene individuelle Freiheit war, die das Auto versprach. Riskant war das Ganze obendrein: Oft ist es ein schmaler Grat, der das Geniale vom Peinlichen trennt. Meistens weiß man erst hinterher, ob eine Provokation bahnbrechend war oder eben bloß eine Brüskierung. Wüsste man vorher, wie die Sache ausgeht, könnte man sich die Durchführung sparen, denn ein Entwurf, der alle Variablen vorab kalkuliert, die Risiken ausschließt und am Bewährten festhält, ist nicht nur öde, er ist überflüssig. Jan Gehl lehnte sich auf gegen ein Planungsverständnis, das Haus und Stadt nach rationell-funktionalen, den Experten als vernünftig erscheinenden Gesichtspunkten gestaltet wissen wollte. Aber ganz selbstverständlich nahmen sie an, dass sich die Menschen ebenfalls nach diesen Maßstäben erziehen lassen werden. Was als Befreiung proklamiert wurde, ähnelte alsbald einer Zwangsjacke.

Die Geschichte zeigt, dass Gehl recht hat. Architektur ist für ihn nicht nur Form, sondern ein Prozess, den es durch genaue Fragen und Beobachtungen zu beeinflussen gilt. Er beruft sich nicht, wie die meisten Planer, auf den ominösen Sachzwang, dem zu gehorchen in der Regel einfacher ist. In seinen Augen ist es schlicht nicht akzeptabel, dass es nur eine bestimmte Handlungsmöglichkeit geben soll – und keine andere.

Mit Wehmut fragt man sich eigentlich, was denn den deutschen Städten tatsächlich so auf der Seele liegt, dass der allheilige Sachzwang so wenig Jan Gehl möglich macht. Oder erleben wir eine bald endende Phase der Verkrampfung auf dem Weg zur Abkehr von den alten Sichtweisen?

Als Leitsatz für die Stadtplanung verweist Gehl auf die Formel »8/80«: Eine Stadt sollte so gebaut sein, dass sich darin Achtjährige und über 80-Jährige ebenso sicher wie der Rest der Bevölkerung bewegen können. Konkret bedeutet das unter anderem Gehsteige, die nicht vor der Kreuzung enden, sondern durch die Kreuzung gezogen werden, so dass für die Autos eine Schwelle entsteht: Wer zu Fuß geht, muss nicht den Gehsteig verlassen, auch wenn er eine Straße überquert. Mit dem Shared-Space-Projekt in der New Road, Brighton (England), oder der Bank Street in Adelaide (Australien) illustriert Jan Gehl eben das. Doch hat er bereits vor mehr als einem halben Jahrhundert den Hebel an diesem neuralgischen Punkt angesetzt – und war damit seiner Zeit weit voraus. Der Umbau Kopenhagens begann im November 1962, als auf seine Anregung die erste Straße der Innenstadt für den Autoverkehr gesperrt wurde. Damals protestierten noch Ladenbesitzer, weil sie herbe Umsatzeinbußen fürchteten. Tatsächlich aber florierten ihre Geschäfte, so dass in den Jahren danach Dutzende weiterer Straßen und Plätze folgten, die Kopenhagen entweder komplett oder teilweise seinen Fußgängern und Radfahrern zurückgab; darunter die Strøget, den Leuchtturm unter Europas Fußgängerzonen.

Jan Gehl ist kein Utopist. Aber er hat eine Vision. Er weiß um die Wirkungsmechanismen der Politik, und er weiß sich ihrer zu bedienen. Beredt legt er den Städten dar, dass Infrastrukturmaßnahmen wie Schulen, Universitäten, Bibliotheken und U-Bahn-Linien kräftig ins Geld gingen, während doch Fuß- und Radwege oder Plätze vergleichsweise preiswert zu haben seien. Zudem plädiert er für ein sukzessives Vorgehen: Jedes Jahr ein bisschen mehr tun, und jeder könne die Fortschritte sofort sehen und nutzen. So formulierte er eine Checkliste kleiner Veränderungen, die in der Summe Großes bewirken. Statt der blinkenden Ampel, die »zur schnellen Überquerung auffordert« (wie in New York City) lieber eine »höfliche Erinnerung« (wie in Kopenhagen). Statt dunklen Fußgängerunterführungen (wie einst in Zürich vor dem Bahnhof) lieber sonnenbeleuchtete »Zebrastreifen auf Straßenniveau«. Mit der Allmählichkeit von Trippelschritten vermag er auch auf Austerität setzende Politiker von Interventionen in den öffentlichen Raum zu überzeugen. Ein simples Prinzip bewirkt Wunder: »Je lebenswerter eine Stadt für die Menschen ist, umso besser ist sie für die Wirtschaft.« Als sein Büro vor einiger Zeit den Auftrag bekam, in San Francisco die Market Street und andere Straßen in der Innenstadt attraktiver zu gestalten, entwickelte es die Idee mit den sogenannten Parklets: bepflanzte Ruhezonen in Parkplatzgröße am Fahrbahnrand, die von Läden und Museen gesponsert werden.

Gewiss, spektakulär sind die wenigsten Produkte aus dem Büro Jan Gehl. Deren Wert liegt in ihrer Gebrauchsfertigkeit. Wenn es gut läuft – und das tut es bei ihm, aus der Ferne betrachtet, meistens –, dann lautet das Ergebnis seiner Bemühungen: »Wie wenn es schon immer so gewesen wäre.« So lässt sich jenes Gestaltungsprinzip umschreiben, für das der Wiener Architekt Josef Frank einmal das originelle Lehnwort »Akzidentismus« (er)fand. Nicht der Baumeister bestimme den Gebrauch, sondern der Gebrauch die Architektur. Nur so lasse sich die unaufgeregte Alltäglichkeit des Lebens erreichen. Die gestalteten Dinge müssen dem Benutzer eben »zufallen«. Genau das gilt auch für Jan Gehl. Stadtgestaltung ist für ihn ein sanftes Steuern von Prozessen, die am besten von selbst laufen, angetrieben von wirtschaftlichen Notwendigkeiten und/oder von echten gesellschaftlichen Veränderungen. Sie ist aber auch Überzeugungsarbeit; ist eine stete, im Einzelnen oft mühsame und konfliktreiche Begleitung von langwierigen Debatten. Dem widerspricht nicht, dass natürlich auch gezielt normsetzende Kraftakte im Stadtraum vonnöten sind. Dergleichen haben Gehl Architects 2008 zusammen mit Behnisch & Transsolar bei der Oslo Harbour Front Regeneration vorgenommen. Rund um die neue Nationaloper – ein Bauwerk des Büros Snohetta, das einem treibenden Eisberg nachempfunden ist – wurde ein ehemaliges Industrieareal so mondän wie bildhaft wiederbelebt.

Jan Gehl macht in und mit seinem Werk plausibel, warum er als Ausgangspunkt und zentrale Komponente den öffentlichen Raum der Straßen und Plätze fokussiert, also die Überlagerung von technischen Infrastruktur-Bausteinen einerseits und stadträumlichen Elementen andererseits. Was er zu sagen hat, gleicht einem Manifest. Und das richtet sich gegen die un-

Urbanität hat viel mit Lebendigkeit zu tun, und darin hat das Spontane und Unvorhersehbare seinen festen Platz. Mögen viele Fachleute auch der Auffassung sein, dass die Strukturen des städtischen Lebens in Design-Laboratorien und Architektenbüros entwickelt werden: sie ergeben sich, nach wie vor, in erster Linie aus der Nutzung des öffentlichen Raums. Zugleich bestimmen Unmittelbarkeit wie auch Repräsentation das Stadterlebnis – wie etwa das Alltagsleben auf einer Straßenbrücke in Berlin-Kreuzberg illustriert.

bedachte Modernisierung der Städte, die Ideologien folgt, jedoch darüber die Bewohner vergisst. Architektur und Planung, das wird deutlich, haben nicht nur einen Auftrag, sondern auch Verantwortung. Und die muss auch eingelöst werden. Was Jan Gehl personifiziert wie kein Zweiter.

Dass Stadt nicht nur ein gebauter, sondern vor allem ein gesellschaftlicher Raum ist, hat unter anderem Roger Willemsen mit Blick auf Bangkok einmal sehr schön beschrieben: »Alles muss sich mischen, das Gemeinschaftsleben ist wirklich ein solches, und mehr noch: Auch Arbeit, Schlafen, Essen haben keine klar definierten Grenzen. Die Lebensräume, die sozialen Schichten fließen ineinander. Zonen des Drecks wechseln sich ab mit solchen von penibler Sauberkeit; im Schatten der Stadtautobahn liegen die idyllischen Plätze mit Lauben und Hainen für Liebende. Doch darüber wölbt sich das große Ineinander der architektonischen Formen; die Lichtstimmungen mischen sich, die Gerüche wabern durcheinander, und Religion überwölbt die wirtschaftliche Effizienz. Nein, die Stadt zeigt kein Interesse an den Reinheitsgeboten urbaner Effektivität.« Sie sei vielmehr durchtränkt von einem Geist, der »ihr immer wieder etwas Unpraktisches, Wider-Vernünftiges, auch Schwärmerisches gibt«.[19]

Metaphorisch gesagt, beherbergt das Urbane selbst hierzulande ein partiell ungebändigtes Leben. Mag die Stadt auch voll geplanter Räume mit signalhaft markierter Funktion sein, so liegen – darüber, darunter, dazwischen – Schichten eines Habitats des Alltäglichen. Deshalb nimmt es nicht Wunder, wenn hier verschiedene Aushandlungs- und Entscheidungsprozesse geführt werden. Dabei treten ganz grundsätzliche Fragen auf: Wer definiert das Bild einer Stadt und wer ist zuständig für deren zukünftige Entwicklung? Wer spricht und wer wird gehört? Wer hat die Handlungsmacht und wer entscheidet über die gebauten Strukturen selbst, die ja gleichermaßen das städtische Alltags- und Zusammenleben formen und beeinflussen? Die Raumfrage ist sozial von essentieller Bedeutung, aber im Bewusstsein der meisten nur wenig verankert. Doch gerade im Strukturraum Stadt spiegeln sich auch alle gesellschaftlichen Probleme. Wie die Fragen der Demographie, Integration und Globalisierung politisch beantwortet werden, wird künftig mit darüber entscheiden, wie lebenswert das Neben- und Miteinander im urbanen Raum ist. Es ist gewissermaßen ein Kunststück, Heimat und Globalisierung zusammen zu denken.

Nicht zuletzt deshalb ist es nachvollziehbar, dass sich in den letzten Jahren diverse Bewegungen etabliert haben, die sich gegen eine (Standort-)Politik wenden, welche die Stadt als Konzern und urbane Räume als Ware versteht. Etwas holzschnittartig gesagt, fordern sie ein »Recht auf Stadt« ein – als etwas, das der Raumphilosoph Henri Lefebvre bereits 1968 unter dem Eindruck des Pariser Mais geprägt und in seiner gleichnamigen Publikation *Le Droit à la Ville* ausgeführt hat. Seine viel zitierte Feststellung »das Recht auf Stadt ist wie ein Schrei und ein Verlangen« spiegelt allerdings zwei unterschiedliche Aspekte wider. Für die einen geht es zuerst einmal um die Erfüllung existentieller Bedürfnisse wie Wohnraum, Zugang zu überlebensnotwendigen Ressourcen, wie Wasser und zu Infrastrukturen wie Abfall- und Abwasserentsorgung oder Straßen und Nahverkehrsmittel. Für die anderen ist diese Forderung Ausdruck ihrer Sehnsucht nach einer Stadt, die genau das ermöglicht und fördert, was das Leben in der Stadt und städtische Kultur ausmacht, nämlich bauliche, soziale und kulturelle Heterogenität sowie Ermöglichung produktiver Differenz. Ungeachtet dessen scheint inzwischen deutlich geworden zu sein, dass auch die Stadt eine wertvolle Ressource darstellt, deren rein profitorientierte Verwertung längerfristig nicht ohne Folgen für die Gesellschaft als Ganzes und für das Zusammenleben in den Städten bleibt.

Das Gerüst der Stadt: What makes the city go'round

»Vor uns liegt eine Großstadt. Mit den Augen eines hoch am Himmel fliegenden Nachtvogels nehmen wir die Szenerie wahr. Aus dieser Höhe wirkt die Stadt wie ein riesiges Lebewesen. Oder wie eine künstliche Ansammlung unendlich vieler ineinander verschlungener Existenzen. Zahllose Adern reichen bis in die entlegensten Zonen dieses Organismus, lassen sein Blut zirkulieren und tauschen unablässig die Zellen aus.« Mit diesem Blick auf die Stadt beginnt Haruki Murakami seinen Roman *Afterdark*. Anhand der Versorgung mit Wasser, Abwasser, Strom und Gas lassen sich Voraussetzungen, Abläufe, Maßnahmen und das – im Wortsinne – »Untergründige« der Stadtentwicklung veranschaulichen. Viele Selbstverständlichkeiten des städtischen Lebens hängen am seidenen Faden eines ausgeklügelten Systems infrastruktureller Netze, die kaum in unserem Alltagsbewusstsein verankert sind. Stadttechnische Systeme zur Wasser- und Stromversorgung, zur Abwasserentsorgung oder zur Fernwärmezuleitung machen das Wohnen und Arbeiten, das kreative und produktive Element der modernen Stadt erst möglich. Über Jahrzehnte ausgebaut, ausdifferenziert und perfektioniert, hat es dazu geführt, dass im Adersystem unserer Städte ein gewaltiger Berg an Geld gebunden ist. Allerdings wirkt es weithin auch wie »totes Kapital«: strukturell vernachlässigt, stellenweise runtergekommen, irgendwie ungeliebt. Vielfach hält man es für ein bloßes Derivat des 19. Jahrhunderts, das im Hightech-Zeitalter seltsam antiquiert erscheint. Doch das ist falsch: Es ist erneuerungsbedürftig, aber alles andere als obsolet.

Man kann das Gerüst der Stadt holzschnittartig in drei Kategorien unterteilen: sozial, technisch und grün. Doch während die Bedeutung der sozialen Infrastruktur – von Schulen zu Senioreneinrichtungen, vom Kindergarten zum Krankenhaus, vom Spielplatz über das Schwimmbad bis zur Bibliothek – unmittelbar einsichtig ist, wird die Relevanz von grauer (technischer) und grüner Infrastruktur für das Urbane häufig verkannt. Das folgende Kapitel will dieses Bild geraderücken.

Die unsichtbare Intelligenz der Stadt

Karl Kraus hat einmal seine Erwartungshaltung auf die prägnante Formel gebracht: »Ich verlange von der Stadt, in der ich leben soll: Asphalt, Straßenspülung, Haustorschlüssel, Luftheizung, Warmwasserleitung. Gemütlich bin ich selbst.«[1] Die Attraktivität städtischer Lebensgestaltung basiert nicht zuletzt auf dem Untergründigen. In der Stadttechnik, mag sie auch noch so sehr im Verborgenen wirken, liegt eine entscheidende Triebfeder der Urbanisierung: die Hoffnung auf ein Zurückdrängen des Reichs der Notwendigkeit zugunsten des Reichs der Freiheit, wie es Marx als emanzipatorische Perspektive der Entfaltung der Produktivkräfte formuliert hat.

Bis weit ins 19. Jahrhundert hinein hat sich die Stadt gegen das Land definiert: Sie war der Ort, an dem die neugewonnene Unabhängigkeit von den Widrigkeiten der Schöpfung gelebt werden konnte. In der Stadt lässt sich sprichwörtlich die Nacht zum Tag machen, weil sie zu einer Art Maschine wurde, die den Einzelnen davon befreit, den eigenen Kot fortzuschaffen, Wasser am Brunnen zu holen, die Kranken zu pflegen und den eigenen Lebensrhythmus dem Wetter anpassen zu müssen. Sie entlastet von bestimmten Arbeiten und von Verantwortung, gibt dadurch Freiheit für andere, selbstgewählte Aktivitäten im Beruf, in politischen Organisationen oder für Faulenzerei. Das ist die progressive Logik der Technisierung und Rationalisierung der urbanen Haushaltsführung; und das ist auch die historische Leistung einer immer ausgefeilteren Stadttechnik.

In gewisser Weise kann man sagen, dass die Angst vor der Cholera so etwas wie den Beginn moderner Stadtentwicklung markiert hat. Seit den 1830er Jahren durchzog sie Europa, trat zumeist und zuerst in den dicht besiedelten Armenvierteln auf,

Selbst die avancierteste Stadttechnik bedarf der Herstellung, und die wirkt auch heute noch oft archaisch, bisweilen brachial. Was natürlich zumeist dem Umstand geschuldet ist, dass sie in die bestehenden, über Jahrhunderte gewachsenen Städte im Nachhinein eingepflanzt werden muss. Doch in der Regel ist es nur eine Frage der Zeit, bis die Spuren des Eingriffs getilgt sind, während die Infrastruktur bereits Wirkung entfaltet. Hier eine – wie es beschwichtigend heißt – »bauvorbereitende Maßnahme« im Düsseldorfer Stadtteil Bilk.

wie frühe Überblickskarten über Sterbefälle belegten, machte aber hier nicht Halt. In Sorge um die eigene Gesundheit versuchten sich die Stadtväter einen Überblick über diese ihnen gänzlich unbekannten Brutstätten von Krankheit, Unmoral und Aufruhr zu verschaffen. Dementsprechend wurde die Stadt im 19. Jahrhundert weithin beschrieben: Müll und Dreck allenthalben. Und Gestank: intensiv, atemraubend. Fasziniert und angeekelt seien die bürgerlichen Betrachter von den Zuständen in den städtischen Vierteln der Armen gewesen. Benebelt und berauscht vom Gestank des Abfalls und der Kloaken, verschwamm im bourgeoisen Blick aufs Volk die Topographie der Quartiere mit der Moral ihrer Bewohner. Von Arbeit und Armut über den Schmutz zum Laster – eine semantische Kette. Man muss kein allzu überzeugter Anhänger Freud'scher Ideen sein, um seine Beschreibungen vom konkreten und moralischen Dreck, »von Sündenpfuhlen und Senkgruben des Lasters« in Zusammenhang mit der Körperfeindlichkeit der bürgerlichen Klassen zu bringen. Die *lower parts of town* korrespondieren mit den menschlichen *lower parts*. Die Rede von Letzteren war tabuisiert, verschoben auf die Slums produzierte sie dort geradezu ein Crescendo an fragwürdigen, aber gesellschaftlich gängigen Metaphern.

Aber irgendwann mündete dies auch in gezielte – kommunale wie staatliche – Interventionen, in deren Fokus »die Kloake« stand. In London etwa bildete seit Gründung der Stadt die Themse das Herzstück, gespeist von den Flüssen und Bächen, die dem Wachstum der Stadt am Ende nicht mehr standhielten. Sie verkamen zu offenen Schmutzwasserkanälen und damit zu Brutstätten für Krankheiten. Als die Stadt gegen Ende des 18. Jahrhunderts dramatisch wuchs, war die Verschmutzung der Flüsse durch Abfälle von Metzgereien, Dung und Blut legendär. In Paris, Neapel oder Hamburg war die Situation kaum anders. Die Stadt von ihren Abwässern zu befreien, das war (und ist) so notwendig, wie es zugleich den zentralen Innovationsschub Mitte des 19. Jahrhunderts darstellte. Es erweist sich als ungleich schwieriger und vor allem kostspieliger als dieselben mit Wasser zu beliefern. Allerdings herrschte in allen Großstädten Europas große Unsicherheit:

einerseits über das »richtige« Entwässerungsverfahren. Andererseits war man sich bei der Prognose des künftigen Bedarfs höchst unsicher, wobei man u. a. mit einer angenommenen Benutzerfrequenz je WC hantierte, deren Überschreitung als »krankmachende Ursache« angesehen wurde. In Berlin etwa hatte zwar der Mathematiker und Ingenieur August Leopold Crelle um 1840 ein profundes Konzept vorgelegt, das eine Aufteilung des Stadtgebiets in voneinander unabhängige Entwässerungszonen vorsah. Aber erst durch die Cholera-Toten von 1866, die Erkenntnisse der Londoner Rivers Pollution Commission und den keimenden Unmut über die unkoordiniert vonstatten gehenden »Kanalbauten« einzelner privater Betreiber in den prosperierenden Vororten ließen diese Idee keimen. Ironischerweise allerdings in den Plänen von James Hobrecht, der damit berühmt werden sollte.[2] Und die wohl wichtigste Voraussetzung dafür stellte die Entwicklung einer leistungsfähigen Pumpentechnik zum Absaugen des Grundwassers sowie die Entwicklung von Isolierstoffen dar. Der Effekt aber war nicht nur technisch vorbildlich, sondern auch politisch: Denn die Übernahme dieser zweiten stadttechnischen Verantwortung nach der Bündelung der Gasversorgung in den 1840er Jahren (man nannte das seinerzeit das »öffentliche Erleuchtungswesen«) hat entscheidend zur Emanzipation der Stadt im Verhältnis zum (preußischen Obrigkeits-)Staat beigetragen. Die Effizienz dieser zumeist im Verborgenen obwaltenden Kräfte basierte dabei auf Maßnahmen und politischen Weichenstellungen, die heute undenkbar scheinen: Die Kommune übernahm die städtische Ver- und Entsorgung, enteignete das private Wasserunternehmen und ließ auch keine privaten Hilfen bei der teuren Erstellung der Entwässerungssysteme mehr zu.[3]

Es gibt eine im Metier der Planer und Entwerfer beliebte These, derzufolge der Städtebau sich erst richtig entfalten konnte, als die Stadtingenieure um die Wende des 19. zum 20. Jahrhundert von den Architekten abgelöst wurden und diese die Leitung der Stadtplanung übernahmen. Das ist jedoch höchstens die halbe Wahrheit. Denn das, was sich üblicherweise in und unter den Straßen befindet, stellt bildlich gesprochen die Nabelschnur dar, die den Stadtkörper von der Mutter Erde her nährt. Mit ihrer Architektur und ihrem Städtebau mag es der Gesellschaft gelingen, ein wie auch immer geartetes Ordnungssystem anschaulich zu machen – mit Stadttechnik indes wird es (erst) wirksam.

Seit der zweiten Hälfte des 19. Jahrhunderts wurde diese Stadttechnik massiv ausgebaut, wie zugleich auch die Rohrpost und der öffentliche Nahverkehr. Dabei ist die Entwicklung moderner Urbanität ohne Elektrizität undenkbar. Die Stromversorgung revolutionierte die Produktion in den Industriemetropolen wie auch den gesamten Großstadtverkehr. Letzteres kommt immer dann unsanft zu Bewusstsein, wenn S- oder U-Bahnstrecken vorübergehend außer Betrieb gesetzt werden müssen. Elektrizität ist überall verfügbar, aber wie sie produziert wird oder wurde und wie sie von der Produktion bis zur gewohnten Steckdose gelangt, ist nicht mehr geläufig. Längst ist die Stromversorgung im Stadtbild kaum wahrnehmbar.

Über ein Jahrhundert lang bedingten Stadttechnik und Städtebau einander. Die Entwicklung des einen Bereichs wäre ohne die des anderen nicht möglich gewesen. Auch der *civil engineer* spielt eine entscheidende, doch irgendwie ambivalente Rolle. Einerseits wird kaum einem anderen Fachmann eine so große Kompetenz zugebilligt, dass seine Arbeit quasi jeder öffentlichen Anteilnahme und Diskussion entzogen ist. Andererseits wird er gerade deswegen auch misstrauisch beäugt – weiß man doch nie so recht, was da wieder in der Erde verbuddelt wird, und warum. Anhand der Medien Wasser, Abwasser, Strom und Gas lassen sich noch heute Voraussetzungen, Abläufe, Maßnahmen und »Untergründiges« der Stadtentwicklung veranschaulichen. Mitunter euphemistisch als »unsichtbare Intelligenz unserer Städte« bezeichnet, haben diese Erschließungsanlagen immerhin eine längere Lebensdauer als die Wohnbebauung, als Schulen, Büros und Amtsstuben. Aborte und Kanalquerschnitte, Gaslaternen und Stromnetze, Absatzbecken und Pumpwerke, Schwemmkanalisation und Aufbau der Radialsysteme: Das sind entscheidende Schlagworte nicht bloß in der Geschichte, sondern auch für die Zukunft der Stadt.

Lange haben es die Kommunen verdrängt, schamhaft verschwiegen oder für irrelevant erklärt: Den Städten drohen heute und absehbar gigantische Kosten aus dem Erneuerungsbedarf der Infrastruktur. Insbesondere der Straßen und der Leitungsnetze für Trink- und Abwasser, Fernheizung, Strom. Mittlerweile aber wird nicht mehr in Zweifel gezogen, dass in den nächsten Jahren die bestehenden Einrichtungen instand gesetzt werden müssen. Dahinter steht eine selbst für Laien leicht nachvollziehbare Kosten-Nutzen-Abwägung. Zum einen produzieren die für hohe Beanspruchung ausgelegten Leitungsnetze bei Unternutzung (etwa durch verkleinerte Haushalte oder in ausgedünnten Siedlungsgebieten) exponentiell steigende Unterhaltungskosten. Zum anderen wachsen sich insbesondere überproportionale Wärmeverluste, Verstopfung, Verkeimung und Reparaturanfälligkeit der Leitungen zu wahren Kostentreibern aus. Schon deswegen stellt die ›kritische Betriebsgröße‹ künftig eine Kernfrage dar. Und eine Mischung aus dezentralen und zentralen Anteilen dürfte sowohl betriebstechnisch als auch wettbewerbspolitisch die langfristig sinnvollste Lösung sein. Implizit geht es um Antworten auf die Frage, wie eine ökologisch und ökonomisch erforderliche ›Mehrfachnutzung‹ von Energie, Wasser, Abwasser und Müll aussehen kann – oder gar muss.

Auch für die Zukunft gilt: Es sind die Infrastrukturen: die Straßen, die Wasserversorgung, die Kloake, die Elektrizitätsversorgung, die Eisenbahn, die Tram, die Metro, das Telefonnetz und schließlich auch das Internet, die eine Stadt ausmachen, indem sie den Austausch in ihrem Inneren und mit ihrer Umgebung ermöglichen. Jeder neue Typ von Infrastruktur vergrößert Reichweite, Geschwindigkeit oder Umfang dieses Austauschs und sorgt für eine neue Phase der Stadtentwicklung. Eines der großen Risiken der Gegenwart besteht darin, dass dadurch die Stadt auf eine Form des Stoffwechsels mit der Natur festgelegt wird, die kaum dauerhaft aufrechtzuerhalten ist. Dabei geht es zum Beispiel um Trinkwasser und Abwasser, um Lebensmittel und Abfälle genauso wie um Frischluft oder Smog. Als extremes Beispiel mag Los Angeles gelten, eine Stadt, die eine irrationale und destruktive Form der Siedlung und der Fortbewegung bis zum Äußersten kultiviert.

Je mächtiger, weiter und schneller der Brückenschlag, den eine Infrastruktur leistet, desto seltener die Zugangspunkte und desto stärker unter dem ökonomischen Imperativ der Zwang, sie vor allem dort anzulegen, wo die Nutzer nicht nur zahlreich, sondern auch möglichst zahlungskräftig sind. Die Profitlogik verstärkt die Dichte, der die Infrastrukturen unterliegen, wobei Dichte eben nicht allein Dichte der Bevölkerung, sondern des Einkommens und Vermögens bedeutet. Diese Logik reproduziert den Gegensatz, der bisher primär zwischen Stadt und Land bestand, nun innerhalb der Stadt, und auch innerhalb der ländlichen Gebiete. Sie zersplittert den Raum in beziehungslos nebeneinanderliegende Zonen, wobei zwangsläufig die einen bevorzugt, andere hingegen vernachlässigt werden. Und eine übergreifende Infrastruktur erschließt nicht mehr den Gesamtraum, sie stellt lediglich Tunnel zwischen den bevorzugten Zonen bereit.

Angesichts der Zukunftsrisiken werden die Städte nur lebensfähig bleiben, wenn sie den Tendenzen gegensteuern, die ihre ökologische und technische Fragilität erhöhen sowie ihre soziale Zersplitterung vorantreiben. Auch die Geiseln früherer Jahrhunderte wie Pest und Cholera wurden primär durch sozialen, sekundär durch technischen und zuletzt erst durch medizinischen Fortschritt besiegt: Entscheidend waren die öffentliche Hygiene und die Lebensbedingungen für die Massen. Der Stadt und ihrem Stoffwechsel eine zukunftsfähige Gestalt zu geben, verlangt auch heute sozialen Ausgleich und eine durchsetzungsfähige öffentliche Hand.

Mit dem Bewusstsein ihrer ins Unterirdische ragenden Existenz erhält die Stadt eine andere Dimension. Wenn wir uns die Zukunft unserer Städte vorstellen, denken wir in der Regel an ihr Höhenwachstum, an ein Emporschießen von Glas und Stahlträgern. Ihre Vergangenheit hingegen liegt zwar unter der Erde, aber keineswegs für immer begraben. »Wir alle nutzen den Untergrund«, schrieb der britische Schriftsteller und Journalist Will Self, »in derselben Weise, wie wir in den Blocks, in denen wir leben und arbeiten, die Aufzüge nach oben nehmen. Im radikalen Gegensatz des Aufstiegs etwa aus dem stygischen Chaos der U-Bahn-Station London Bridge und dem Emporschießen entlang der gläsernen Seiten des Shard verwirklichen wir unsere städtische Existenz oft am deutlichsten: Ein Großstadtbewohner zu sein heißt, die Extreme des von Menschenhand Gemachten anzunehmen, sein Yin und sein Yang, seine Gruben und seine Pendel.«

Das für jede Stadt heute überlebenswichtige und zugleich verwundbare Netz der modernen Stadttechnik ist über gut ein Jahrhundert langsam und stetig gewachsen – in Ausmaß und Bedeutung. Wo Ausbau und Zuwachs beinahe ewig dominierten – denn bei technischer Infrastruktur ist es in der Regel so, dass die Generation, die den Ausbau realisiert, keine Gedanken an einen gleichwertigen Ersatz verschwenden muss –, tauchte schon Ende der 1990er Jahre das Gespenst der Ersatzinvestitionen auf. Rohre wurden brüchig, Straßen holprig und Brücken, ihrer Statik durch das Nagen der Zähne der Zeit beraubt, schlicht unbefahrbar. Plötzlich galt und gilt es, mit sehr viel Geld die Infrastruktur zu erneuern, um weiter in den gewohnten Genuss von Bequemlichkeiten und Effizienzen im Stadtleben zu kommen. Das ist ebenso schmerzhaft wie politisch freudlos. Gewaltige finanzielle Kraftanstrengungen zur Sicherung des Status quo sind notwendig. Das finanziert sich schwer und lässt sich auch politisch schwer als sexy hinstellen, da es gilt, einen Wettbewerb um knappe Haushaltsmittel auszufechten, in dem sich Schlaglöcher, Kita-Plätze und Theater- oder Opernangebote teils unversöhnlich gegenüberstehen.

Wissenschaftliche Abschätzungen machen die Brisanz der Infrastrukturaufgabe in den deutschen Städten deutlich. So hat das Deutsche Institut für Urbanistik im Jahr 2008 errechnet, dass die öffentliche Hand und private Investoren pro Jahr rund 47 Milliarden Euro investieren müssten, um die Qualität und Funktionsfähigkeit unseres Bestands an materieller Infrastruktur zu erhalten. Zwischen 2006 und 2020 wären das insgesamt 755 Milliarden Euro, legt man Preise von 2000 zugrunde. Dabei sind die ostdeutschen Länder mit einem Durchschnittswert von rund 858 Euro je Einwohner deutlich stärker betroffen als die westdeutschen Länder, deren Einwohner pro Jahr jeweils rund 755 Euro für die Infrastrukturinvestitionen hätten aufbringen sollen.[4] Geschehen ist seitdem deutlich weniger, auch das bedeutet: Wir leben teilweise von der Substanz. Im Ergebnis zeigt dieser Überblick zur Leistungsfähigkeit einer kommunalen Infrastrukturpolitik traditioneller Prägung eine gewaltige Lücke zwischen Aufgabenumfang und öffentlicher Lösungskraft.

Mit Blick auf die Gesamtheit der Städte in Deutschland, die nicht zuletzt durch ein Nebeneinander von wachsenden und schrumpfenden Räumen gekennzeichnet ist, tut sich ein weiteres empfindliches Problem auf. Überall dort, wo stadttechnische Systeme und Netze auf eine rückläufige Bevölkerung und abnehmende Nutzerzahlen treffen, gerät die herkömmliche wirtschaftliche Basis der Ver- und Entsorgung aus den Fugen. Denkt man Ver- und Entsorgung vereinfacht als System von Rohren, an das in regelmäßigen Abständen Haushalte (also Nutzer) angeschlossen sind, und versteht, dass Wartung und Betrieb dieses Rohrsystems zu gleichen Teilen von den angeschlossenen Haushalten über Gebühren zu finanzieren sind, zeigt sich schnell der soziale Sprengstoff rückläufiger Bevölkerungszahlen: Jeder Zahler, der aus dem System ausscheidet, bürdet Teile der von ihm getragenen Kosten den verbliebenen auf, die über das Gebührenrecht automatisch für dieselbe Leistung mehr bezahlen müssen. Scheiden größere Mengen von Haushalten aus dem Versorgungsspiel aus, werden ab einem bestimmten Punkt zusätzliche Betriebsmaßnahmen notwendig, wie beispielsweise das Durchspülen von Abwasserkanälen mit Frischwasser, um die zur Verhinderung gefährlicher Keimbildung notwendige Fließgeschwindigkeit des Abwassers aufrechtzuerhalten. Diese sinkt nämlich bei sinkender Wassermenge und konstantem Rohrdurchmesser tendenziell ab, mit der Gefahr von kloakenähnlichen Entwicklungen im Rohr.

Dabei muss die Infrastruktur die Stadt als öffentlichen Raum wiederherstellen und das Alltagsleben auf eine tragfähige – und das heißt: seine Naturvoraussetzungen respektierende – Basis stellen sowie vor allem politische Vorkehrungen zu deren Schutz zu treffen. Dies sind unteilbare öffentliche Güter. Schaffen kann sie nur eine Politik, die eine solidarische

Gesellschaft zum Ziel hat. Der mit seinem engen Leistungsspektrum verbleibende Staat, den sich die Eigentümergesellschaft noch leisten mag, kann im Fall der Katastrophe nicht mehr als schießen, um all jene zu treffen, deren Leben er nicht zu schützen vermag, sobald sie anfangen, sich in der Not selbst zu holen, was ihnen vorenthalten wurde.

Grüne Urbanität?

Vor vielen Jahren sang eine gewisse Alexandra aus Tellingstedt einen Refrain, der die aktuelle Urbanismusdebatte vertont: »Mein Freund der Baum ist tot / Er fiel im frühen Morgenrot …« Von Alexandra über die Gründung erster grüner Landesverbände bis hin zur aktuellen Diskussion um das gesundheitsschädliche Potential der großen, verkehrlich belasteten Feinstaub-Innenstädte hat sich immer mehr gesellschaftlicher Sinn, ja eine regelrechte Sehnsucht nach einem Gegenpart verstädterter Kultur herausgebildet. Und das ist eben »die« Natur.[5] Dazu gehören nicht nur die Bäume, sondern Parks und Gärten, Laubenpiperkolonien und allerlei begrünte Flächen in der Stadt.

So selbstverständlich nahm alle Welt den vor drei Jahren fertiggestellten Park am Berliner Gleisdreieck in Gebrauch, dass darüber ganz vergessen wurde, über ihn zu reden und ihn zu rühmen. Denn genau betrachtet müsste dieser Park Schule machen, vorbildlich gelten für urbane Erneuerung. Setzt er doch Maßstäbe insofern, als er dezidiert ›künstlich‹ und ausgeprägt sportaffin ist – in gewisser Weise ›naturfern‹ schon auf den ersten Blick, mit seinen bunten Laufbahnen, seinen *half pipes*, metallenen Kiosken, seinen Bahnrelikten, Treppierungen und patchworkartigen Grasflächen. Vielleicht aber spricht gerade das Beiläufige auch Bände: So, wie man ihn nutzt, sich an ihm freut, so sehr unterstreicht er die selbstverständliche Bedeutung, die die »grüne Infrastruktur« – das heißt, Parks, Gärten, Alleen, bepflanzte Plätze – seit jeher für das Leben in der Stadt haben. Sie bieten jene Momente, in denen man so ganz in der Gegenwart ist und sich doch wie aus der Zeit genommen fühlt. Hier fügte sich in der Vergangenheit das heutzutage etwas angestaubt wirkende – und ob seiner Kosten viel kritisierte – Konzept der Bundesgartenschau ein. In der Rückschau entstanden so, mit großer Überzeugung und tatkräftiger Hand, durchaus nachhaltige Orte der Stadt: Heute bilden der Grugapark in Essen, der Westfalenpark in Dortmund und der Südpark in Düsseldorf grüne Oasen von jeweils mehr als 70 Hektar Fläche, die all das in den urbanen Kontext gebracht und allen ökonomischen Widrigkeiten zum Trotz auch erhalten haben, was die aktuelle Initiative nach mehr Grün in der Stadt in ihren Forderungskatalogen auflistet. Wie weit entfernt die BUGA-Konzepte vom gelegentlich zu Unrecht gehänselten Kleingartenwesen entfernt sind und welche Kraft zum Stadtmachen hier freigesetzt wurde, mag das 1969 im Westfalenpark unter Leitung des Architekten Günter Behnisch errichtete Sonnensegel unterstreichen, das als Prototyp einer freitragenden Dachkonstruktion Vorbild der zeltartigen Überdachung des 1972 fertiggestellten Münchner Olympiastadions war.

Aber selbst die kleinen Pocket-Parks können zentrale Orte der Ruhe sein – gleichsam Gegenpole zum urbanen Getriebe. Sie befreien uns von Stress, Arbeit oder Kulturkonsum und schaffen eine räumliche und geistige Weitung inmitten der städtischen Dichte. Dabei gibt es keine vorgefasste Form, der diese Orte folgen müssen, um die Menschen einzunehmen. Park und Stadt bedingen einander, sie gehen eine Wechselbeziehung ein. Entscheidend ist, dass man mit urbanem Grün perspektivisch auch Denkfiguren wie Freiheit, Pluralität, Flexibilität und Integration assoziiert. Deshalb geht es künftig weniger um Naturschutz in der Stadt, vielmehr um eine Freiraumplanung, die die öffentlichen Räume für die Stadtbewohner nutzbar macht. Unterstützt wird dieser Gedanke u. a. von der Bewegung des *Urban Gardening* – eben weil sie zu einer neuen Lesart von Stadt auffordert. Die in den letzten Jahren in vielen großen Städten entstandenen Gemeinschaftsgärten, Kiezgärten, interkulturellen Gärten und Nachbarschaftsgärten zielen mit dem Grün als Medium zugleich auch direkt auf die Stadt als Lebensraum und senden neue visuelle

Bereits etymologisch ist abgesichert, dass die Landschaft immer etwas mit dem Verhalten des Menschen in seiner Umgebung zu tun hat und sich folglich in ständiger Veränderung befindet. Das gilt umso mehr bei städtischen Grünräumen, wie das Beispiel Jardin del Turia im spanischen Valencia zeigt. Was im urbanen Kontext vielleicht bedeutet, dass es bei den öffentlichen Gärten heute grundsätzlich nicht mehr darum geht, in der Herstellung von großen und möglichst natürlichen Freiflächen den Eindruck von purer Natur zu vermitteln. Sondern darum, ein nutzbares Angebot an Freiraum für den strapazierten Städter bereitzustellen.

Vorstellungen von Urbanität aus. Und folgerichtig wird das Konzept als Entwurf eines ökologischen, langsamen und sozialverträglichen Lebens in der Großstadt verkauft, als »neue Urbanität, lokale Vielfalt, Wiederentdeckung des Miteinanders, Renaissance des Selbermachens«, wie es auf der Homepage heißt.

Landschaft als komprimierter Ausdruck von Natur und Grün mag zwar ein Stück weit soziale Konstruktion sein, weil eine Art Stimmungsbild der gesellschaftlichen Innenwelt des

Betrachters, aber nicht zu Unrecht wird dieses Bild auch auf das Urbane projiziert: Denn die Identität der Stadt basiert nicht nur auf Gestalt und Funktionsweise der bebauten, sondern auch der unbebauten, vegetativen Flächen. Verbliebene, erhaltene und erkämpfte naturnahe oder naturähnliche Freiflächen und Refugien im urbanen Raum sind nicht selten identitätsstiftend für eine Stadtgesellschaft. In gleicher Weise wie Flussauen, Parks oder stadtnahe Waldgebiete das Bild einer Stadt prägen, sind sie auch immer wieder verantwortlich für ein besonderes Lebensgefühl breiter Bevölkerungsschichten. Das wiederum ist eng verwoben mit wirtschaftlicher Potenz und einer bestimmten Haltung der Entscheidungsträger in Stadtpolitik und Verwaltung zu grünen Freiräumen innerhalb der Stadt. Wer freien Zugang gewährt, zeitigt sicherlich andere Effekte einer urbanen »Draußenkultur« als derjenige, der anspruchsvolle Grünfreiräume gegen Eintritt mit Jahreskartenrabatt zugänglich macht und die Stadtbevölkerung mit gehypten Inszenierungen ins Grüne lockt. Aber auch hier kann es kein Besser oder Schlechter geben, und die Forderung an das, was man in der Stadt braucht, muss vermutlich in Richtung Vielfalt formuliert werden. Denn allzeit freier Zugang zu Parks und großflächigem urbanem Grün führt oft genug zu einer ausgelassenen bis exzessiven »Draußenkultur« mit allem, was eine versnobte Hochkultur ablehnen würde – aber hoch integrativ, spontan und hip durch alle Milieus. Aufgeräumt und wiederhergestellt wird nach diesem Konzept von der öffentlichen Hand und bezahlt wird sie über die Steuer auch vom »Stubenhocker« oder »Opernbesucher«, die vermutlich weniger auf die Idee kommen würden, bei Grillfesten und anderen Verlustierungen Sommertage und -nächte im Park zu verbringen.

Vermutlich verbietet sich an dieser Stelle die Frage nach Zahlungsbereitschaften für frei zugängliche, quasi öffentliche Grünräume. Das Recht auf und die Sehnsucht nach Freiraum in der Stadt verträgt sich freilich nicht recht mit dem Anliegen, kleingärtnerische Beet- und Rasenpflege zu privatisieren oder seine Nutzung über Ticketing und Zäune etwas exklusiver zu gestalten. Dennoch ist genau dieses hochgeschätzte

Qualitätsmerkmal der modernen Stadt alles andere als eine Selbstverständlichkeit. So wie längst nicht jede Stadt mit geschätzter Natur gesegnet ist, sind auch nicht allerorten Parks entstanden und in die Gegenwart gerettet worden. Zudem »ziert« auch heute noch so manches Flussufer eine mehrspurige Hauptverkehrsstraße, was ein so urbanes wie naturnahes Erleben am Fluss, insbesondere bei klammen öffentlichen Kassen, für Generationen verunmöglichen dürfte.

In der Fachliteratur existiert der Begriff der »dritten Natur«:[6] Dazu zählen gemeinhin die Gärten und Parkanlagen, die Außenanlagen an Bauten, Spiel- und Sportplätzen, Kleingärten, die Zwischen- und Restflächen bei Verkehrswegen, Brachen, aber ebenso vegetationsbestandene Plätze und Straßenräume. Kennzeichnendes Merkmal der dritten Natur ist die Gleichzeitigkeit des Artefaktes und der Natürlichkeit. Natur und Kultur sind im Garten und Park zwingend vereint, sie werden damit zur gültigen Metapher unserer Rezeption von Natur, die sich im Verlaufe der Geschichte immer wieder wandelt. Hierzu eine kleine Anekdote: Auf seiner »Suche nach der modernen Landschaft« hat der renommierte Architekturtheoretiker Kenneth Frampton recht eigentümliche Erfahrungen gemacht: »Als ich nach Harvard kam, fand ich mich in einer Schule wieder, deren Landschaftsfakultät der Meinung war, da Bäume nicht [wie etwa Baumaterialien] in Fabriken hergestellt werden, sei es nicht notwendig, daß sich ein Landschaftsarchitekt mit neuen Ideen in der Architektur oder in den Künsten beschäftige.« Vielleicht kann der Impetus der Gartenarchitekten heute grundsätzlich nicht mehr darin bestehen, in der Herstellung von großen und möglichst natürlichen Freiflächen den Eindruck von purer Natur zu vermitteln – ohnehin ein so hoffnungsloses wie unehrliches Unterfangen. Die derzeit blühende Kunst der künstlichen Natur will sich wieder einen der Architektur angenäherten Rang erobern und sei der städtische Raum dafür auch noch so knapp.

Joseph Beuys hat mit seinem Beitrag 7000 Eichen an der Dokumenta 1982 in Kassel eine soziale Plastik, mehr noch ein anschauliches Beispiel seines erweiterten Kunstbegriffes geliefert. In seiner umfassenden Gegenwartskritik sah er in der

Natur den Motor eines künstlerischen, ökologischen und sozialen Fortschrittes, der den »Kältecharakter der Technokratie und des Fachspezialistentums« überwinden wird. Beuys' romantisch getönte Naturphilosophie wurde in Kassel mit der »Stadtverwaldung« direkt umgesetzt, was nicht ohne fatale städtebauliche und vor allem landschaftsarchitektonische Folgen geblieben ist. Suggerierte es doch, dass es der Stadt vor allem an Bäumen fehle, und verleitete zum problematischen Kurzschluss, dass damit »ökologischer Stadtumbau« erreicht werden könne. Und dennoch: Übrig blieb neben der spektakulären künstlerischen Aktion die gefestigte Erkenntnis, dass die lebenswerte Stadt Natur braucht, aber auch, dass diese sich nicht in der Anreicherung von Biomasse erschöpfen kann.[7] Im urbanen Grün steht die Natur für die gelassene Langsamkeit und Nachhaltigkeit und bedeutet weit mehr als das bloß Zweckmäßige, wie schon Bertolt Brecht festgestellt hat: »Befragt über sein Verhältnis zur Natur, sagte Herr K.: ›Ich würde gern mitunter aus dem Haus tretend ein paar Bäume sehen. Besonders da sie durch ihr der Tages- und Jahreszeit entsprechendes Andersaussehen einen so besonderen Grad von Realität erreichen. Auch verwirrt es uns in den Städten mit der Zeit, immer nur Gebrauchsgegenstände zu sehen, Häuser und Bahnen, die unbewohnt leer, unbenutzt sinnlos wären. Unsere eigentümliche Gesellschaftsordnung lässt uns ja auch die Menschen zu solchen Gebrauchsgegenständen zählen, und da haben Bäume wenigstens für mich, der ich kein Schreiner bin, etwas beruhigend Selbständiges, von mir Absehendes, und ich hoffe sogar, sie haben selbst für die Schreiner einiges an sich, was nicht verwertet werden kann. ›Warum fahren Sie, wenn Sie Bäume sehen wollen, nicht einfach manchmal ins Freie?‹ fragte man ihn. Herr Keuner antwortete erstaunt: ›Ich habe gesagt, ich möchte sie sehen aus dem Hause tretend.‹«

Aktuell scheint es keinen Zukunftsprospekt des Städtischen zu geben, bei dem das Attribut ›Grün‹ nicht eine entscheidende Rolle spielt. Hierzu ein kleines Streiflicht: Der Internationale Hochhauspreis wurde im November 2014 an den Bosco Verticale in Mailand verliehen. Der Architekt Stefano Boeri hat ein Gebäudetandem kreiert, bei dem das Grün in einigen Jahren einen dichten Pelz bildet: An den beiden Häusern, 78 und 122 Meter hoch, wachsen 900 Bäume und 500 Sträucher – tatsächlich eine Art vertikaler Wald, unterbrochen lediglich durch die Fenster. Dabei verändern sich die Fassaden mit den Jahreszeiten: Im Sommer bieten die Blätter Schatten, so dass sich die Bauten nicht so stark aufheizen und für ein angenehmes Mikroklima gesorgt ist. Wenn dann im Herbst die Blätter fallen, treffen die wärmenden Sonnenstrahlen ungehindert auf die dahinterliegenden Wände. Eine »grüne« Architektur, die auf ihre Umwelt reagiert – das ist die Vision, die hier, exemplarisch an einem Stadt-Baustein, umgesetzt wird.

Nun ist es eine nicht ganz einfache Sache, Stadt und Landschaft heutzutage zusammen zu denken und dann noch alltags- wie umsetzungstaugliche Empfehlungen zu ersinnen. Momentan sprießen politische Konzeptpapiere und Forderungskataloge für mehr Grün in der Stadt wie Krokusse im Frühling. Die Notwendigkeit zu einem »Mehr« an Grün sei erkannt, zum Nutzen aller Bevölkerungsgruppen sei es sowieso, dem Klima nütze es sowohl lokal als auch global. All das scheint *common sense*. Es ist zugleich aber wohlfeil, wenn nicht auch über dessen Machbarkeit Rechenschaft abgelegt wird. Was heute unabdingbar heißt, ein Preisschild an die Wohltaten zu heften.[8] Und dabei spielen Aspekte eine Rolle, die auf den ersten Blick wenig »sexy« sind – die Frage von Pflege und Unterhalt etwa oder die nach Resilienz.

Auffällig jedenfalls ist, dass in vielen zeitgenössischen Entwürfen einer Zukunftsstadt das Wesen des Grüns mit dem Wesen des Urbanen korreliert. Die Stadt verkörpert demnach die offene Dynamik, die der ländlichen Ordnung entgegengesetzt ist, denn sie ist traditionell der Ort der Begegnungen mit dem Fremden und vielfältiger kultureller Entwicklungsmöglichkeiten. Und deshalb ist, umgekehrt, die Stadt auch der symbolische Ort einer modernen Natur. Allerdings geht es weniger um Naturschutz in der Stadt, vielmehr um eine Freiraumplanung, die die öffentlichen (Grün-)Räume für die Stadtbewohner nutzbar macht.

Wer eine Antwort sucht auf die Frage, was das Grün für die

Zukunft der Stadt bedeutet, der ist zudem gut beraten, sich der Vergangenheit zu vergewissern – und etwa bei Fürst Pückler nachzuschlagen. Denn was der renommierte Gestalter im Jahr 1834, in der Frühzeit urbaner Bauspekulation, über die Bedeutung des Grünraums sagte, das gilt in erweitertem Sinn auch heute: »Gestattet uns, auch das Schöne hier in Anschlag zu bringen; denn ich sehe nicht ein, weshalb man das Schöne vom Nützlichen ausschließen sollte. Was ist denn eigentlich nützlich? Bloß was uns ernährt, erwärmt, gegen die Witterung beschützt? Und weshalb denn heißen solche Dinge nützlich? Doch nur, weil sie das Wohlsein des Menschengeschlechts leidlich befördern? Das Schöne aber befördert es in noch höherem und größerem Maße; also ist das Schöne eigentlich unter den nützlichen Dingen das Nützlichste.« Zu Pücklers Zeiten hat man sich solcher Einsicht nicht verschlossen.

Doch neben der Anmutungsqualität – zumeist in Landschaftsparks, öffentlichen Plätzen und Stadtgärten wahrgenommen und verbildlicht – verbindet man mit dem Begriff des Urbanen Grüns auch den Aspekt der Selbstversorgung. Anfang des 19. Jahrhunderts konnte die sprunghaft angestiegene Stadtbevölkerung für wenig Geld einen von Landesherr, Kirche, Fabrikbesitzer oder Stadtverwaltung angelegten »Armengarten« pachten und hier Obst und Gemüse anbauen. Um die Jahrhundertmitte entstand die Schrebergartenbewegung auf Eigeninitiative von Bürgern, die sich in schnell wachsenden Industriemetropolen wie Berlin mit überfüllten Mietskasernen und dunklen, engen Hinterhöfen nach ein bisschen Grün sehnten. Gleiches gilt für die Montanstädte des Ruhrgebietes, in denen es eine schier unglaubliche Nähe von Wohnen und Industrieproduktion gab und wo die Schrebergärten, gleichwohl in Sichtweite der Hochöfen eine willkommene Ergänzung des Siedlungsensembles waren. Der Name geht auf den Leipziger Orthopäden Daniel Gottlob Moritz Schreber zurück, der dafür warb, Spielwiesen für kranke Kinder von Fabrikarbeitern anzulegen. Drum herum wurden nach und nach Gemüse- und Blumenbeete angelegt, später dann auch Lauben gebaut. Nach Kriegsende 1945 wurden die Kleingärten als vorübergehende Bleibe für die vielen Wohnungslosen und als Anbaufläche für Obst und Gemüse überlebenswichtig. Auch heute erfreut sich der Schrebergarten großer Beliebtheit bei Jung und Alt – sieht sich allerdings gerade in wachsenden Städten massiv durch den Heißhunger nach Wohnbauland bedroht.

Es ist für die Zukunft eine entscheidende Frage, inwieweit solche Ansätze und Tendenzen für das Gemeinwesen Stadt fruchtbar gemacht werden können. Denn ein Protest im Sinne von »So nicht!« und ein Planungsalltag im Sinne von »Weiter so« finden bislang nicht recht zusammen. Um unsere Lebensverhältnisse – auch und gerade im urbanen Raum – zu verändern, ist womöglich der Begriff der Allmende hilfreich. Im Mittelalter stand den Bauern in vielen Gemeinden die Dorfwiese, die Allmende, zur freien Verfügung und Nutzung. Der unbeschränkte Zutritt führte allerdings dazu, dass die Bauern mehr Vieh auf die Weide trieben, als es mit dem Ziel einer dauerhaften Nutzung der Wiese verträglich gewesen wäre. Unter der Bezeichnung »Tragik der Allmende« ist diese Übernutzung der Gemeindewiese fester Bestandteil der ökonomischen Lehre geworden. Die Forschung hat sich derweil Jahrzehnte mit dem Problem herumgeschlagen, diese Tragik der Allmende zu überwinden. Die Grande Dame der *New Institutional Economics* Elinor Ostrom hat hierzu ein Set an Grundregeln entwickelt, die interessanterweise zu vielen der auf Partizipation angelegten Wunschszenarien der deutschen Urbanisten-Szene passen, bemerkenswerterweise aber kaum in diesem Milieu adaptiert werden.[9]

Ein zeitgemäßer Lösungsansatz müsste also lauten: Die Nutzer müssen in der ein oder anderen Form dazu gebracht werden, die Auswirkungen auf andere bei ihrer Entscheidung zur Nutzung der Allmende einzubeziehen. In diesem Sinne muss man die Forderung nach Grün in der Stadt durchaus mit dem Anspruch verbinden, kollektive Regeln und Pflichten für einen erfolgreichen Ausweg aus der Tragik der Allmende zu finden.

In Bezug auf das, was das harte Gerüst der Stadt ausmacht, sind womöglich die Memoiren von Sebastian Hensel ganz aufschlussreich. Weil sie nicht bloß historisch, sondern, in ihren strukturellen Inhalten, durchaus auch bezeichnend sind für die aktuelle Situation. Denn der 1830 als Sohn der Komponistin Fanny Hensel und des Malers Wilhelm Hensel geborene spätere Direktor der Deutschen Baugesellschaft verkörpert gleichsam die *hard facts* des Urbanismus. Berlin verdankt ihm nicht nur den Import des Wiener Caféhauses sowie das Top-Hotel Kaiserhof, sondern auch einen Einblick in das Wirkungsgeflecht der gründerzeitlichen Stadtentwicklung. Bestürzt und fasziniert war er, erinnert sich Hensel, als man ihm im Winter 1872 anbot, »die Verproviantierung Berlins in die Hände zu bekommen, eine mächtige Organisation zu schaffen und zu beherrschen«. Doch es sei daraus eine »Leidensgeschichte« geworden, »wie so vieles, was in Berlins öffentliche Verhältnisse eingreift, und es war mir beschieden, den Kelch dieser Leidensgeschichte siebzehn Jahre lang bis auf die Hefe zu leeren«. Seit den 1850er Jahren bereits habe die Stadt – während Paris und London ihre Versorgung internationalisierten und modernisierten – die Abschaffung der lokalen Wochenmärkte zugunsten eines der Millionenbevölkerung angemessenen Hallensystems erwogen. Erst wurde Markthallenbau als kommunales Privileg definiert, nichts geschah. In »endlosen Debatten« zwischen Polizei, Behörden, Magistrat und Investoren sei der Plan verhandelt worden. Ein Stadtrat und ein Baumeister hätten Dienstreisen durch Europa unternommen zum Quellenstudium »nach echt deutscher Art«; das Resultat, »ein dickes, gelehrtes, gründliches Buch«, sei mit der Abrechnung »diverser Champagnerfrühstücke« von der Stadtverordnetenversammlung »breitgetreten« worden. Dann ergriff der Polizeipräsident die Initiative und schloss zwei Märkte zugunsten einer neuen Markthalle am Schiffbauerdamm, die jedoch aufgrund ihrer Mehrstöckigkeit vom Publikum nicht angenommen wurde und schließlich in einen Zirkus umgewandelt werden musste. Der alte Trott, meint Hensel, habe sich wieder als stärker erwiesen, »die Gebildeten fanden sogar die offene Marktschweinerei malerisch«. Noch einmal wurden fünf Jahre lang Akten angelegt darüber, dass man »theoretisch« anerkenne, Hallen zu brauchen, mit oder ohne Privatkapital. Schließlich stimmten königliche und kommunale Behörden mit dem Polizeichef überein. Eine Deutsche Baugesellschaft wurde gegründet, die Markthallen-Grundstücke erwarb. Der Magistrat unterzeichnete einen Vertrag zur Aufhebung offener Märkte. Doch der nächste Polizeipräsident legte sein Veto ein – falls die Stadt sich nicht als Aktionärin an dem Unternehmen beteilige, um innerhalb von 30 Jahren Eigentümerin der Hallen zu werden. Der Magistrat lehnte jeden finanziellen Einsatz ab. Der Polizeichef indes konstatierte, Markthallen seien eine kommunale Aufgabe, die unmöglich (man bedenke die Gefahr der »Monopolisierung des Verkehrs mit Lebensmitteln«!) Privatgesellschaften überlassen werden dürfe. »Der Markthallenbau ist vorerst gescheitert. Eine Pleite – für wen?«[10] Was Hensel in der Folge aus der Deutschen Baugesellschaft von der Nutzung der Hallengrundstücke berichtet, wirkt wie ein aktuelles Szenario über urbane Infrastrukturen, über kommunale Entscheidungen und fragwürdige Immobiliendeals. Der Bauch der Stadt, ein zeitlos bärenstarker Verdauungsapparat?

Zumindest basiert die unsichtbare Intelligenz der Stadt auch weiterhin auf harten Infrastrukturen, mag heute auch sehr viel von *smart grids* und umfassender Digitalisierung die Rede sein, mag die Hoffnung auch auf die *smart city* gerichtet sein. Aber: Stadtplanung und Stadtentwicklungspolitik gingen lange, mehr oder weniger stillschweigend, davon aus, dass alles, was über der Erde geplant und gebaut wurde, problemlos auch mit der entsprechenden Ver- und Entsorgungsinfrastruktur angebunden und versorgt werden konnte. Und nicht nur das: Indem man eine Art technisches Wurzelwerk anbot, von der öffentlichen Hand finanziert und »mit allen Schikanen« ausgestaltet, hoffte man, bestimmte Bereiche und Gegenden attraktiv zu machen und im Sinne des Standortmarketings an den Mann zu bringen. Was zur Folge hatte, dass kostenminimale Lösungen und Fragen der langfristigen Sicherung und

Bedarfsgerechtigkeit tendenziell ausgeklammert wurden. Mit Blick auf die Herausforderung der leeren kommunalen Kassen, des demographischen Wandels und der insbesondere im Gewand extremer Wetterereignisse drängenden Herausforderungen des Klimawandels erhält die infrastrukturelle Komponente der Stadtentwicklung heute eine ganz neue Bedeutung. Sie wird aber in der stadtplanerischen Praxis bislang nur in Ansätzen auf- und ernst genommen – womöglich weil die Sicherung der Infrastruktur vorrangig ökonomisch wahrgenommen wird, als Kapitalerhaltung. Die Aufgabe ihrer Modernisierung ist indessen umso drängender, als es sich bei der technischen Infrastruktur nicht um *nice-to-haves*, sondern eindeutig um die *must haves* einer modernen Stadt handelt: Funktionsverluste bei der technischen städtischen Infrastruktur führen unmittelbar zu massiven Qualitätseinbußen für Bürger und Unternehmen und werden so zu gravierenden Standortnachteilen. Moderne Logistiksysteme bilden heute die Versorgungs- und Funktionsbasis aller Metropolen und Großstädte weltweit. So hat jüngst eine Studie gezeigt, dass eine dreitägige Unterbrechung zentraler Logistikketten in London zu Chaos bis hin zu massiver sozialer Instabilität führen könnte. Deshalb muss man sich verschiedener Kernpunkte (neu) bewusst werden: Ohne eine technische Infrastruktur gibt es kein kulturelles, soziales und ökonomisches Leben in der Stadt. Oder andersherum: Das Urbane verliert ohne Stadttechnik rasant an Funktion und Attraktivität. Obgleich sie in ihrer Bedeutung kaum zu überschätzen ist, spielt sie in der öffentlichen Wahrnehmung so gut wie keine Rolle (und wenn, dann eine negative: es stinkt, funktioniert mal wieder nicht etc.) und eignet sich daher nur schwer zur politischen Kommunikation. Sie ist teuer und komplex, und sie droht vom Hype um die digitale Infrastruktur vollständig überdeckt zu werden.

Wie weit ist es also her mit der Utopie einer komplett vernetzten und sensorengesteuerten Metropole, die im Namen von Effizienz keinerlei Reibungen mehr kennt? Zwar waren Städte schon immer Versuchsfelder für revolutionäre Neuerungen, ob Kanalisation, Impfstoffe oder Untergrundbahn. Aber deshalb kann eine technikfreie Stadt kaum als Vorbild für die Zukunft dienen. Doch die Beziehung zwischen Technologie und Urbanismus war und ist stets ambivalent – einerseits ermöglichte die technische Entwicklung erst die wohlhabende Großstadt moderner Prägung. Brandschutz, Hygiene, Transport und Verkehr sowie die Elektrifizierung waren es in der Vergangenheit. Heute wird das alles ergänzt um das, was man unter der digitalen Infrastruktur zusammenfassen kann. Und es geht um die ganz große Transformation der stadttechnischen Systeme – eine Aufgabe wie gemacht für einen Herakles der Postmoderne. Denn es gilt zum einen die Augiasställe des urbanen Industriezeitalters auszumisten: Erstens, Energiewende und Verkehrswende mit infrastrukturellen Implikationen wie zum Beispiel *smart grids*, Elektromobilität im Verein mit einer neuen Multimodalität des Mobilitätsangebotes. Zweitens, Modernisierung, Effizienzsteigerung im Bereich der übrigen Ver- und Entsorgungssysteme. Drittens, Schaffung hochleistungsfähiger Grundlagen für die digitale Transformation unserer Städte. All das wohlgemerkt für gut 12 000 Städte und Gemeinden in Deutschland, die nach dem im Grundgesetz normierten Prinzip gleichwertiger Lebensbedingungen *cum grano salis* in vergleichbarer Weise infrastrukturell auszustatten sind.

Das Wohnen: ein retroaktives Grundbedürfnis

Der Philosoph Vilém Flusser formulierte in seiner Dialektik von Heim und Welt: »Wir wohnen. Wir könnten nicht leben, wenn wir nicht wohnten. Wir wären unbehaust und schutzlos. Ausgesetzt einer Welt ohne Mitte. Unsere Wohnung ist die Weltmitte. Aus ihr stoßen wir in die Welt vor, um uns auf sie wieder zurückzuziehen. Von unserer Wohnung aus fordern wir die Welt heraus, und wir fliehen vor der Welt in unsere Wohnung. Die Welt ist die Umgebung unserer Wohnung. Unsere Wohnung ist das, was die Welt befestigt. Der Verkehr zwischen Wohnung und Welt ist das Leben.«[1] Tatsächlich ist nicht zu leugnen, dass Urbanität ohne das Wohnen nicht denkbar oder rekonstruierbar ist – zumal es als Hauptnutzung städtischen Bodens wesentlich seine räumliche und soziale Struktur prägt. Behaust zu sein stellt eines der menschlichen Grundbedürfnisse schlechthin dar. Es dürfte gleich nach dem Stillen von Hunger und Durst anzusiedeln sein. Und bei allen Umbrüchen im Sozialen und Ökonomischen und bei allen kulturellen Differenzierungsleistungen im Erscheinungsbild und im Gebrauch – das Wohnen ist eine anthropologische Konstante, ein Teil des ewigen Bedürfnishaushaltes des Menschen. Rein funktional hat sich im Weltenlauf keine Veränderung ergeben: Ein Dach über dem Kopf, möglichst vier Wände zur Abschirmung vor der Außenwelt drum herum. Das ist das Konzept, und es gilt auch heute. Aller Intensität und Kreativität zum Trotz, die namhafte Architekten seit einem Jahrhundert im Entwurf von Wohnungen und Wohnhäusern an den Tag gelegt haben, sind deren Grundkonstanten nicht aus den Angeln gehoben worden. So mag das Wortpaar »Wohnen und Innovation« in ambitionierten Gestalterkreisen eher für Frust und Verzagtheit stehen, wohingegen es für die breite Masse der Wohnenden wohl nie ein Thema war – und absehbar auch nicht werden wird.

Obgleich rund 47 Prozent der Deutschen zur Miete wohnen – in Europa wird nur in der Schweiz mehr gemietet als in Deutschland, während ansonsten über 70 Prozent der Europäer in den eigenen vier Wänden wohnen –, sind sie ein Volk von »Luxuswohnern«. Im Vergleich zu allen früheren Zeiten, in denen ein Großteil der Gesellschaft in vergleichsweise katastrophalen Verhältnissen lebte, wurde im 20. Jahrhundert der demokratische Traum wahr gemacht, (fast) jeder Familie eine menschenwürdige Wohnung zu verschaffen. Zum Vergleich: 1950 standen für 15,5 Millionen Haushalte nur 10 Millionen Wohnungen zur Verfügung (Bundesgebiet ohne Saarland), jede davon war von knapp fünf Personen belegt. Nur 20 Prozent dieser Wohnungen hatte Bad oder Dusche. 1998 wohnten – bei rund 39 Quadratmeter Wohnfläche pro Person – statistisch 2,2 Personen in einer Wohnung. Noch 1965 betrug die verfügbare Wohnfläche in der Bundesrepublik 22 Quadratmeter je Person, sie hat sich also in etwas mehr als 30 Jahren noch einmal fast verdoppelt. Tendenz nach wie vor steigend.

Was es mit der Behaustheit des Menschen auf sich hat, welchen Bedingungen sie gehorcht und wie wir uns dazu verhalten: das ist alles andere als ein abwegiges Thema. Schon gar nicht für jene Disziplinen, die sich mit dem Raum und seiner Planung befassen. Doch deren Verhältnis zum Wohnen ist seltsam unbestimmt, mitunter auch ambivalent. Mit Sicherheit hat Ikea das zeitgenössische Wohnen stärker beeinflusst als die Werke und Konzepte irgendeines Baumeisters. Selbst eine jüngere Tendenz innerhalb dieses Metiers, das Produktdesign im Sinne von Markenwaren und Lifestyle-Produktion, berührt beim Habitat allenfalls einen Randbereich, der für die Masse wohl eher egal – gleichwohl für das Stadtwerden an sich kritisch zu betrachten ist.

Schablonen der Sehnsucht?

Sag mir, wie du wohnst, und ich sage dir, wer du bist! Der Mensch definiert sich zu einem erheblichen Maß über seine Wohnung, sein Interieur, seine Möbel, in und mit denen er lebt. Der Rahmen dafür ist ihm allerdings meist vorgegeben. Und fast immer zu eng – dominiert doch der funktionalistische Wohnungsgrundriss für die Kleinfamilie nach wie vor den Wohnungsbau. Als bevorzugtes Analyse- und Entwurfsinstrument erfasst er aber nicht solche räumlichen und sozialen Veränderungen, die ihn grundsätzlich in Frage stellen. Als die renommierten Soziologen Hartmut Häußermann und Walter Siebel nach einem gemeinsamen Nenner für die Wohnungspolitik und die dazugehörige Architektur forschten,[2] fanden sie ihn in der Pädagogik: Stets sei den Leuten erklärt worden, wie sie wohnen sollen. Permanent sei versucht worden, Gesellschaft durch Grundrisse zu formieren. Beim Neuen Bauen schließlich herrschte purer Autoritarismus: Die Reformer hätten der Kleinfamilie, ja den Proletariern insgesamt beizubringen versucht, wie man lebt und richtig wohnt. Zugleich wollten sie diese irgendwie fluktuierende Masse in der Stadt sortieren und strukturieren.

Wenngleich es in der Frage des »wie« naturgemäß erhebliche Unterschiede gab, so waren sich doch die Fachleute zumeist einig, dass der Konsument, der den Architekturprodukten seiner Zeit gleichgültig gegenübersteht, durch bisher unbekannte Raumerfahrungen wachgerüttelt werden soll. Trotz des Bekenntnisses zu Nutzungsoffenheit und spontaner Aneignung des Raums stellt für die Architekten in der Regel das »richtige« Wohnen im Grunde eine erzieherische Herausforderung dar. Es geht dabei – ähnlich wie in der modernen Wohnpädagogik der Licht-Luft-Sonne-Bewegung – um die Entrümpelung bürgerlicher Wohnvorstellungen. Weg mit der »guten Stube«, weg mit dem Gelsenkirchner Barock, spartanische Klarheit anstelle tradierter Heimeligkeit.

Mit solchen Ansprüchen, wir wissen es heute, ist die Moderne gescheitert. Musste sie scheitern. Denn, wie es der Kunstpädagoge und Gestaltungstheoretiker Gert Selle resümierte, die »Konstanten sind zu auffällig, die verdeckten Muster zu wiedererkennbar, die Sehnsüchte zu regressiv, die Erinnerungen zu verpflichtend, als dass es im Wohnen heute oder morgen zu einem revolutionären Wandel kommen könnte. Wir dürfen uns von ästhetischer Diversifikation und technologischer Modernisierung nicht täuschen lassen. Allen Rationalisierungstendenzen, allen Funktionalismen der jüngeren Moderne zum Trotz und entgegen allem Anschein einer neuen ästhetischen Freiheit hat sich im Wohnbereich prinzipiell so wenig bewegt, als sei das intime Wohnverhalten ein Bollwerk der Tradition gegen die Umsatzgeschwindigkeit technisch-ästhetischer Leitbildvorgaben, weder völlig auflösbar zum modischen Schein noch völlig korrumpierbar durch entleerte Gewohnheit.«[3]

Selbstredend gibt es eine Reihe vermeintlich innovativer und/oder emanzipatorischer Wohnkonzepte, die die Grenzen des Üblichen stetig erweitern. Mit großer Sicherheit werden die Wohnhäuser der Zukunft vernetzt und in sich mobil sein, wird die Einbeziehung modernster Informations- und Kommunikationstechniken schon deswegen unabdingbar, weil das Arbeiten von zu Hause aus zunimmt. Die Wohnwelt aber muss dafür nicht neu erfunden werden. Just das hatte der österreichische Architekt Josef Frank bereits 1927 in pointierter Form deutlich gemacht, in seinem Essay »Vom neuen Stil«, der als fiktives Interview verfasst wurde: »A: Der Mensch hat sich seit hunderttausend Jahren nicht verändert, er ist nicht besser und nicht schlechter geworden, nicht höherentwickelt und nicht degeneriert. Auch die Geräte des täglichen Lebens in seiner Umgebung sind deshalb die gleichen geblieben. – F: Und das Automobil und das elektrische Licht? – A: Das Automobil ist noch immer nichts anderes als der Sitz mit den vier Rädern darunter, und das elektrische Licht ist der leuchtende Punkt. Wie sie erzeugt werden und mit welcher Geschwindigkeit sie funktionieren, ist nebensächlich. Das Haus aber ist das primitive Gerät geblieben, das es war, weil sich sein Zweck nie geändert hat. Alle Neuerungen technischer Art können leicht hinzugefügt werden. Die Wohnart gleichgearteter Menschen war immer die gleiche, sie können in alten Häusern gleicher Art ebenso gut wohnen wie in neuen, wenn sich die Lebensbedingungen nicht geändert haben. Das aber ist selten der Fall, weshalb wir zu unseren raum- und zeitsparenden Erfindungen greifen.«[4]

Ohnehin hat das Haus gegenüber öffentlichen Dienstleistungen immer wieder erstaunlichste Integrationsleistungen vollbracht. Die Wichtigste war vielleicht die Privatisierung des WC, das lange noch ein externes Reglement auf dem Hof und später auf der Etage erforderte. Auch die öffentlichen Wasch-, Bade- und Saunaanstalten sind längst in der Wohnung privatisiert. Und sie hat auch die Eigenküche gegen alle rationalistischen Vorschläge verteidigt, mit enormem technischen Aufwand sogar ausgebaut. Mit dem Fernseher ist das Kino, mit der Stereoanlage der Konzertsaal, mit der Hausbar die Gaststätte integrierbar geworden. Warum sollten bei dieser Absorbtionsfähigkeit der Wohnung nun deren Grundfesten ins Wanken geraten, wenn seit 20 Jahren Techniker und Marktstrategen sich mit dem *smart house* beschäftigen? Ein Hightech-Regelmechanismus, die intelligente Vernetzung von Zentralheizung über

Dass das Wohnen nicht immer Architektur oder ein festes Gehäuse braucht, zeigen Beispiele wie dieses aus Amsterdam: Im urbanen Kontext kann man sich offenkundig auch auf einem Floß im Wasser einrichten und heimisch werden. Zumindest im Sommer, auf Zeit.

Waschmaschine, Rollläden, Dusche bis Kaffeemaschine, ist als künftige Grundausstattung durchaus denkbar – als eine Art Intranet für das eigene Haus –, ohne dass deswegen das tradierte Wohnmuster selbst in Frage gestellt wird. Die grundsätzlichen Ansprüche an das Wohnen bleiben, nur verfeinern sie sich gegebenenfalls. Sie finden ihre Bestätigung, indem sie sich technischer Innovationen bedienen.

Sie erschöpfen sich aber weder darin, noch in gutgemeinten Architekturen. Denn zuvorderst muss man »verstehen, dass die Bausteine solcher Lebensqualitäten, wie Wohnlichkeit oder Kultur, nicht einzelne, in bestimmten Quantitäten auftretende Objekte sind, etwa Wohnraum oder Grünfläche, sondern kleine Subsysteme, die organisatorische, gestalthafte und materielle Komponenten haben. »Nächtliche Sicherheit« ist beispielsweise solch ein System, das sich nicht mit der Abwesenheit von Verbrechen definieren lässt; »Ruhe« ein anderes, das sich nicht in der Unterschreitung eines bestimmten Geräuschpegels auf der Dezibel-Skala erschöpft. Schließlich müssen wir noch verstehen, dass die Wohnlichkeit, selbst wenn es uns gelänge, sie vollkommen zu definieren, nicht verordnet werden kann, dass sie kein Wohlfahrtsprinzip ist, sondern aktive gesellschaftliche Beteiligung voraussetzt.«[5] Die allerdings kann der Baumeister allenfalls stimulieren, nicht erzeugen oder gar steuern. Was wiederum eine – unüberwindliche? – Grenze zwischen der Architektur und dem Wohnen markiert. Naheliegend ist immerhin, besonderen Wert zu legen auf die atmosphärische Qualität einzelner differenzierter Räume, deren nicht funktional begründete Unterschiedlichkeit anders als im funktionalen Grundriss vielfältige Bespielungen und Kodierungen durch den jeweiligen Benutzer ermöglicht.

Fürsorge und »Wohnungsfrage«

Seit dem Vormärz verdichtete sich die »Wohnungsfrage« mehr und mehr zu einem Themenfeld der Politik, und zugleich kristallisierte sich die Tendenz heraus, Wohnungs- als Familienpolitik zu verstehen und zu betreiben. Andererseits löste man sich auch nach der Einführung der Gewerbefreiheit in Teilen des Handwerks und außerhalb der großen Städte nur zögernd von der sozial immer problematischer werdenden Identität von Arbeits- und Wohngemeinschaft unter patriarchalischer Aufsicht, dem sogenannten »Logiswesen«. Nur allmählich, prozesshaft, mit vielschichtiger Überlagerung gingen (und gehen) solche Veränderungen vonstatten, die (auch) verhaltens- und mentalitätsbedingt sind. Teils nebeneinanderlaufend, teils ineinander verknäult, mussten sich viele unterschiedliche Fäden und Fallstricke erst zu einem Themenstrang zusammenfinden. Während die Genossenschaftsbewegung verstärkt auf Selbsthilfe bei der Wohnungsvorsorge setzte, baute die sich in den 1870er Jahren organisatorisch verfestigende Sozialhygienebewegung vornehmlich auf staatliche und kommunale Instrumente. Eine ihrer wichtigsten Grundlagen war, dass der Boden der Städte gesäubert werden müsse, um das Aufsteigen gefährlicher »miasmatischer« Dünste – gemeint waren damit unbestimmte fieberhafte Infekte – zu verhindern. Dennoch dauerte es, bis man Wohnungen als verhaltensprägendes Milieu identifizierte und daraus die Folgerung zog, sie müssen angemessen groß und gut ausgestattet sein. »Da der Wohnungsbau fast ausschließlich privatwirtschaftlich organisiert war, boten sich also für die Spekulation beträchtliche Gewinnaussichten. Das heißt keineswegs, dass die Wohnbauten grundsätzlich qualitativ minderwertig gewesen wären, im Gegenteil. Es gab immer noch eine Art gesellschaftlichen Konsens darüber, was für die Stadt, also die öffentliche Seite des Wohnbaus, ›schicklich‹ sei.«[6] Gleichwohl war am Ende des 19. Jahrhunderts die »Wohnungsfrage« – als sozialpolitisches Problem – nach wie vor virulent.

Beginnend mit dem belgischen Gesetz über die Arbeiterwohnungen (1889) über das spanische Gesetz über Billigwohnungen (1911) bis zum deutschen Wohnungsgesetz (1918) zeigt sich in ganz Europa eine annähernd gleichgerichtete Zielformulierung. Sie waren ein Versuch, viele bis dahin weit gestreute Maßnahmen für die Volkswohnungsversorgung zu vereinen und zu verstärken. Doch die baulichen Rahmen, innerhalb derer das tatsächliche Leben verortet wurde, gerieten mitunter zu seltsamen Zwitterwesen, irgendwo zwischen sozialem Ausgleich und höchstmöglicher Rendite pendelnd. Sogar die prominente »Margarethenhöhe« in Essen lässt sich so lesen: Die Krupp'sche Siedlung steht einerseits im Einflussbereich der aufziehenden, reformerischen Gartenstadtbewegung, gehorcht aber andererseits den paternalistischen Vorstellungen des Werkwohnungsbaus, dessen Gesamtarrangement »beim (gebildeten) Betrachter das vom Bürgertum ersehnte und dem Arbeiter zugedachte Gefühl von Ruhe und Überschaubarkeit bewirkt und die Idylle eines agrarischen Gemeinwesens schafft«[7]. Das Spannungsfeld von Gegebenheiten und Aneignungen war seither prägend für einen Wohnungsbau, der vielerorts als sozialpolitische Herausforderung gesehen wurde und zudem im Urbanisierungsprozess eine zentrale Rolle spielte.

Zwar liegt eine entscheidende Weichenstellung der Moderne darin, das Wohnen als Aufgabe der Architekten entdeckt zu haben: Sie wollten Haus und Wohnung nach rationell-funktionalen, ihnen als vernünftig erscheinenden Gesichtspunkten gestaltet wissen. Aber ganz selbstverständlich nahmen sie an, dass sich die Menschen ebenfalls nach diesen Maßstäben erziehen lassen werden. Das »befreite Wohnen« trat, laut Giedion, »im praktischen Tennisdress« ins Freie. Schluss mit der Zwangsjacke einer Architektur, die sich um den modernen bewegungshungrigen Menschen legte. Das weiße, luftig-leichte, lichtdurchlässige, bewegliche Hauskleid, das dem sportiven und sozialhygienischen Imperativ von »Licht, Luft und Öffnung« folgt[8], wird zu einem Leitbild, das alsbald selbst einer Zwangsjacke ähnelte.

Befreit von allen Zwängen

Unmittelbar nach 1918 bewegte die Frage nach dem Zusammenhang von Wohnung, Architektur und Gesellschaft die Gemüter, von »rechts« bis »links«. Dass sich der Staat des Wohnungsproblems zu bemächtigen habe, wurde seinerzeit zu einem zwar unausgesprochenen, aber übergreifenden politischen Konsens.[9] Nicht mehr der freie Markt, der sich diesbezüglich als nicht (mehr) funktionstüchtig erwiesen hatte, sondern die Kommunen sind damals in großem Maße die Träger des Wohnungsbaus geworden. Dessen Finanzierung durch die öffentliche Hand wiederum hatte zur Folge, dass Regeln des Bauens aufgestellt werden mussten. Die Konsequenz war ein Denken in Kategorien von Mindeststandards, die bis heute nicht abgelegt wurden. Imperative wie »vereinheitlichen« und »nivellieren« machten gegen Ende der 1920er Jahre in Europa diesen planerischen Elementarismus den politisch Verantwortlichen schmackhaft.[10]

Auf der Suche nach neuen Bezugsgrößen wurde der Wohnungsgrundriss erstmalig Gegenstand einer systematischen und umfassenden Erforschung menschlicher Lebensbedingungen und -gewohnheiten. Analysen des Wohnbedarfs, der Größenverhältnisse, der funktionalen Zusammenhänge und Bewirtschaftungsmöglichkeiten, über Fragen der Belichtung, der Besonnung und Belüftung ergaben in Verbindung mit den ökonomischen und bautechnischen Gesichtspunkten neue Dimensionen, die in ihrer Zusammenfassung Hauptbestandteil und wichtigste Planungsgrundlagen für die Entwicklung der Wohneinheit geworden sind. Der Grundriss der Wohnung kristallisierte sich für die Architekten als Muster und Wegbereiter einer neuen Entwurfskonzeption heraus – und signalisierte damit die Ablösung einer seit vielen Jahrhunderten im Grunde genommen unveränderten Raumstruktur. Revolutionär war der Beginn des Massenwohnungsbaus insofern, weil die traditionelle Typologie *ad acta* gelegt und durch eine grundlegend andere ersetzt wurde. Die Dimensionen der ehemaligen Stadtwohnung leiteten sich unmittelbar aus dem Grundmaße des Hauses beziehungsweise der Parzelle ab. Auf dieser Grundlage bildeten sie die eigentlichen Bedingungen und Proportionen der einzelnen Räume und damit einen Zuschnitt der Wohnung, der, wie man glaubte, in ökonomischer und soziologischer Hinsicht unbrauchbar geworden ist, weil diese Dimensionen selbst letztlich zutiefst in der damaligen Stadt- und Gesellschaftsstruktur verwurzelt waren.

Das berühmte Beispiel der Frankfurter Küche mag veranschaulichen, wie sehr die Nutzungsmuster in den Wohnungen selbst sich änderten: Wurden vorher in den gutbürgerlichen Salons genauso wie in den Wohnküchen der Arbeiter räumliche Hüllen für gesellschaftliche Prozesse geschaffen, so manifestierte die Funktionalisierung der 1920er Jahre die räumliche Gestaltung eines physischen Ablaufs. »Der Architekt hat sich nicht mehr Hohlräume und das Knochengerüst des Hauses vorzustellen und zu entwerfen, darf nicht mehr nur in Zimmern und Fluren denken und planen; er entwirft das Wohnen, die Lebensform selbst.«[11] Das Paradigma vom neuen Typus (der Standardwohnung) war mehr als nur ein bauliches Manifest, indem es deutlich machte, worin die neuen Aufgaben der Architektur denn lägen: in der möglichst reibungslosen Organisation des »Produktionszyklus«.[12]

Die Entzauberung der Welt

Die Masse macht's: Nach dem Zweiten Weltkrieg schrieb der bundesdeutsche Wohnungsbau – zumindest quantitativ – eine Erfolgsgeschichte, die auch international gewürdigt wurde. Sozialer Wohnungsbau wurde zur Innovation einer Wohnungsbaupolitik, die sich als Sozialpolitik verstand, und war eine der großen Leistungen des Wiederaufbaus. Zugleich, und damit knüpfte man nahtlos an die 1920er Jahre an, war mit dem öffentlich subventionierten Wohnungsbau der endgültige Durchbruch des Typus einer standardisierten und funktional determinierten Normalwohnung in allen Industrieländern verknüpft, der die Beachtung gewisser Normen in Größe, Schnitt und Ausstattung der Wohnungen forderte. »Die ›Ration Wohnung‹ sollte verbilligt werden, die wirtschaftliche Not verlangte nach Typisierung, Normierung, nach einer Einheitlichkeit der Form, die keine sozialen Differenzierungen zuließ.«[13]

Völlig übersehen wurde in der Regel, dass das Haus ein Gebrauchsgegenstand, dass Architektur (auch) eine Dienstleistung ist. Als solche hat sie in erster Linie die Bedürfnisse der Bewohner zu erfüllen, das meint mitnichten nur (mehr) die elementaren. Vielmehr muss sie auch Unterstützung bei der eigenen Selbstverwirklichung gewähren: »Erlebnisansprüche wandern von der Peripherie ins Zentrum der persönlichen Werte; sie werden zum Maßstab über Wert und Unwert des Lebens schlechthin und definieren den Sinn des Lebens.«[14] Mittels Funktionalisierung wird jedoch das vielschichtige mentale und psychologische Phänomen menschlicher Wohnbedürfnisse noch immer auf objektivierbare und messbare Zweckkategorien reduziert. Mit dieser von Max Weber als »Entzauberung der Welt« bezeichneten Entwicklung verkümmert die Teilhabe des Menschen an seiner Wohnumwelt. Letztendlich wird aus dem Bewohner damit der Nutzer, dessen vitale Ansprüche an den Wohnbereich in der Scheinobjektivität einer planungskonformen Bedürfnisinterpretation verlustig gehen.

Namentlich der Bauwirtschaftsfunktionalismus der 1960er und 1970er Jahre zeitigte solche Ergebnisse. Spätestens mit dem Großsiedlungsbau nahm das Gefühl der Vermassung und Anonymität, der Gleichförmigkeit und Isolierung greifbare Formen an; und folgerichtig hagelte es Kritik. Doch nach Jahren der Stagnation nimmt sich die Architektur mit neuer Verve des Themas an, und zwar aus recht unterschiedlichen Richtungen und mit verschiedenen Motiven. Als Laboratorium erfreut sich die Villa größter Beliebtheit, schon weil sie mitunter auch Avantgardisten einen formidablen Freiraum für ihre Experimente bietet. Hier gibt es Geld, meist ein freies, gut geschnittenes Grundstück und oft einen Bauherrn, der sich mehr vorstellen kann, als er kennt. Nur so konnte Ben van Berkel ein exzeptionelles Projekt verwirklichen: eine Architektur, die sich eine geometrische Form namens Möbius-Band zum Vorbild nimmt, eine Endlosschleife, eine Achterbahn aus Glas und blankem Beton. Auch Werner Sobeks Glashaus am Hang (Stuttgart) und Rem Koolhaas' avantgardistisches Maison à Bordeaux gehören in diese Rubrik.

Wie gelungen auch immer, der exklusive Nischenmarkt für reiche Bauherren ist ein architektonisches Reservat, in dem das Projekt der heutigen Avantgarde allenfalls eine symbolische Verwirklichung erfährt, aber auf die psychische und physische Geographie der Gegenwart kaum nennenswert Einfluss ausübt. Freilich gibt es auch vermeintlich basisnähere Ansätze, wenn etwa Münchner Studenten für eben diese das spartanisch-neuzeitliche I-Home konzipieren. Oder die runde Kapsel aus additiven Scheiben etwa, die die junge Wiener Architekturgruppe Alles wird gut (AWG) »Turn On« nennt und die Stanley Kubricks Weltraumphantasien auf den Boden der Tatsachen holen will. Beispiele wie diese – die Reihe ließe sich beliebig verlängern – können sich großer Reputation und Publizität erfreuen, was wiederum die Frage provoziert, warum sie so gut wie nie realisiert oder auch nur konkret nachgefragt werden. Und gleich möchte man nachsetzen: Warum ist die Binnendifferenzierung unserer heutigen Sozialbau- oder Mietwohnungen oder auch des Eigenheims in der Regel kaum weiter fortgeschritten als im Nürnberger Stadthaus der Dürerzeit oder ein Jahrhundert später in den Niederlanden?

Dass der Psychoanalytiker Alexander Mitscherlich die »Unwirtlichkeit unserer Städte« anprangerte, ist gemeinhin bekannt. Dass er unserer Gesellschaft auch einen »Wohnfetischismus« attestierte, weniger. Gemeint hat er damit ein Verhalten, das zuerst auf Sauberkeit und Ordnung und erst dann auf die Bedürfnisse der Menschen und ihre Beziehungen zueinander ausgerichtet sei. Und das schätzte er als Hindernis für ein bedürfnisgerechtes Wohnen fast ebenso hoch ein wie die Sterilität mancher Großsiedlung.

Wobei das mit den Wohnbedürfnissen so eine Sache ist. Nicht nur ausreichend groß, bezahlbar und kommod, auch flexibel soll es sein, das eigene Heim. Sich in stärkerem Maße an sich verändernde Lebenssituationen anzupassen, ist als Desiderat seit Langem erkannt und benannt. Die nicht determinierten Räume von Gründerzeitwohnungen mit ihren mehrfachen Erschließungen bieten hier fraglos mehr als die – auf die vermeintlichen Gebrauchsmuster der Kleinfamilie abzielenden – Grundrisse des modernen Wohnungsbaus. Auch die Popularität der Lofts bei einer bestimmten, meist freiberuflichen Klientel spricht diesbezüglich Bände. Trotzdem muss man konstatieren, dass sich im Wohnungsbau fast nur im »gehobenen« Marktsegment etwas bewegt – und dann eher im Service-Bereich mit *Doorman*- oder in *Boarding-House*-Konzepten als bei der Realisierung flexibler Wohnformen.

An ein Regal, das zu füllen dem Nutzer zwar nicht ganz freigestellt, aber doch ermöglicht wird, erinnert dieses Gebäude in Berlin. Eine variable Struktur und frei disponible Wohnungsgrundrisse waren es, die beim vielbeachteten »Wohnregal« von Kjell Nylund, Christof Puttfarken und Peter Stürzebecher in Kreuzberg im Rahmen der IBA 1984–86 verwirklicht werden sollten. Das experimentelle Projekt fügt sich fast nahtlos in seine Umgebung ein, indem es – bekrönt von einer mittigen Zinne in Form einer Dachterrasse – eine Baulücke in der Admiralstraße schließt. Die Mieter haben selbst jeweils zweigeschossige, individuell geschnittene Wohnungen in Holzskelettbauweise eingepasst.

Exemplarisch gemeinte Variationen für den Alltagsgebrauch sind eher selten: Das vollflächig verglaste »Estradenhaus« des Architekten Wolfram Popp in der Choriner Straße in Berlin etwa, oder das Haus von Arno Brandlhuber und Bernd Kniess in Köln-Ehrenfeld; auch das »Wohnregal« von Kjell Nylund, Christof Puttfarken und Peter Stürzebecher im Rahmen der Internationalen Bauausstellung Berlin (IBA '87) wäre hier zu nennen. Erprobt wird mit solchen Projekten ein Wohnungsprogramm, das seine Maßordnung in den Bedürfnissen des Menschen findet. Ein Raumreservoir, das, im Interesse des Benutzers, zur Veränderung freisteht, das verlockt zu eigenen Einfällen, freien Entscheidungen und bewusster Selbstbestimmung. Doch die Wirklichkeit scheint mit der Theorie nicht Schritt zu halten. Für ein bedürfnisgerechtes Wohnen ist wohl weniger die Variabilität des Grundrisses, als vielmehr die Anzahl unterschiedlicher Angebote innerhalb des Hauses oder der Nachbarschaft ausschlaggebend. Und wer weiß, ob nicht unsere Trägheit und Vorgefasstheit stärker als alle finanziellen Restriktionen und alles konzeptionelles Ungenügen ursächlich dafür sind, wie das Wohnungsangebot aussieht und wie es genutzt wird.

Bedürfnisse, Markt und Demokratie

Aneignung durch den Bewohner wird in den Niederlanden auch auf politischer Ebene forciert. Scheinbar ist man dort willens, sich auf die reale Vielfalt, Ungewissheit und Dynamik der gesellschaftlichen Entwicklung bereitwilliger einzulassen als andernorts. Als Reaktion auf die tiefe Krise der modernen Wohlfahrtsgesellschaft haben sich die Niederlande seit Ende der 1980er Jahre einer tiefgreifenden Liberalisierung und Modernisierung unterzogen, insbesondere im bislang weitgehend staatlich dominierten Planungs- und Wohnungsbausektor. Der Markt, so die Vorstellung, die hinter der (damals) neuen Wohnungsbaupolitik steht, orientiert sich zwangsläufig an den Bedürfnissen und am Geschmack der Endverbraucher, in diesem Fall der Wohnungskäufer.

Das Reihenhaus nimmt in diesem Kontext auch in der heutigen Debatte noch eine bedeutende Rolle ein: Es steht für stadtnahes – in den heute wachsenden Städten im Zuge der Nachverdichtung und Brachen-Mobilisierung sogar citynahes – Wohnen ohne verpflichtende (wegen ihres Charmes für bestimmte Lebensabschnitte, Stichwort junge Familien, oft genug aber doch sehr homogene) Nachbarschaft. Es stiftet für den Häuslebauer wohl weniger Identität als das freistehende Haus, ist aber als Lebensabschnittshaus höchst alltagstauglich. Die Häuser in den so entstandenen Quartieren mögen zwar serieller Produktion entstammen, sie lassen aber auf gleich großem Raum oft Vielfalt und Kreativität sprießen, die man der simplen Grundidee lange Zeit kaum zutrauen wollte. Der Alltag in solcherlei Revieren ist dann durchaus belebt, zumindest so lange, wie die Bewohner das soziale Netz aus Homogenität der Ansprüche und Sehnsüchte eher als stützend denn als einengend begreifen. Hier liegt der Mehrwert zweifelsohne im Gemeinschaftlichen, nicht im unmittelbaren Wohnen – sondern im Leben.

Um noch kurz beim Beispiel der Niederlande zu bleiben: Relativ niedrige Baulandpreise werden durch eine zentrale Steuerung sichergestellt; viele Bauteile sind standardisiert. Und bei der Baudurchführung dominierte der Team-Gedanke einer übergreifenden Zusammenarbeit, der wenig zu tun hat mit dem deutschen System der Einzelgewerke (der Maler macht nur dies, der Trockenbauer jenes, der Installateur will alles ganz anders, und der Elektriker kommt frühestens nächste Woche). Das sind die Hintergründe für die verhältnismäßig preiswerten und damit breit vermarktbaren Ergebnisse. Gleichwohl, es bleibt überraschend, wie sich Frische und Unverkrampftheit mit scheinbar völliger Erinnerungslosigkeit mischen, die Widersprüchlichkeit von kommerziellem Produkt und heimatstiftender Aneignung im Konsum, von unendlicher Vielfalt individueller Lebensstile und serieller Produktion.

Das Reihenhaus bildet den Schnittpunkt von serieller Produktion und individueller Erscheinungsform. Es ist ein gleichermaßen professionell entwickeltes Produkt wie Heimat für einen Lebensabschnitt. Seine Bewohner sind nicht mehr

›Häuslebauer‹, die ein Leben lang an ihrem Traum arbeiten, sondern erlebnishungrige Konsumenten: bei biographischen Veränderungen scheuen sie den Wechsel in eine neue Umgebung nicht. Dass durch eine missverstandene Individualität am Bau gerade die geistlosesten und gleichförmigsten Gebäudehaufen entstehen, ist in nahezu jedem beliebigen Wohngebiet zu studieren. Identität wird dadurch kaum gestiftet. Anders verhält es sich bei den angeblich monoton wirkenden Wohnkomplexen in den Niederlanden. Jenseits moderner Utopien vom beglückenden Effekt einer »einzig richtigen« Architektur entstanden dort in den letzten Jahrzehnten erfrischende Ensembles, in denen »Architektur als Ereignis« erlebbar ist.

Doch auch in der städtebaulichen Perspektive wird die innere Logik der niederländischen Entwicklung deutlich: das Denken in einfachen und prägnanten Bildern, ein In-Szene-Setzen von eindeutigen Stimmungen – allerdings, wie einschränkend gesagt werden muss, ohne Berücksichtigung der gesamten Komplexität und Tiefe der Wirklichkeit. Das funktional Aufgegebene eines größeren Ganzen, vordem in Begriffe wie Nachbarschaft, Siedlung oder Gemeinschaft gefasst, wird lediglich ästhetisch vermittelt. Die Architekten schöpfen Formen und Motive aus dem Reservoir der Moderne, ohne deren sozial-revolutionäre Hintergründe mit aufzuwirbeln. Gleichwohl, und seinen inhärenten städtebaulichen und siedlungsräumlichen Defiziten zum Trotz, hat der holländische Reihenhausbau um die Jahrtausendwende durchaus städtische Qualitäten geschaffen.

Die urbane oder Massendimension des Wohnens tangiert ihrerseits die derzeitige Diskussion zur »Nachhaltigkeit«. Der Paradigmenwechsel in unserer Gesellschaft – weg vom einseitigen Wirtschaftswachstum hin zu mehr Lebensqualität – spielt dabei eine nicht zu unterschätzende Rolle. Doch keineswegs eine nur ungetrübte: Denn in diesem Wunsch nach »mehr Lebensqualität« kommt zum Beispiel zum Ausdruck, dass Familien und Haushalte heute ein höheres Wohn-»Begehren« als früher haben. Wir reden von nachhaltig und gleichzeitig (ver)brauchen wir immer mehr Fläche. Statistisch waren es 2017 in Deutschland pro Kopf bereits mehr als

46 Quadratmeter Wohnfläche. Während die durchschnittliche Wohnfläche je Haushalt 92 Quadratmeter betrug, wies die der Ein-Personenhaushalte sogar überproportionale 68 Quadratmeter auf. Bemerkenswert ist, dass die Wohnflächen pro Kopf mit zunehmendem Alter deutlich ansteigen. Dies ist nun kein Indiz für eine aktive Mehrnachfrage nach Wohnquadratmetern, es ist vielfach eine rechnerische Entwicklung, die dann greift, wenn in Familien die jüngere Generation flügge wird und die Eltern im angestammten Familiendomizil wohnen bleiben. Was dem Nachhaltigkeitsstreben vielleicht entgegensteht, ist stark durch psychologische Bindungen an Wohnungen und Häuser geknüpft. Auch heute noch ist selten zu erkennen, dass Umzüge, gerade im fortgeschrittenen Alter, rational oder funktional angegangen werden. Aus dem Zuhause der Familie zieht man nicht einfach aus, weil es mit dem Auszug der Kinder zum Studium etwa zu groß geworden wäre. Häuser und Wohnungen entwickeln sich in scheinbar flüchtiger werdenden Zeiten für ihre langjährigen Bewohner zum zentralen Fix- und Ruhepunkt. Sie werden zu einer Art Bollwerk, das die eigene Biographie speichert. Aus- oder Umzug bedeutet so etwas wie das Loslösen von der eigenen Biographie, was wiederum im Alter weit schwieriger ist als in jüngeren Jahren. An neue vier Wände mag man sich irgendwann nicht mehr gewöhnen, da sie nur noch funktional, also leb- und bezugslos in der Welt zu stehen scheinen. Insofern ist dann auch ein Haus in den Zeitläuften ähnlichen mentalen Metamorphosen ausgesetzt wie wir Bewohner selbst es sind.

Neben dem weitverbreiteten starken Bedürfnis, »wohnen zu bleiben«, ist der Wohnflächenzuwachs andererseits auch ein Zeichen von Anspruch auf mehr Lebensqualität. Auf die Frage, wie denn nun die Wohnung der Zukunft, in der alle Erfahrungen der Vergangenheit verarbeitet seien, geplant werden solle, haben die Soziologen Häußermann/Siebel geantwortet: doppelt so groß und halb so teuer. Das sei die am ehesten richtige Antwort, aber »zugleich die am wenigsten praktische«.[15] Womit die Sozialwissenschaft sich endlich einmal in Übereinstimmung mit der Architektur befindet. Zumindest, wenn man eine Anekdote zum Maßstab nimmt, der zufolge Mies van der Rohe Hugo Häring empfahl, der anlässlich eines Planungsauftrags für ein Wohnhaus um Rat gefragt hatte: »Entwirf de Wohnung jroß, kannst'de allet drin machen.« Das mag zutreffen, dürfte indes als Leitlinie kaum verallgemeinerbar sein. Ohnehin scheint ja nach wie vor die Auffassung dominant, dass sich die Individualisierung und Pluralisierung von Wohnbedürfnissen weniger gut im verdichteten innerstädtischen Zusammenhang und in massierter Bauweise realisieren lässt, sondern eher im Bau von Eigenheimen.

So stößt man bei dieser Frage sehr schnell auf politische und kulturelle Grundwerte unserer Gesellschaft: Das private Eigentum und die Abgeschlossenheit und Unabhängigkeit einer privaten Sphäre. Diese Werte sind aufs Engste miteinander verknüpft in der Hoffnung auf individuelle Autonomie. Virginia Woolf hat ihrem Buch zur Frauenfrage nicht zufällig den Titel gegeben: *Ein Zimmer für sich allein*. Jeder Versuch, die Trends zu immer kleineren Haushalten und immer größeren Wohnflächen zu stoppen, die Inanspruchnahme von Siedlungsflächen zu bremsen, kämpft daher nicht nur gegen die Wünsche und Sehnsüchte der Menschen, sondern auch gegen die historische Errungenschaft individueller Unabhängigkeit an. Steigender Wohnflächenbedarf stellt ein reales Anliegen dar, mit dem man sich beim Stichwort »nachhaltiges Bauen« produktiv auseinandersetzen muss und das man nicht bloß verteufeln darf. Was heißt, systematisch danach zu fragen, ob viele Menschen nicht auch gute Gründe dafür haben, an »schädlichen« Lebensweisen festzuhalten, nämlich ihre Hoffnungen auf individuelle Autonomie, auf Befreiung von Mühe und Arbeit. Nur wenn es gelingt, ein neues, identitätsstiftendes Bild vom Wohnen in einer breiten Gültigkeit zu formulieren, in dem das Streben nach einem angenehmen Leben mit den Grenzen seiner natürlichen Grundlagen versöhnt ist, kann das ökologisch Notwendige auch politisch machbar, mehrheitsfähig werden.

Der Architekt steuert ein bestimmtes Verhältnis, nämlich das zwischen Einheitlichkeit und Vielfalt. Aber auch die Bewohner selbst haben hier eine eigene Definitionsmacht. Gerade das zu akzeptieren, scheint Architekten in aller Regel schwer zu fallen. Konsequenterweise hatten sie seit Beginn der Moderne damit zu kämpfen, dass sie die »wahren« Bedürfnisse der Bewohner nach kompromissfähigem Zusammenspiel aller Elemente zum Ausdruck bringen wollten, diese selbst aber das Problem weder kannten noch teilten. Den hier angelegten Konflikt bringt Theodor W. Adorno auf den Punkt: »Menschenwürdige Architektur denkt besser von den Menschen, als sie sind; so, wie sie dem Stand ihrer eigenen, in der Technik verkörperten Produktivkräfte nach sein könnten.«[16] Insofern ist selbst am Ende der zweiten Dekade des 21. Jahrhunderts bei den Planenden weit mehr als bislang üblich die Bereitschaft gefordert, sich mit dem *Verhalten* auseinanderzusetzen, darauf einzugehen, was Bewohner und Benutzer machen, und nicht – sei es gestalterisch oder technisch –, es vorzuschreiben.

Die Definitionsmacht der Bewohner anzuerkennen und als nichtkonfligierend mit dem eigenen Werk zu sehen, ist die kaum zu unterschätzende Leistung etwa des großen niederländischen Architekten Aldo van Eyck. Für ihn wurde die zwischenmenschliche Kommunikation zum Präfix seines Schaffens. Im Gegensatz zu jenen Rationalisten, die die architektonische Form als Resultat der Auseinandersetzung mit objektiven Anforderungen verstehen, misst van Eyck dem Individuum, dem Nutzer eine zentrale Rolle zu. Der Einzelne soll sich aktiv mit seiner Umwelt auseinandersetzen. So bieten seine Bauten keine fertigen Lösungen an, sondern geben nur den Rahmen vor, der von den Nutzern erst ausgefüllt werden muss. Im Sinne des strukturalistischen Gedankens von immer wieder auf neue Weise interpretierten »Archetypen« wird dieser Rahmen als ein festes Ordnungsprinzip begriffen, das der individuellen Äußerung einen Halt gibt und sie dadurch erst ermöglicht. Denn van Eyck folgt einer Konzeption des strukturellen Raumes und begreift ein Gebäude nicht nur als ein – wie auch immer geartetes – Gefüge von euklidischen Räumen, sondern sieht in ihm gewissermaßen einen Katalysator, der das im Raum sich abspielende Leben positiv oder negativ beeinflusst. Er vertritt dabei die These, dass die Vorgabe von klar artikulierten Räumen die Transparenz und Entwicklungsfähigkeit nicht beeinträchtigt, wenn es gelingt, das Grundelement mit seinen Anordnungsmöglichkeiten auf das zu erwartende Handlungsspektrum abzustimmen. Das heute Machbare wäre wohl irgendwo zwischen Traumhaus und Fertighaus anzusiedeln. Nachdem bis in die 1970er Jahre hinein der Wohnungsbau einem fordistischen Konzept folgte und Produzenten wie Architekten sich an der Durchschnittsfamilie und -wohnung leitbildhaft orientierten, müssen sich heutige Vorstellungen auf dem schmalen Grat zwischen Norm und Wunsch bewegen. Der Wandel gesellschaftlicher Rahmenbedingungen (als Stichworte mögen genügen: fortschreitende Alterung, kleinere Haushaltsgrößen, Veränderung der Arbeitswelt, zunehmende Mobilität, steigender Kostendruck, Individualisierung und Globalisierung, verschärfte Zweiteilung der Gesellschaft usw.) erzwingt ein Umdenken. Neben dem wachsenden Stellenwert, den die kostenminimierenden und flächensparenden Aspekte einnehmen (müssen), liegt es nahe, für unübersehbare Individualitäten private Spielräume des Wohnens auszureizen. Dergleichen ist ja nicht neu: Als in den frühen 1960er Jahren immer deutlicher wurde, dass sich in der Praxis eine tiefe Kluft zwischen den Vorstellungen des Architekten und den Bedürfnissen und Gepflogenheiten des Benutzers auftat, entstand eine ganze Reihe reformistischer Bewegungen, die gegen die rigide Autonomie Stellung nahmen und die Entfremdung des Architekten von der normalen Gesellschaft überwinden wollten. Sie stellten nicht nur die weltfremde, abstrakte Syntax der modernen Architektur in Frage, sondern suchten auch nach Wegen, jene Gesellschaftsschichten zu versorgen, mit denen sich die Architekten normalerweise nicht befassten. In manch niederländischem Projekt wird das Reihenhaus in seine Bestandteile zerlegt und neu zusammengesetzt, wobei man sich in diesen Konzepten einer Erosion der bürgerlichen

Vor geraumer Zeit hat der renommierte Psychoanalytiker Alexander Mitscherlich unserer Gesellschaft einen »Wohnfetischismus« attestiert. Gemeint war damit ein Verhalten, das zuerst auf Sauberkeit und Ordnung und erst dann auf die Bedürfnisse der Menschen und ihre Beziehungen zueinander ausgerichtet ist. Doch selbst hinter solch unscheinbaren, leicht verwahrlosten Eingangssituationen – wie hier etwa in Düsseldorf-Friedrichstadt – kann sich ein durchaus bedürfnisgerechtes Wohnen verbergen.

Trennung zwischen Öffentlichkeit und Privatheit nahe glaubte. Durchgängig erfolgreich aber waren die wenigsten Versuche, weil sie in der Realisierung zumeist stark verwässert wurden. Zugleich muss auch das Verhältnis von Einzelhaus zum Siedlungsbau thematisiert werden. Wobei sich indes einige Fragen stellen, die vielleicht banal klingen, für den Erfolg aber von zentraler Bedeutung sind: Wie ist die Nachbarschaft, in der man lebt, räumlich und baulich sichtbar gemacht? Wie ordnet sich das eigene Haus ein in ein größeres Gefüge? Wo gibt es besondere Merkpunkte oder Wahrzeichen der eigenen Lebenswelt? Welche Arten von Stadträumen werden durch die Gebäude geschaffen? In welcher Form werden sie für die Bewohner nutzbar? Wie werden sie erlebt und bewertet? Wo kann man spazieren gehen, sich ausruhen, zuschauen, wo kann man am öffentlichen Leben teilnehmen? Wo können oder müssen Kinder spielen? Ist die Kinderwelt in die Lebenswelt der Erwachsenen integriert oder werden die Kinder abgedrängt in monofunktionale Spielbereiche? Welcher Zusammenhang besteht zwischen Bauformen, Materialwahl und der Veränderung der Umwelt mit dem Verlauf der Zeit?

Wohnquartiere als Lifestyle-Produkte

Unterschiedlicher als in Berlin, Hamburg oder München könnten Images von deutschen Großstädten wohl kaum ausfallen. Auch die gängigen Klischees bemühen sich um Abgrenzung: Berlin, Kapitale und Arbeiterstadt, die nun – »arm, aber sexy« – zum Hort der Kreativen werden will. München, »Weltstadt mit Herz«, präsentiert sich als Hochtechnologiestandort mit Gamsbart und Lederhosen, und Hamburg, »die Kühle aus dem Norden«, als die hanseatische Handels- und Mediencity mit dem Anspruch globaler Strahlkraft. Doch trotz aller Stereotypen und realen Differenzen haben sie eines gemeinsam: Ihre lokalen Wohnungsmärkte boomen und Investoren haben ein leichtes Spiel, zumal noch immer Lagen oder Objekte zu finden sind, die irrwitzig anmutende Vermarktungsgewinne versprechen.

Natürlich klingt das einfacher als es ist. Insbesondere im gefragten und lukrativen hochpreisigen Marktsegment treffen Projektentwickler und Wohnungsunternehmen auf eine anspruchsvolle Klientel. Eine bestens verdienende »kreative Klasse« fragt Wohnungen nach, die eben nicht die Anmutung einer bloßen Katalogware haben dürfen. Vor allem aber setzt sie auf ein Quartiersumfeld, welches ihren meist urbanen Lebensstilen entspricht. Diese Passgenauigkeit lassen sich die LOHAS (Lifestyles of Health and Sustainability) und Bobos (Bourgeoise Bohemians) gern etwas kosten. Und just hier beginnt der Denksport der Investoren: Was können sie diesen Nachfragern anbieten, damit sie und ihr Kapital nicht im modernisierten, aber authentisch gewachsenen Bestand samt »Szenekiez« verschwinden? Obgleich – oder gerade weil – das Quartier eine eher informelle Gebietstypisierung ist, die zwar nicht präzise räumlich abgegrenzt werden kann, in der aber ein starker Bezug zur Lebenswelt der Bürger und Bewohner zum Ausdruck kommt, stellt es für die meisten Städte längst die wichtigste Interventionsebene dar. Folgerichtig bringen sie das in ihren kommunalen Entwicklungsstrategien – ob nun beim langjährigen Hamburger »Stiefkind« Veddel oder im Münchner Ackermannbogen, aber auch in Neu-Oerlikon bei Zürich und auf dem Novartis-Campus in Basel – zur Anwendung. Doch nun tritt auch die Immobilienwirtschaft auf den Plan. Nicht mehr nur Einzelobjekte oder das eigene Portfolio werden ins unternehmerische Visier genommen, sondern das ganze Quartier, welches eine Art Matrix zwischen den Gebäuden darstellt und manchmal die eigentliche *unique selling proposition* des Wohnungsangebots ausmacht.

Gleichzeitig leben wir in einer Zeit, in der sich zahllose postmoderne Lebensstile ausdifferenzieren. Diese Pluralisierung hat ein Ausmaß erreicht, das in der vergangenen Phase der Massenproduktion und des Massenkonsums – zwischen Reihenhaus und VW Käfer – noch nicht denkbar gewesen wäre. Die »neue Unübersichtlichkeit«, wie sie Jürgen Habermas einmal genannt hat, ist aber keineswegs unüberblickbar. Reduziert man die neuen Lebensstile auf deren Konsumgewohnheiten, kann man durchaus behaupten: Wir haben es mit den am besten erforschten Nachfragern aller Zeiten zu tun, wenn man sich zum Beispiel kommerzielle soziologische Werkzeugkästen wie die »Sinus-Milieus« vor Augen führt. Präzise Milieu-Informationen werden auch in der Wohnungswirtschaft verstärkt nachgefragt und sogar über deren Verbände im Rahmen von Auftragsforschungen verteilt. Der gläserne Immobilienkunde ist damit (zum Glück) wohl noch nicht entstanden, jedoch aber transparente Lebensstil-Cluster, die sich zu gut ansprechbaren Zielgruppen verdichten lassen. Damit beginnt eine noch nie dagewesene, systematische Kommodifizierung der Quartiersentwicklung – und zwar erstmals außerhalb ideologischer Konzepte, anders als etwa das Godinsche Familistère des 19. Jahrhunderts oder der *New Urbanism* amerikanischer Prägung, der bereits im Peter-Weir-Film »The Truman Show« 1998 kritisch reflektiert wurde. Die einzige Leitlinie der neuen Quartiersentwickler ist eine optimierte Kapitalverwertung. Der »Markt« wäre eine ziemlich neutrale Maxime, wenn dabei nicht auch Bestandsquartiere und weniger wohlhabende soziale Schichten unter Druck geraten würden. Es geht den neuen Akteuren jedenfalls nicht um Weltverbesserung, sondern um einen immer höheren Wirkungsgrad für eingesetztes Kapital. Produziert wird nicht großflächig und in großen Stückzahlen, wie etwa noch in der Gründerzeit, sondern kleinteiliger, flexibler, individueller. Vermarktet wird nicht nur Wohnung oder Haus, sondern ein Lifestyle-adäquates Umfeld, de facto das gesamte Quartier. Der schwedische Möbelkonzern Ikea hat unlängst für Schlagzeilen gesorgt, als bekannt wurde, dass die Konzerntochter Inter Ikea ein ganzes Quartier in Hamburg bauen wolle. Zwar sind diese Pläne offenbar noch nicht ganz ausgegoren, jedoch ist das Unternehmen bereits konkret in London aktiv – mit dem von Autos und auch von Einzelhandelsfilialisten befreiten Misch-Quartier »Strand East«, das auf einer alten Industriefläche am Wasser für 6000 Bewohner im Londoner East End errichtet wird. Punktgenau wird das neue Viertel – das angeblich auch Angebote für niedrigere Einkommen bereithalten soll – beworben: »Nimm 26 Hektar des historischen London. Füge intelligentes Design, Kreativität, Nachhaltigkeit und Gemeinschaftsgefühl hinzu. Und du hast Strand East.« Immerhin – den Firmen-Slogan »Wohnst du noch oder lebst du schon?« hat man der Immobilientochter wenigstens erspart.

Ein weiteres Beispiel stellt der deutlich kleinere »Marthashof« in Berlin-Mitte dar, der vom Entwickler »Stofanel« unter dem suggestiven Slogan »Urban Village« beworben wird. Ausgerichtet an postmaterielle, internationale Zielgruppen – die Webseite kann wahlweise in deutscher, englischer und italienischer Sprache gelesen werden –, ist von »ganzheitlicher Philosophie« die Rede, einem »ökologischen Anspruch« und gleichzeitig von »Funktionalität« sowie einem Quartiersumfeld, das von »Freiraum und Geborgenheit« und von »Sicherheit und guter Nachbarschaft« geprägt sein soll. Das Projekt ist also ausgerichtet auf eine globale Mittel- bis Oberschicht, die ihre Lebensweise auf Nachhaltigkeit trimmen, eine salutogenetische Orientierung pflegen, dies mit einem hohen Wohnkomfort und mit Urbanität verbinden möchte und dafür das nötige Kleingeld bereitzuhalten in der Lage ist – ein sehr spezifisches neues »Quartier« für eine sehr spezifische Zielgruppe und im Übrigen ein voller Erfolg.

Unfreiwillig prominent wurden jüngst die ebenfalls in Berlin situierten Choriner Höfe. Denn die gerade fertiggestellte Edelwohnanlage im Bezirk Prenzlauer Berg war vor ein paar Jahren Ziel eines Anschlags: große, rote Farbflecken prangten an der Fassade, Glasscheiben waren von Pflastersteinen zerschmettert. »Wir haben kein Bock mehr auf eure Luxusghettos«, hieß es in einem im Netz veröffentlichten Bekennerschreiben, unterzeichnet mit »Autonome Gruppen«. Dabei hatte der Projektentwickler Diamona & Harnisch doch nur »The Fine Art of Living« zu seinem Programm erhoben, indem er die typische Berliner Mietshausarchitektur neu interpretierte und den Innenbereich der verschiedenen Häuser mit vielfach fragmentierten Höfen prägte. Die Unternehmensphilosophie, wie sie auf seiner Homepage zu lesen ist, zielt indes auf Größeres: »Wir bieten Ihnen eine Reihe hochwertiger und erstrangiger Residenzen in außergewöhnlicher Lage. Kreatives Leben und Arbeiten stehen hier im Einklang. Unser Anspruch ist es, einzigartige Kombinationen aus außergewöhnlicher Lebensqualität und anspruchsvoller Architektur zu schaffen. Mit Stil in der Stille leben und doch den Pulsschlag der Metropole spüren.« Eine ideale Welt, in der noch jeder Widerspruch harmonisch geglättet wird. Noch systematischer geht ein anderer Anbieter unter anderem in Düsseldorf vor, indem er modulartige Quartiere anhand einschlägig emotionalisierter Bausteine projektiert. Interboden zeigt sich dabei als geschickter Stratege. Die Grundidee: Der postmodernen Vielfalt an Lebensstilen (ergo Zielgruppen) will man mit einem relativ frei gestaltbaren Mosaik von »Lebenswelt«-Komponenten begegnen – fertig ist das vermeintlich optimale Wohnungsangebot. Die Quartiersorientierung wird sogar durch einen firmeneigenen Qualitätsstandard gewährleistet und als Alleinstellungsmerkmal gepflegt. Nicht die Wohnung, sondern die architektonische Vielfalt, der Genius Loci, Serviceleistungen im Quartier, die Nachbarschaft und soziale Netzwerke werden in den Vordergrund gestellt. Die Community, die sich in dem neuen, gemeinsamen Surrounding herausbilden soll, wird als Option für die Zukunft eingepreist und mitvermarktet. Dass sich das Unternehmen den Begriff »Lebenswelten« sogar markenrechtlich schützen ließ, erscheint anmaßend. Im Sinne der soziologischen Prominenz rund um das wissenschaftliche Lebensweltkonzept – Edmund Husserl, Alfred Schütz und besonders Jürgen Habermas – dürfte diese Art von Kommodifizierung des Sozialen sicherlich nicht sein. Konsequent aber ist es allemal.

Nicht nur bei diesem Projekt wird Urbanität zum Schlüsselbegriff der Vermarktung. Es handelt sich vielmehr um eine grundlegende Tendenz. Offenbar ist das Wort in der prospektiven Käufer- oder Mieterschaft ausschließlich positiv besetzt: Es steht für ein prickelndes Gefühl, pulsierendes Leben, ständige Abwechslung, interessante Szenarien und vielfältige Begegnungen, ein dichtes Erleben usw. Und wer will das nicht? Wie solche Anspruchshaltungen konkret umgesetzt werden, lässt sich im Viertel südlich des Berliner Spittelmarktes besichtigen. Hier sind vor einiger Zeit etwa die Fellini Residences entstanden – eine Wohnanlage im Stil eines Palais. Auf der entsprechenden Homepage heißt es: »Seine Erscheinung erinnert in Form und Farbe an elegante italienische Stadthäuser. Der Hof ist vom Auditorium eines Theaters inspiriert. Die Bewohner sind Akteure dieser Atmosphäre und genießen den italienischen Charme ihrer Umgebung.« Und weiter: »Über ein arkadenförmiges Eingangsportal betreten Sie die Piazza mit Schmuckgarten und einem Brunnen aus Naturstein. Die historischen Fassaden sind an der Straßenseite bis zum Kranzgesims in beigem Sandstein verkleidet. Freuen Sie sich auf eine noble Atmosphäre, wie sie sonst nur in Altbauten zu finden ist.« Ein Concierge-Service ist ebenso verfügbar wie ein Chauffeur-Dienst, auch für Wellness und Fitness-Angebote ist hinreichend gesorgt. Doch wie die Anlage sich zum Stadtraum verhält, ist unmissverständlich auf einem Schild zu lesen: »Privateigentum. Betreten und Hausieren verboten.« Im Einzelfall mag das ja in Ordnung sein. Wenn aber diese Ausschließlichkeit das ganze Quartier zu prägen beginnt – wie es in dieser Gegend mittlerweile der Fall ist –, dann wird es problematisch. Dann droht die Stadt zu einem Archipel aus einzelnen Inseln zu werden, die so gut wie nichts miteinander zu tun haben.

Indessen spiegelt sich der Anspruch auf eine gewisse Exklusivität auch in der Architektur. Ob nun das Projekt »Kleine Jägerstraße 11« in Berlin-Mitte oder in den Münchner »Lenbach-Gärten«, das Wohnquartier »Parkend« in Frankfurt am Main oder im Quartier »In den Floragärten« in Berlin-Pankow: Die neuen Wohnhäuser schmücken sich plötzlich wieder mit Gesimsen, Erkern, Balkonen, Loggien, Säulen, Dreiecksgiebeln, Lisenen und Türmen. Sie sind mit Putz-, Klinker- und Natursteinfassaden ausgestattet, besitzen oft ein Belle Parterre mit zweistöckigen Ladenzonen, rund vorgewölbte Ecken und stehende Fenster. Vielerorts leben auch klassische Gestaltungsmittel wieder auf: Es gibt Geländer mit geformten Balustern, Schornsteine mit Hauben, Fassaden mit Farbbändern. Die Gebäude geben sich den Anschein, als passten sie sich dem Straßencharakter an, integrierten sich in das vorhandene Milieu, korrespondierten mit Nachbargebäuden. Letztlich hat das weniger mit Retro-Mode als mit einem Gefühl für Trends und Lebensstile zu tun. Und so bedienen die Objekte eine eher wohlhabende und alles andere als bescheidene Kundschaft: Jene »neuen Urbaniten«, die derzeit massenhaft aus dem suburbanen Bereich in die Städte zurückstreben und das Angebot auf den dortigen Wohnungsmärkten dramatisch verknappen. Obgleich einige Developer durchaus mit der Not an den »angespannten Wohnungsmärkten« kokettieren: Die Knappheit im Angebot an adäquaten Behausungen wird man mit Projekten dieser Art wohl kaum in den Griff bekommen. Allenfalls wird damit ein Luxusproblem gelöst, während die Wohnungssituation in den unteren Preisregionen von hochpreisigen Projekten praktisch nicht profitieren kann. Wie inzwischen in einer Reihe von Studien belegt, kommen die nicht selten als Argument ins Feld geführten »Filtering«-Prozesse dort sehr schnell zum Erliegen, wo Klassenunterschiede zutage treten. Und auch die verbreiteten Segregations- und Gentrifizierungstendenzen werden durch Lifestyle-Quartiersentwicklung wohl eher getriggert als gehemmt – brennende Limousinen und Farbbeutel-Attacken inklusive. Augenscheinlich muss man die Entwicklung unserer Gesellschaft als Prozess fortschreitender Markterweiterung lesen, als äußere und innere »Landnahme« des Marktes gegenüber der sozialen Lebenswelt. Hat man es hier mit einer weiteren Eroberung zu tun? Zumindest sind dies intelligente Strategien, um Wohnungen an den Mann zu bringen und dabei seinen Schnitt zu machen. Neu ist, dass selbst auf einer vergleichsweise großmaßstäblichen Ebene nun Lebensstile zu einem wichtigen Baustein der Stadtwerdung avancieren: Die Präferenzen zahlungskräftiger Wohnkunden werden subtil ausgeleuchtet und daraufhin homogene urbane Quartiere gebaut und oft genug gegen die restliche Stadt abgeschirmt. Hier ist ein urbanes Marktspiel entstanden, das sich nur unwesentlich von dem der bekannten Spiele um Malls und Shoppingcenter unterscheidet. Aus der Perspektive der Stadtentwicklung liegt das Problem in der Anlage – jenem baulichen Format, das Gebäude, Freiraum und Erschließung gleichsam zu einer Betriebseinheit zusammenfasst. Hier blühen Monokulturen aller Art, hier wird Homogenität zur Beschränkung.

Kleinteilig strukturierte Gebiete hingegen, von öffentlichen Räumen durchzogen, sind im Unterschied dazu entwicklungsfähig. In einer Stadt, die über eine feine Körnung und ein feinmaschiges öffentliches Wegenetz verfügt, ist für ständige Veränderung gesorgt: Es entstehen kulturelle und ökonomische Konzentrationen aller Art. Sie wandern, verändern sich und verschwinden, während an einem anderen Ort etwas auftaucht, von dem wir noch gar nichts wissen konnten. Diese Offenheit bietet kein Investorenprojekt. Was aber kann man tun? Möglicherweise bieten sich Steuerungsinstrumente an, wie es das sogenannte Münchner Modell darstellt: Durch verbilligte Baulandabgabe unter Verkehrswert und einen dadurch vergünstigten Kaufpreis wird eine sozial gestaffelte Wohneigentumsbildung ermöglicht. Investitionen werden so nicht verhindert, aber gleichzeitig die Kundenschicht (nach unten) verbreitert – ganz im Sinne vielfältiger, lebendiger, gemischter und ins weitere städtische Umfeld integrierter Quartiere.

Der tägliche Straßenkampf – urbane Mobilität

Morgens setzt sich der Europäer ins Auto, nimmt die Trambahn, den Bus oder den Zug, manchmal auch das Flugzeug, womöglich schwingt er sich auf sein Velo oder besinnt sich auf des Menschen ältestes Fortbewegungsmittel: seine Füße. So bewegt er sich durch den Tag, das Ganze heißt Verkehr und ist für den Menschen eine so unspektakuläre wie selbstverständliche Angelegenheit, dass er kaum bemerkt, was er da tut. Ins Nachdenken gerät er erst, wenn der Verkehr – den Kluges »Etymologisches Wörterbuch« von »miteinander umgehen« herleitet –, wenn dieser Verkehr stockt, wenn er durch Unfälle aus der Bahn gerät oder er so teuer wird, dass die Kosten das individuell erträgliche Maß übersteigen. Bis dahin aber gilt mit den Worten des Historikers Karl Schlögel, dass das »schiere Funktionieren« der Zivilisationsroutine Verkehr dazu führt, dass sie nicht »der Rede und Reflexion wert« ist. Blicken wir einmal kurz zurück: 1977 schickte die NASA die interstellaren Voyager-Raumsonden in die Weiten des Weltalls. Mit an Bord waren und sind die *Voyager Golden Records* voller Botschaften der Menschheit an etwaige intelligente, außerirdische Lebensformen. Der damalige US-Präsident Carter hatte die Platten verbal chic eingepackt: »Dies ist ein Geschenk einer kleinen, weit entfernten Welt, eine Probe unserer Klänge, unserer Wissenschaft, unserer Bilder, unserer Musik, unserer Gedanken und unserer Gefühle. Wir versuchen, unser Zeitalter zu überleben, um so bis in Eure Zeit hinein leben zu dürfen.« Surft man in den Websites der NASA, findet man in der Menge des auf die Platten gepressten Materials Hinweise auf Musikstücke wie »Jonnie B. Goode«, von Chuck Berry performt, oder bekannte Titel von Beethoven, Bach und Mozart. Das Forscherteam um Carl Sagan verewigte dort auch einen Kanon von über 50 Geräuschen. Möglichen interstellaren Zuhörern flögen dann unter anderem Klänge von Karren, Eisenbahnzügen, Lastwagen, Traktoren, Bussen, Autos, aber auch von Überschallflugzeugen und dem Start einer Saturn-Rakete um die Ohren. Mit stolz geschwellter Brust hat man sich also damals nicht gescheut, den Verkehrslärm der Moderne in die Tiefen des Alls zu senden: Gleichsam als Aushängeschild unserer Zivilisation.

Wie sich die Zeiten doch ändern. Was schon damals, ob des arglistigen Verschweigens von Hunger und Kriegen auf dem blauen Planeten, kritisiert wurde, würde nun wohl noch weit stärker hinterfragt werden. Aus heutiger Sicht würde man diesen mobilitätspolitischen Part der *Golden Records* vermutlich eher als drängende Frage an die außerirdische Intelligenz formulieren oder zumindest als Schrei nach Rettung, nach klugen Auswegen aus dem aktuellen Verkehrsdesaster von einer Punk-Band intonieren lassen.

Immerhin sind wichtige Probleme, mit denen wir im Zeitalter der Mobilität auch in der Stadt konfrontiert sind, ja extraterrestrisch adressiert. In den 40 Jahren ihrer Reise hat sich leider noch kein Außerirdischer mit einer konstruktiven Replik auf dieses vermeintliche Fortschrittskapitel der Menschheit gemeldet. Schaut man sich die Verkehrssysteme insbesondere in den Ballungsräumen an, scheint Hilfe von außen unabkömmlich.

Suchen wir heute nach dem wirkmächtigsten Hebel, mit dem man die Lebensqualität in unseren Städten steigern kann, liegt dieser wohl im Stadt- und Regionalverkehr. Was jüngst im Dieselskandal kulminierte, ist Teil einer Umkehrung der viralen Erfolgsgeschichte des Pkw innerhalb eines gigantischen Problembergs der Moderne: Schadstoff- und Lärmemissionen machen die Stadtbewohner zunehmend krank. Straßen- und Schienenstränge wirken viel zu häufig als trennende Barrieren in der Stadt, sind oft genug in Beton gefasste Ursache für den Niedergang ganzer Stadtviertel. Zudem macht der alltägliche Stau – zumindest in den großen Agglomerationsräumen – auch im Auto das Fortkommen schwer möglich. Hinzu kommt die durchaus verheerende Flächenbilanz der autofreundlichen Stadt, in der wir ein Drittel des Grund und Bodens zum Fahren, Abstellen oder Parken des deutschen liebsten Kindes hergegeben haben. In den Städten leiden die Menschen unter dem Autoverkehr. Belastet wird die Stadt als Wohnort auch durch das ganze »stehende Blech«, das jede Straße verunstaltet und unsere nostalgischen Vorstellungen von der schönen Stadt des 19. Jahrhunderts ad absurdum führt.

Mobilität – Was ist das eigentlich?

Nun ist das mit der Mobilität in der modernen Welt eine vertrackte Angelegenheit. Der Drang nach Ortsveränderung, der Erweiterung unseres Spielraums und unseres intellektuellen Horizonts scheint dem Menschen in das Genom gebrannt. Schon von Kindesbeinen an setzen wir beinahe alles daran, unseren Aktionsradius stetig zu erweitern. Kaum wackeln wir auf eigenen Beinen durch die Wohnung, streben wir nach den ersten Fahrzeugen. Bobbycar, Dreirad, Fahrrad, Kickboard oder Skateboard – und alles hilft uns dabei, unser Verständnis von der Welt, in der wir leben (wollen), zu erweitern. Anders gesagt: Ohne Ortsveränderung ist keine Bewusstseinsbildung möglich. Der Mensch kann sich in einer gedachten Punktwelt nicht entfalten – weder geistig noch in weiteren Schaffensdimensionen. Wer immobil ist, droht zu verkümmern. Mobilität ist ein Wesensmerkmal des Menschen – wir streben danach und lassen uns nicht an einen Punkt fesseln. Nicht umsonst gilt: Reisen bildet. Eltern erleben das regelmäßig, wenn ihre Kinder – nach dem Urlaub wieder daheim – Entwicklungssprünge hinter sich gebracht haben und die angestammte, heimische Welt souveräner und wissender erfahren, sich in ihr viel selbstbewusster bewegen.

Eine möglichst schnelle Raumüberwindung durch beschleunigte Verkehrsmittel gilt nach wie vor als Leitlinie moderner Mobilitätspolitik. Beschleunigung wird in der Industriegesellschaft mit ökonomischem Fortschritt, technischer Modernisierung und räumlicher Unabhängigkeit gleichgesetzt; sie ist ein Wert. Dem Prinzip der Beschleunigung wohnt indes ein zentrales Problem inne. Denn die durch Motorisierung und Ausbau der Straßennetze erhöhte individuelle Beweglichkeit hat, wie zahlreiche Untersuchungen zeigen, kaum zur Einsparung von Reisezeit und zu größeren Freiheiten geführt, sondern zur Ausdehnung der Entfernungen zwischen den verschiedenen Bereichen des täglichen Lebens. Was uns letztlich zur Frage führt, was Mobilität denn eigentlich bedeutet.

Mobilität – das ist weit mehr als mit dem Auto oder Rad von A nach B zu fahren. Mobilität umfasst im Wortsinne die Beweglichkeit und wird als die Möglichkeit des Einzelnen definiert, Aktivitäten raumübergreifend wahrnehmen zu können. Sie hat demnach weniger etwas mit den zurückgelegten Wegen als mit Aktivitäten wie Arbeiten, Einkaufen, Freizeitgestaltung und Wahlmöglichkeiten zu tun. Mobilitätsbedürfnisse (Bedürfnisse nach raum-zeitlichen Bewegungen) sind zumeist keine originären (Autofahren um seiner selbst willen), sondern aus anderen Wünschen oder Erfordernissen abgeleitete Bedürfnisse (Autofahrt zum Shoppingcenter, um Einkäufe zu erledigen). Den Mobilitätsbedürfnissen stehen mehr oder weniger angemessene Mobilitätsmöglichkeiten gegenüber. Da für die Individuen die Frage entscheidend ist, ob und in welchem Umfang sie ihr Bedürfnis nach Raumüberwindung erfüllen können, ist für die Mobilität nicht das tatsächliche Mobilitätsverhalten relevant, sondern die Qualität der angebotenen Mobilitätsmöglichkeiten (Mobilität im optionalen Sinne).[1]

Der Drang nach Mobilität entsteht durch die Notwendigkeit, alltägliche Aktivitäten im Raum zu koordinieren. Doch das Paradigma der Beschleunigung trägt leider nicht der tatsächlichen Vielfalt städtischer Mobilitätsbedürfnisse Rechnung. Der Mobilität von älteren Menschen in der Stadt (aber auch von Kindern) steht die Fortbewegung in beschleunigten Verkehrsmitteln diametral entgegen. Ihren Bedürfnissen nach Bewegungsfreiheit und nach Aufenthaltsqualität im öffentlichen Raum käme eher eine Entschleunigung entgegen. Zumal die Bequemlichkeit für Reisende sich nicht über die Geschwindigkeit des Verkehrsmittels definiert, sondern über die Reisezeit »von Tür zu Tür«. Soziale Segregation in der Mobilität spielt sich heute nicht zwischen Auto und öffentlichen Verkehrsmitteln ab, sondern zwischen schnellen, motorisierten Verkehrsmitteln und dem Zufußgehen, zwischen Teilnahme und Nichtteilnahme, zwischen Öffentlichkeit und Rückzug, zwischen regionalen bis globalen Lebensstilen und der Enge der eigenen Wohnung und ihrer Umgebung.

Die Digitalisierung wirft im Mobilitätskontext den Schlachtruf vom »Tod der Distanz« in die Debatte – was letztlich und natürlich verkürzt heißt: Das meiste machen wir künftig über das Netz in virtuellen Welten. Und sich von einem Punkt wegzubewegen, sei eher Zeitverschwendung als tatsächlich sinnvoll und notwendig. Mit der Entwicklung digitaler Netze, Geräte und Dienste haben sich die Möglichkeiten vervielfacht. Das Begriffspaar der physischen und virtuellen Mobilität bringt zum Ausdruck, dass wir uns sowohl in realen Raumbezügen bewegen als auch an virtuellen »Orten« aufhalten und dort alltäglichen Beschäftigungen nachgehen. Online-Shopping, Telearbeit oder soziale Netzwerke sind die heute am weitesten verbreiteten Beispiele hierfür. Das mobile Internet in Verbindung mit der massenhaften Verfügbarkeit mobiler Endgeräte verändert die Bedeutung konkreter Orte für die Durchführung verschiedenster Aktivitäten. Dies hat komplexe Auswirkungen auf tatsächliche Bewegung, also den Verkehr, die bislang aber empirisch nur wenig nachvollzogen werden können.

Schon Mitte der 1980er Jahre hat der Verkehrswissenschaftler Ilan Salomon ein Konzept vorgelegt, mit dem er die möglichen Auswirkungen moderner Informations- und Kommunikationstechnologien auf das individuelle Mobilitäts- und Verkehrsverhalten beschrieb. Dabei unterscheidet er Substitution, Komplementarität und Modifizierung.[2] Substitution bedeutet, dass reale Aktivitäten und Wege durch digitale Aktivitäten ersetzt werden, also dass infolge digitaler Kommunikation weniger reale Treffen stattfinden. So könnte durch die Online-Aktivität das tatsächliche Verkehrsaufkommen gedrosselt werden und gar positive ökologische Effekte zeitigen. Komplementarität beschreibt das glatte Gegenteil, also ein »Mehr« an Wegen durch virtuelle Aktivitäten. Das globale

Web schafft neue Möglichkeiten und Kontakte und schnell fliegt man dann für ein Treffen von Angesicht zu Angesicht um den halben Globus. Modifikation beschreibt die Veränderung der Wegemuster, die sich beispielsweise durch die Nutzung von Echtzeitdaten ergeben können. Zeigen Smartphone oder Navi plötzlich Staus, Unfälle oder andere Unwägbarkeiten wie Starkregen oder Straßensperrungen infolge überhöhter Schadstoffkonzentrationen an, dann ändern wir unsere Routen und Routinen.

Die Wissenschaftlerin Helen Couclelis steigt über den Begriff der Fragmentierung ins Thema ein. Mobiles Internet und datengestützte Apps und Dienste befreien uns geradezu aus Raumzwängen: Wer geht schon gern zur Bank, um dort Rechnungen zu begleichen? Das kann ich doch heute online machen, am Strand, im Park oder in der Bahn. In der analogen Zeit waren wir an den Ort gefesselt, auch und gerade bei der Arbeit. Heute können viele Arbeiten im Büro, zu Hause oder unterwegs erledigt werden, das heißt, Arbeit findet häufig räumlich fragmentiert statt. Diese örtliche Zersplitterung von Aktivitäten hat einen großen, zugleich vielschichtigen Einfluss auf die Anzahl und Struktur zurückgelegter Wege.

Wer beim Reisen auf die Bahn setzt – und dem das Glück stabiler Internetverbindungen hold ist –, weiß die Fahrt routiniert zu nutzen. Getreu dem Werbeslogan der Deutschen Bahn »Diese Zeit gehört Dir«, können wir unsere Zeit nach Gutdünken nutzen und, während vielleicht das Rheintal oder das Alpenvorland an einem vorbeizieht, arbeiten, einkaufen oder Bankgeschäfte tätigen. Der uns entlastende Unterschied zur alten analogen Zeit besteht darin, dass früher, während der Reise, viele Aktivitäten nur vorbereitet werden konnten. Heute hingegen sind wir in der Lage, vollständige Workflows abzuschließen. Das führt zu einer schleichenden Rationalisierung und Effizienzatmosphäre, weil Zeit verdichtet wird. Was für den Eisenbahnreisenden vielfach Alltag ist – sich von A nach B chauffieren zu lassen, ohne eine Hand am Lenkrad, ohne einen Fuß an der Bremse zu haben oder nur das Auge auf den Verkehr zu richten –, davon sind auch die Träume vom autonomen Fahren im Pkw geprägt.

Während es für die Fragmentierung und Parallelisierung deutliche Hinweise aus zahlreichen empirischen Studien gibt, sind uns bislang keine belastbaren Hinweise dafür bekannt, dass die neuen digitalen Möglichkeiten physische durch virtuelle Mobilität ersetzen. Es ist leider nicht zu erkennen – und auch nicht zu erwarten –, dass es allein durch die große digitale Transformation zu einer sinkenden Anzahl zurückgelegter Wege oder einer rückläufigen Verkehrsleistung kommt. Vielmehr entstehen hybride Räume, in denen sich virtuelle und reale Ebenen vermengen. Und die Bewegungen im wirklichen Raum nehmen trotzdem eher zu als ab.

Dass alltägliche Fortbewegung zu Fuß keineswegs marginalisiert wird, wenn modernste ÖPNV-Systeme Einzug halten in die Stadt, zeigt sich nicht nur – wie hier – im Stadtteil Shibuya in Tokio. Es geht um eine sinnvolle wechselseitige Unterstützung von Mobilitätsangeboten und um eine gelingende Einpassung in den urbanen Raum.

Aus dem Weltraum gesehen muss Deutschland einem Ameisenhaufen gleichen, dessen Bewohner ohne Unterlass auf verschlungenen Wegen unterwegs sind. Das gilt auf den Autobahnen genauso wie in den pulsierenden Städten: Es scheint weder Dunkelheit noch Stillstand, es scheint keine ruhige Minute mehr zu geben. Laut Statistik waren zu Beginn des Jahres 2017 in Deutschland 45,8 Millionen Pkw registriert, dazu kommen gut vier Millionen Krafträder. Zudem sind rund 73 Millionen Fahrräder mehr oder weniger aktiv in unser Alltagsleben eingebunden, die in Kellern, Garagen, Hausfluren oder auf den Gehsteigen auf ihren Einsatz warten.

In diesem Ameisenhaufen legen täglich beinahe 83 Millionen Menschen jeweils rund 3,4 Wege pro Tag zurück, das sind immerhin mehr als 280 Millionen Wege allein an einem Tag. Laut Verkehrsstatistik hat jeder dieser Wege eine durchschnittliche Länge von 11,5 Kilometern. Das macht allein in Deutschland gut 3,2 Milliarden Kilometer pro Tag. Womit wir auf die *Golden Records* und die ewige Reise der Voyager-Sonden zurückkommen: Die kumulierte Wegelänge könnte eine Schulklasse mit 21 Schülern einmal zur Sonne wandern lassen oder vier Personen zum Jupiter schicken. Sie entspricht einem Lauf mit sage und schreibe 80 500 Erdumrundungen. Und all diese Wege haben einen Zweck. Es geht um Schulwege, Arbeitswege und Einkaufswege; und wenn diese Pflichten erfüllt sind, dreht sich unser Sehnen nach Ortsveränderung und um Freizeitgestaltung.

Schauen wir auf den *modal split*, die Aufteilung all dieser Fahrten und Wege auf die verschiedenen Verkehrsmittel. Die individuelle Verkehrsnachfrage hat sich in den letzten 20 Jahren weniger dynamisch entwickelt als in den Jahrzehnten zuvor: Zentrale Mobilitätskenngrößen wie das tägliche Aufkommen an Wegen pro Person oder die Reisezeit stagnieren seit Langem, auch die tägliche Verkehrsleistung pro Person ist seit 1996 nur noch um rund sieben Prozent gestiegen.[3]

Die Entwicklung der Verkehrsmittelverfügbarkeit und -nutzung war in den letzten Jahrzehnten in Deutschland wie in den meisten anderen Industrieländern von einer Festigung der weitreichenden »Automobilisierung« der Gesellschaft und grundsätzlich wenig Bewegung im *modal split* geprägt. Der Pkw-Besitz der Haushalte ist mit rund 77 Prozent hoch[4] und die Nutzung des Pkw in vielen Regionen des Landes dominant. Dies gilt vor allem für dünn besiedelte ländliche Räume. Der Motorisierungsgrad betrug damit bundesweit rund 560 Pkw je 1000 Einwohner.[5] Die jüngsten Entwicklungen weisen allerdings auf eine Sättigungsgrenze der Motorisierung hin, die verschiedene Ursachen hat (wie zum Beispiel eine etwas stärkere Distanz jüngerer Menschen zum Pkw oder die Renaissance der Stadt als Wohnort).

Grundsätzlich gibt es signifikante Stadt-Land-Unterschiede beim Motorisierungsgrad. Dieser liegt in den kreisfreien Großstädten bei etwa 450 Pkw je 1000 Einwohner und in ländlichen Kreisen mit Verdichtungsansätzen und in dünn besiedelten ländlichen Kreisen im Mittel bei fast 600 Pkw je 1000 Einwohner. Zugleich ist das Auswahlmenü in urbanen Räumen größer als in der Fläche. Wer in der Stadt lebt, kann in der Regel auf ein brauchbares Angebot im öffentlichen Verkehr zurückgreifen. Die Stadt der kurzen Wege mit ihren Zentren und Nebenzentren erlaubt viele Besorgungen auch zu Fuß oder mit dem Fahrrad. Diese Möglichkeiten schwinden aber, je suburbaner und ländlicher wir wohnen und leben. Hinzu kommt das insbesondere im städtischen Raum wachsende Angebot im Bereich des Car Sharing, welches es Haushalten erlaubt, mit dem Pkw mobil zu sein, ohne ein eigenes Fahrzeug zu besitzen. Die Möglichkeiten moderner I&K-Technologien und der Einstieg verschiedener Pkw-Hersteller in den Markt haben in den letzten Jahren vor allem Zuwächse beim flexiblen, standortungebundenen Car Sharing *(free floating)* ausgelöst. So wird der Run auf das eigene Auto in (großen) Städten ein wenig gedämpft. Aber auch unterschiedliche Lebens- und Mobilitätsstile wirken sich spürbar aus. In der Großstadt nimmt der sogenannte Umweltverbund, das heißt, das Zusammenspiel von Bahn, ÖPNV sowie Fuß und Rad, eine wichtige Rolle ein. Die relevante Bevölkerungsgruppe der Kinder und Jugendlichen sowie der in Ausbildung stehenden Personen ist einerseits öfter als andere selbst »aktiv mobil«, gehört andererseits zum Kern der Fahrgäste im öffentlichen Personennahverkehr. Im dünn besiedelten ländlichen Raum hingegen ist dessen Angebot vornehmlich auf die Mobilitätsbedürfnisse von Schülern ausgerichtet.

Mobil zu sein, ist ein durchaus riskantes Unterfangen in Deutschland. Ein Blick in die Unfallstatistik zeigt, wie gefährlich der Stadtverkehr auch heute noch ist. Und das, obgleich vielfältige Bemühungen zur Verkehrssicherheit durchaus Erfolge zeigen. Während 1995 noch 5 929 Pkw-Fahrer und 253 Lkw-Fahrer bei Unfällen ums Leben kamen und 1 336 Fußgänger, 751 Radfahrer und 1 095 Kraftradfahrer tödlich verunglückten, sprachen die Zahlen 2016 eine deutlich andere Sprache: Es starben 490 Fußgänger, 393 Radfahrer, 604 Motorrad-Biker sowie 1531 Pkw- und 133 Lkw-Fahrer[6] auf Deutschlands Straßen. Nach wie vor ereignen sich die meisten Verkehrsunfälle mit Personenschäden in den Ortschaften – allerdings werden hier nur ca. 30 Prozent der Verkehrstoten gezählt.[7] Im Schnitt kam 2016 alle 5,5 Tage ein Kind bei einem Verkehrsunfall auf deutschen Straßen ums Leben.

Das Risiko für die Automobilisten nahm auch nach den Attentaten von 9/11 in den USA erheblich zu. Infolge der Anschläge auf die Zwillingstürme hat sich die Zahl der Todesopfer auf den amerikanischen Straßen signifikant erhöht. Die Daten liefern ein ebenso beredtes wie schwieriges Lehrstück über den Umgang mit Risiken des Alltags. Viele Amerikaner wählten nach den Anschlägen, aus verständlichen Gründen, nicht mehr das Flugzeug. Die amerikanische Verkehrsstatistik bestätigt, dass in den Monaten nach den Anschlägen das Verkehrsaufkommen allein auf den ländlichen Interstate Highways um bis zu fünf Prozent angestiegen ist. Freilich mit ernüchternden Folgen: In jedem der zwölf Monate nach dem 11. September 2001 lag die Zahl der tödlichen Unfälle über dem Durchschnitt und meist sogar noch höher als alle Werte aus den vorangegangenen fünf Jahren. Beim Bestreben, die Risiken des Fliegens zu vermeiden, sind ca. 1600 Menschen auf den Straßen umgekommen. Dies entspricht dem Sechsfachen der Gesamtzahl der Passagiere, die in den gekidnappten Todesflugzeugen des 11. September starben. Es ist paradox: Diese Menschen könnten noch leben, wenn sie geflogen wären.[8]

Allgegenwart der autogerechten Straßen

Im Deutschland der 1960er Jahre durchdrang ein Slogan die Gesellschaft, der die Republik und ihre Städte auf viele Jahrzehnte prägen sollte. »Freie Fahrt für freie Bürger!« Dies war gleichsam der emanzipatorische Ruf nach allem, was die Wirtschaftswunderjahre vorbereitet hatten. Mit dem VW Käfer wurde der Grundstein gelegt – der Volkswagen wurde zum Sinnbild der aufkommenden automobilen Gesellschaft und der VW-Konzern ein Symbol der wirtschaftlichen Kraft Deutschlands. Auch in den Städten nahm diese Entwicklung ihren verhängnisvollen Lauf: Schnell und unbeirrbar eilte das Leitbild der autogerechten Stadt von Erfolg zu Erfolg. Wer als Städteplaner und Stadtoberhaupt etwas auf sich hielt, bereitete der Pkw-Stadt ihren Weg. Verkehrsflächen jeder Art wucherten in den Städten – mehrspurige Fahrbahnen, Parkplätze in den Innenstädten, Parkhäuser, Tiefgaragen. Die Garage am Eigenheim, das samstägliche Autowaschen gehörte bei der Mehrheit der Familien zum Wochenendritual. Der eigene Pkw war das Statussymbol der Deutschen – und ist auch heute längst nicht obsolet. Ich zeig dir mein Auto, und du weißt, was ich bin. Dabei war es egal, ob man sein Innerstes mit dem Fuchsschwanz am Opel Manta nach außen kehrte oder stolz den ersten BMW auf den Garagenhof der Einfamilienhaus-Siedlung in Suburbia lenkte.

Diese – vermeintliche – Erfolgsgeschichte fußt auf einer zentralen Voraussetzung: entsprechende Straßen. Über Jahrzehnte hinweg ist Straßenbau in unserem Kulturkreis für niemand anderen betrieben worden als für den motorisierten Menschen. Und niemals vorher gab es so komfortable, so breite, so gerade, so »schnelle« und so lebensgefährliche Straßen wie jetzt. Der Autofahrer ist der Souverän der Straße, und keiner ist so tief vor ihm in die Knie gegangen wie diejenigen, die ihm die Straßen so und nicht anders gebaut haben. Die Straßenbauer sind eine höchst effektive Sparte in der staatlichen und kommunalen Bürokratie. Und eine sehr mächtige. Der Doktrin ihrer Richtlinien zufolge geht es ihnen um nichts anderes als um den reibungslos fließenden Verkehr. Jeder Stau fügt ihnen eine Enttäuschung zu.

Wer das Geld gibt, bestimmt. Die eigentlichen Herrscher über die Straße aber sind die Straßenbauverwaltungen. Sie hatten, seit mit Kriegsende die modernen Zeiten bei uns ausbrachen, die fettesten Etats. Da die Haushaltsansätze groß blieben, auch nachdem die wichtigen Straßen gebaut waren, wurde die Bauwut schließlich zur Zerstörungstat: Das Geld floss in Straßen und Wege, die es gar nicht brauchte. Im Gegenteil, die durch die Verbesserung ihren Charakter verloren, die vielfach verschlechtert wurden.

Geld demoralisiert – und keine Stadt, keine Gemeinde schlägt es aus. Vor die Wahl gestellt, den vernünftigen Ausbau einer richtigen Straße selbst zu finanzieren oder eine verkehrte Straße anzulegen, die zum größten Teil »vom Bund« bezahlt wird, haben Kommunen selten gezögert, das Falsche zu tun und den Menschen zu schaden. Geld für den Straßenbau bestimmt in einem Maße unsere Stadtentwicklungspolitik, dass es einen graust. Kritische Beobachter wissen, wie viel Schaden auch die konjunkturbelebenden »Geldspritzen« anrichten, wie sie zu hektischen Fehlentscheidungen verführen. Die Neigung ist stark, sich durch sogenanntes günstiges Geld die bessere Einsicht abkaufen zu lassen.

Doch es menschelt auch in anderen Bereichen des Stadtverkehrs. Schaut man auf neuralgische Punkte im Verkehrsnetz einer Stadt, zeichnet sich schnell ein Psychogramm der heutigen Gesellschaft ab. Die Mehrzahl der Verkehrsteilnehmer verhält sich wie ein Raubtier auf Nahrungssuche im Dschungel – nur auf den eigenen Vorteil bedacht, gemessen in Minuten Fahrtzeiteinsparung. Man nimmt die Vorfahrt, missachtet nonchalant Geschwindigkeitsbegrenzungen – schließlich hat man es eilig –, radelt, weil es schneller geht, gegen Einbahnstraßen oder über Fußwege und ärgert sich über Fußgänger,

Sieht so möglicherweise das ideale Zusammenspiel von individueller Automobilität und städtischem Kontext aus? Auch wenn es sich hier (nur) um eine Kunstaktion von Nam June Paik vor dem Schloss in Münster im Jahr 1997 handelt, könnte dies doch einer neuen Ästhetik urbaner Mobilität auf den Weg helfen.

die sich fluchend an die Hauswand retten. Und wenn wir ehrlich zu uns selbst sind, verhalten wir uns alle immer wieder so, und zwar als Autofahrer ebenso wie als Radler oder Fußgänger. Im Verkehrsdschungel der Städte zeigt sich vielerorts die Fieberkurve der Stadtgesellschaft, und die ist immer öfter im roten Bereich.

Jüngst wurden neue Vorschriften für den Bau von Parkhäusern und Tiefgaragen erlassen, weil die bisherigen Normgrößen für die Stellplätze und die Auf- und Abfahrten in diesen Parkbauwerken den Entwicklungen auf dem Pkw-Markt hinterherhinkten. Insbesondere der zügellose Vormarsch des SUV auf deutschen Straßen machte diese regulatorische Vorgabe notwendig, da die überdimensionierten Geländewagen nicht mehr standesgemäß zu stehen kommen können. Gerade der große SUV-Trend gibt Einblick in die Psyche urbaner Mobilisten. Während Greenpeace vor längerer Zeit Messungen zu Schadstoffkonzentrationen auf Kindernasenhöhe angestellt hat, um völlig zu Recht auf die hohen Gesundheitsbelastungen der jüngsten Verkehrsteilnehmer und Stadtbewohner hinzuweisen (was jüngst durch ebenfalls besorgniserregende Befunde der NO_x-Belastungen im Umfeld von Grundschulen eine Nuancierung erfahren hat), ist im entgleisten Trend der Geländewagen plötzlich die Höhe der Stoßstangen dieser Fahrzeuge bis zum Brustkorb unserer Kinder angewachsen. Der weithin bekannte Soziologe und Sozialpsychologe Harald Welzer hat seine Einstellung hierzu in einer Polemik jüngst so zu Papier gebracht: »Wie es übrigens auch als sozial erwünscht gelten kann, mit riesigen Geländewagen durch deutsche Innenstädte zu pflügen, als sei überall Bagdad oder Kabul. Ein klassisches Spießer-Auto wie ein Audi sieht heute von vorn aus, als würde er alle vorausfahrenden kleineren Autos inhalieren und hinten durch den Vierrohrauspuff wieder ausscheiden. Ein Volvo, früher mal die Anti-Design-Ikone des pazifistischen Gemeinschaftskunde-Lehrers, sieht heute aus wie eine bedrohlich kippende Ikea-Schrankwand […]. Das alles ist latente Aggression, die den Alltag durchzieht. […] Man zeigt nicht mehr, wer man ist, sondern was man anrichten könnte.«[9] Natürlich weiß auch Welzer, dass seine Aufregung mehr den eigenen Blutdruck im Zaum zu halten vermag, als städtische Verkehrsprobleme zu lösen.

Das tägliche Hin und Her des Pendelns

All das ist maximal kompliziert und miteinander verknüpft. Die Stadtplanung der zweiten Hälfte des 20. Jahrhunderts stand ganz im Zeichen der technisch-ökonomischen Effizienzkriterien. Die Stärkung der Städte als Zentren der wirtschaftlichen Entwicklung richtete sich an zwei Leitlinien aus. Zum einen galt es, den Unternehmen in den Städten gute infrastrukturelle Rahmenbedingungen für ihr Tun zu schaffen. Zum anderen richtete sich die Aufmerksamkeit der Planer auf die Erschließung des Arbeitskräftereservoirs. Für beide Ziele, infrastrukturelle Ausstattung und Mobilität der Arbeitskräfte, stellte die Verkehrsplanung kraftvoll die wesentlichen Weichen. Im Zentrum dieser Vorstellung steht die Mobilität zwischen Wohnort und Arbeitsplatz, also der Berufsverkehr.

Zu Beginn des 20. Jahrhunderts war es keine Frage: Wenn man einen Arbeitsplatz bei Siemens in Berlin-Charlottenburg hatte, dann wohnte man auch in diesem Kiez. Gleiches galt selbstredend für die Maloche bei Kohle und Stahl zum Beispiel im Ruhrgebiet – auch hier lebte man ganz nah dran. Wahlmöglichkeiten gab es nur in der Theorie. In den 1960er Jahren bis etwa zur Jahrtausendwende nutzten dann aber beträchtliche Teile der Bevölkerung die Chancen, die sich durch Pkw, Straßenbau und Wohlstand eröffnet hatten, und zogen ins Umland der Städte. Sie verwandelten Dörfer in Vorstädte, den ländlichen in einen suburbanen Raum, bis hin zu den »Exurbs« weit draußen. Sie erzeugten nicht nur Staus und Flächenfraß, Einfamilienhaus- und Reihenhaussiedlungen, sondern lebten auch ein spezifisches Ideal, das von innerfamiliärer Arbeitsteilung, geschlechtsspezifischen Machtverhältnissen und entsprechenden Wohnwünschen geprägt war. »Meine Frau hat es nicht nötig zu arbeiten« – das bringt ein Leitbild auf den Punkt, das aus heutiger Sicht nicht nur lauschig-warme Wohlstandsgefühle erzeugt.

Gerade in Städten wie München, Hamburg, Köln oder Frankfurt wächst sich der Stadtverkehr zur Herkules-Aufgabe aus und treibt die Systeme an die Grenzen ihrer Funktionsfähigkeit. Wirtschaftlich erfolgreiche oder anderweitig attraktive Städte ziehen immer mehr Menschen an. In Deutschlands Großstädten wird es immer enger. Das führt bekanntermaßen zu massiv steigenden Grundstückspreisen und Mieten. In der Theorie könnten in dieser Enge viele Aktivitäten sogar mit vergleichsweise kurzen Wegen erfolgen. Es zeigt sich aber auch, dass die Menschen ihren Arbeitsplatz leichter wechseln als ihren Wohnort, weil man insbesondere sein soziales Umfeld nicht aufgeben möchte und der Job fürs Leben immer seltener realisierbar scheint.

Das führt zum großen – und schwierigen – Feld des Pendelns. Die Pendlerzahlen sind in Deutschland auf einen Rekordwert gestiegen. Das geht aus einer Auswertung des Bundesinstituts für Bau-, Stadt- und Raumforschung (BBSR) in Bonn hervor. 2015 pendelten bundesweit 60 Prozent aller Arbeitnehmer zum Job in eine andere Gemeinde. Im Jahr 2000 waren es noch 53 Prozent gewesen. »22 Prozent der deutschen Arbeitnehmer sind zwischen 30 und 60 Minuten pro Strecke unterwegs. Dazu kommen fünf Prozent, die länger als eine Stunde bis zum Arbeitsplatz brauchen. Das Ganze dann noch einmal auf dem Weg in den Feierabend, zur Familie, zu Freunden.«[10] Pendeln kostet, neben Geld und Nerven, vor allem Lebenszeit. Bis acht Uhr schlafen, beim Kaffee oder Müsli die Zeitung durchblättern (oder auf dem Tablet wischen), und dann zu Fuß oder mit dem Rad zur Arbeit: Für Millionen Deutsche ist dies bloß ein Traum. Denn sie pendeln. Sie pendeln fünf Tage in der Woche. Die wenigsten Menschen verbringen freiwillig mehrere Stunden am Tag im Zug oder im Auto. Es ist die moderne, hochspezialisierte Arbeitswelt, die diese Mobilität erzwingt. Und der Staat zahlt jedes Jahr Milliarden, um das Pendeln für Normalverdiener erträglich zu machen. Über die Pendlerpauschale können die Pendler 30 Cent pro Kilometer (der einfachen Strecke zum Job) beim Finanzamt im Rahmen ihrer Steuererklärung geltend machen. Auch ein Grund dafür, dass es sich viele leisten, auf dem Land ein Haus im Grünen zu haben – und für den gut bezahlten Job in die Stadt zu pendeln.[11]

Gesund ist das nicht. Das treibt auch die Krankenkassen seit Jahren um. So haben Pendler laut einer Studie der Techniker Krankenkasse ein höheres Risiko, psychisch zu erkranken. Viele Untersuchungen offenbaren, dass tägliche Pendelmobilität die körperliche und psychische Gesundheit gefährden kann und einen negativen Einfluss auf das Gesundheitsempfinden hat. Der Stress kann beachtliche Ausmaße annehmen. Wem es nicht gelingt, die Pendelzeit für sich zu nutzen, verlängert so den Stress des Jobs und verliert Zeit zum Regenerieren.

Die meisten Pendler gibt es in München – wo einen die Mieten vielfach nach außerhalb drängen, unterstützt möglicherweise durch die Attraktivität des Umlandes. In der bayrischen Hauptstadt arbeiteten 2015 rund 355 000 Menschen, die jenseits der Stadtgrenze wohnen. Das stellt einen Zuwachs von 21 Prozent seit dem Jahr 2000 dar. Auf Platz zwei folgt Frankfurt am Main mit 348 000 Pendlern, somit 14 Prozent mehr als 2000. In den Büros dort stellen auswärtige Arbeitnehmer die Mehrheit, ebenso wie in Düsseldorf und Stuttgart.

Von Problemen und Potentialen

Irgendwie ist heute jedem klar, dass diese Form des Verkehrs an einem prekären Punkt angelangt ist, dass sie die Menschen und den Planeten krank macht. Die autogerechte Stadt hat sich überlebt, sie bringt Lärm, gesundheitsschädliche Luftverschmutzung, sie führt zu irrwitzigen Flächenbedarfen. Und sie schafft es mancherorts längst nicht mehr, zumindest zur Rush-Hour, uns flüssig und entspannt von einem Ort in der Stadt zum nächsten zu bugsieren. So ist der Stadtverkehr zum größten Ärgernis und Problem heutiger Städte geworden. Allein, wie kann man das ändern? Welche Lösungen schiebt die Industrie nach vorn? Was können und müssen wir selbst zu einer urbanen Verkehrswende beitragen?

So wie das Pkw-Bashing besserwissender Experten wohlfeil ist und ohne große gesellschaftliche Kraftanstrengungen – vor allem eine neue Haltung zur Art des Unterwegsseins – wohl folgenlos bleiben wird, so klar ist auch, dass die Städte über durchaus leistungsfähige Angebote im öffentlichen Personennahverkehr verfügen (die freilich energisch und zukunftsgerichtet ausgebaut werden müssen). Gleichwohl ist unumstößlich, dass es völlig unmöglich ist, alle Autofahrer der alltäglichen Rush-Hour zusätzlich in Busse und Bahnen zu quetschen.

U-Bahnen sind gegenwärtig das wirksamste, aber auch teuerste Mittel zur Verhinderung des Verkehrsinfarktes in großen urbanen Zentren. Das Berliner U-Bahn-Netz zählt zu den zehn größten U-Bahn-Systemen weltweit. Zwischen 2008 und 2017 stiegen die Passagierzahlen um mehr als 25 Prozent auf deutlich über eine halbe Milliarde Menschen (563 Millionen), die in den mehr als eintausend Zügen durch die Hauptstadt fahren. Zugleich bewegten sich 2017 in den Berliner Bussen über 441 Millionen Menschen durch die Stadt, auch das ein Plus von mehr als 25 Prozent gegenüber 2008.[12] Kein Wunder, dass in der stadtverkehrlichen Dauerkaterstimmung vielerorts U-Bahn-Lösungen immer wieder hoch gehandelt werden. Eine neue U-Bahn schafft oberirdisch Freiräume – für Menschen, aber auch gewinnträchtige Immobilienprojekte. Sie ist, durch die Verkehrsbrille gesehen, hoch effizient, da hier ein Massentransportmittel zur Verfügung steht, welches schnell und staufrei agieren kann. Billig indes ist der Spaß nicht, zumal wenn man sich Bau- und Betriebskosten von U-Bahn-Systemen vor Augen führt. Ähnlich verhält es sich mit S-Bahnen. In München soll der Tunnel für die Stammbahn

Dass individuelle Selbstverwirklichungswünsche und urbane Verkehrswende durchaus eine Symbiose eingehen können, illustrieren Beispiele wie dieses: zeitgenössische Fortbewegung – Stand up Paddling – auf einer Amsterdamer Gracht. Was vordergründig Sport und Spaß gewährt, kann auch mobilitätstechnisch sinnvoll sein. Vielfach werden bereits geführte Stadterkundungen auf dem Board angeboten.

eine erhebliche Entlastung bei Störungen bringen, einen garantierten 15-Minuten-Takt auf den meisten Linien sowie zusätzliche Express-S-Bahnen. Ob der Nutzen aber den hohen Preis rechtfertigt, ist in der Öffentlichkeit heftig umstritten. Die Münchener Stadtregierung hat jüngst angekündigt, 5,5 Milliarden Euro in U-Bahnen und Tram zu investieren – ein strammes Notfallbudget zur Verhinderung des Verkehrsinfarkts.[13]

Auch lohnt ein kurzer Blick nach Düsseldorf. Seit den 1970er Jahren wurde dort das Projekt »Wehrhahn-Linie« politisch und planerisch debattiert, zwischen 2004 und 2006 die Planung realisiert und dann über acht Jahre lang gebohrt, gebuddelt und gebaut. Die Kosten für die 3,4 Kilometer lange Röhre und die sechs Stationen beliefen sich auf rund 850 Millionen Euro. Nun düsen an Werktagen rund 53 000 Fahrgäste durch den neuen Tunnel. Oberirdisch schafft das Wegräumen der alten Straßenbahnschienen zum Teil mehr Platz für Radler und breitere Fußwege für bessere Aufenthaltsqualitäten. Zudem ist eine deutlich bessere Anbindung der Universität und der wachsenden Stadtteile Bilk und Wersten an die Innenstadt gelungen. Verbunden mit einer zusätzlichen Straßentunnel-Lösung im Bereich der City hat man sich mit dem vielen Geld auch die Chance einer großen Neustrukturierung und Weiterentwicklung der Düsseldorfer City im Dreieck Königsallee, Hofgarten und Schauspielhaus geschaffen, die nun – vom tosenden Verkehr weitgehend ungestört – eine neue Qualität beschert.[14] Gleichwohl scheinen die U-Bahn-Träume im Allgemeinen vielfach ausgeträumt, da sich die Förderlandschaft kräftig wandelt und Großprojekte dieser Dimension künftig im direkten Wettbewerb um öffentliche Haushaltsmittel (für andere hehre Zwecke) stehen. Das wiederum könnte bedeuten, dass das Tunnelbohren als Luxusvariante neuer Stadtverkehrskonzepte vorerst ausfällt. Doch zumindest Hamburg und Köln schwärmen momentan noch von einer großen Tunneltherapie, die die wachsenden Metropolen vor einem Verkehrsinfarkt bewahren soll.

Während Verkehrs- und Stadtplaner hierzulande noch danach streben, die Last des Stadtverkehrs unter die Erde zu verbannen, ziehen andere die Flucht in die Lüfte vor. Überall dort, wo schon lange hoch – wirklich hoch – gebaut wird, sieht mancher Experte ein beträchtliches Potential für autonom fliegende Lufttaxen. Eine Reihe von Start-ups, aber auch Airbus Industries, arbeiten schon länger an solchen Konzepten. In Dubai sollen die Taxen möglichst schnell in die Luft gehen. Im Jahr 2017 wurde erste Praxistests im Golfemirat durchgeführt, mit der erklärten Absicht, den kommerziellen Betrieb mit Taxi-Drohnen möglichst schnell – das heißt in fünf Jahren – aufzunehmen.[15] Wobei man das Flugtaxi idealtypisch per Handy-App bestellt, wie ein Video der Straßenverkehrsbehörde Dubais zeigt. Dann schwebt zum Beispiel ein strombetriebener Senkrechtstarter vom Typ Ehang 184 ein, den der gleichnamige chinesische Hersteller erst im vergangenen Jahr auf der Consumer Electronics Show in Las Vegas vorgestellt hat. Die Drohne wird von acht Propellern durch die Luft getragen, je zwei an vier Armen. In deren Mitte sitzt die Kabine für einen Passagier, sie hat zwei Flügeltüren und ein Gepäckabteil. Entfernt erinnert sie an das Isetta-Rollermobil von BMW.[16] Mehr als ein Spielzeug für Freaks und hochzahlungsbereite Urbanauten wird dieses Konzept allerdings kaum sein – und wohl kaum den Stadtverkehr für Otto Normalverbraucher paradiesisch gestalten. Man stelle sich den städtischen Luftraum und die immense Lärmbelastung nur vor, wenn zur Hauptverkehrszeit beispielsweise im Frankfurter Bankenviertel die Hälfte aller Bankangestellten per Lufttaxi ins Büro fliegen. Aber wer weiß schon, wie die ökonomisch getriebene Stadtverkehrszukunft aussehen wird. Schon heute funktioniert in Dubai mit seinen drei Millionen Einwohnern das weltweit größte Netz fahrerloser U-Bahnen, hier werden täglich 600 000 Menschen ohne Zugführer transportiert. Man plant dort, bald auch Straßenbahnen und Busse ohne Fahrer auskommen zu lassen. Getestet werden außerdem Boote, Minibusse, Taxen. Bis 2030 sollen autonome Fahr- und Flugzeuge ein Viertel aller Wege in Dubai bewältigen, dies hat Scheich Mohammed bin Raschid al-Maktum als Ziel formuliert.

Solche Mobilitätsangebote werden das »Leben zwischen und über den Häusern« verändern – auf eine Art und Weise freilich, die man auch überzüchtet nennen kann. Brauchen wir all das für unser urbanes Glück? Kann gute Mobilität nicht auch einfacher zu haben sein?

Rauf aufs Rad

Vielleicht bringen uns doch eher die simplen Dinge nach vorn. Und das gerade in der Stadt. Nach groben Schätzungen gibt es in Deutschland rund 73 Millionen Fahrräder. Gelänge es, diese Kraft auf die Straßen und Radwege zu bringen, sähe die Welt schon ein wenig besser aus. Zum Glück stehen wir trotz unserer Autoprägung hierzulande nicht am Nullpunkt. In einem so großen Land wie Deutschland wird natürlich Rad gefahren, und das gar nicht so wenig. Das Radeln spricht viele Menschen aus einer ganzen Reihe praktischer Gründe an: Preisgünstig, unkompliziert und oft genug auf der kurzen bis mittleren Distanz – auch in der Reisezeit von Tür zu Tür – kaum zu schlagen. Kein Stau, keine Parkplatzsuche: Nicht umsonst steigen immer mehr urbane Liefer- und Expressdienste (Deliveroo, Lieferando etc.) aufs Rad um. Hinzu kommen Gesundheits- und Lifestyle-Fragen, die das Rad im Vergleich der urbanen Verkehrsträger gut aussehen lassen. Und auch ökologisch gibt es vermutlich nichts Besseres, als sich mit dem Rad durch die Stadt zu bewegen: Keine Emissionen von Lärm und Dreck, eine wunderbare Klimabilanz und auch der Flächenverbrauch ist vorbildlich gering (wenngleich natürlich nicht gleich null). Die Angebotspalette hat sich in den letzten Jahren immer weiter ausdifferenziert; vom Hollandrad über den Drahtesel ganz aus Bambus ist bis zum Hightech-E-Bike in jeder Preisklasse beinahe alles zu haben. Gleichwohl braucht auch der Radverkehr seine angemessene Infrastruktur. Das ist unter anderem eine, die sich dadurch auszeichnet, dass sie den Radler vor dem oft genug lebensbedrohlichen motorisierten Verkehr beschützt. Es braucht ein gut ausgebautes und klar vom Kraftverkehr abgegrenztes städtisches Radwegenetz, das stetige Beheben von Unfallschwerpunkten und auch die Schaffung von deutlich mehr und sicherem Verkehrsraum für die Radfahrer – was wiederum zu Lasten der Pkw-Spuren gehen muss. Denn eine Fahrradförderung ohne begleitende, wirkmächtige Maßnahmen zur Begrenzung des Pkw macht schlichtweg keinen Sinn.

Im Frühjahr 2017 präsentierte der Allgemeine Deutsche Fahrradclub (ADFC) die Ergebnisse seines siebten Fahrradklima-Tests. Über 120 000 Bürgerinnen und Bürger wählen hier regelmäßig die fahrradfreundlichsten Städte Deutschlands, unterteilt nach Stadtgrößen. Die jüngste Befragung fasste der ADFC auf seiner Website zusammen: »Das Fahrradklima insgesamt – also die wahrgenommene Fahrradfreundlichkeit deutscher Städte und Gemeinden – hat sich seit der letzten Umfrage 2014 leicht verschlechtert und liegt nun bei 3,81 (2014: 3,74). Die meisten Befragten sind zufrieden mit der Erreichbarkeit der Innenstadt per Rad. Auch die Kernfrage ›Bei uns macht Radfahren Spaß bzw. Stress‹ wird relativ gut bewertet. Genervt sind die Radfahrer vor allem von Baustellen oder Falschparkern auf Radwegen, ungeeigneten Ampelschaltungen und zu schmalen Radwegen. Über 60 Prozent der Befragten fühlten sich beim Radfahren nicht sicher. Der massenhafte Fahrraddiebstahl wird ebenfalls in fast allen Städten als schwerwiegendes Problem wahrgenommen.«[17]

Fest steht dennoch, dass das moderne Stadtleben durchs Radeln nur gewinnen kann. In den Städten tut sich bereits seit längerem einiges, um den Drahtesel nach vorn zu bringen. Einen nicht unbedeutenden Punkt stellen die vielfach entstehenden neuen Mobilitätsstationen dar. Fahrradparkhäuser an Bahnhöfen und anderen für den Stadtverkehr neuralgischen Punkten werden zu Radstationen mit wachsenden Dienstleistungsangeboten für die radelnden Kunden. Öffentliche und private Fahrradverleihsysteme sind ein wichtiger, aber zu oft unter Wert verkaufter Sharing-Ansatz für eine umweltfreundliche Mobilität in der Stadt. Denn sie ermöglichen es zum Beispiel Touristen einfach und bequem, den ÖPNV, aber auch die Eisenbahn, mit einer Fahrradfahrt zu kombinieren.

Das Rad war bekanntermaßen auch in China ein Massenverkehrsmittel, bevor die Automobilisierungswelle gänzlich andere Prioritäten setzte. Nun aber entdecken selbst die Chinesen durch Verleihfirmen ihre Liebe zum Fahrrad neu. Doch was für die Gesundheit gut ist, erschwert den Verkehr: Die Drahtesel werden nun haufenweise stehen und liegen gelassen – eine Folge dessen, dass die Leihgebühren im Preiskampf so billig geworden sind. Ähnliches durfte im Jahr 2017 auch die Stadt München erfahren. Dort hatte es mit dem Angebot von Obike, einem fernöstlichen Anbieter von Leihfahrrädern, so viel Unmut im Alltag gegeben, dass das Unternehmen rund sechstausend Leihräder wieder einsammeln musste.

In Dänemark machen die kleinen Dinge glücklich. Eine Fußstütze an der Fahrradampel erleichtert Radlern in Kopenhagen das Warten bei Rot, zum Beispiel. Schräg gestellte Mülleimer fangen Kaffeebecher auf, die bei laufender Fahrt weggeworfen werden. An zentralen Kreuzungen stehen öffentliche Luftpumpen. Dass Radfahren nicht nur eine Art des Fortbewegens, sondern eine kulturelle Errungenschaft ist: Mit diesem Befund wartete die Anfang 2012 in den Nordischen Botschaften in Berlin gezeigte Ausstellung »Eine Stadt fährt Rad« auf.

Etwa die Hälfte aller Kopenhagener fährt mit dem Rad zur Schule oder zur Arbeit; die Zahl der schwer verletzten Radler hat sich seit 2005 halbiert – und 80 Prozent sagen nun, dass sie sich im Verkehr sicher fühlen. Gerade in Kopenhagen wird das Radfahren auf hoher Ebene kultiviert, wobei es viele kleinteilige Maßnahmen sind, die diese Mobilitätskultur fördern. Statt Verkehrsrowdys mit Geldstrafen und Punkten zu bestrafen, belohnt die Verwaltung positives Verhalten. An Knotenpunkten in der Stadt stehen bisweilen Mitarbeiter der Verwaltung, die sogenannten Karma-Spotter. Beobachten sie Radfahrer, die sich besonders rücksichtsvoll verhalten, erhalten diese ein »Karma-Päckchen« zur Belohnung. Die Fahrradwege selbst sind breit angelegt (dennoch häufen sich die Fahrradstaus). Sensoren im Straßenbelag bereiten die Ampelschaltung auf den nahenden Radler vor und leiten entsprechende Lichtsignale ein. Mitunter gibt es gesonderte Fahrradbrücken, um den Verkehr unabhängiger von Autoströmen zu machen.[18]

Doch nicht nur im Norden Europas ist das Radeln groß in Mode. Jüngst hat Paris den *plan vélo* beschlossen. In der französischen Hauptstadt scheint man es leid zu sein, dass in puncto Fahrradfreundlichkeit europäischer Hauptstädte immer nur über Amsterdam und Kopenhagen gesprochen wird. Bürgermeisterin Hidalgo setzt klare Akzente für die Verkehrswende in ihrer Stadt. So werden vom Stadtrat in der Tat auch Maßnahmen zur Reduzierung des Autoverkehrs beschlossen, wie die Sperrung einer 3,3 Kilometer langen Strecke am rechten Seine-Ufer, die vom Louvre bis etwa zur Höhe des Bastille-Platzes reicht: Hier entstand eine Flaniermeile. Bis 2020 will man in Sachen Rad deutlich aufholen und mit Investitionen von rund 150 Millionen Euro das Radwegenetz der Stadt auf 1400 Kilometer verdoppeln und Radschnellwege einrichten. Ziel ist es, dass 15 Prozent aller in Paris zurückgelegten Wege per Fahrrad erledigt werden. Das Radwegenetz soll ganzjährig rund um die Uhr nutzbar sein. Intelligente Beleuchtung soll das Radeln auch in der dunklen Jahreszeit und nachts sicher ermöglichen. Sensoren spüren nahe Radfahrer auf und lassen den jeweiligen Radwegabschnitt erleuchten. »Um die Verkehrssicherheit zu verbessern, werden weitere Maßnahmen ergriffen. So wird die Erlaubnis für Radfahrer, rote Lichtsignalanlagen überfahren zu dürfen, von derzeit 30 Kreuzungsbereichen auf alle Pariser Kreuzungen ausgeweitet. Diese Regelung verhindert, dass Radfahrer in den toten Winkel von Fahrzeugen geraten.«[19] Der Radverkehr ist auch in Paris in den letzten Jahren Stück für Stück aus seinem Nischendasein herausgetreten – und er gewinnt weiter an Bedeutung. Einen nicht unwichtigen Anteil daran hatte das Verleihsystem Velib. Der entscheidende Punkt an dieser Entwicklung jedoch dürfte sein, dass die Menschen diese neue Freiheit annehmen und sich das Aufbegehren der Automobilisten gegen solcherlei Maßnahmen in Grenzen hält.

Auch auf der britischen Insel in London ist das Fahrrad in allen Preiskategorien schon länger hip. Wer in der Metropole des Königreichs etwas auf sich hält, setzt sich häufiger aufs Rad – und so mancher investiert eine Menge Geld in das neue Prestigeobjekt, weshalb viele Räder nicht mehr diebstahlgefährdet am Straßenrand stehen, sondern gleich mit ins Büro oder in die Agentur getragen werden.

Bei aller Sympathie für schwungvolle und klare Maßnahmen zur Förderung nachhaltiger Mobilität in den Städten befassen sich Stadt- und Verkehrsplaner seit längerer Zeit mit Konzepten, die das Miteinander der verschiedenen Mobilitätsformen – und eben nicht das eher aggressiv anmutende Ausstechen des jeweils anderen im alltäglichen Straßenkampf – in den Mittelpunkt rücken. Nach dem Konzept der *shared spaces* des niederländischen Verkehrsplaners Hans Monderman soll der vom Auto geprägte öffentliche Straßenraum lebenswerter, sicherer sowie im Verkehrsfluss verbessert werden. Im Mittelpunkt seiner Idee steht der beinahe vollständige Verzicht – und zwar nicht auf das Auto. Vielmehr sollen Verkehrsräume ohne Schilder, Ampeln und Markierungen auskommen und alle Verkehrsteilnehmer vollständig gleichberechtigt werden. Allein die Vorfahrtsregel soll erhalten bleiben. Diese Form der Liberalisierung hat in einer Vielzahl von Versuchen immer wieder Erstaunliches hervorgebracht: deutlich weniger Unfälle, geringere Fahrgeschwindigkeiten. *Shared spaces* verlagern Verantwortung offenkundig wieder dorthin zurück, wo man sie an sich auch erwarten würde – auf die Fahrer.

In Berlin wird das Konzept innerhalb seiner Fußverkehrsstrategie in Modellprojekten getestet. Es geht um neue Ideen dafür, wie Straßen künftig aussehen könnten, damit das Zufußgehen einfacher und sicherer, damit die Aufenthaltsqualität für Spaziergänger erhöht wird. Alle Verkehrsarten sollen verträglich und symbiotisch miteinander auskommen. Auch die Berliner wissen dabei um den Trugschluss, dass ein besseres Miteinander und gegenseitige Rücksichtnahme einfach »angeordnet« werden kann. Im Idealfall ergibt sich dies aus der Straßengestaltung von selbst. Ein nicht ganz unwichtiges Problem lassen die Berliner Planer nicht unerwähnt: Denn will man *shared spaces* in Reinkultur erreichen, sind in der heute autogerechten Stadt in aller Regel kostenträchtige Umbauten von Verkehrsräumen unumgänglich. Wer die autogerechte Stadt umbiegen will, wer im Stadtverkehr die Wende einleiten will, stößt nicht nur an dieser Stelle auf echte Hürden. Verkehrswende bedeutet ganz entschieden auch, dass wir die mächtigen Strukturen der autogerechten Stadt nun sukzessive wieder loswerden müssen. Dazu braucht es Geld, Nerven und einen langen Atem. Überfällig wie alternativlos ist für uns dieses Wendemanöver allemal. Die Verkehrswende ist in sehr vielen Städten heute eng mit dem großen Versprechen für ein Mehr an Lebensqualität verbunden.

Öffentlichkeit findet Stadt

Plätze sind die Herzkammern der Städte. In allen Jahrhunderten, in allen Kulturen, in allen Staatsformen waren und sind sie es, in denen sich das Selbstverständnis der Völker und ihrer Geschichte manifestiert. Und sie waren zumindest einst die Bühnen des städtischen Lebens. Noch heute sprechen die Frankfurter von ihrer »gut Stubb«, wenn vom bekanntesten Platz ihrer Stadt die Rede ist, dem Römerberg.

Dass die Plätze einer Stadt ihre »lächelnden Augen« darstellen, ist eine so eingängige wie zutreffende Metapher, die gleichwohl in der Wirklichkeit erheblich gelitten hat. Bleibt man im Bild, dann wird man nämlich konstatieren müssen, dass viele dieser Augen blind geworden sind: Ohne klare räumliche Fassung, gefräst durch überbreite Straßen, von Autos entweder durchbraust oder zugeparkt, ungastlich und bar jeglicher Aufenthaltsqualität.[1] Wer setzt sich schon gern auf den Innsbrucker Platz in Berlin, um ein Buch zu lesen? Wer möchte seine Kinder zum Spielen zum Sendlinger Tor in München schicken? Und wer mag den Kölner Neumarkt für ein frühsommerliches Sonnenbad nutzen? Und ob der letzte kolportierte Wunsch des von Borussia Dortmund scheidenden Fußballtrainers Jürgen Klopp – »Noch einmal mit dem Lastwagen um den Borsigplatz« – stadtgestalterisch lobend zu interpretieren war, darf dann doch bezweifelt werden.

Ungeachtet dessen ist der Drang nach draußen ungebrochen. Das ist durchaus bemerkenswert. Denn vielfach ist prophezeit worden, dass die Menschen in Zukunft vorwiegend vor Bildschirmen und unter Datenhelmen hocken, um sich in einer bloß virtuellen Realität, auf Daten-Autobahnen und im Cyberspace, nicht mehr körperlich, sondern nur noch virtuell zu tummeln. Durch die digitale Revolution, so hieß es, werde sich die materielle Welt hinter Datenströmen weitgehend verflüchtigen. Nun, diese Prophezeiung hat sich bislang nicht erfüllt. Selbst ein Phänomen wie *Pokémon Go* mutiert zum vielleicht erfolgreichsten Bewegungsprogramm aller Zeiten, indem so manche Stubenhocker, die sonst vor ihren heimischen Bildschirmen leben, hinaus an die frische Luft gehen, wieder Wind und Wetter spüren und täglich mehrere Kilometer im öffentlichen Raum zurücklegen. Was freilich auch Blüten treibt, wie vor einiger Zeit in Düsseldorf, als die massenhafte Pokémon-Jagd zur zeitweiligen Schließung der Girardet-Brücke führte, weil es für den Verkehr über den Kö-Graben schlicht kein Durchkommen mehr gab.

Die Lust auf reale Räume

Das stetig wachsende Angebot virtueller Vergnügungsformen scheint dabei Hand in Hand mit einem zuzunehmenden Bedürfnis nach städtischem und landschaftlichem Lebensraum zu gehen. Massen von Fußgängern, Inlineskatern, Fahrrad- und Skateboard-Fahrern strömen jedenfalls auf die Straßen, Plätze und Grünflächen, sobald das Wetter es zulässt. Die milde Witterung der letzten Jahre machte die Altstädte teils bis in den Dezember hinein zu bunten Tummelplätzen. Der öffentliche Raum ist nach wie vor die Bühne, auf der bestimmte Ansprüche an gesellschaftliche Aufmerksamkeit und Anerkennung artikuliert werden. Und oft genug fühlt man sich auf den Straßen seiner Stadt doch viel wohler und heimischer als in ihren Innenräumen, seien es traditionelle oder moderne. Allerdings ist dieses urbane Feeling auf identitätsstiftende Orte wie Plätze, Gassen oder Stiegen angewiesen. Besonders bildhaft wird dies auf den Piazzas und Plazas, die man aus Italien oder Spanien kennt (und mit milden Sommerabenden, leichtem Wein und quirligem Miteinander positiv verknüpft): Klare räumliche Fassung, erkennbar historisch und gewachsen, und immer etwas los.

Vielleicht ein romantisches Traumbild, das es an den Realitäten zu spiegeln gilt?[2] Denn, kaum überraschend, die Wirklichkeit sieht doch ganz anders aus. Der öffentliche Raum ist überwiegend Träger der technischen Infrastruktur. Er war einmal das Gerüst der Stadt schlechthin; und noch immer kann er als zusammenhängende, die ganze Stadt durchdringende Grundstruktur interpretiert werden. Allerdings wird er kaum so gesehen und empfunden. Augenscheinlich beschränken wir unsere Vorstellung davon, was alles öffentlichen Raum darstellt: Zum einen bleiben die diffusen Stadträume außer Betracht, das heißt, der öffentliche Raum in Gewerbegebieten, in Einfamilienhaussiedlungen usw., der wohl eher eine Art Restraum ist. Zum anderen blenden wir den Verkehr aus, der durch seine grobe Präsenz und seinen Lärm die meisten Räume dominiert. Womit wir zu akzeptieren scheinen, dass der öffentliche Raum – Beispiel Ausfallstraßen – in weiten Teilen nur Transitzone ist, um von einem Ort zum anderen zu kommen. Oder der Raum, in dem all die Autos abgestellt werden, die für unser Leben unabkömmlich scheinen. Insofern ist wohl auch die Frage berechtigt, ob wir uns nicht ein Zuviel an öffentlichem Raum leisten – zumindest an einem öffentlichen Raum fragwürdiger Qualität und ausgesprochener Unkenntlichkeit.

Das hat natürlich Gründe, die kleinzureden unzulässig wäre, weil die Diskontinuitäten und Brüche, die die Stadtentwicklung seit der Industrialisierung durchziehen, nivelliert würden. Lediglich auf einen Aspekt sei hingewiesen: Nicht nur die Anmutungsqualitäten des öffentlichen Raums, auch seine immanenten Gegebenheiten haben sich verändert. Dem Wandel, dem die menschlichen Lebens-, Arbeits-, Wohn-, Verkehrs- und Kommunikationsformen im Lauf der Zeit unterlagen und noch immer unterliegen, spiegeln sich in der Nutzung des städtischen Raumes.[3] Die Omnipräsenz der mobilen Kommunikation hat beispielsweise das Telefonieren annähernd zu einer öffentlichen Angelegenheit gemacht, indem Ehezwistigkeiten oder Intimitäten freiwillig dem Publikum dargeboten werden.

Die Allgegenwart des Smartphones lässt sich auch geschichtsphilosophisch lesen. Wird der Raum auf eine Zeit des Unterwegsseins reduziert, wird zugleich die Zeit ignoriert, die in ihm Ausdruck findet: Die Bauten der Vergangenheit, die Straßennamen, die Denkmäler, die durchgedrückten Balken einer Bank, die Schicksale, um die ein Stein weiß. In der Biographie des öffentlichen Raumes liegt das Bewusstsein von Geschichte. Diese Biographie, dieses Bewusstsein geht verloren, wenn dieser Raum den Kampf um Aufmerksamkeit an den Cyberspace verliert. Daneben gibt es eine zweite, nach vorn gerichtete Form der Zeitvernichtung. Ein Merkmal der sozialen Netzwerke besteht darin, dass Selbstverwirklichung immer unter Aufsicht und Konkurrenzdruck stattfindet: im Wettbewerb mit der Selbstdarstellung der anderen, im Kampf um Anerkennung via Likes und Views, analysiert von Algorithmen, denen kein Link entgeht, auf den man klickt. Der wirkliche Freiraum des Individuums verlagert sich in den öffentlichen Raum, wo Fremde sich zufällig begegnen und jenseits der Regeln ihres üblichen Daseins spontan alternativ sein können. Der öffentliche Raum wird damit, wenn man so will, zum letzten Refugium des Privaten, unkontrolliert im doppelten Sinne, frei von Planung und frei für Ungeplantes. Dieses Refugium geht verloren, wenn die Smartphones den Einflussbereich der sozialen Netzwerke auf die Straßen und Cafés ausweiten. Kaum jemand sieht dann noch die anderen als Angebot, kaum jemand ist dann noch offen für das, was kommen mag. Man flieht in die Geborgenheit der sozialen Netze, wo jede App vertraut, jeder Kontakt ein Freund und jede Bedrohung mit einem Klick überstanden ist. Neuere politische Theorien argumentieren – unter dem Stichwort »Politik der Straße« und mit dem Hinweis auf Occupy-Bewegungen –, dass die Anwesenheit im öffentlichen Raum ein Widerstand der Individuen gegen ihre rechtliche Enteignung sei – die Forderung nach Aufmerksamkeit jenseits jeder Hierarchie und Ordnung. Der »Smartphone-Zombie« wäre demnach Symptom einer paradoxen Depolitisierung, denn er reduziert seine Anwesenheit am Ort politischer Artikulation und vermehrt zugleich die Zeit, da er der algorithmischen Kontrolle unterliegt.

Wie auch immer: Das Private ist längst nicht mehr das Refugium, wie es so oft seit der Romantik beschworen wurde. Gleichzeitig wird auch der private Raum mehr und mehr zu einem Zwitter: Man denke nur an die Sport- und Fitness-Studios mit ihrer ostentativen Präsenz in manchen Straßen; oder an die Arena auf Schalke, wenn ein Spiel gegen Dortmund ansteht – keine andere privat initiierte Aktivität entfaltet eine solch öffentliche Wirkung. Aber: Obgleich sich Bedeutung und Inhalt der Begriffe »privat« und »öffentlich« erheblich verändern, bleibt doch festzuhalten, dass diese Polarität, das Aufeinandertreffen des Gegensätzlichen, das Spiel von Widerparts weiterhin konstitutiv ist für die *res publica*.

Nach wie vor ist der öffentliche Raum der Stadt der Gemeinschaftsbesitz unserer Gesellschaft schlechthin. Er kann, im Gegensatz etwa zu Shopping Malls oder den Gated Communities, von jedem Besucher, von jedem Stadtbürger als Aufenthaltsraum genutzt werden, unabhängig von Herkunft, Position und sozialem Status. Und mehr noch: Er stellt einen Multioptionsraum dar, der zum Public Viewing[4] ebenso taugt wie zum Promenieren oder bloßem »Abhängen«. Denn wie er genutzt wird, ist nicht mit wenigen Begriffen zu klassifizieren. Er ist Erlebnisraum, der vielerlei Formen des Freizeitverhaltens ermöglicht. Durchaus genussvoll, so scheint es, werden diese Räume öffentlich konsumiert, sei es im Englischen Garten in München, in der Kleinen Fleischergasse in Leipzig, an den Alsterarkaden in Hamburg oder auf der Admiralbrücke in Berlin-Kreuzberg. Und damit offenkundig auch als etwas Eigenes akzeptiert. Und auch kritisch beäugte, weiterentwickelte Räume wie der von Libeskind entworfene Düsseldorfer Kö-Bogen zeigen sich ambivalent zwischen Luxus-Shopping und einer Wiederherstellung der für alle erfahrbaren Wegebeziehungen zwischen der Königsallee und dem Hofgarten.

Bühne der Demokratie

Was Jürgen Habermas vor geraumer Zeit den »Strukturwandel der Öffentlichkeit« genannt hat, erweist sich längst als ein Strukturwandel der Teilöffentlichkeiten. Diese definieren sich immer weniger über Politik, Diskurse, Bildung oder Soziales, dafür immer mehr über Bilder und Rituale: über Moden, Konsumverhalten, Lifestyles, Sport und Musik. So hat etwa der So-

Der öffentliche Raum als gemeinschaftsstiftender Akt: Wenn sonntags im Stadtteil Ginza (Tokio) die Hauptstraße vom Autoverkehr befreit wird, belebt sich das Bild auf eine in Japan bis vor einigen Jahren unbekannte Art: Auf dem Asphalt werden Tische, Stühle und Sonnenschirme platziert, es entsteht eine sommerliche Caféhaus-Atmosphäre, ohne dass kommerzielle Interessen dahinterstehen.

ziologe Detlev Ipsen darauf hingewiesen, dass es eine Vielzahl öffentlicher Orte gibt, die partikular sind. Zwar seien sie im Prinzip für alle sozialen Gruppen und Klassen zugänglich, de facto ließen sie sich aber einer bestimmten Gruppe zuordnen. Er meinte damit Kleingartengebiete, aber auch bestimmte Wohngebiete und Plätze, Badestrände, Kneipenszenen und Skaterbahnen. Diese »partikularen Orte« leben vom Unterschied, und in gewisser Weise schließen sie diejenigen aus, die nicht dazugehören. Ihnen stehen die allgemeinen Orte gegenüber. Sie seien »Orte, in denen sich alle Lebensstile zeigen und in gewissen Grenzen gelebt werden können. Hierzu gehören die zentralen Plätze einer Stadt, aber auch bestimmte Freizeitgebiete und ›Infrastrukturen‹ des kulturellen und sozialen Lebens.«[5]

Konsequenterweise werden öffentliche Räume nun auch entlang der subkulturellen Differenzierungen von Lebensstil und »Szenen« bewertet: So sind zum Beispiel semantische Auf- und Umwertungen des öffentlichen Straßenraumes bei jüngeren sowie bei Milieus mit höherer Bildung verbreitet, während jene Gruppen, die entweder hohen oder niedrigen Status repräsentieren, den öffentlichen Raum der Straße eher mit Gefahr, Anonymität, Masse, Unkontrollierbarkeit und Unsicherheit assoziieren. Ersteren dient die Öffentlichkeit des Straßenraumes wie eine Bühne auch zur Selbstdarstellung der eigenen Wertepräferenzen. Sehen und Gesehen-Werden gehören in den jungen intellektuellen, hedonistischen und bürgerlichen Milieus unabdingbar mit zur Straßenbenutzung.[6] Die Präsentationsformen des Cabrio oder Ferrari fahrenden Milieus vor ihren Bars oder die Zeichen der Graffiti-Szene unterstreichen, dass der öffentliche Stadtraum weniger einheitsstiftende und mehr milieudifferenzierende Funktionen hat.

Ein weiteres, generelles Kennzeichen der heutigen urbanen öffentlichen Räume ist die »Informalisierung«. Im öffentlichen Raum der Städte bedeutet Informalisierung eine Erweiterung der Toleranzgrenzen bestehender Normen und führt dabei zu deren Auflockerung. Das ist nicht immer ein Gewinn. Wo dem Einzelnen unter dem Eindruck des Beobachtetwerdens einst die Kontrolle der persönlichen Gefühle auferlegt war, droht sich dies heute ins Gegenteil zu verkehren. Die Straße gerät zur Bühne des eigenen Selbst – die Freiheit, die sich einer herausnimmt, wird schnell zur Unfreiheit der anderen.

Die österreichische Schriftstellerin Kathrin Röggla hat einmal notiert: »Wäre ich vor einigen Jahren gebeten worden, den öffentlichen Raum zu definieren, hätte ich gesagt, dass er das ist, was nie ganz auf ein Foto passt. Ob ein Kinderspielplatz oder ein Marktplatz – irgendwie fehlt auf Aufnahmen immer eine Ecke, ein Stück davon. Der Wunsch, Plätze in Fotos aufzunehmen, gehört mittlerweile der Vergangenheit an, es ist der Wunsch einer älter werdenden – sehr schnell älter werdenden – Generation. Die einzigen Fotos, die heute noch gemacht werden, sind Selfies, die keinen öffentlichen Raum mehr zeigen oder zumindest nicht mehr Raum als denjenigen, der für die Präsenz in den sozialen Medien notwendig ist. Der politische Raum vergangener Tage ist zu einer Bühne der Selbstdarstellung und Politik der Gesten geworden. Und da sich die Politik heute zunehmend in reine Gesten auflöst, ist ihr Raum ein schmückendes Beiwerk geworden, ein Nicht-Ort, der im Postkartenformat verschwindet.«[7] So schön diese Metapher auch sein mag: Dass der öffentliche Raum zum Nicht-Ort geworden sei, stellt eine gewagte These dar.

Demokratie ist in gewisser Weise die Institutionalisierung von Konflikt und kollektiver Konfliktlösung. Und Öffentlichkeit ist der Ort, an dem er ausgehandelt wird. Um die Brücke zur »Stadt« zu bauen, ist es hilfreich, sich Max Webers Idealtypus der (mittelalterlichen) Stadt und dessen Verständnis als Marktort in Erinnerung zu rufen: Hier finden Kontakte zwischen Unbekannten in einem offenen Sozialgefüge statt. Andersherum gesehen: Fremdheit bildet eine zentrale Voraussetzung städtischen Lebens. Doch Fremdheit und die Offenheit des sozialen Gefüges allein konstituieren noch keineswegs »Öffentlichkeit«. Diese entsteht erst, wenn durch spezifische Stilisierung des Verhaltens dennoch Kommunikation und Arrangement zustande kommen. Dieser Öffentlichkeit steht die Privatsphäre gegenüber, eine Polarität, die gleichsam eine Bedingung für die *res publica* ist. Der öffentliche Raum erhält dabei die Qualität eines aktiven Wirkungsfeldes, dessen formschaffende Kraft die Alltagspraxis der Menschen ist, die den physischen Raum gestaltet, aneignet, mit Symbolen besetzt und ihn damit zu einem gesellschaftlichen macht.

Polemisch könnte man sagen, der öffentliche Raum habe sich eine demokratierelevante Auszeit genommen, weil seit dem Fall des Eisernen Vorhangs nur noch eher unerhebliche Themen und Konflikte auf unseren Straßen und Plätzen aufgerufen wurden. Doch das wäre eine Fehlwahrnehmung. Denn natürlich haben die Demonstrationen gegen die Anschläge auf das Satiremagazin *Charlie Hebdo* nicht in den Banlieues von Paris, sondern im Herzen der Stadt, auf dem Place de la République, stattgefunden. Der legendäre Spruch der kämpferischen Armen in Lateinamerika versichert den Regierenden: »Estamos presentes« – »Wir sind anwesend«, wir zeigen uns im öffentlichen Raum, wir wollen kein Geld, wir lassen euch lediglich wissen, dass dies auch unsere Stadt ist. Auf der anderen Seite manifestieren auch die Aufmärsche der Pegida und ihrer vielfältigen Ableger in deutschen Städten oder die allgemeine Stimmungsmache zum Umgang mit Flüchtlingen die immense Bedeutung des öffentlichen Raums: Als Ort für das Abladen von Wut bis hin zu offener Fremdenfeindlichkeit, für das Artikulieren von Angst oder Ohnmacht gleichermaßen. Auch ließen und lassen bedeutende Gegenreaktionen auf den Straßen und Plätzen nicht lange auf sich warten, die Ausdruck von Anstand, Einfühlsamkeit im Verein mit Verantwortungsbewusstsein sind (»Refugees welcome«). An diesen Stadt-Orten werden keine Lösungen entwickelt und schon gar keine Gesetze formuliert. Hier wachsen neue Themen, hier wird grob geschnitzt, hier erfolgt ebenso Erdung wie gleichzeitig die Gefahr wächst, dass sich Demonstranten vieler Lager plötzlich in einem emotionsgetriebenen, machtvollen Konsens über allzu schlichte Pseudo-Lösungen vereinen. Die demokratische Bedeutung des öffentlichen Raums – so meinen wir – sinkt keinesfalls, vielmehr wird sie noch erheblich zunehmen. Angesichts erschreckender totalitärer Tendenzen in Ländern wie Ungarn, Polen oder der Türkei wird Stadt (mit ihren Plätzen) vielleicht zentral für die Verteidigung von Demokratie und Freiheit, wie wir sie in den Jahren nach 1945 entwickelt und schätzen gelernt haben.

Doch in der Alltagspraxis des Stadtlebens spielen solch gesellschaftstheoretische Überlegungen nur bedingt eine Rolle. Schon eher wird die prinzipielle Trennung nach öffentlichen und privaten Flächen beziehungsweise nach Hoheitsrecht und Hausrecht herausgestellt. Die Differenz der rechtlichen Flächenverfügbarkeit ist es, die die Stadt als gesellschaftliche Form ausmacht. Der städtische Grundvertrag, der Gasse, Straße und Platz normativ als öffentlichen Raum definiert und von privaten Parzellen abgrenzt, gerät in den Städten unter Druck, weil private Interessen dieses Recht einzuschränken versuchen. Die Aufenthaltsrechte, die beispielsweise Wohnungslose, Drogenabhängige oder heimatlose Migranten im urbanen öffentlichen Raum haben, werden durch die Überbetonung von Gestaltungsfragen ausgehöhlt.

Jede Raumanschauung basiert auf einem bestimmten gesellschaftlichen Zusammenhang, der sich wiederum im Zeitverlauf wandelt. Somit ändert sich sukzessive auch das Verständnis ein und desselben Raums. Mit Blick etwa auf den Alexanderplatz in Berlin mag unmittelbar deutlich werden, wie sehr sich Verhaltens- und Aneignungsformen des Ortes verändert haben seit den »Weltfestspielen der Jugend« 1973. Der »Brunnen der Völkerfreundschaft« war seinerzeit der zentrale Treffpunkt der feiernden Massen – und in den Augen vieler der Ort, an dem ein vom verordneten Mainstream abweichendes Verhalten zur Schau getragen wurde. Heute dagegen ist er nur mehr ein zugiger Freiraum, dem die wenigsten eine große Aufenthaltsqualität attestieren würden. Was vor 30 Jahren das Bild des öffentlichen Raums prägte und damals völlig hip war – Musikschüler stellen sich in eine Nische und klimpern mit der Gitarre oder spielen Saxophon, selbstberufene Künstler fertigen Skizzen und Zeichnungen, Kunsthandwerker verkaufen selbstgefertigten Schmuck, in den Wohngebieten werden die ersten Straßenfeste durchgeführt –, gilt heute wohl als eher langweilig. Nun dominieren Inlineskates oder andere In-Sportarten, und es gibt einen gewissen Exhibitionismus, mit dem extravagante Kleidungspräferenzen oder Tattoos, Schweine oder Krokodile als Haustiere vorgeführt werden.

Um herauszufinden, was denn unter heutigen Bedingungen der »öffentliche Raum« ist und was ihn ausmacht, scheint es angeraten, vorerst bei seiner innerstädtischen Spielart zu verweilen. Die aus dem Mittelalter überkommenen, in der Renaissance oder im Barock geprägten Leerräume der Stadt verfügen offenkundig über eine Vitalität und Bildhaftigkeit, die jüngere Räume nicht aufweisen. Ganz offenkundig hat die vor knapp einem Jahrhundert einsetzende Moderne sukzessive die

Der Platz vor der Kathedrale im portugiesischen Coimbra trägt keineswegs die Handschrift eines grandiosen Stadtbaumeisters und ist auch nicht in einem Schöpfungsakt entstanden. Aber er stellt, in seiner unaufgeregten Alltagsnutzung und seiner atmosphärischen Selbstsicherheit, doch so etwas wie die Herzkammer der altehrwürdigen Universitätsstadt dar: Als öffentlicher Raum so belebt wie unverzichtbar.

Geschlossenheit der Stadt aufgegeben und die Kraft der raumdefinierenden Hülle in Frage gestellt. Vor allem aber hat sie den uralten Konsens, die Eigenständigkeit der individuellen Bauwerke zugunsten eines übergreifenden Ganzen aufzugeben, aufgekündigt.

Der Wert des öffentlichen Raumes liegt darin, eben keine feste und vorgeschriebene Nutzung, vielmehr eine unspezifische Multifunktionalität zu haben. Die historische Stadt europäischen Zuschnitts erfand dafür Parks, Grünanlagen und Stadtplätze – noch immer Orte allgemeiner Akzeptanz in öffentlicher Obhut. Allerdings ist der Blick auf deren reales Erscheinungsbild eher ernüchternd.[8] Denn trotz unseres Bedürfnisses, zu sehen und gesehen zu werden, ist der öffentliche Raum einer problematischen Entwicklung ausgesetzt, die indes in zwei unterschiedliche Richtungen drängt. Einerseits ist vieles, was man heute in Städten als Platz bezeichnet und was einer öffentlichen Widmung unterliegt, vollgestellt mit Wartehäuschen, Kiosken, Masten, Schildern, Sammelcontainern, Abfallkörben, Blumenkübeln, Pollern, Bänken, Schaukästen oder Litfaßsäulen. In manch eingeschränkter Sicht mag er dadurch »funktionaler« wirken. Doch im gleichen Maße, wie er mit solch konkreten Zwecken und Möblierungen befrachtet wird, verliert der öffentliche Raum an Wert: nämlich funktionell offen und unbestimmt zu sein.

Andererseits wird er schleichend privatisiert.[9] Denn der innerstädtische Einzelhandel, der seine Standorte heute noch oft entlang der Straßen und an Plätzen hat, verlagert sich zunehmend in Passagen; offene Marktplätze werden überdacht und abgeschlossen.[10] Erlebnisräume werden künstlich geschaffen, Freizeitgestaltungen in abgekapselte Binnenwelten transponiert, Bahnhöfe mutieren zu Shopping-Centern. Das CentrO etwa, Europas größtes Einkaufs- und Freizeitzentrum, hat in den ersten fünf Jahren seiner Existenz über 120 Millionen Besucher in der »Neuen Mitte« Oberhausens empfangen. Wer es besucht, der kommt nicht nur, um einzukaufen, sondern um ein urbanes Flair zu erleben. Eine von der Betreibergesellschaft vertraglich fixierte und austarierte Mischung aus Boutiquen, Filialketten und Restaurants, in denen man von mexikanisch bis orientalisch alles probieren kann, ein Multiplex-Kino sowie die einem Hafenkai nachempfundene Promenade: ein gelungener Ort von öffentlicher Wirkung, weil punktgenau geplant und entsprechend inszeniert, zudem unauffällig überwacht und gesichert. Aber kein wahrhaft öffentlicher Raum. Und wer ihn besucht hat – sei es aus purer Neugier oder zum Shoppen mit anschließendem Kinobesuch –, wird vermutlich mit mehr oder weniger verwirrenden Erfahrungen nach Hause fahren. War man nun »in der Stadt«? Erlebt man hier wirklich ein urbanes Flair? Wohl nicht, eher dürften hier neue Erfahrungen und Begriffe entstehen. Ähnlich schwer ist es, den Stempel »öffentlicher Raum« auf Orte wie die Potsdamer-Platz-Arkaden oder das Sony Center zu drücken. Hier entstehen Surrogate des öffentlichen Raums, aus denen alle negativen Erscheinungen des städtischen Lebens ausgesperrt werden: Die Witterung und der Straßenverkehr, aber auch bestimmte Bevölkerungsgruppen. Diese Räume »gehören« also nicht mehr allen, können nicht mehr von allen genutzt werden, weil in diesem Konzept von Raum nur noch da sein soll (und eingelassen wird), wer gleichsam als Puzzleteil eines Business-Cases eingeplant ist. Doch sollte man hier nicht übersehen, dass auch aus Sicht so mancher Stadtverwaltung nicht mehr jeder an jedem Ort sein darf, da die kommunalpolitisch erwünschten Geschäfte gestört würden. Das zum Teil rigorose Vorgehen gegen Obdachlose und Bettler zeigt ein sehr eingeschränktes Bild von der Zugänglichkeit des öffentlichen Raumes.

Privatisierung und Verkunstung

Der öffentliche Raum war traditionell ein Bereich, der einer konkreten, vorbestimmten Nutzung entzogen war. Genau diese Unbestimmtheit droht in unseren Städten mehr und mehr zu verschwinden. An ihre Stelle tritt ein wohlkalkulierter Mix an Infrastrukturen, die reale oder vermeintliche Konsumbedürfnisse befriedigen, die einladend wirken und zugleich das Fortbestehen des Urbanen vortäuschen. Was in privater Bauherrschaft erstellt wird, bemüht zwar gern das

Bild des öffentlichen Raums – und wird, wie viele der berühmten Passagen in Leipzig zeigen, von vielen auch unkritisch so erlebt. Gleichwohl aber dominieren bei Konzeption und Betrieb kommerzielle Interessen. Der Charakter öffentlicher Räume und die urbane Vielfalt werden durch die Wahrnehmung privaten Hausrechtes letztlich in Frage gestellt.

Weil diese Privatisierung des öffentlichen Raums eine gezielte Ausgrenzung darstellt, wird die gesellschaftliche Integrationsfunktion, die die öffentlichen Räume bisher in den Städten ausgeübt haben, eingeschränkt. Zugleich schmälert sie den Wert des verbleibenden öffentlichen Raumes. Denn dieser kann mit den privatisierten Bereichen nicht konkurrieren: Es sinkt das Interesse, sich in ihm aufzuhalten; er verliert als Kommunikationsraum an Bedeutung, wird schleichend hässlich und unattraktiv, verkommt zum Rückzugsort für ausgeschlossene Bevölkerungsgruppen. Diese Entwicklungen schaukeln sich gegenseitig auf. Je unattraktiver der klassische Stadtraum wird, desto eher wird er gemieden, desto größer wird die Nachfrage nach geschützten geschlossenen Räumen.

Diesen fundamentalen, gesellschaftlichen Verlust scheint man nun allerdings mit einer geradezu obsessiven Gestaltung auffangen zu wollen. Um sich in der Konkurrenz mit den privatisierten Räumen zu behaupten, greift eine zunehmende »Verkunstung« so manchen öffentlichen Raumes Platz. Dem Modell der Privaten folgend, wird auch die öffentliche Domäne, vornehmlich an ausgewählten Stellen in der City, von der Stadtverwaltung verschönt – und zugleich in eine enge Funktion gezwängt, die ihrem Charakter als Multioptionsraum nicht zuträglich ist. Sollte sich darin eine Art Beschwörung der kommunalen Handlungsfähigkeit an zentralen Schauplätzen ausdrücken, die doch nur klingt wie das sprichwörtliche Pfeifen im Wald? Wer auf eine Revitalisierung öffentlicher Räume hoffte, der sieht sich mit anspruchsvollem Produktdesign konfrontiert. Kühl und gekonnt, bis ins Detail durchkomponiert, scheint das Konzept der Animateure aufzugehen. Neben dem Klamottenladen oder dem Elektronikgeschäft gleich der schicke Italiener, und obendrein noch gezielte Verkaufsshows und stimmungsvolle Musik. Die Besucher honorieren den Mix aus

Unterhaltung, Shopping und Vergnügen – jedenfalls bis Ladenschluss. Unübersehbar nehmen sie zu, jene überinstrumentierten, mit Straßenmobiliar vollgestopften oder kunstvoll inszenierten öffentlichen Räume, die wie einst die »gute Stube« allenfalls zum Staunen und begucken, nicht aber zu handfester Nutzung einladen. Kosmetik statt Therapie?

Weder ein Zuviel an Gestaltung, noch die Tendenz, den öffentlichen Plätzen gar keine Aufmerksamkeit zu widmen und sie sich selbst zu überlassen, kann der richtige Weg sein. Die Politik hat für die *res publica* Sorge zu tragen; Architekten und Bauherrn jedoch müssen konkrete Vorschläge machen. Die aber dürfen nun nicht auf eine bloße Verhübschung der Alltagswelt zielen. Denn dies lenke, so die Stadtforscher Hartmut Häußermann und Walter Siebel, nur ab von gesellschaftlichen Problemen: »Ästhetisierung der Stadt schafft das Elend nicht ab, sondern nur beiseite.« Doch sie räumen zugleich ein, dass Ästhetik durchaus ein wichtiges Thema ist, denn »würde man daraus die Konsequenz ziehen, es dürfe solange nur hässlich gebaut werden, wie das Elend und die Ungerechtigkeit dieser Welt nicht beseitigt sind, so wäre es Barbarei. Stadtgestaltung ist mehr und grundsätzlich anderes als das Spielen mit Räumen, Licht und Farbe. Sie ist immer auch konkreter Eingriff in Lebensweisen von Menschen.«[11]

Man kann nicht *nicht* gestalten. Wohl aber ignorieren, welche Auswirkungen Gestaltung auf die Lebensweisen von Menschen haben kann.[12] Also muss man eine neue Balance finden, die die politische Diskussion nicht beschneidet oder unterbindet – sie ist ja nach wie vor nötig –, aber auch die aktive Gestaltung in ihr Recht setzt. Immerhin ist sie ein eigenständiger Bereich, der weder ausschließlich auf nichtästhetische Sphären zurückgeführt werden kann, noch ausschließlich solchen Feldern dient. Besonders wenn Architektur mehr und mehr die Sache von Investoren, von ihren Spekulationen und Gewinnabsichten ist, stellt sich die Frage, wie sie die Lebensbedingungen derer prägt, die nicht von ihr profitieren. Gestaltung von Plätzen zumindest kann mehr sein, als ein bloß verhübschendes Spiel mit Räumen, Licht, Farbe und Material. Indem jedoch die öffentliche Hand immer stärker in eine Rolle gleitet, die sie einem privaten Investor oder Developer ähneln lässt, verschieben sich die Gewichte.

So scheinen die öffentlichen Räume sich zunehmend zu verändern. Sie werden uneindeutig und hybrid. Zum einen gerieren sich private Räume glaubwürdig als öffentliche. Zum anderen sind dezidiert öffentlich gewidmete offenbar so angelegt, dass sie niemanden interessieren oder gar zur Nutzung animieren. Das Hybride zeigt sich auch bei mehr oder minder gelungenen Neubauvorhaben. So ist mit dem »Rheinwerk« in Bonn, einer ehemaligen Zementfabrik auf der Oberkasseler Rheinseite, nahe der Südbrücke, eine Art Promenade als öffentlich-privater Zwitter entstanden. Im Jahr 2002 führte die Stadt einen Wettbewerb zur Nachnutzung dieser »Industriebrache« durch, den Karl-Heinz Schommer gewann. Neben der gelungenen Integration der historischen Altbauten in ein neues Gebäudeensemble liegt der frappante Aspekt seiner Konzeption darin, neue Freiräume und Nutzungsqualitäten mit mehr als bloß visuellem Bezug zum Rhein zu schaffen. Die sukzessive fertiggestellten, blockartigen, weitgehend in Glas aufgelösten Bürogebäude und ihre grünen Höfe werden mit der neuen Parklandschaft in Beziehung gesetzt. Eine sanft geschwungene und begraste Böschung bildet einen fließenden Übergang zwischen öffentlich und privat. Keine Markierung, keine Barriere versucht hier, Grenzen zu vermitteln oder Verhalten vorzuschreiben.

In den innenstädtischen Bereich übersetzt, stellt der Ernst-August-Platz vor dem Hauptbahnhof in Hannover ein ähnliches Beispiel dar. Obgleich auf den ersten (und wohl auch zweiten) Blick nicht sichtbar, ist auch er ein Hybrid, weil er zum großen Teil im Eigentum und unter der Kontrolle der Bahngesellschaft ist. Wobei die Bahn einerseits eine Art Eventmarketing auf dem Platz be-, andererseits die ortsansässige Trinkerszene recht rigoros vertreibt. Die in den Platz geschwungenen Straßenbahngleise deuten es zwar an, aber lediglich die hier sich aufhaltende Trinkergemeinde macht klar, dass zur City hin nicht mehr das Hausrecht gilt. Wem der öffentliche Raum tatsächlich gehört, scheint im Alltag zweitrangig – wie die Milchstraße, die studentische Amüsiermeile in

Aachen, zeigt. Was wie eine historisch gewachsene Kneipenlandschaft rechts und links des Gehwegs wirkt, befindet sich, Verkehrsfläche inklusive, in privater Hand: Ein wohlkalkulierter Mix des Anarchischen, bis ins Detail durchkomponiert und von der Szene wohlgefällig goutiert. Wie ein Raum genutzt und empfunden wird, ist vermutlich entscheidender als eine *de jure* öffentliche Widmung.

Kommunale Zwänge

Eine solche Entwicklung ist Ausdruck gesellschaftlicher Veränderungen, aber auch einer Mangelsituation der öffentlichen Hand. So stellt sich die Unterhalt- und Pflegeproblematik aus kommunaler Sicht heute weitaus schärfer denn je: Angesichts der städtischen Personalengpässe und Haushaltsnöte werden zum einen selbst solche Flächen *nicht* in öffentliche Obhut übernommen, die beispielsweise im Rahmen städtebaulicher Projekte von beteiligten Investoren angeboten werden (natürlich, weil sie sich selbst mit den haftungsrechtlichen und Unterhaltungskonsequenzen überfordert glauben). Zum anderen darben viele öffentlich gewidmeten Flächen. Sie werden sukzessive vernachlässigt, wenn sie nicht im Fokus der politischen Aufmerksamkeit liegen. Die Diskussion um die sehr unterschiedlichen Maßstäbe in der gärtnerischen Betreuung der großen Berliner Parks Tiergarten und Hasenheide illustriert das sehr gut. Doch auch der Verkauf von Grundstücken und Flächen an Private oder die Kooperation von Kommunen und Investoren in Public-Private-Partnership-Projekten, beides verbunden mit die Hoffnung auf »Belebung« bestimmter Orte und Quartiere durch eben diese, geht im Grunde auf die zunehmende Schwäche der Kommunen zurück.

Hier scheint der Blick auf den größeren Zusammenhang geboten: Einer Stadt, die noch keine Marke ist, die noch kein *branding* hat, fällt es schwer, ökonomische, gesellschaftliche und kulturelle Aufmerksamkeit auf sich zu lenken. Image und Ruf stellen wichtige Bestandteile ihrer strategischen Konkurrenzfähigkeit dar. Dass die Attraktivität einer Stadt, mithin ihr öffentlicher Raum dabei eine wichtige Rolle spielt, leuchtet ein. So weit, so gut. Fatal jedoch ist eines: Im Bestreben, ihr Markenimage zu verbessern, konzentrieren sich viele Städte mehr auf die Werte und Emotionen, die die Kunden und Bürger mit dem »Produkt« verbinden, als auf deren Qualität selbst. Da alle Orte mit ununterscheidbaren Massenprodukten überschwemmt werden, versuchen Städte, sich selbst zu individualisieren, aber eben alle auf die (fast) gleiche Weise, in bewährten Schablonen. Hauptsache, damit wird ein bestimmter Lifestyle befördert oder ein – wahlweise cooles, vor-

Die neugestaltete Uferpromenade in der Altstadt von Zadar (Kroatien) hält gekonnt die Balance zwischen ästhetischem Anspruch und Freiheit der Nutzung – und schafft auf diese Art die Voraussetzung für eine auffällige Akzeptanz in der Bevölkerung. Ein wahrhaft öffentlicher Raum, vor allem in den Sommermonaten.

zugsweise behagliches – Image propagiert. Wohlfeile Sitzgelegenheiten, stählerne Kioske, ausgreifende Wasserspiele und opulente Plastiken reüssieren. Abgezielt wird auf ein Prestige, das durch Exklusivität entsteht; erreicht wird hingegen das rechte Gegenteil. Es entsteht ein »öffentlicher Raum«, auf den man den Mythos-Begriff von Roland Barthes anwenden könnte: Er »organisiert eine Welt ohne Widersprüche, weil ohne Tiefe, eine in der Evidenz ausgebreitete Welt, er begründet eine glückliche Klarheit. Die Dinge machen den Eindruck, als bedeuteten sie von ganz allein.«

Langlebigkeit, Sicherheit und Stabilität mögen als Werte gelten, an denen sich Stadtplanung und Architektur auch weiterhin orientieren. Aber sie sind es nicht allein, und sie können zu einer kitschigen Illusion von Identität und Gemeinschaft werden. Wenn es um Öffentlichkeit geht, dann auch um die Zwanglosigkeit des Rahmens, innerhalb dessen sich Kontakte ergeben (können). Gerade die Bandbreite des Möglichen ist nach Auffassung des Stadtsoziologen Hans Paul Bahrdt das eigentlich Spannende an der urbanen Situation. »Trotz aller Kasuistik erlaubter Themen kann sich aus der Frage nach dem Weg ein Flirt entwickeln.«[13] Just das aber lässt sich nicht planen. Und dennoch – oder gerade deshalb – wird der öffentliche Raum geplant, ja aufs Feinste gestaltet: mit Baumreihen und Blumenrabatten, und, als modische Aperçus: Aufkantungen und Reliefverschiebungen, Spiel mit Ebenen und Schrägen, mit Niveauunterschieden, Materialien, Pflastertexturen. Indes, gut gemeint ist oft das Gegenteil von gut gemacht.

Dass der urbane Raum ja keineswegs in einem System von Zeichen und flüchtigen Bildern verschwinden muss, demonstrieren vorhandene und durchaus gelungene Situationen. Der Winterfeldtplatz in Berlin etwa stellt einen öffentlichen Raum dar, den jeder sofort als solchen empfindet; gerade das Nicht-Bestimmte und Offene seiner Fläche schafft die Voraussetzung für seine Belebt- und Beliebtheit: Der Wochenmarkt ist hier genauso möglich wie die Begegnung verschiedener sozialer Gruppen.

Recht besehen macht der öffentliche Raum einerseits die Stadt praktisch *nutzbar*. Er ermöglicht andererseits die zusammenhängende visuelle und haptische Wahrnehmung von Stadt und macht ihre baulich-räumliche Organisation *verständlich*. Er kann sowohl Produkt der ihn begrenzenden Gebäude, technischer Anlagen und Pflanzungen sein, als auch Vorgabe für deren räumliche Anordnung. Mit Bedeutung gefüllt wird er erst durch die darin stattfindenden sozialen Prozesse. Zwei Stichworte sind in diesem Zusammenhang aktuell: Sicherheit und Vandalismus. Sie bilden eine Art antagonistisches Zwillingspaar. Am sichtbarsten tritt Vandalismus im scheinbar anonymen, verantwortungsleeren öffentlichen Raum auf – als Zertrümmerung der Glaswand einer Blumenrabatte, als Graffiti an einem Brunnen, als Zerstörung einer Telefonzelle. Zwar mag er als provokatives Indiz für soziale und psychische Hilflosigkeit interpretiert werden, er bleibt aber ein so gravierendes wie ungelöstes gesellschaftliches Problem.[14] Vielleicht ist er eine individuelle Reaktion auf eine Welt, in der alles konsumierbar wird, zum raschen, zum alsbaldigen Verbrauch bestimmt, und deren Bevölkerung bloß noch aus Konsumenten, Voyeuren und Produzenten, nicht mehr aus Bürgern, Citoyens oder Flaneuren besteht. Aber gerade diese Haltung trägt auch zum Unsicherheitsempfinden im öffentlichen Raum bei. Diese Wechselwirkung, die hier nur angedeutet werden kann, fördert den Wunsch nach hermetischen öffentlichen Räumen, deren Gestalt und Nutzung einem klaren Regelwerk unterliegt.

Gesellschaftlich und baulich »richtig« kodiert, werden diese Räume öffentlich – und durchaus genussvoll – konsumiert. Und damit offenkundig auch als etwas Eigenes akzeptiert. Das wiederum setzt eine gewisse Vertrautheit mit dem Ort voraus. Die Vertrautheit mit einem Ort erzeugt Sicherheit. Man kann Verhalten prognostizieren und hat in gewisser Hinsicht einen Anspruch darauf, dass sich der andere gemäß dieser Prognose verhält. In der Shopping Mall dürfte das in der Regel der Fall sein; an anderen Orten, etwa so manchem Bahnhofsvorplatz, sieht das ganz anders aus. Zwar ist Unsicherheit etwas, das meist subjektiv empfunden, nicht objektiv vorhanden ist. Aber es erfordert, Stadt konzeptionell zu denken – und nicht nur neue Videoüberwachungsanlagen zu installieren. Die Gratwanderung, die hier nötig ist, macht evident, dass der öffentliche Raum inmitten eines Spannungsfeldes liegt zwischen Liberalität und Toleranz einerseits und gesellschaftlicher Konvention und öffentlicher Ordnung andererseits, wobei die Grenzen immer fließende sind.

Für die Gestaltung der *res publica* gibt es kein Patentrezept, keinen festen Typus. Sie erfordert vielmehr auf den konkreten Ort bezogene, immer wieder neue Konzepte. Doch allem gesellschaftlichen Wandel zum Trotz stellt der öffentliche Raum gleichsam das Rückgrat unserer Städte dar. Es mag sein, dass viele kein rechtes Bewusstsein davon haben – etwa, weil er den Bedürfnissen der Mittelklasse nach Eigenheim, Einkaufscenter und einem angeblich naturnahen Umfeld kaum entgegenkommt. Es ist ja keine Polemik, wenn man konstatiert, dass die meisten Deutschen auf Theater, Konzert und Qualitätskino verzichten können. Urbanes Flair genießt man zwar gern mal. Aber den Unwägbarkeiten des öffentlichen Raums – die Konfrontation mit Fremden, die Anonymität, die Unsicherheit, wie man sich verhalten soll – setzt man sich nur ungern aus. Weil das der Gesellschaft als Ganzes nicht frommt, ist Vorsicht geboten, wenn nun ausgewählte zentrale Plätze als »gute Stube« der Stadt betrachtet und entsprechend herausgeputzt werden. Dann ist die Wahrscheinlichkeit groß, dass plakative Versprechen von Öffentlichkeit einen Ort zur touristischen Sonntagsöffentlichkeit verurteilen. Was aber haben wir – als Stadtbürger – davon?

Widersprüche des Alltags

Was Richard Sennett in seinem Buch *Fleisch und Stein. Der Körper und die Stadt in der westlichen Zivilisation* beschreibt, ist eine Geschichte der Stadt, gespiegelt durch die körperlichen Prägungen der Menschen. Für ihn stellt das Urbane einen Deutungsraum nicht nur in Hinblick auf Macht, Herrschaft und soziale Praktiken dar, sondern auch in der Parallelität von individuellem und kollektivem Verhalten. Die Mobilität nimmt diesbezüglich eine sehr prominente Rolle ein: Der Individualverkehr und der ungezügelte Warentransport mit Kraftfahrzeugen – hier eine frühabendliche Szenerie im Bezirk Wanchai in Hongkong – drängt das kollektive Leben in den Städten an den Rand. Im Wortsinne »Lebensqualität« erzeugt die ungezügelte Nutzung des Autos wohl kaum. Doch das ist nur einer von mehreren Faktoren, die die Urbanität bedrohen.

Von Schattenseiten und Dunkelräumen des Urbanen

In der Stadt hofft man ausleben zu können, was auf dem Land kaum möglich ist – »Stadtluft macht frei«, heißt es ja so schön. Stadt ist seit jeher mit dem Versprechen nach Anonymität als Gegensatz zur dörflichen Gesellschaft verknüpft. Das betrifft das Anders-sein-Wollen und das gesellschaftlich auch weitgehend unbedrängte Anders-sein-Können. Das seinerzeitige Aufblühen der Schwulen- und Lesbenszene im urbanen Raum war hierfür ein beredter Beleg – Urbanität als großes Freiheitsversprechen, Kontrapunkt zur Enge des Dorfs. Damit angesprochen ist aber auch das Halblegale und Illegale – weil sich in der Anonymität einer großen Stadt Nischen und Schlupflöcher auftun, in denen man sich ebenso tummeln wie verbergen kann. Doch ist mit allzu schneller Verallgemeinerung niemandem gedient. Auch wenn der Flickenteppich »Stadt« scheinbar für jeden etwas zu bieten hat, so darf man doch nicht übersehen, dass diese Vielfalt seit jeher in den unterschiedlichsten Revieren lokalisiert ist. Es verwundert dabei nicht, dass die Stadt viele Facetten aufweist, mit denen man nicht gerade werben möchte – mögen auch Gruseltouren in die unterirdischen Sphären hip und käuflicher Sex ubiquitär geworden sein. Aber eben diese Anonymität befördert auch Abgründe, erleichtert den Bruch mit Konventionen und traditionellen Sicherheiten. Und erzeugt Ängste.

Man kann die modernen Metropolen, wie Bertolt Brecht in *Im Dickicht der Städte*, als undurchdringlichen Dschungel betrachten. Doch was meint man damit: Ist der Dschungel die archaische Gegenwelt zum konsequent durchrationalisierten Alltag? Oder ist der Urwald mit den assoziierten Eigenschaften von Wildheit und Gefahr ein Bild für das »echte« Leben – Risiken und Nebenwirkungen inklusive? Wohl eher Letzteres. Und Gefahren scheinen tatsächlich an jeder Ecke zu

Dass der Tourismus zur wichtigsten Industrie des einundzwanzigsten Jahrhunderts mit einer jährlichen Wertschöpfung von 1,6 Billionen Dollar werden konnte, hängt nicht zuletzt mit der exponentiell steigenden Beliebtheit der Städtereisen zusammen. Welcher Preis dafür zu zahlen ist, zeigt er uns dann in dem Missverhältnis, wie es hier etwa ein Kreuzfahrtschiff vor Venedig illustriert. Die touristische Inszenierung droht vielerorts die urbane Authentizität zu untergraben – zu Lasten der Einwohner. Der italienische Soziologe Marco d'Eramo stellt sogar die Unesco-Weltkulturerbeliste in Frage: Kaum stehe man darauf, kämen die Touristenhorden und trampelten alles kaputt.

lauern: Gewalt, Verkehrsinfarkt, überhitzte Wohnungsmärkte, Lärmbelastungen und dreckige Atemluft und letztlich auch allerhand zwielichtige Entwicklungen mit Hang zur Eigendynamik. Der Dschungel wird auch deshalb bemüht, weil wir im Urbanen als Raum der beinahe unbegrenzten Möglichkeiten oft genug mit Orientierungsproblemen kämpfen, uns verlieren und rastlos von Ort zu Ort hasten.

Städte waren und sind Sehnsuchtsorte im ökonomischen Ringen nach Wohlstand, Entfaltung, Freiheit und Sicherheit. Und genau das macht sie zwangsläufig auch zum Lebensraum für Gescheiterte, Verzweifelte und Kriminelle. Allein ihre

Verlockung für Arbeitssuchende – das Wohlstandsversprechen der Stadt – und die gleichzeitige, von wirtschaftlichen Naturgesetzen bedingte systemische Verdrängung der Armen an den Rand, macht seit jeher den auch düsteren Charakter des Urbanen aus. Hier gären Konflikte, die oft genug durch den Handel und den Austausch der Bürger im Zaume gehalten wurden und werden. Gleichwohl gedeihen in den Städten die Märkte für üble Geschichten. Da bleibt es nicht bei Angebot und Nachfrage für käuflichen Sex in den Rotlichtvierteln. In den Bahnhofsvierteln tummeln sich auch heute noch mannigfache Akteure der kleinkriminellen Szene, sofern sie nicht durch massive Maßnahmen der Ordnungsmacht – meist nicht weiter als bis zur nächsten S-Bahnstation hinter dem Hauptbahnhof – vertrieben werden. Der Drogenmarkt scheint räumlich flexibel; er bietet seine Waren nun auf Schulhöfen, vor Veranstaltungshallen oder am Rande öffentlicher Parks an. Und auch die Einbruchstatistiken zeigen, dass die Stadt für Langfinger ein lukratives Pflaster ist. Allerdings kann man der jüngsten Kriminalstatistik entnehmen, dass es erhebliche Unterschiede gibt. So sind beispielweise in Köln deutlich mehr Wohnungseinbrüche zu verzeichnen als in München. Doch nicht nur die Statistiken legen nahe, dass Städte gefährliche Orte darstellen. Wobei sich eben nur situativ und individuell beurteilen lässt, ob man diese Gefahren als abstraktes, spielerisches Argument urbanistischer Feuilletondebatten sieht, oder als Betroffener und Opfer von Rücksichtslosigkeit, Gewalt und Kriminalität eine klare Position für mehr Polizei und Überwachung einnimmt.

Der Terror bedroht – und benutzt – die Stadt

Mit dem 11. September 2001 haben sich die subjektive und die objektive Sicherheitslage grundlegend verändert. Stadtleben ist nicht mehr so wie es vor diesem traumatisierenden Tag war. Der mahnmalgleiche Bildband *Aftermath* des Fotografen Joel Meyerowitz dokumentiert die gewaltigen Auswirkungen des Angriffs auf die beiden Türme des World Trade Centers in

New York – die baulichen und natürlich die psychologischen Verwundungen eines ganzen Weltbildes werden hier schonungslos abgelichtet. Und die Attentate und Amokläufe der letzten Zeit – von *Charlie Hebdo* und Bataclan in Paris über Nizza zum Olympia-Einkaufszentrum in München, auf dem Weihnachtsmarkt in Berlin oder in London vor Big Ben – haben, Stück für Stück, immer größere Unsicherheit in unsere Städte gebracht. Es ist der Alptraum schlechthin, für Besucher, Organisatoren und Politiker: dass dort, wo sich besonders viele Menschen versammeln, im Fußballstadion, am Bahnhof, in der Konzerthalle, ein Anschlag verübt wird. Der Alptraum wiederholt sich in dieser Dekade des Terrors grausam häufig. In jüngster Zeit reihen sich leider weitere todbringende Attentate aneinander, die hier nicht aufgelistet werden sollen, die aber gleichwohl ihre vergiftenden Wirkungen in die Städte tragen. Der islamistische Terror führt uns schmerzlich ins Bewusstsein, wie gefährdet und ausgeliefert wir sind.

Das Paradox der Stadt ist die Gleichzeitigkeit von Ohnmacht und Macht. Menschenmengen sind unter freiem Himmel, in öffentlichen Verkehrsmitteln oder an frei zugänglichen Orten wie Schulen und Kinos Angriffen von Amokläufern und Massenmördern leichter ausgesetzt als in Privaträumen. Dies wirkt zunächst wie ein vernunftwidriges Verhalten. Doch es ist zutiefst menschlich. Ebenso aber scheint es zur *Conditio humana* zu gehören, dass marginale Gefahren überschätzt werden, wirkliche Gefahren jedoch unterschätzt. Das wiederum führt zu einer stark verzerrten Wahrnehmung der Wirklichkeit und schürt überflüssige Ängste. Und die Terroristen haben verstanden, dass sie die Medien, aber auch öffentliche Empörung und Anteilnahme wie einen viralen Vektor benutzen können, um ihre Schreckenstaten dort zu lancieren, wo sie auch großen Schaden anrichten: in unseren Köpfen. Entscheidend für sie ist nicht die tatsächliche Zahl der Todesopfer. Entscheidend ist die global wuchernde Angst. Trotz aller Vorsichtsmaßnahmen werden wir den Terror nicht vollständig unterbinden können. Wer einen Schraubenzieher, ein Beil, einen Lastwagen als Waffe verwenden möchte, wird das immer tun können. Niemand vermag ihn daran hindern. Die alten Stoiker haben uns gelehrt, dass wir Dinge, die wir durch Vernunftgebrauch nicht ändern können, einfach zur Kenntnis nehmen müssen. Das empfiehlt sich auch hier, selbst wenn wir die Taten aus tiefstem Herzen ablehnen. Es wäre erstrebenswert, den Terror als das zu betrachten, was er ist: eine von vielen tausend Möglichkeiten zu sterben. Dabei ist die Gefahr, sein Leben durch die Hand eines Amokläufers zu verlieren, nahezu unbedeutend – egal, wie breit darüber berichtet wird. Es ist vor allen Dingen die öffentliche Aufmerksamkeit, die das Monster nährt. Und wenn wir dieses sich selbst organisierende System, von dem wir ein Teil sind, destabilisieren wollen, dann sollten wir das Problem in einem umfassenderen Zusammenhang nüchtern analysieren.

Hilfreich ist es, sich dabei in Erinnerung zu rufen, dass Open-Air-Versammlungen ebenfalls eine gewaltige Wirkung entfalten können. Nach den Pariser Anschlägen gingen überall in der Welt Menschen mit der Parole »Wir sind Charlie« auf die Straße, stellten Kerzen auf, legten Blumen nieder, hielten Schweigeminuten ab, in Fußgängerzonen, vor Botschaften, an Bahnhöfen und Plätzen mit hohem Publikumsverkehr. Das Bedürfnis öffentlicher, physischer, haptischer Solidarität scheint größer denn je. Ein Wir-Gefühl tut sich kund, dem Twitter und die sozialen Netzwerke nicht genügen. Während die Community der Nutzer sich jederzeit in virtuellen Foren zusammentun kann, erfährt das analoge Kollektiv neue politische Bedeutung. Als Selbstvergewisserung einer internationalen Wertegemeinschaft, die den Islamisten bekundet: Ihr tötet im Namen Allahs, uns ist die Freiheit heilig. Und auch wir stehen für unsere Überzeugungen ein. Ganz real, auf unseren Straßen und Plätzen.

Plätze zu besetzen bedeutet, Öffentlichkeit zu reklamieren. Die offensive Geste hat weiterhin Konjunktur. Aber in den letzten zwei, drei Jahren hat sich die Konfliktlinie verschoben. Statt um Volk und Macht geht es mehr um die Frage Freiheit oder Sicherheit. Wer Anschläge ausschließen will, schränkt die offene Gesellschaft mit Sicherheitsmaßnahmen drastisch ein oder schafft sie gar ab – womit die Terroristen ihr Ziel erreicht hätten. Deshalb gehen jetzt nicht die Rechtlosen auf die

Straße, um für ihre Rechte zu kämpfen, sondern die bürgerliche Mehrheit drängt ins Offene und verteidigt ihre bedrohte Freiheit. Gleichwohl haben sich auch hier grundlegend andere Konstellationen entwickelt als die, die wir aus Zeiten des Kalten Krieges mit den großen Demonstrationen im Bonner Hofgarten erlebt haben. Während damals das Volk gegen die Staatsmacht aufbegehrte (und von dieser oft genug durch Wasserwerfer und Schlagstöcke zurückgedrängt wurde), verlaufen heute viele Kundgebungen zum Zeichen von Solidarität mit Terroropfern und als Signal einer wirkmächtig und offen zur Schau gestellten Freiheitsliebe unter massivem Polizei- und Militärschutz. Hier und heute stehen Staatsmacht und Bekennende der offenen, urbanen Gesellschaft auf derselben Seite.

Städte sind zu Kampfplätzen asymmetrischer Kombattanten geworden. Eine grausame Einzeltat, begangen von wenigen, kann für weltweites Entsetzen sorgen. Dabei erfahren die Anschläge vor allem deshalb ein solch starkes Echo, weil sie uns vor Augen führen, dass ein derartiger mörderischer Angriff in jeder Stadt passieren kann. Mit jedem dieser Nadelstiche injizieren sie eine Art Nervengift, dessen Wirkungen sich diffus in der Gesellschaft verzweigen. Freilich wird, bei genauerem Hinsehen, auch noch etwas anderes deutlich: Eine Stadt ist unverwüstlich. Auch wenn es für die europäische Sicht allzu heroisch anmutet: Das neue One World Trade Center, das gleichsam im Schmerzzentrum der neuen Zeitrechnung errichtet wurde, ist das höchste Gebäude in New York City und die Nummer sieben weltweit. Ein ebenso trotziges wie mächtiges Signal. Indem der Terror von al-Qaida bis IS darauf zielt, die Werte von freier Entfaltung und Demokratie in ihrem Kern zu verletzen, bombt er auch gegen die Sehnsucht des Urbanen nach Freiheit, Individualität und Solidarität. Umso bemerkenswerter, dass mit dem wiederkehrenden Terror keineswegs eine Agonie des städtischen Lebens einhergeht: Nach schlimmen Schrecksekunden füllen sich die Stadien wieder, erwachsen aus Trotz und im gemeinsamen Gefühl des Jetzt-erst-recht starke öffentliche Bekenntnisse zu unseren freiheitlichen Werten. Vermutlich ist es so, dass Vergessen und auch gewisse Gewöhnungseffekte es den Menschen seit 9/11 ermöglichen, nach einem kurzen Innehalten weiterzumachen. Offenbar bleibt auch kaum Raum zu moralisieren oder zu lamentieren: Es scheint wie eine Gesetzmäßigkeit zu sein, dass auch mehr als 3000 Opfer eines Anschlags der breiten Masse keine Verhaltensänderung abringen kann: Höhere Opferzahlen bedeuten nicht höhere Empathie. Hier ist die Stadt wie ein Ameisenhaufen, zynisch funktional auf ihr bauliches und gesellschaftliches Fortbestehen fokussiert. Darf man dies als appellatives Signal an potentielle Terroristen deuten: Wer gegen Naturgesetze kämpft, verausgabt sich sinnlos?

Das Leben in der Stadt ging und geht weiter. Die Stadt lässt den Schrecken hinter sich, blickt nach vorn. Wobei zu betonen ist, dass die Stadt als Organismus, ebenso wie die mittelbar betroffenen Menschen – bestärkt durch ihre Haltung, ihren Trotz und auch durch ihr Vergessen – ihre Routinen weitgehend wieder aufnehmen. Aber: So wie jeder Kriegsveteran ein lebenslanges Trauma mit sich trägt, fügt der Terror nicht nur der gebauten Stadt Narben in Form nicht mehr vorhandener Landmarken und neuer als notwendig erachteter Gedenkstätten und Mahnmale zu. Opfer und Angehörige können ihre Stadt und spezifische Orte wohl nie mehr unbeschwert erleben. Während der Organismus der Stadt weiter funktioniert, ist ihr Leid grenzenlos.

Reale Gefahren, gefühlte Unsicherheit

Der französische Soziologe Henri Lefebvre prägte Ende der 1960er Jahre den Begriff der »verdichteten Unterschiedlichkeit« – die Vorstellung, dass in einer idealen Stadt möglichst viele verschiedene Menschen zusammenkommen. Ob reich oder arm, ob bürgerlich oder alternativ: Es findet ein konstanter Austausch statt, es werden gesellschaftliche Fragen auf engstem Raum ausgehandelt. Doch gerade dieses »Aushandeln auf engstem Raum« erhält durch den menschenverachtenden Terror unserer Tage eine brutale Absage. Hier wird nicht mehr ausgehandelt, sondern im Verborgenen das größte denkbare

Leid im Verein mit einer maximalen gesellschaftlichen Verängstigung geplant.

Andererseits muss man freilich konstatieren, dass die gefühlte Unsicherheit größer ist als die reale Gefahr. Beispiel Kriminalität: Wenn man einem aufgeklärten Publikum die Frage stellt: Wie viele Morde werden jedes Jahr in Deutschland begangen? Die Antworten werden je nach »Tatort« am Vorabend oder anderen persönlichen Erfahrungen vermutlich weit über den tatsächlichen Zahlen liegen und insbesondere bei Kapitalverbrechen kaum die positiven Entwicklungen der letzten Jahre berücksichtigen. Allein die Fragestellung löst in der Regel Angst aus und lässt die Antworten deshalb nach oben schnellen, weil mit ihr die Sorge zum Ausdruck gebracht wird, von Kriminalität betroffen zu sein. Wenn man dann richtige Zahlen nennt, herrscht in der Regel Unglaube. 405 Mordopfer gab es im Jahr 2017 in Deutschland zu beklagen, in einem Land mit rund 83 Millionen Menschen. Selbstredend und unumstößlich noch 405 zu viele, aber immerhin knapp 40 Prozent weniger als noch im Jahr 1994, aus dem die erste belastbare gesamtdeutsche Kriminalstatistik datiert.[1] Die Anzahl der Sexualmorde sank von jährlich über 50 in den 1970er Jahren auf 8 heute. Nach einer neueren Untersuchung vermutet die Bevölkerung jedoch heute eine 300 Prozent höhere Zahl. Auch wenn jenseits der Kapitalverbrechen die Kriminalstatistik beispielsweise bei den Wohnungseinbrüchen lange eine völlig andere – tatsächlich besorgniserregende – Entwicklung aufzeigte[2]: Wahrnehmung und reale Entwicklung klaffen insbesondere bei Fragen der Sicherheit weit auseinander.

Nehmen wir das Mega-Thema Terror wieder auf, wird die Argumentation ungleich schwieriger: Auf dem Berliner Weihnachtsmarkt an der Gedächtniskirche tötete der islamistische Attentäter Anis Amri insgesamt zwölf Menschen. Gemessen an den Mordopfern 2017 waren dies kaum drei Prozent. Die Zahlen helfen uns an dieser Stelle kaum weiter, da sich eine quantitative Einschätzung dieser Tat verbietet. Bezogen auf die gefühlte und die reale Gefährdung im öffentlichen Raum trägt aber die Statistik zu Verkehrsunfällen vielleicht ein wenig bei: Durch Rücksichtslosigkeit oder Fahrlässigkeit kam es im Jahr

2017 allein in Berlin zu insgesamt 143 424 registrierten Verkehrsunfällen. Dabei wurden 15 062 Personen leicht verletzt, 2 317 Personen schwer verletzt und 36 Menschen getötet.[3] Aber auch dieser Winkelzug kann und will keine Relativierung der Terrorgefahren und der unbedingten Notwendigkeit präventiver Sicherheitsmaßnahmen in urbanen Kontexten anregen.

Die Trennlinie zwischen Vorurteil beziehungsweise Voreingenommenheit und belastbarer Empirie ist schwer zu definieren, da die Mehrheit der Menschen die Wirklichkeit eben nicht empirisch rational einschätzt, sondern sich das individuelle Weltbild oft genug durch subjektive Erfahrungen und Einstellungen entwickelt. Und natürlich spiegelt sich an dieser Stelle unseres Streifzuges durch die urbane Gesellschaft wider, dass »Fake News« oder »alternative Fakten« keine Erfindung allein der Trump-Ära, sondern Ausfluss von Überkomplexität, Irrationalität und gleichzeitig dem Hang der Menschen zur Simplifizierung sind. Auch wenn wir heute in den Tech-Diskursen immer mehr über künstliche Intelligenz forschen und debattieren, gilt vermutlich auch die alte Textzeile von Marius Müller-Westernhagen, nach der der Mensch eben nicht naiv, sondern eher primitiv ist. Genauso lässt es sich auch bei der Einschätzung der »Überfremdung« zeigen. So hat etwa der seit 1994 in den Niederlanden lebende US-amerikanische Komiker Greg Shapiro in seiner Wahlheimat einen bemerkenswerten Befund gemacht: »Letzten Dezember gab es eine Umfrage: Was glauben Sie, wie viele von 100 Menschen im Land Muslime sind? Der durchschnittliche Niederländer tippte auf 19. Tatsächlich sind es nur 6 Prozent. Weil die muslimische Bevölkerung wächst, lautete die zweite Frage: Wie viele Muslime werden 2020 hier leben? 26 Prozent, schätzten die Befragten. Selbst die Wähler linker Parteien glauben, dass bald mehr als ein Viertel der Bevölkerung Muslime sein werden. Die tatsächliche Antwort ist aber nicht 26 Prozent 2020, sondern 6,9. Die Frage ist also: Warum hat diese Gesellschaft so ein falsches Selbstbild?«[4] Natürlich ist es schwierig, eine solche Aussage in Bezug zu setzen mit Fragen der Stadtentwicklung. Aber: Dass das Unsicherheits*empfinden* ein Faktor ist, mit dem man auch urbanistisch umgehen muss, liegt auf der Hand. Ein Ansatz, mit der Angst vor Kriminalität (städte)baulich umzugehen, ist die geschützte Enklave der *gated community*. Das aber wirft wieder ganz andere Probleme auf (vgl. Kapitel Buntes Multikulti…).

Was hat sich im urbanen Umfeld der letzten 30 Jahre substanziell verändert? Die, wie wir, heute 50- bis 60-Jährigen, wuchsen auch nicht ohne Ängste auf. Berlin war geteilt, und der Kalte Krieg mit seiner atomaren Bedrohungslogik zumindest unterschwellig stets präsent. In den 1970er und 1980er Jahren bombte die damalige RAF-Generation gegen das sogenannte kapitalistische System und ermordete unter anderem die Banker Jürgen Ponto und Alfred Herrhausen. Gleichwohl war der linksradikale Terror damals nicht gegen eine herrschende Lebensphilosophie und die breite Bevölkerung gerichtet. Die meisten Menschen waren persönlich und emotional (ebenso moralisch verwerflich wie individuell verständlich) weniger betroffen, da die RAF auf Repräsentanten des Großkapitals und gefühlt nicht auf »uns« zielte: auch wenn wir bereits Konten bei den jeweiligen Banken führten. Was sich damals in einer versprengten, sehr kleinen Terrorgruppe entwickelte, kann heute vielleicht enger auch mit urbanen Fehlentwicklungen in Verbindung gebracht werden. Banlieues in Paris oder das viel zitierte Brüsseler Viertel Molenbeek, in dem Zellen des islamistisch motivierten Terrors gedeihen konnten, weisen städtische und städtebauliche Kontexte aus, in denen eben nicht Handel, Austausch und Ausgleich gelingen, sondern eine extreme Radikalisierung in der Anonymität der Großstadt erfolgte, die durch den Offenbarungseid des Ordnungs- und Rechtsstaates in diesen Gebieten erleichtert wurde.

No-go-Area?

Auch in Deutschland gibt es Orte, die alles andere widerspiegeln als die Leichtigkeit des Stadtlebens. Allein ein Blick nach Nordrhein-Westfalen zeigt, dass es durchaus »gefährliche bzw.

verrufene Orte« – so formuliert es § 12 Abs. 1 Nr. 2 Polizeigesetz NRW – gibt. Aus einer Antwort des Landesinnenministeriums aus dem Frühjahr 2017 auf eine entsprechende Anfrage aus dem Landtag geht hervor, dass es damals ca. 25 solcher Orte in Nordrhein-Westfalen gab. Doch sind dies keineswegs Gegenden, in denen, besuchte man sie, tatsächlich Leib und Leben in Gefahr wären. Hier sollten und müssen Phantasien und Assoziationen aus filmischen Inszenierungen in US-amerikanischen oder südamerikanischen Großstädten dringend ausgeblendet werden! Die hier gemeinten Orte sind solche, an denen die Polizei Personalien ohne Angaben von Gründen aufnehmen kann.[5] Nun darf das aber keineswegs so fehlinterpretiert werden, dass sich Otto Normalbürger von diesen Quartieren sicherheitshalber fernhalten sollten. Vielfach geht es hier um Kleinkriminalität im Gedränge von Einkaufszentren oder Fußgängerzonen. Was allerdings auch nicht verniedlicht werden darf, da es eben nicht zur urbanen Lebensqualität zählt, sich nur noch ohne Wertgegenstände in die Stadt zu begeben oder mit Pfefferspray bewaffnet in die U-Bahn zu steigen. Eine gewisse Berühmtheit erlangte Anfang 2016 ein Stadtteil in Düsseldorf, Oberbilk, das im Polizeijargon und in der regionalen Presse als »Maghreb-Viertel« bezeichnet wurde. Hier hätten »offensive Maßnahmen« wie Razzien dazu beigetragen, die von dem dortigen Quartier ausgehende Kriminalität deutlich einzudämmen.[6]

Eine ganz eigene Geschichte kann und sollte man über die Dortmunder Nordstadt erzählen. Immer wieder vor große Herausforderungen gestellt und durch viele helfende Hände und Programme unverzagt und beharrlich in der Balance gehalten, ist dort mit der Aufnahme Bulgariens und Rumäniens in die EU im Jahr 2007 eine neue, problematische Entwicklung eingetreten: Die Nordstadt wurde zu einem Sammelpunkt einer vergleichsweise großen Armutszuwanderung aus diesen Ländern. Die Folgen waren durchaus extrem und die Entwicklungen führten zu einzelnen, auch kriminellen Hotspots in der Nordstadt. »Findige Geschäftsleute übernahmen die leer stehenden Häuser in der Nordstadt und vermieteten die Wohnungen matratzenweise. Die Menschenhändler organisierten Reise, Unterbringung und die Anträge bei den Sozialämtern. Viele Frauen verdienten Geld auf dem Straßenstrich. Mit der Prostitution kam die Kriminalität. Diebstähle und Einbrüche stiegen«, beschrieb Alexander Haneke die Entwicklung.[7] Nun ist die Dortmunder Nordstadt seit jeher ein Ort für Neuankömmlinge aus aller Welt gewesen, Lande- und Startpunkt für ein Leben in der Ruhrmetropole, ein Viertel, aus dem man wegzieht, wenn man es sich leisten kann. Solche Viertel erfüllen in einer freizügigen globalisierten Welt wichtige Funktionen, weshalb es auch unbedingt gerechtfertigt ist, hier staatlicherseits mit viel Geld städtebaulich und stadtentwicklungspolitisch zu intervenieren. Das wird auch in Dortmund mit vielen Projekten, wie zum Beispiel der wirtschaftsorientierten Initiative Nordhand, versucht. Gleichwohl bleibt eine vertrackte Doppelaufgabe bestehen: Zum einen dürfen solche Viertel – und die in ihnen lebenden Menschen – nicht verlorengehen, sie müssen für die Verlockungen des Positiven, Leichten und Zukunftstauglichen der Stadt und ihre Versprechungen auf ein wenig Lebensqualität oder gar Wohlstand erreichbar bleiben. Sie dürfen nicht zu realen No-go-Areas werden, in dem der Rechts- und Schutzstaat gleichsam aus Mitleid nicht wirksam genug für Recht und Ordnung eintritt. Wer durch die Nordstadt in Dortmund geht, wird sicherlich manche Dinge ausfindig machen, die ihm nicht unbedingt behagen. Man wird aber auch schnell erkennen, dass im Dortmunder Norden vieles schlicht »gut läuft« und eben keine filmreifen Schreckensszenarien zu erhaschen sind. Es wird ein Problem des medialen Aufmerksamkeitswettbewerbs offenbar. Wenn Politik und Presse so sehr wie in letzter Zeit in der Verwendung des Begriffs der No-go-Areas wetteifern, geht es den einen zu oft allein um Überwachungskameras u. Ä. und den anderen zumeist um die Quote oder die Verkaufszahl, als um die Lösung der realen Probleme vor Ort. Natürlich muss pointierte Berichtserstattung aufrütteln – vor allem die politisch Verantwortlichen. Hier werden aber auch Stempel aufgedrückt. Eine solche Stigmatisierung hilft niemandem weiter, sie demotiviert die vielen engagierten Menschen in diesen Vierteln und stellt über Pauschalisierungen gleich alle Bewohner (z. B. der Dortmunder Nordstadt) zu Unrecht ins Abseits.

Eine ähnliche Konstellation gibt es nicht weit von Dortmund entfernt im Duisburger Stadtteil Marxloh. Marxloh zählt inzwischen zu den ärmsten Stadtvierteln in Deutschland. Der Stadtteil erlebt eine länger anhaltende Abwärtsspirale, was auch dazu geführt hat, dass sich immer wieder Menschen in diesem Distrikt nicht mehr sicher fühlen. Von den in Marxloh lebenden gut 20000 Menschen waren Ende 2016 mehr als die Hälfte ohne einen deutschen Pass, insgesamt leben hier rund 64 Prozent Menschen aus der Türkei und aus Südosteuropa. In Marxloh findet sich eine völlige andere sozioökonomische Struktur, als wir dies für die typische europäische Stadt erwarten würden. Bis in die 1970er Jahre war das Viertel eine beliebte Wohn- und Einkaufsgegend. Und noch in den 1990er Jahren kurbelten türkischstämmige Bürger die lokale Wirtschaft in Marxloh an und stellten sie auf neue Füße – die dortige Weseler Straße war lange als Hochzeitsmeile Deutschlands bekannt – mit einem üppigen Angebot an Braut- und Abendmode sowie einer Vielzahl von Juweliergeschäften. Doch in den Folgejahren wandelte sich das Bild – nicht zuletzt in der öffentlichen Wahrnehmung und Darstellung – zum Schlechten. Großfamilien-Clans gefährdeten zunehmend die öffentliche Ordnung und Sicherheit, sozial und ökonomisch prekäre Verhältnisse bei anhaltend hoher Arbeitslosigkeit stürzten das Viertel in eine Depression bei zunehmender Kriminalität. Im Jahr 2015 ploppte erstmals das Brandmahl der »No-go-Area« für Marxloh in der Öffentlichkeit auf. Oft scheinen Recht und Ordnung hier anderen Prinzipien zu folgen, als das in deutschen Gesetzen und Verordnungen vorgesehen ist. Vielfach scheint der soziale Konsens über Regeln und Normen verlorengegangen zu sein, weil sich Kulturen nicht vermischen und nicht genügend Neugier für eine schrittweise Veränderung hin zu einem neuartigen Miteinander vorhanden zu sein scheint. Vielmehr steht man sich schlicht ratlos und vielfach verhärtet gegenüber. Viele Menschen fühlen sich abends auf den Straßen nicht mehr sicher, und selbst die Polizei kann sich gelegentlich nur durch martialisch wirkende Maßnahmen wie Warnschüsse überhaupt Gehör verschaffen. Was jedoch nicht bedeutet, dass dies ein erster Schritt auf dem Weg in ein entspannteres Miteinander ist. Vielmehr warnt die Polizei davor, dass rechtsfreie Räume entstehen können.

Nun sind aber mindestens zwei Dinge faul am Narrativ »Marxloh«: Laut Statistik liegt die Kriminalität in Marxloh nicht höher als im gesamten Stadtbereich Duisburgs. Und die Duisburger Statistik steht ihrerseits nicht schlechter da als die von Stuttgart oder Karlsruhe, denen man bisher doch keine »No-go-Area-Problematik« anheften würde. Vieles ist also nur dem medialen Wettlauf um die drastische Schlagerzeile geschuldet: »No go« als Verkaufsschlager.

Es hilft aber keineswegs weiter, Marxloh als kriminell zu stigmatisieren und als Polit-Argument für mehr Law-und Order-Politik zu missbrauchen. Pater Oliver Potschien vom sozialpastoralen Zentrum Pertershof, den *Die Welt* im Januar 2017 als guten Menschen von Duisburg Marxloh porträtierte, formuliert dies so: »Die eigentlichen Probleme haben aber die wenigsten verstanden. Das sieht man auch daran, dass das Thema innere Sicherheit zwar eine große Rolle im Wahlkampf spielt, die Vorschläge dazu uns aber überhaupt nicht weiterhelfen würden. Es wird sich nichts an den Problemen in Marxloh ändern, wenn hier Kameras für einen sechsstelligen Betrag aufgehängt werden, die irgendeine Kreuzung überwachen.« Potschien fordert deswegen einerseits langfristige Lösungen: »In Marxloh leben Menschen aller Kulturen und Religionen – Roma, Geflüchtete aus Syrien, dem Libanon und Schwarz-Afrika. Wir müssen bei jedem einzelnen Menschen verstehen, was ihm weiterhilft. Beispielsweise die syrischen Flüchtlinge, die zu uns gekommen sind, sind oft sehr gebildet. Mit ihnen kann man richtig etwas anfangen, daher brauchen sie eine völlig andere Betreuung als beispielsweise Menschen aus Rumänien. Die Regierung muss Perspektiven schaffen.« Andererseits hat er aber auch pragmatische und kurzfristig umsetzbare Vorschläge: »Wie wäre es denn, wenn wir hier in Marxloh kleine Betreuungszentren schaffen, die nur für wenige Straßen zuständig sind und in denen ein Polizist, eine Krankenschwester, ein Pädagoge und ein Beamter des Jugendamts sitzen? Das würde viel mehr bringen als Kameras.«[8]

Videoüberwachung

Damit liefert Pater Potschien ein für die urbane Sicherheitsdebatte entscheidendes Stichwort.

Interessant ist, dass es in jüngster Zeit offenbar zu einer Umdeutung des Themas Videoüberwachung öffentlicher Räume kam. Wobei es in der Diskussion über mehr oder weniger Kameras im öffentlichen Raum vor allem um zwei Punkte geht: Kann Videoüberwachung Verbrechen verhindern oder aufklären? Doch was die Sichtbarkeit von Gewalt mit der Gesellschaft macht, wird meist übersehen. Der Verhinderungseffekt ist zumindest zweifelhaft. Wer Gewalt aus purem Affekt, aus spontanem Verlangen oder schlichter Dummheit begeht, wird kaum darüber nachdenken, ob er gerade gefilmt wird. Wer aber ein Verbrechen plant, wählt sich klugerweise eine Maskierung. Oder einen anderen Ort. Bei Terroristen muss man sogar davon ausgehen, dass sie einen videoüberwachten Ort für ihre Tat bevorzugen würden. Weil es dann Bilder gibt, gefilmten Horror, der sie ihrem eigentlichen Ziel näher bringt: der Verbreitung von Angst und Schrecken.

Anders ist es mit der Aufklärung. Selbst die schärfsten Kritiker müssen zugeben, dass Videos hierbei helfen können. Und Aufklärung ist ein hohes Gut. Wie groß das gesellschaftliche Bedürfnis danach ist, erkennt man schon daran, dass die Fahndungsvideos der Polizei nach den beiden Vorfällen in Berliner U-Bahnhöfen tausendfach bei Facebook und Twitter geteilt wurden.

Aber hat sich durch den Fahndungserfolg die Sicherheit in der Gesellschaft erhöht? Objektiv mag das so sein. Doch Sicherheit ist vor allem eins: ein gutes Gefühl. Und das lässt sich schnell erschüttern – etwa wenn Polizisten mit Maschinengewehren in der Öffentlichkeit stehen. Die sollen für mehr Sicherheit sorgen, bewirken aber das Gegenteil: Verunsicherung. Doch auch die Bilder selbst haben Folgen. Wer im

Internet gesehen hat, wie ein Mann einer Frau so in den Rücken tritt, dass sie eine U-Bahn-Treppe herabstürzt, wird diese Bilder beim nächsten Gang in einen Bahnhof im Kopf haben. Das Wissen um die Möglichkeit verunsichert. In Zeiten einer unbegrenzten Verbreitung im Internet schürt die Emotionalität der Bilder die eh schon eskalierte Debatte über den Zustand unserer Gesellschaft. Man mag noch deutlich darauf hinweisen, dass die Zahl der Gewalttaten im öffentlichen Raum, in Bussen und Bahnen seit Jahren rückläufig ist. Es wird dennoch heißen: Früher habe es so etwas nicht gegeben, also müsse etwas getan werden – dabei gab es früher nur keine Bilder der Gewalt. Die Macht der bewegten Bilder ist so stark, dass sie die Beweiskraft jeder Statistik hinwegfegt. Der Einzelfall wird zum Beleg für das Ganze. Denn jeder hat es mit eigenen Augen gesehen. Im Zeitalter postfaktischer Debatten ist das mehr als bedenklich. Zunehmende Videoüberwachung des öffentlichen Raumes und eine durch Politik und Medien geschürte Hysterie führen irgendwann zur Akzeptanz von verminderten Persönlichkeitsrechten. Die hilft zwar nicht gegen Attentäter, die niemand als solche kennt, doch zerstört sie ein Charakteristikum der modernen Metropole: die Freiheit, sich unbeaufsichtigt zu bewegen und ungezwungen zu kommunizieren.

Jedenfalls: Man darf das Kind nicht mit dem Bade ausschütten. Der rechtskonservative Publizist und Herausgeber der *Zeit*, Josef Joffe, hat unlängst einen in diesem Zusammenhang durchaus bemerkenswerten Satz notiert: »Notabene ist der Islamo-Terror im Westen geradezu eine *quantité négligeable*, aber er beherrscht die Schlagzeilen wie die Vorstellungskraft. Und so droht er die europäische Innenpolitik zu vergiften. Das Gegengift ist nicht die totale Repression, so schrecklich auch die Blutbäder sind. Denn der Polizeistaat bedroht ein weitaus höheres Gut: den liberalen Rechtsstaat. Hier bedeutet Eindämmung intelligente Nachrichten- und Polizeiarbeit sowie Assimilation und Chancengleichheit. Terror ist die kostengünstigste aller Waffen und wird deshalb nie verschwinden. Aber der freiheitliche Staat kann ihn kleinhalten, ohne sich selber aufzugeben.«[9] Das ist auch unsere Auffassung. Sie gilt, im größeren Rahmen, auch für die Völkerwanderung der Flüchtlinge, die tatsächlich eine Art Schreckgespenst für ganz Europa darstellt. Doch in der Hitze der diskursiven Gefechte sollte man einen kühlen Kopf bewahren – und sich vergegenwärtigen, dass sich die größten Errungenschaften der europäischen Städte immer als Produkt von Konflikten erwiesen haben. Zu erkennen aber ist das nur im zeitlichen und emotionalen Abstand.

Grundsätzliche Verwundbarkeit

Städte werden nicht nur von Terror, sondern auch von Katastrophen anderer Art heimgesucht. Ein deutliches Fanal dafür war, neben dem Tsunami in Südostasien 2004, die durch den Hurrikan Katrina 2005 ausgelöste Überflutung von New Orleans. Mit aller Macht wurde hier demonstriert: Die Menschheit bleibt mit allem, was sie hervorbringt, Teil der Natur, vor deren Unbilden sie sich nur in gewissen Grenzen zu schützen vermag. Wobei die zunehmende Frequenz und Heftigkeit, mit der die Naturgewalten auftreten, diese Grenzen immer enger ziehen. Wie viel Schutz die technischen Artefakte gewähren und welche Antworten auf deren Versagen vor den Naturgewalten eine Gesellschaft zu geben vermag, hängt von deren Verfassung ab. Das Bestürzende an der Flut von New Orleans ist die soziale Katastrophe, die in der Naturkatastrophe aufscheint.

Wo viele Menschen sich auf engstem Raum zusammenfinden, wächst auch die Zahl der potentiellen Opfer von Katastrophen. Die Attraktivität der urbanen Dichte besteht darin, dass dort die Chancen, ein spezielles Produkt oder einen speziellen Dienst zu kaufen oder zu verkaufen, die passenden Partner für ein Projekt, die Mitstreiter wofür auch immer, eine neue Freundschaft oder die große Liebe zu finden, besser sind als in der ländlichen Zerstreuung. Doch haben solche Effekte nicht nur eine lichte, sondern auch eine dunkle Seite. Neben der Umweltbelastung wächst in der Agglomeration die Chance, außer den gesuchten Dingen und Menschen auch den ungesuchten zu begegnen: der neuesten Infektionskrankheit, dem nächsten Amokläufer oder Suicide-Bomber. Der galoppierende Verkehr zwischen den Regionen steigert auch diese Chancen. Schon das Wachstum der Städte und des Handels im Hochmittelalter schuf nicht nur die Voraussetzungen für mehr Wohlstand und eine verfeinerte Kultur, sondern auch für das Wüten des Schwarzen Todes.

Urbane Agglomerationen sind besonders verwundbar, weil sie vor Gefahren weder davonlaufen noch sich verstecken können. Sie sind aus sich heraus nicht lebensfähig: Sie brauchen eine Umwelt, die sie einerseits mit Gütern versorgt und andererseits ihren Abfall aufnimmt. Im Zeitalter der Just-in-time-Logistik, in dem der Handel so wenig Lagerhaltung betreibt wie die Industrie, müssen Güter ohne Pause zuströmen, sollen keine Versorgungslücken auftreten. Ohne die dauernde Zufuhr von genügend Treibstoff beispielsweise kommt der Warenstrom schnell zum Erliegen.

Die fundamentalen Risiken, die Gestalt und Stoffwechsel der Stadt in sich bergen, haben sich in den zurückliegenden Jahrhunderten nicht vermindert – technischer Fortschritt hat sie vielmehr vergrößert. Seit die Artillerie Befestigungsanlagen radikal zu schleifen vermochte, lag der militärische Schutz der Städte zunächst bei einer fragilen Vorwärtsverteidigung und dann – mit dem Aufkommen der Luft- und der Raketenwaffen – bei einer nicht minder fragilen politischen Einhegung des Krieges. Der Zweite Weltkrieg demonstrierte an Beispielen wie Coventry, Dresden und Hiroshima, dass dies nur in Maßen gelang.

Auf der Reeperbahn nachts um halb eins

»Stadtluft macht frei«: Die Karriere dieses Versprechens, das eigentlich ein mittelalterlicher Rechtstitel ist, gehört zu den missverständlichen, ja rätselhaften Wundern der Urbanistik. Warum zitiert man diesen noch immer? Wohl deshalb, weil die Strahlkraft einer Garantie, die die Stadt mit der Freiheit zu einem suggestiven, utopischen Moment verdichtet, bis heute

Es ist der Alptraum schlechthin, für Politiker und Organisatoren, Veranstalter und Besucher: dass dort, wo sich besonders viele Menschen versammeln – im Fußballstadion, am Bahnhof, in der Konzerthalle – ein Anschlag verübt wird. Der Alptraum ist in den letzten Jahren immer wieder wahr geworden. Offenkundig geht es dem Terror, insbesondere dem von al-Qaida bis IS, darum, die Demokratie im öffentlichen Raum in ihrem Kern zu verletzen: beim Grundrecht auf Bewegungs- und Versammlungsfreiheit. Eben deshalb manifestiert sich beim großen öffentlichen Fest, wie hier in Düsseldorf, der Geist einer Gesellschaft, seine Offenheit. Hier versammeln und vergnügen sich die Bürger, aller Bedrohung zum Trotz. Mögen Taschenkontrollen oder Rucksackverbot auf dem Rummel oder dem Weihnachtsmarkt auch zum Alltag werden, davon lässt sich die Lust aufs feiernde Miteinander augenscheinlich nicht unterkriegen. Und das ist auch eine deutliche Ansage: Solche Feste, solche Plätze gehören allen.

anhält. Und augenscheinlich gehören auch Prostitution und käuflicher Sex unabdingbar zum Raum der Möglichkeiten.

»Silbern klingt und springt die Heuer, heut' speel ick dat feine Oos. Heute ist mir nichts zu teuer, morgen geht die Reise los. Langsam bummel ich ganz alleine die Reeperbahn nach der Freiheit 'rauf, treff ich eine recht blonde, recht feine, die gabel ich mir auf.« So beginnt das Walzerlied von Ralph Arthur Roberts, das er 1912 für seine Revue *Bunt ist die Welt* komponiert und getextet hat. Hier wird eine Facette von Urbanität besungen, die das Mit- und Gegeneinander von Verklemmtheit und grenzenloser Freiheit, von Moral und Unmoral, aber auch von Toleranz und Unterdrückung in die Aura eines Raumes projiziert. Besungen wird natürlich das Nachtleben auf der Reeperbahn im Hamburger Stadtteil St. Pauli. Wie tief hat sich die urbane Sündenmeile der Hansestadt in die Sehnsucht von Millionen von Menschen eingebrannt, die Hamburg nicht nur – aber doch auch – mit genau diesen wahrlich nicht untadeligen Attraktionen verbinden. Als Filmmusik in »Große Freiheit Nr. 7« und »Auf der Reeperbahn nachts um halb eins« hatte das Lied zweifellos großen Anteil am zweifelhaften, aber ungebrochenen Ruhm des Kiezes und »der geilen Meile« – wie der unnachahmliche Udo Lindenberg es formulierte. Was früher ganz eng mit der großen Hafenromantik und den verlorenen und verlassenen Seelen der Seefahrt verbandelt war, wird heute online unter reeperbahn-hamburg.com vermarktet. Wer mag, bucht für 25 Euro »Verruchtes St. Pauli – Eine Erotikführung« und »lässt sich authentische Plätze entlang der Glitzermeile Reeperbahn, aber auch in Seitenstraßen und Hinterhöfen, ausreichend über das umfangreiche Geschäft mit der Prostitution informieren und zeigen, an welchen Orten in St. Pauli private Personen wie Du und ich ihre sexuellen Fantasien und Neigungen ausleben können.«

Nun gibt es auf St. Pauli so manche schlüpfrige Berühmtheit wie die Herbertstraße (bis 1922 Heinrichstraße), die seit Beginn der Bebauung im 19. Jahrhundert zur Prostitution von heute rund 250 Frauen genutzt wird. Etwa 100 Meter lang, ist die Straße seit 1933 an beiden Enden mit Barrieren abgesperrt – leichte Einblicke von außerhalb werden neugierigen Besuchern so verwehrt. Vieles geht auch an der Herbertstraße gesittet zu. So sind an den Barrieren seit den 1970er Jahren Schilder angebracht, die Minderjährigen und Frauen den Zutritt zu verbieten versuchen. Diese Schilder wurden von der Polizei »zur Aufrechterhaltung der öffentlichen Ordnung«

und auf Bitten der Prostituierten angebracht.[10] Recht zielführend ist diese Beschilderung allerdings nicht, da die Straße juristisch gesehen ein öffentlicher Weg ist und folglich von jedermann genutzt werden darf. Im Portfolio berühmter und touristisch interessanter Orte finden sich auch die benachbarte Davidstraße mit der Davidwache als wohl bekanntestem Polizeirevier Deutschlands oder die geschichtenumrankte Hinterhofkneipe Zur Ritze, mit der berühmten Eingangstür, die rechts und links von gespreizten Frauenbeinen mit High Heels flankiert ist, aufgemalt von Erwin Ross, und einem Boxring im Keller. Auch heute noch wird die Ritze als Boxraum genutzt. Die Wände der Kneipe zieren Autogramme von Gästen, die im Keller trainiert haben, darunter Henry Maske, Dariusz Michalczewski, die Klitschko-Brüder und Ben Becker.

Schaut man sich in anderen Metropolen der Welt um, zählen stets die Rotlichtbezirke zu den spannenden Orten. Hier trifft das Verruchte, Verrufene und Verbotene auf die verbreitete Sehnsucht, genau das und so zu sein. Doch zumindest kann man seinen (und frau ihren) voyeuristischen Wünschen freien Lauf lassen. Seien Nachtmärke und ähnliche Einrichtungen so etwas wie der Magen einer Stadt, notierte Roger Willemsen mit Blick auf das thailändische Bangkok, dann stellten die Bars deren Geschlecht dar. »Die Nacht verschiebt auch das Gleichgewicht der Kulturen, jener offiziellen, die sich auf Traditionen und Monumente, auf moderne Einkaufsensembles und folkloristische Inszenierungen stützt, und der inoffiziellen, die aus Heimlichem, Verbotenem, Unvernünftigem besteht. Zu dieser gehört der Sex, das Glücksspiel (...) Hier senkt sich der Blick in das schwärmende Gewusel der kleinen Geschäfte und ihrer Überlebenskünstler, Koberer, Prozente-Ritter, die Kunden in Schneidereien, Sauna-Parcours, Bars verschleppen.«[11] In den liberalen Niederlanden wartet die Hauptstadt Amsterdam mit einem geradezu beispielgebenden Rotlichtviertel auf – sofern man bereit ist, ihm einen positiven urbanistischen Kern zu attestieren. Auf ihrer Website I Amsterdam verkauft sich das Viertel nun so: »Hier gibt es allerdings nicht nur Fenster-Prostitution, Sex-Shows und witzige Kondom-Läden, sondern auch die älteste Kirche von Amsterdam, urige Kneipen und Chinatown.« Dann ist dort auch zu lesen, dass Prostitution in Amsterdam eine lange, von Toleranz geprägte Tradition habe, wobei Sicherheit das zentrale Schlüsselwort sei. Über eine transparente Politik soll Zwangsprostitution verhindert werden. Sexarbeiterinnen haben hier ihre eigene Gewerkschaft, stehen unter starkem Polizeischutz und verfügen über ein Informationszentrum, das auch für Besucher geöffnet ist.

Das Amsterdamer Rotlichtviertel erfreut sich äußerster Beliebtheit. Folgerichtig zeigt sich oft schon nachmittags ein quirliges Treiben in den Straßen um den Zeedijk. Allein die Stadt warnt vor Taschendieben und rät dazu, Wertgegenstände am besten im Hotelsafe zu lassen. Zum urbanen Plaisir zählt in Amsterdam dann auch der Hinweis, dass der Konsum von Haschisch und Softdrogen legal sei und vor allem in den Coffeeshops stattfinde. Und die Gebrauchsanweisung für das Viertel um die Oude Kerk schließt durchaus fürsorglich: »Gönnen Sie den Bewohnern des Rotlichtviertels ihren Schlaf und verursachen Sie in der Nacht und in den frühen Morgenstunden nicht unnötig viel Lärm.«

Was heißt das nun für das Urbane? Betrachtet man dieses *mixtum compositum* aus käuflichem Sex und Stadtmarketing auf der einen Seite und einem eben nicht keimfrei polierten Lebensgefühl aus Freiheit, Moralgegensätzen und der großen Möglichkeit von Toleranz auf der anderen, kann man den Rotlichtvierteln einer Stadt zusprechen, dass sie uns zwar oft genug in menschliche Abgründe schauen lassen, zugleich aber zeigen, welche Freiheit und auch Authentizität Stadt und die sie prägende Stadtgesellschaft ermöglicht. Dann sind es Dunkelräume, aber auch leichte Zukunftsschimmer. Letzteres gilt natürlich nur in einem weitgehend gewaltfreien Narrativ, das – wie uns selbstredend klar ist – alles andere als ein Selbstläufer ist. Denn längst nicht funktioniert die Welt überall so wie in den Niederlanden. Die engen Verquickungen von Drogenabhängigkeit, Beschaffungskriminalität und Zwangsprostitution können aus Rotlichtvierteln eben auch ganz schnell bedrohliche Orte machen. Und auch hierzu gibt es bekannt gewordene Plätze aus der Vergangenheit; nimmt man etwa das biographische Buch *Wir Kinder vom Bahnhof Zoo* zur Hand, das die Situation drogenabhängiger Kinder und Jugendlicher am Beispiel von Christiane Felscherinow aus der Gropiusstadt im Berliner Bezirk Neukölln schildert, dann rekurriert der Buch-Titel auf den zentralen Treffpunkt der Westberliner Drogenszene in den 1970er und 1980er Jahren.

»Überall auf der Welt«, so Roger Willemsen, »spricht die Kultur der Straße eine andere Sprache als die des Museums. Manchmal ist diese Straße sogar ein Museum eigener Art, stellt die Lebensformen aus, die ungesehenen Requisiten. Die Straße hat einen schlechten Ruf, als sei sie im Wesen ordinär, elend, trivial. Doch ist sie alles eben auch und darin nicht unzerstörbar. Wenn sie sich am Ende in eine Shopping Avenue verwandelt, verschwindet ihre Anima, und ihr Leben zieht woandershin.«[12]

Stadt als Armutsfalle?

München geht es vergleichsweise sehr gut. Aber eben doch nicht so gut wie bisher vermutet. Eine aktuelle Studie des Instituts der deutschen Wirtschaft belegt, dass 18 Prozent der Münchner von Armut bedroht sind. Der Grund: Die Lebenshaltungskosten sind in München inzwischen so hoch, dass sie auch von den oft überdurchschnittlichen Löhnen und Gehältern nicht mehr abgefedert werden können. Wer nach München zieht, geht also dort das Risiko ein, immer ärmer zu werden. Das gilt zum Teil in viel stärkerem Maße allerdings auch für andere Städte, für Köln, Berlin, Frankfurt, Bonn oder Düsseldorf. Macht Stadtluft also in Wahrheit arm?

Es sieht so aus. Und wenn man die aktuelle Wohnungsnot der großen Städte und Ballungsgebiete noch hinzunimmt beziehungsweise als Teil des gleichen Problems betrachtet, da das Wohnen den Großteil der Lebenshaltungskosten ausmacht, kommt man nun umgekehrt und im Widerspruch zur Erfolgsgeschichte der Stadt zum Ergebnis: Landluft macht frei. Ist also nicht eigentlich Tirschenreuth, die – statistisch betrachtet – billigste Stadt Deutschlands, im Vergleich zur teuersten

Stadt, München, der eigentliche Sieger in der Konkurrenz der Ideen von einem besseren Leben? In Tirschenreuth, am Rande der selbst schon am Rande liegenden Oberpfalz gelegen, ist ein Euro theoretisch und umgerechnet zu den Lebenshaltungskosten 1 Euro 40 wert. In München wären es dementsprechend 60 Cent.[13] Treiber dieser Entwicklung sind vor allem die – vielerorts exponentiell steigenden – Kosten des Wohnens, die es etwa einem Krankenpfleger, einer Kindergärtnerin oder einem Polizisten schwerer machen, sich in einer attraktiven Großstadt niederzulassen und dort heimisch zu werden.

Die dreiteilige Dokumentation »Ungleichland«[14] zeigt, dass Arme und Reiche in Deutschland grundsätzlich immer mehr unter sich bleiben. Und selbst die Mitte – auch davon erzählt der Film – fühlt sich angesichts unsicherer Zukunftschancen immer mehr unter Druck. Ein Befund, der von der Forschung durchaus untermauert wird: Eine aktuelle Studie des Wissenschaftszentrums Berlin für Sozialforschung (WZB) etwa hat für 74 Städte die Entwicklung der sozialräumlichen Segregation von 2005 bis 2014 untersucht. Die Ergebnisse deuten darauf hin, dass in vielen deutschen Städten die Idee einer sozial gemischten Stadtgesellschaft nicht mehr der Wirklichkeit entspricht. Denn in gut 80 Prozent der analysierten Städte hat seit 2005 die räumliche Ballung von Menschen, die, wie es im spröden Amtsdeutsch heißt, »Grundsicherung für Arbeitssuchende nach SGB II (Zweites Buch Sozialgesetzbuch) beziehen«, zugenommen. Am stärksten dort, wo viele Familien mit kleinen Kindern (unter sechs Jahren) und viele arme Menschen leben.[15]

Die Armutsfalle Stadt ist jedoch kein neues Phänomen. Es ist hilfreich, sich das klarzumachen in einer Debatte zu Stadt und Land, die leicht ins Ideologische kippen kann. Man muss eigentlich nur an die Literatur des 19. Jahrhunderts erinnern, an Charles Dickens und *Oliver Twist* oder an Émile Zola und *Nana*, um den Schrecken der Städte London und Paris, die Megastädte der frühen Moderne, heraufzubeschwören. Schon stellen sich Bilder ein von modernden Gassen, verrotteten Häusern und vor Unrat stinkenden Plätzen, dazu kommen Ahnungen von Düsternis, Grausamkeit, Krankheit und abgrundtiefer Verlorenheit. Das gilt auch noch für den Übertritt ins 20. Jahrhundert, für Alexander Döblins *Berlin Alexanderplatz* etwa oder für Upton Sinclairs *Der Dschungel*, um Europa zu verlassen und den Horror der Schlachthöfe in Chicago zu betreten. In all diesen Werken, deren Sozialkritik sich naturgemäß nur auf städtischem Terrain entfalten kann, ist man dem Elend des Urbanen viel näher als ihrem Triumph.

Das heißt heute: Um die Zukunft der Stadt muss man, müssen wir alle kämpfen. Es ist also gut, wenn die Stadt München, die täglichen Zuzug erlebt, den sie kaum verkraften kann, auch negativ bekannt ist als Armutsrisiko; und es ist gut, wenn Tirschenreuth, das an Einwohnerschwund leidet, auch positiv bekannt ist als Stadt der niedrigen Lebenshaltungskosten. Städte sind Chancen, aber keine Garantien.

Dass unsere Städte sich bislang nicht einerseits in Hochsicherheitszonen, ja militarisierte Festungen und andererseits in sozial abgeschottete Enklaven verwandelt haben, zeugt von ihrer unbändigen Energie, ihrer Heterogenität und ihrem Widerwillen gegen Herrschaftsansprüche. Dennoch stellt sich die Frage, ob und wie es weiterhin gelingt, die Städte in dieser vitalen Form am Leben zu erhalten. Lässt man zu, dass nur noch die Mittelschicht – nicht unbedingt die heterogenste Gruppe von Stadtbewohnern – die Urbanität unserer Städte gestaltet, dann wächst, angesichts zunehmender ökonomischer Unsicherheit und politischer Machtlosigkeit, die Gefahr, dass diese Schicht den traditionellen urbanen Kosmopolitismus durch eine eher eindimensionale und defensive Haltung ersetzt. Und dies könnte leicht zu unterschiedlichen, gar riskanten Formen von Ausgrenzung führen.

Das Beste, was eine Stadt für ihre eigene Sicherheit tun kann, ist, sich ihrer Diversität bewusst zu werden und sie zu schätzen. Das Gemeinwesen wird gestärkt, wenn alle Bewohner einer Stadt sagen können: Ja, dies ist meine Stadt. (Was die Einwohner Münchens oder Mannheims durchaus tun!) Diskriminierung, Segregation und mitunter auch Polizeigewalt sind eine große Bedrohung für viele Städte, besonders in den USA. Eine Stadtentwicklung nach diesem Modell gefährdet all jene urbanen Qualitäten, die wir brauchen. Sie bedeutet keinen Fortschritt, sondern würde die Stadt nur verletzbarer machen. Doch helfen hier keine auf Papier gedruckten Konzepte und frommen Wünsche. Das Paket einer auf Offenheit und Integration setzenden Stadtentwicklung ist das eine; Realpolitik, die die Menschen mitnimmt, ist das andere. Und hier sind wir dann auch wieder bei den öffentlichen Räumen und Städtern, die bereit und in der Lage sind, für die Offenheit einzutreten und sich auch den lauten Stimmen der Vereinfacher und Gegner der offenen Gesellschaft entgegenzustellen.

Triebkräfte und Treibsand: Shopping und Event

Mit der »Hölle, in der wir jeden Tag leben«, könne man, so der große Romancier Italo Calvino, auf zweierlei Arten umgehen: »Die erste fällt vielen leicht: die Hölle zu akzeptieren und so sehr ein Teil von ihr zu werden, dass man sie nicht mehr sieht. Die zweite ist riskant und verlangt ständige Aufmerksamkeit und Lernbereitschaft: zu suchen und erkennen zu lernen, was und wer inmitten der Hölle nicht Hölle ist, und ihm Dauer und Raum zu geben.«[1] Genau darum geht es beim Urbanismus. Insbesondere, wenn die Frage der Kommerzialisierung oder Eventisierung angesprochen wird. Denn für viele selbsternannte Urbanisten kennzeichnen diese beiden Stichworte jene städtische »Hölle, in der wir jeden Tag leben«.

Das war mal ganz anders. Über lange Zeit galt die Stadt als eine Verheißung, insbesondere eine des Konsums. Als die Schaufenster noch die neuesten Waren anpriesen oder auf das eine oder andere Sonderangebot hinwiesen, war der Bummel in der City ein verbreitetes Plaisir. Hier fand man Inspiration für den Einkauf am nächsten Samstag, sah eine besonders schöne Hose, ein verführerisches Kleid, oder ließ sich durch die Auslage des Sportgeschäfts von den neuesten Fußballschuhen verzücken. Die Vorfreude wuchs, und so manches Gespräch rankte sich im Nachgang darum, ob und wann man sich das Dargebotene leisten könne und gönnen wolle. Wie oft sind wir als Kinder in der Vorweihnachtszeit mit erregt roten Wangen vor den üppig verlockenden Schaufenstern der Kaufhäuser stehengeblieben und drückten unsere Nasen sehnsuchtsvoll an die Scheiben. Heute hinterlassen wir nur noch Abdrücke auf den Touchscreens von Tablets oder Smartphones, auf denen in rasanter Geschwindigkeit über unzählige Onlineshops alle Waren der Welt angepriesen und – wenn die Kreditkarte ausreichend Deckung verspricht – in Sekundenbruchteilen nach dem ›Kaufen-Klick‹ in die globalisierte Logistikkette eingeschleust werden. Schon einen Wimpernschlag später findet sich im elektronischen Posteingang die Quittung inklusive Lieferdatum. Schuhe lassen wir uns in drei Größen und Farbschattierungen in die Wohnung liefern, packen aus und probieren und staunen – und trinken dabei Kaffee. Was nicht passt oder gefällt, wird flugs ins Logistiksystem zurückgespeist – *return to sender.*

Was für viele bereits in den Alltag integriert wurde, ist bei näherem Hinsehen eine Veränderung, die die Stadt im Innersten berührt. Allerdings ist sie nicht die erste – vielleicht auch nicht die fundamentalste –, denn lange vor Einbruch der bizarren neuen Welt des Onlineshoppings haben sich noch andere Kräfte auf die traditionelle Einkaufswelt gestürzt.

Seit jeher entfalten sich Märkte innerhalb der Stadtmauern und lassen Siedlungen wie Wohlstand sprießen, bilden Läden und Geschäfte den Kern des urbanen Gewebes. Städte, wie wir sie heute vorfinden, sind zu weiten Teilen nur über das Zusammenspiel von Gewerbe und Handel auf der einen und Bauten, Infrastrukturen und öffentlichen Räumen auf der anderen Seite zu verstehen. Das je individuelle urbane Selbstverständnis und -bewusstsein wurde und wird durch die wirtschaftliche Potenz und ihre lokalen Matadore bestimmt. Das gesellschaftliche und ökonomische Umfeld veränderte sich allerdings in den letzten Dekaden erheblich. Lebte früher eine Stadt von Handel und Gewerbe – jeder konnte dies täglich spüren und sehen, Erfolg und Verlust gingen ihn unmittelbar an –, hat sich dies heute stark verändert. Wo sich lange und immer wieder Wirtschaftskraft in urbanen Glanzleistungen widerspiegelte, weil es galt, den Handels*platz*, den Ort, den Raum, die Stadt macht- und prachtvoller zu entwickeln, hat die Stadt (und das ist vor allem diejenige, die nicht in der ersten Reihe im Wettbewerb um die globale Aufmerksamkeit steht) als Standort heute eine tiefgreifende Wesensveränderung erfahren. Die Entfremdung zwischen Stadt und Handel scheint oft maximal geworden zu sein, weil sich die betriebswirtschaftliche Logik schon länger nicht mehr mit den alten Argumenten der Stadtentwicklung deckt. Der Markt nutzt die

Stadt als bloße Plattform, ist aber kaum willens, ihr etwas zurückzugeben. Und dennoch bestimmt heute das Shopping das Aussehen der Städte in einem nie dagewesenen Maße. Der Konsum prägt mit seinen Aktionsstätten das Urbane. Zeig mir, wo du kaufst, und ich sag dir, wer du bist, hieß es lange. Der Strukturwandel im Einzelhandel veränderte nicht nur die Konsumwelt, sondern auch die Stadtkultur.

Der renommierte Stadttheoretiker Rem Koolhaas behauptete sogar, dass das Shopping in unserer Gesellschaft die letzte verbliebene »öffentliche Handlungsweise« darstelle, eben weil der öffentliche Stadtraum von Kaufmechanismen geregelt und alle anderen Bereiche urbanen Lebens vom System des Kaufens und Warenverkaufs verdrängt werden. Das mag überzeichnet und vielleicht schon wieder überholt sein, weil die virtuellen Welten völlig unbeachtet bleiben. Gleichwohl darf man festhalten: Seit in den 1960er und 1970er Jahren allerorts die Fußgängerzonen sprossen, und seit aus dem Einkauf für den täglichen Bedarf die gängige Freizeitbeschäftigung Shopping geworden ist, bemächtigte es sich mehr und mehr der Stadt. Dass die baulich-räumliche Manifestierung des Einkaufens – insbesondere die verschiedenen Formen der Center und Malls – zu einer der großen Herausforderungen des zeitgenössischen Städtebaus zählt, wird schnell nachvollziehbar. Was den Druck erhöht: In einer irrwitzig schnelllebigen Konsumwelt verändern sich auch die als hip und verkaufsfördernd angesehenen Bühnen. Wo das Produkt beinahe zur Nebensache wird, braucht es Erlebniswelten und verkaufsfördernde Atmosphäre, was sich in ständig wechselnden baulichen Wünschen und Anforderungen an die City niederschlägt. Oft genug wird gerade noch die Eröffnung eines schillernden Konsumtempels zelebriert, während drei Straßen weiter der kurz zuvor noch gefeierte Showroom bereits wieder leerzustehen droht. Während die Märkte ein für Städte ungesundes Tempo vorgeben, bleibt dem Städtebau immer öfter nur noch, das Aufräumen zu organisieren.

Stellt sich die Frage, was hier eigentlich zu beklagen ist: Muss man die Menschen kritisieren, weil sie sich mehrheitlich dem Glück des Haben-Wollens hingeben? Oder die Stadtmacher, weil sie den Weg frei gemacht haben, um die Stadt nach den Wünschen und Neigungen der Menschen zu prägen? Weitgehend sinnlos scheint es zumindest, die Märkte im Sinne einer kulturpessimistischen Kritik der Ökonomisierung verbal zu malträtieren. Wenn es stimmt, dass der Konsum zum überragenden Daseinszweck menschlichen Lebens avanciert, wäre es nur konsequent, zu akzeptieren, dass heute das Shopping das Aussehen der Städte in einem nie dagewesenen Maße bestimmt. »Was soll's«, könnte man ausrufen. »Wie gut, dass sich die Stadt an die Bedürfnisse der Menschen anpasst.« Eine Differenzierung der Argumente macht aber eher aus der Gegenposition einen Schuh. Wir halten es für unzulässig und kaum hilfreich, den modernen Städter nur als oberflächlichen Hedonisten abzutun. Wenn aber trotz der Vielschichtigkeit seiner Bedürfnisse und Anforderungen an das Urbane allein die »Shopping-Stadt« – gleichsam als erlebnisfördernde Einkaufskulisse – erwächst, dann ist das Urbane amputiert und nur für einen Teil der Stadtbewohner vorhanden. Denn der Trend zur Monokultur erweist sich (auch) für das Städtische als besorgniserregend.

Geht man zurück zu den Anfängen der Stadt, dann darf man festhalten: Die Stadtmauer machte es möglich, im geschützten Raum Handwerk und Handel zu betreiben. Spezialisierung in der Produktion und der Warentausch auf den Marktplätzen wurde nur deshalb so erfolgreich, weil die Fortifikation die nötige Sicherheit und Verlässlichkeit geschaffen hatte, die es dem Händler erlaubten, sich auf seinen Job zu konzentrieren, ohne mit überhöhtem Aufwand ständig an die Verteidigung von Leib und Leben sowie Hab und Gut zu denken. Stadt und Marktplatz stehen zunächst also in einem funktionalen Verhältnis zueinander: Die Stadt macht den Handel möglich. Wenn wir Städter heute sagen, wir gehen zum Markt, ist diese Sicht längst ausgeblendet. Wir meinen dann oft den Wochenmarkt, der zum Beispiel auf dem Domplatz im westfälischen Münster identitätsstiftend für eine ganze Stadt wirkt und dessen Besuch – zumindest an regenfreien Markttagen – Glücksgefühle auszulösen vermag. Man schlendert durch die engen kopfsteingepflasterten Gassen, trifft sich am Grünkohlstand, grüßt mal hier, mal da, ein munteres Ritual von Sehen und Gesehenwerden. Später radelt man mit frischem Brot, Gemüse und Blumen im Fahrradkorb befriedigt nach Hause. Diese Art Markt ist zu einem Symbol gutsituierter Bürgerlichkeit geworden, die zwar kaum mehr etwas mit der Stadt-Markt-Funktion der Anfänge zu tun hat, aber doch dafür Pate steht. Diese Art Markt bildet die gefühlsbetonte normative Referenz einer Struktur des Einkaufens in der Stadt, der die Planungscommunity vielfach nachhängt. Hinzu tritt – untrennbar mit dem Wunsch vom qualitätsbewussten Konsum in der Stadt verwoben – das gute alte inhabergeführte Einzelhandelsgeschäft, das, in seiner Individualität und verstreuten Anordnung, in der City das Gegenbild schlechthin darstellt zu den oft verpönten Malls und Passagen der Gegenwart. Aber: So wie es heute teilweise selbst in größeren Städten kein Kaufhaus mehr gibt, wird das Einzelhandelsgeschäft möglicherweise als stil- und funktionsprägendes Element der City bald nur noch Erinnerung sein. Temps perdu? Offen bleibt, wie stark man es tatsächlich vermissen wird. Zumal es ja durchaus Versuche gibt, Gegentrends zu starten, die so anarchistisch wie anachronistisch anmuten. Mancherorts zielt das lebendige Engagement aus der Kreativwirtschaft darauf ab, jenseits der Citylagen neue lokale Ökonomien zu zelebrieren, die es im Zusammenspiel mit der Eckkneipe und bunter Gastronomie sowie Mode- oder Genussdienstleistungen wie zum Beispiel die wieder aufstrebenden Barbiersalons schaffen, Menschen in munter-bunte Quartiere zu locken. Die vor einigen Jahren totgesagte Markthalle in der Eisenbahnstraße in Berlin-Kreuzberg etwa wurde zu einer hipen kulinarischen Destination revitalisiert. Interessant auch, dass geführte gastronomische Rundgänge durch lebendige Stadtteile jenseits der City durchaus erfolgreich sind. Unter Slogans wie »Eat the World« erlaufen sich längst nicht nur Touristen neue Einblicke in ihre Stadt – wohl auch, weil die Innenstadt kaum noch Neues zu bieten hat.

Was wir erleben, ist ein weiteres – vielleicht gar nicht so einseitiges – Kapitel im ewigen Strukturwandel der Wirtschaft. Vielleicht sind wir zu lange dem Trugschluss aufgesessen, dass *der Markt* die Stadt und das Urbane ausmacht. Die Stadtmauer hat den Handel befördert. Die Logik der Betriebswirtschaft und die Effizienz unserer Transport- und Logistiksysteme vermochte einen in den letzten Jahren rasanten Strukturwandel zu initiieren, von dem wir bislang vermutlich nur das obere Drittel des Eisbergs erkennen. Dessen zentrales Element stellt der Onlinehandel dar, der seinen Siegeszug angetreten, aber seine Endstufe sicherlich noch nicht gezündet hat. Die entsprechenden Zahlen sprechen für sich: So berichtet die Bundesnetzagentur, dass im Jahr 2016 gut 2,5 Milliarden Pakete in Deutschland versandt wurden – gegenüber 2010 ist das ein beachtlicher Zuwachs von über 47 Prozent. Deshalb ist nicht zu erwarten, dass die Innenstadt in puncto Einkaufen das bleiben wird, was sie war. Und wie wir sie uns als romantische Stadttraditionalisten wünschen.

Hinzu kommt Folgendes: Wer sich heute Filme aus den 1980ern oder 1990er Jahren anschaut, wird vermutlich unruhig. Die damals modernsten Schnitte und viele geradezu in sich ruhende Erzählsequenzen erscheinen endlos ausgedehnt; sie wirken langatmig und -weilig. Ein Film wie »Und täglich grüßt das Murmeltier« aus dem Jahr 1993 würde es heute vermutlich in kein Kino mehr schaffen. Gerade jüngeren Menschen, selbst Kindern, fällt es immer schwerer, Langsamkeit und Langeweile auszuhalten und in neue Energien umzuwandeln. Was heute zählt, sind Action und Events. Der Erlebnischarakter ist zu einem neuen Wesenszug des urbanen Lebens avanciert. Welche zwingende Rolle gerade die Innenstädte als Erlebnisraum heute spielen, machen bereits die zunehmenden Sportereignisse deutlich, ob nun City-Marathon quer durch die Stadt oder Beachvolleyball auf dem Marktplatz. Und offenbar braucht es gerade die städtische Kulisse, vor der diese Events erst ihre eigentliche Wirkung entfalten.

Das urbanistische Repertoire des Shoppens

Zwar liegt die Frage nach dem Zusammenhang von Shopping und Stadt auf der Hand, sie ist aber nie recht beantwortet, ja meist gar nicht erst gestellt worden.[2] Dabei stellt der Handel eine der ältesten und wichtigsten Triebfedern der Stadtentwicklung überhaupt dar. Und heute verkörpern die immer weiter wachsenden baulichen Großformen der Warendarbietung den wohl größten Eingriff in die Stadtstruktur seit der Gründerzeit. Doch bereits im beginnenden 19. Jahrhundert etablierte sich ein Bautypus, der gleichsam eine – aus heutiger Sicht zarte – Neubewertung der Wechselbeziehung von Urbanität und Einkaufen darstellt: die Passage. Als deren Entstehungsursache und Lebenselement hat der Architekturhistoriker Jonas Geist einmal benannt: Einerseits das Raumgefühl, andererseits die Bedürfnisse und Süchte einer sich liberalisierenden Gesellschaft; und er bezeichnete die »illusionistische Sphäre einer gebauten dschungelhaften Stadtwirklichkeit« als der Passage Charakteristikum.[3] Man mag sich erst verwundert die Augen reiben, wenn man heute liest, was seinerzeit nicht schon als Dschungel empfunden wurde. Aber ein klares Schema ist erkennbar: Nicht nur behütet vor den Widrigkeiten des Alltags – wie Regen, Schnee und Straßenschmutz –, sondern auch angezogen von einer so weltläufigen wie konzisen Aufmachung, konnte man dort gänzlich neue Erfahrungen sammeln: Die Welt im Kleinen, und dazu noch käuflich. Doch was seinerzeit, und viele Jahrzehnte anhaltend, in seiner Verknüpfung von Raum und Besorgung eine Attraktion war, ist heute – gleichsam den Mechanismen des exponentiellen Wachstums ausgeliefert – in völlig neue Dimensionen vorgestoßen. Eine Mall of Berlin der Firma High Gain House Investments (ein aus urbanistischer Perspektive vielsagender Name) mit einer Gesamtfläche von 210 000 Quadratmetern, was annähernd 30 normalen Fußballfeldern entspricht, konnte damals – zumindest in Deutschland – ebenso wenig gedacht werden wie Zalando, Amazon & Co. eine Erfahrungskategorie bilden konnten.

Ein eindrucksvolles Beispiel dafür, wie das Shopping als urbane Architektur Gestalt annimmt, ist die Galleria Umberto I in Neapel. Sie liegt direkt gegenüber dem berühmten Opernhaus Teatro San Carlo. Die Einkaufsgalerie wurde in den Jahren 1887 bis 1890 nach Plänen von Emmanuele Rocco und Ernesto di Mauro erbaut und war Teil der Stadterneuerung nach der Choleraepidemie von 1884. Die Passage besteht aus zwei sich kreuzenden Armen, die mit einem tonnenförmigen Glasdach gekrönt worden sind.

Auch der Erfolg des Nachfolgemodells ist schon wieder verblasst. Das Kaufhaus – eine Erfindung der vorletzten Jahrhundertwende – fußte auf einem seinerzeit neuen Prinzip: feste Preise, alles unter einem Dach. Es kam ursprünglich zwar aus Frankreich, aber Rudolph Karstadt, Abraham Wertheim und Leonhard Tietz haben es hierzulande so prominent wie opulent gemacht. Doch mochten bis vor etwa 15 oder 20 Jahren die großen Konsumtempel von Wertheim, Kaufhof und Karstadt noch als unangefochtene Ankerpunkte des urbanen

Einkaufserlebnisses dienen, so tun sie sich nun längst schwer, Kunden anzulocken. Ihr Sortiment ist kaum mehr ausreichend und die Verheißung gering. Wen zieht es schon in die Kurzwarenabteilung, um einen Reißverschluss zu kaufen? Wer arbeitet sich gern von Etage zu Etage vor, an Wühltischen und Sammelkassen vorbei, wenn die Modekette oder das Outlet trendigere Ware billiger verkaufen?

Keineswegs hinfällig, sondern im Gegenteil neu belebt ist die Neigung, mit dem Einkauf mehr als nur unmittelbare Bedürfnisbefriedigung zu betreiben. Zwei unterschiedliche Aspekte sind dabei interessant: Zum einen spricht die Marktforschung von hybridem Konsumverhalten. Das bedeutet: Es sind nicht unterschiedliche gesellschaftliche Gruppen, die bei Lidl oder bei Dior einkaufen, sondern möglicherweise dieselben Personen, die am Donnerstagabend bei Aldi ihren wöchentlichen Großeinkauf tätigen, am Samstag indes die Schlemmerabteilung des KaDeWe frequentieren.[4] Und Klamotten von H&M kombiniert man heute schon mal gern mit edlen Stücken von Gucci. Zum anderen ist an die Stelle von Massenfertigung und serieller Architektur längst eine differenzierte Produktpalette, individuelle Dienstleistung und »zur Ware gewordene Feierlichkeit« getreten. Und dies braucht neue Standorte und andere Räume zur adäquaten Entfaltung ihres Potentials. Ein Wegzeichen dafür waren die berühmten *Flagship Stores* – beginnend mit dem Prada-Epicenter in New York von Rem Koolhaas, sodann deren Filiale in Tokio, die kein Verkaufsraum mehr ist, sondern von den Basler Architekten Herzog & de Meuron als Lichtfest für die Sinne inszeniert wurde. Ein anderes stellen die jüngeren innerstädtischen Revitalisierungsstrategien dar. Am spektakulärsten ist vielleicht das Warenhaus Selfridges in Birmingham, das vom Büro Future Systems entworfen wurde. Dessen Signalwirkung wird durch Tausende von schimmernden Aluminiumscheiben seiner Außenhaut haptisch gemacht. Und selbst die »Schloss-Arkaden Braunschweig«, die vor einigen Jahren eröffnet wurden, passen nahtlos in dieses Bild – wenngleich sie in der Hülle einer, um nur das Mindeste zu sagen, diskussionswürdigen Kopie des 1960 abgerissenen Welfen-Schlosses reüssieren. Für

Immobilienvermarkter lange Zeit gleichsam das Denkverbot schlechthin, stellt die absolut verschwenderische Raumkonzeption der Apple-Stores eine erfolgreiche Verkaufsbühne dar, die gegen betriebswirtschaftliche Naturgesetze zu verstoßen scheint. Aber kaum ein Store erwirtschaftet heute mehr Umsatz auf den Quadratmeter bezogen – obwohl der allergrößte Teil des Raumes luftig ungenutzt der Atmosphäre dient.

Allzu flink haben Consultants eine Art Rezeptbuch für die Erlebniswelten entwickelt. Ihr Aufbau ist strukturell identisch: Hineinziehen, Herumführen, Klammern bilden, Neugier wecken. Auch das Erscheinungsbild ist überall (fast) gleich. Dies gilt »sowohl für das äußere Design, die Materialien, die Erschließung und das innere Gangschema, die Standardisierung der baulichen Elemente und Dekorationen wie auch die Ausstattung mit Geschäften – von den stets wiederkehrenden Magnet Stores bis zu den kleineren Filialisten«.[5] Allerorts verheißen heute schicke Mall-Architekturen mit viel Glas, edlen Böden, Wasserspielen und Piazza-Qualitäten vor allem eines: Einkaufsspaß mit Unterhaltungswert. Aus der Warte des Handels ist das nur folgerichtig. Doch auch gesellschaftlich erkennt man hier eine Logik: Der augenscheinliche Rückgriff auf die europäische Stadt im Allgemeinen und die berühmten italienischen Stadtplätze im Besonderen muss wohl als Vergewisserung eines Ideals verstanden werden, das in der Verbindung von Schönheit und Lebendigkeit bis heute den meisten als Vorbild gilt.

Selbst in der einschlägigen Marketingsprache werden psychologische Erlebnismechanismen aktiviert: Man spricht von *Brain Scripts* – die Herstellung von Geschichten und Botschaften –; oder von *Media Literacy* – mediale Geschicklichkeit. Dabei folgt die Erlebnisgestaltung einem strikten Aufbau, der für alle Erlebniswelten charakteristisch ist. Im heute gängigen *Denglish* heißen die vier Grundpfeiler eines *Third Place*: *Landmark* sein, *Malling* auslösen, *Concept Line* haben und mit *Core Attraction* locken. Diese Bedienungsanleitung scheint universelle Gültigkeit zu haben, wobei es wohl zweitrangig ist, ob es sich um ein *Brandland* wie die VW Autostadt handelt, ein Urban Entertainment Center wie die Casinos in Las Vegas, einen *Concept Store* in Soho oder ein Museum mit spektakulärem Atrium.

Spielt man nicht in der Liga der *global player* unter den Metropolen, dann hat das im städtischen Kontext oftmals gravierende Folgen, die von Seiten der Initiatoren und Investoren indes nur ungern bedacht und noch weniger ausgesprochen werden: »Die neue Generation der Einkaufszentren stellt in jeder Hinsicht und in völlig neuen Dimensionen eine Herausforderung an Städtebau und Stadtplanung dar. Die stets auftauchende Frage nach den möglichen Absaugeffekten in den traditionellen Geschäftsbereichen der Innenstädte lässt sich prognostisch nur schwer und schon gar nicht generell beantworten. Was passiert mit den angestammten Einkaufsstraßen, mit den Haupt- und Nebenanlagen im historischen Stadtgrundriss, aus deren Prosperität sich auch die Erhaltung und Pflege der dort befindlichen Baudenkmale ergibt? Die Nebenlagen – das kann inzwischen allgemein angenommen werden – brechen zuerst weg, es kann auch Hauptlagen treffen, wie am Beispiel der Stadt Schwerin zu beobachten ist, deren ehemalige zentrale Einkaufsstraße, die Mecklenburgstraße, seit der Einrichtung des neuen Centers verödet.«[6] Die betroffene Kommune kann, bildlich gesprochen, schnell mit dem Rücken zur Wand stehen. Nur durch zusätzliche Anreize und die Entwicklung thematisch neuer Schwerpunkte ist womöglich die Attraktivität solcher Gebiete überhaupt noch zu erhalten. Und die »oftmals aufgestellte Behauptung, dass durch die Ansiedlung eines Shopping Centers in Innenstadtlage die Kaufkraftzuflüsse aus dem Umland erhöht und die Zentralität einer Stadt gesteigert werden« könne, hat ein Forschungsprojekt der Universität Hamburg empirisch jedenfalls nicht belegt.[7]

Eine überraschende Erkenntnis? Wenn Einzelhandelszentren in erster Linie von Handelslogistikern konzipiert werden, die genau zu wissen glauben, was König Kunde wünscht, dann muss man sich nicht über deren Prioritätensetzung wundern: Zugänglichkeit, Bequemlichkeit, Sauberkeit. Es bleibt dabei aber Pflichtaufgabe der Stadtplanung im täglichen Wettstreit mit den Center-Apologeten, die sich noch beschleunigenden Triebkräfte des Konsums in stadtverträgliche Bahnen zu lenken. Dass alle Lebensbereiche zunehmend ökonomisiert werden, mag uns nicht gefallen, nur ändern wir es vorerst nicht. Wobei man sehen muss, dass die Einkaufswelten sich im fundamentalen Umbruch befinden. Sie »digitalisieren« sich. Und sie »urbanisieren« sich. Denn, das hat eine Vielzahl psychologischer Untersuchungen gezeigt, es sind heute nicht mehr Preis- oder Qualitätsorientierung des Kunden maßgeblich, sondern das Surrounding und die Kaufmotive. Ganz augenscheinlich entscheidet beim Einkaufen das Gefühl, nicht nur Güte, Bedarf und Brauchbarkeit. Das heutige Konsumentenverhalten ist raumwirksam insofern, als haptisches Erleben offenkundig immer wichtiger wird. Zugleich, so scheint es, hat Shopping nicht mehr in erster Linie mit dem Erwerb von Dingen zu tun. Es ist zu einer Kategorie geworden, die sich auf ökonomische Aspekte ebenso bezieht wie auf psychische, auf urbanistische ebenso wie auf technologische.

Wenn wir heute eine Ware erstehen, dann konsumieren wir in der Regel auch Bilder, gönnen uns womöglich etwas Schönes am Erlebnismarkt. Und damit ist der Stadtraum zum ökonomischen Faktor für den Erfolg des Einzelhandels geworden. Das Geschäft läuft nicht (mehr), wenn die Anmutungen des benachbarten Milieus, die atmosphärischen Qualitäten auch außerhalb des eigentlichen Ladens nicht stimmen. Im Zweifel erfindet und erschafft man sie sich eben selbst. Wobei zur Realisierung solcherlei Projekte die Verzagtheit der öffentlichen Seite der Stadt und der Mut der privaten Entwickler zusammenkommen müssen. Eine künstliche Anhäufung all dessen, von dem man meinte, dass es Stadt ausmache. Aber eben: künstlich! Und wer sich auf so etwas wie das CentrO einlässt, wird wohl nicht sagen: »Ich fahre in die Stadt.« Er wird es auch kaum »fühlen«, weil der Unterschied ähnlich groß ausfällt wie zwischen Natururlaub in Lappland und Aufenthalt im Center Parc.

Allerdings darf man nicht bloß auf das einzelne Center – wie prominent auch immer es platziert, wie gut oder schlecht es gestaltet sein mag – blicken, wenn man die urbane Dimension ermessen will. Wir sind gut beraten, die Stadt, auch und gerade unter dem Aspekt des Handels, als ein Gefüge unterschiedlicher Einkaufswelten zu interpretieren, die in ihrer Gesamtheit das Gesicht der Stadt prägen und erst in ihrer Vielfalt die Stadt als Einkaufsstadt attraktiv machen. Das bedeutet, dass es im Interesse aller Handelsformen liegt – zumindest liegen müsste –, diese Verschiedenheit zu erhalten und auszubauen. Das Nebeneinander vom »Bäcker um die Ecke« und dem *real*-Markt am Stadtrand sollte nicht als Konkurrenz, sondern als Angebotsvielfalt begriffen und einer Verarmung der Einkaufsoptionen, gerade auch in der Innenstadt, entgegengewirkt werden. Dies ist jedoch alles andere als eine einfache Handlungsanleitung. Gleichwohl gilt: Erst durch die bewusste Kultivierung der vielfältigen Angebote des Einkaufens wie auch der unterschiedlichen städtischen Atmosphären können Städtebau und Einzelhandel der polyzentrischen Entwicklung der Stadt(region) gerecht werden.

Ein Trend mithin ist bemerkenswert: Nicht mehr die grüne Wiese, sondern die Innenstadt ist der perspektivische Ort der avancierten Einkaufscenter. Die postmoderne Handelsarchitektur sucht nun eben jenes städtische Milieu, das die industrielle Handelskultur weithin überwunden glaubte.[8] Und plötzlich ist der öffentliche Raum *das* Standortkriterium, zugleich ein wesentlicher Faktor in der Städtekonkurrenz. Wie wichtig gerade dieser *public space* für den Handel ist, zeigt sich daran, dass er mit Malls und Galerien eigene Formen entwickelt hat, die aus Sicht des Handels optimal gestalt- und kontrollierbar sind. Allein, es gibt einen ganz entscheidenden Einwand: Was das Center oder die Shopping Mall von der innerstädtischen Geschäftsstraße unterscheidet, ist die Tatsache, dass *ein Subjekt* die Mall plant, produziert, besitzt und verwaltet. Es verfügt über alle relevanten Informationen, über alle notwendigen Mittel (Eigentumsrechte, Geld), und es verfolgt widerspruchsfreie Ziele: die Maximierung des Ertrags auf das eingesetzte Kapital. Kurz, die Mall oder das Center wird in jener idealen Planungssituation realisiert, die der Soziologe Walter Siebel so schön das »Gott-Vater-Modell von Planung« genannt hat: Von einem allmächtigen und allwissenden Subjekt, das jenseits von Gut und Böse handelt. Demgegenüber werden innerstädtische Räume gleichsam in Stückwerkstechnik produziert, das heißt, in einem Aushandlungsprozess zwischen einer Vielzahl von Akteuren, die teilweise widersprüchliche Ziele verfolgen und unter Bedingungen strukturell unzulänglicher Mittel und Informationen handeln müssen. Dies ist ein wesensmäßiger Unterschied, der nur schwer aufzuheben ist. Versuche gibt es dennoch. So etwa die angelsächsische Idee der Business Improvement Districts, die noch vor einiger Zeit viel diskutiert und erprobt wurde, um komplizierte und konfliktgeladene Aushandlungsprozesse auf der Geschäftsstraße zu strukturieren und so zu vereinfachen. Die Straße sollte sich wie ein Center verhalten können – Egoismen und Sturheit sollten im Konsens, aber zur Not auch mit dem scharfen Schwert der Zwangsmitgliedschaft gebändigt werden. Gemessen an der Lautstärke des damaligen Streits darf der Erfolg der Idee aber eher als vernachlässigbar eingeschätzt werden.

Was den Einzelhandel und was die Stadt anbelangt, scheint es dennoch eine gewisse Parallelität zu geben: »Da werden Städte in der Stadt errichtet, sie werden hineingedonnert mit Abrissbirne und Presslufthammer, auch wenn es im alten Geflecht der Straßen und Giebelhäuser in Celle, Hameln oder sonst wo viel zu eng ist für eine dieser üblichen Großpassagen. Doch mit aller Macht drängt es die Center ins Zentrum. Sie nehmen langwierige Verhandlungen hin, wüste Bürgerproteste, teure Umbauten. Und warum das alles? Weil sie sich von der Stadt erhoffen, was sich partout nicht künstlich generieren lässt: Sie möchten unverwechselbar sein und historisch wertvoll.«[9] Dass Imagebildung für den Handel von großer Bedeutung ist, weiß man. Doch auch die Städte haben heute die Tendenz, ein attraktives Bild von sich selbst zu zeichnen, für das sie, was sichtbar sein soll, auswählen und anderes ausblenden.

Es ist nicht frei von Ironie, dass Victor Gruen – jener in die USA emigrierte österreichische Architekt, der als Erfinder der Shopping Mall gilt und der 1956 das Southdale Center in Minneapolis entwarf – etwas ganz anderes im Sinn hatte als reine Konsumtempel. Er wollte neue Zentren städtischer Lebenskultur in die suburbanisierten USA pflanzen, er wollte neuzeitliche Formen der Agora schaffen, umgeben von Häusern, Schulen, einem Krankenhaus, Park und ein See in gleichsam kleinstädtischer Harmonie. Leider aber ist diese Idee quasi an ihrem eigenen kommerziellen Erfolg erstickt. Ihren bisherigen Höhepunkt fand sie in der *Mall of America*, entworfen von Jon Jerde, dem bedeutendsten Trendsetter hin zu den sogenannten Lifestyle Centers. Sie befindet sich ebenfalls in Minneapolis und stellt mit 420 000 qm Verkaufsfläche und mehr als 520 Geschäften eines der weltweit größten Einkaufsparadiese dar.

Auch wenn, daran gemessen, die Center hierzulande eher im Bonsai-Format daherkommen, so boomen sie doch unaufhörlich: Die Zahl derjenigen, die mindestens eine Verkaufsfläche von 10 000 Quadratmetern aufweisen, ist in den letzten beiden Jahrzehnten exponentiell gestiegen (wenngleich der Trend sich nun abschwächt). Ähnlich ausgeprägt ist jedoch die Kritik an ihnen – als ästhetisch-sterile, funktional-monotone, bloße Simulationen von Stadt. Aber möglicherweise sind sie immer noch besser als die Discounter, die dem Stadtraum nur die kalte Schulter zeigen. Gerade diese Art von Supermärkten nimmt eigentlich keine Beziehung zur Umgebung auf: Es sind vor allem in sich gekehrte, flache Typenbauten ohne Ortsbezug, mit vorgelagerten, meist überdimensionalen Parkplatzflächen. Irgendwie unwirtlich, aber augenscheinlich von der Kundschaft akzeptiert.

Auch die Fußgängerzonen – Symbol des gehobenen Massenkonsums in Zeiten des Wirtschaftswunders – sind nicht mehr das, was sie einmal waren. Renommierte Fachgeschäfte schließen und werden teilweise, vor allem in kleineren Städten, durch Ramschläden ersetzt oder stehen leer. Die Attraktivität und die Besucherfrequenz historisch gewachsener Einkaufsbereiche nimmt ab, zumal sie tendenziell monofunktionaler werden, weil der Anteil der Marken-Shops, die ausschließlich Textilien verkaufen (H&M, Esprit, Mango, Zara, Desigual usw.), steigt. Die Filialisierung, also die Verdrängung privat betriebener individueller Geschäfte durch Franchiser oder Filialisten ist zum dominierenden Vertriebsprinzip geworden und wird durch das *hohe Lied der Marken* maximiert. Was wir heute in Malls und Fußgängerzonen gleichermaßen finden, ist die Aneinanderreihung spezialisierter Markenshops, die jeder für sich an jedem Ort bestrebt sind, das Einzigartige ihrer Marke anzupreisen. Der Händler alter Prägung, der Vielfalt und Qualität gekoppelt mit Beratung anbietet, wird so zum Anachronismus. Für den Konsumenten, der sich einen Markenfetisch verkneifen kann, wird es dadurch sogar schwieriger, eine Hose oder eine Jacke zu kaufen, weil er von Shop zu Shop rennen muss, um ans Ziel seiner Wünsche zu gelangen. Wer den Vollsortimenter schätzt, ist dann wohl besser bei den großen Onlinekaufhäusern aufgehoben. Und das beredte Beispiel der Drogeriemarktkette Schlecker zeigt mit seiner Pleite gleich zwei städtebauliche Schmerzpunkte auf: Zum einen die typische Langeweile und Standardisierung in Stadtbild und Angebot, und dann, bei seinem Verschwinden, das große Problem der Nachnutzung all dieser Märkte. Noch heute prangen die blauen Schlecker-Schilder an dem einen oder anderen leerstehenden Geschäftsraum, obwohl der Konzern bereits Anfang 2012 massiv begonnen hatte, seine Filialen zu schließen. Und das Verschwinden eines großen Filialisten vom Markt zieht gleich übermäßige Aufräumarbeiten in Form zu klärender Nachnutzungen oder im Aushalten von Leerstand nach sich. Wie im Dezember 2017 bekannt wurde, ist selbst die Omnipräsenz von H&M nicht für die Ewigkeit gemacht. Rückläufige Markenakzeptanz bei der Kundschaft, starker Preiswettbewerb in der Branche und eine offenbar nicht ausreichend moderne Internetstrategie nötigen die Skandinavier zu Schließungen von Filialen.

Nicht zuletzt deshalb sehen die Kommunen sich mit brennenden Fragen konfrontiert: Was wird aus der City angesichts des Booms der Shopping-Center und der Existenzkrise des traditionellen Handelns in den Einkaufsstraßen und Fußgängerzonen? Sind quantitativ auf die Verteilung von Verkaufsflächen bezogene Einzelhandelskonzepte als Entscheidungsgrundlage für eine Ansiedlungspolitik wirklich ausreichend? Kann die vielfach gewünschte Magnetwirkung eines Centers auch ohne dessen »Einhausung« erreicht, mithin eine Verödung bestimmter innerstädtischer Räume vermieden werden? Falls ja: wodurch? Worin liegen die Perspektiven von 1b- oder 2a-Lagen, wenn man den Wunsch nach urbaner Diversifizierung der Nutzungen ernst nimmt? Wie können in Ergänzung der bislang primären Handelsfunktion – und ausgehend von den Begabungen des Ortes – weitere attraktive, individuelle Nutzungsperspektiven entwickelt werden? Wäre es zielführend, infolge veränderter Bedürfnisse in Richtung Freizeit und Gesundheit hier verstärkt auf die Bereiche Fitness, Gastronomie, Erholung und Kultur zu setzen? Wenn zunehmend weniger das Kauf*verhalten*, als vielmehr die Kauf*umgebung* von Bedeutung für den Handel ist, befördert dies dann die gegenseitige Angleichung von Mall und Innenstadt? Falls ja: Geht das nur auf Kosten der Stadt? Oder ist eine strategische Partnerschaft von Kommune und Center erreichbar – mit dem Ziel einer Revitalisierung der »europäischen Stadt«? »Durch die ungeheure Verschiebung in den Größenordnungen (…) ist die Ureigenschaft historischer Stadtzentren, ihre Redundanz, bedroht. (…) Die Shopping-Malls sind nur eine vorübergehende Erscheinung in unseren Städten, das nächste Problem – die Soziologen prophezeien es schon – wird sein, die Mega-Architekturen wieder los zu werden (… also müssen) wir uns mehr als bisher um diese Dinge kümmern.«[10] Weder eine rein verhübschende Umgestaltung des Stadtraums, noch ein allein nach ökonomischen Aspekten ausgerichteter Einzelhandel bieten hier eine Antwort. Zumal für viele Städte schneller, als ihnen lieb ist, die Folgen einer weitgehenden Ablösung des stationären Handels durch den Onlinehandel ins Haus stehen.

Damit wird deutlich, welche Aufgaben- und Bedeutungsverschiebungen im Raum der Stadt eingetreten sind: Die alten Stadtzentren werden nicht mehr allein wie bisher über ihr Warenangebot Attraktivität entwickeln konnen, sondern müssen dies über ihre Aufenthalts-, Kommunikations- und Erlebnisqualität tun. Sie brauchen also ein Stück weit die Inszenierung. Zugleich wird man akzeptieren müssen, dass die in den letzten Jahren und Jahrzehnten entstandenen Handelsstandorte an den Ausfallstraßen und an der Peripherie schon durch ihre Frequentierung zu selbstverständlichen Orten und städtischen Orientierungspunkten im Alltagsverhalten der Menschen geworden sind. Eine bloß restriktive Verhinderungsplanung greift hier nicht. Vielmehr muss man sich das spezifische Spannungsfeld zwischen den tradierten Qualitäten der alten Stadt und den Modernisierungsschüben des Handels bewusst machen. Und daraus Handlungsanleitungen ziehen. Ziel muss es sein, die Synergien in der Entwicklung von Stadt und Einzelhandel zu suchen und die qualitativen Dimensionen der Planung ins Zentrum zu rücken. Es kommt deshalb darauf an, den oft restriktiven Einzelhandelskonzepten individuelle und kreative städtebauliche Planungen zur Seite zu stellen und in einem aktiven Moderationsprozess die städtischen Qualitäten möglichst mit den Eigentümern und Investoren auszuhandeln und festzulegen.

Die Kernfrage lautet: Was wird aus der City angesichts des wachsenden Onlinehandels, des ungebremsten Baus von Shopping-Centern, dem Verschwinden des traditionellen Handels in den Kaufhäusern, Einkaufsstraßen und Fußgängerzonen? Wenn die Modernisierungsschübe des Handels und das Einkaufsverhalten der Menschen die alte am Handel klebende Vitalität der Innenstädte auszuhöhlen drohen, dann umfasst die Aufgabe für Städte und Gemeinden zweierlei: Erstens, das Shopping für die Stadt – so weit es geht – zu »kultivieren«! Und zweitens, sich vom Gängelband von Konsum und Handel zu emanzipieren!

Events und neue Aneignungen von Stadträumen

Vom amerikanischen Regisseur und Komiker Woody Allen stammt der schöne Satz: »Ganz ohne Frage gibt es eine Welt des Unsichtbaren. Das Problem ist, wie weit ist sie vom Stadtzentrum weg, und wie lange hat sie offen?« Das Bonmot ist durchaus hintergründiger, als es zunächst den Anschein hat. Denn irgendwie hängen das außergewöhnliche Ereignis und die City tatsächlich zusammen. Was wiederum auch schon Tradition hat: Bereits der spätere Reichskanzler Gustav Stresemann urteilte über das 1905 eingeweihte Kaufhaus Wertheim am Leipziger Platz in Berlin: »Wenn man heute in einer

Familie hört: Wir gehen zu Wertheim, so heißt das nicht in erster Linie, wir brauchen irgendetwas, sondern man spricht von einem Ausfluge, den man etwa nach einem schönen Ort der Umgegend macht.«[11]

Just dieser Erlebnischarakter scheint mittlerweile zum Wesenszug avanciert. Beispielsweise zeigt sich die vielerorts durchgeführte »Lange Nacht der Museen« als überaus durchschlagskräftige Marketingidee, so dass man sie flugs um die »Nacht der Wissenschaften« ergänzen musste. Welche neue Rolle heute gerade die Innenstädte als Erlebnisraum spielen, machen auch diverse, dynamisch zunehmende Sportereignisse deutlich: Ob nun City-Marathon, Inline-Skating oder Beachvolleyball – gesucht wird die Unmittelbarkeit des *live-acts,* das authentische Feeling, die kinetische Energie in Dynamik versetzter Gruppen, die oft genug zu großen Massenaufläufen anwachsen. Ganz offensichtlich hilft die urbane Kulisse dabei, dass diese Events ihre eigentliche Wirkung entfalten.

Ganz neu ist das nicht: Solche Ereignisse und Festivitäten gehören seit jeher zur Stadt. Zugespitzt kann man sagen, dass es gerade die Events – einerseits vielfältigste Markt-Aktivitäten, andererseits religiöse Feste und Darbietungen – waren, die eine Besonderheit urbanen Lebens und den Unterschied zum Land ausmachten. Bereits im antiken Athen kamen die klassischen Tragödien meist im Rahmen festlicher Dichterwettbewerbe zur Aufführung; auf der Agora wirkte der Philosoph Sokrates öffentlichkeitswirksam auf seine Mitbürger ein. Und in Olympia wurde, mit global nachhaltiger Wirkung, der Typus des Sportfests begründet. Wobei die Olympischen Spiele der Antike auch deswegen unvergleichlich waren, weil sie als gesellschaftliches Forum dienten, indem sowohl das Volk als auch Diplomaten und politische Vertreter aus allen Teilen der griechischen Welt zusammenkamen. Legendär ist Rom: Mit dem Ausdruck »panem et circenses« kritisierte der Dichter Juvenal schon vor 2000 Jahren, dass das römische Volk – nunmehr ängstlich und entpolitisiert – sich nur noch diese beiden Dinge wünsche: Brot und Spiele. Und über Kaiser Trajan wird berichtet, er habe Massenunterhaltungen besonders gepflegt, in der festen Meinung, dass das römische Volk insbesondere durch zwei Dinge, Getreide und Schauspiele, sich im Bann halten lasse.

Das urbane Spektakel erweist sich als historisch weit verbreitet. Man denke nur an Pamplona, das vor allem für die alljährlichen *Sanfermines* berühmt geworden ist. Deren größte Attraktion sind zweifellos die Stierläufe (spanisch *encierros*), die jeden Morgen durch die Straßen zwischen den am Rand der Altstadt gelegenen Ställen und der Stierkampfarena stattfinden. Oder den Karneval in Venedig: Schon zu Zeiten der Serenissima wurden auf der Piazzetta Feuerwerke abgebrannt; Akrobaten und Seiltänzer traten auf; dem staunenden Publikum wurden wilde und exotische Tiere in Zwingern präsentiert, ansonsten gab es Lotterien, Astrologen weissagten die Zukunft, Quacksalber verkauften Heilmittel. Und Tausende von *masqueraders* liefen in den mit Fackeln beleuchteten Straßen und Plätzen förmlich Amok. Vielleicht darf man im Christopher-Street-Day, dieser oft burlesken Straßeninszenierung der Schwulen- und Lesbenszene, ein neuzeitliches Äquivalent dafür sehen.

Allerdings, die Dimensionen der Eventisierung sind neu. Das hat damit zu tun, dass unsere Gesellschaft einem so gravierenden wie schleichenden Wandel unterliegt, der in Begriffen wie Erlebnisrisiko-, Informations- oder Multi-Optionsgesellschaft fassbar gemacht werden soll. Zwar vermag der Kanon dieser Schlagworte kein klares Verständnis ihres Inhalts zu generieren, ein neuer Begriff von Identität aber ist in jedem Fall vonnöten. Diese wiederum ist ohne eine gewisse Raumbindung auch heute nicht zu haben. Denn die virtuelle Öffentlichkeit von Web 2.0 und Social Media schafft es nicht, die räumlich erfahrbare zu ersetzen. Und sie wird auch nicht als Ersatz, sondern vielmehr als Komplement empfunden. Gleichwohl gibt es offenbar Grenzen des Vermittelbaren in Sachen Event-Gigantomanie – und die werden den Planenden und Regierenden immer häufiger durch die Bevölkerung klargemacht: So fiel in Referenden in München 2013 und in Hamburg 2015 die Idee, sich für die Ausrichtung Olympischer Spiele zu bewerben, bei der Bevölkerung jeweils durch.

Die Grenze zwischen Privatheit und Öffentlichkeit ist unscharf geworden in einer Zeit, die ungeniert nach Selbstverwirklichung drängt. Wo dem Einzelnen unter dem Eindruck des Beobachtetwerdens einst die Kontrolle der persönlichen Gefühle auferlegt war, droht sich dies heute ins Gegenteil zu verkehren. Die Straße gerät zur Bühne des eigenen Selbst – die Freiheit, die sich einer herausnimmt, wird zur Unfreiheit der anderen. Um das handhaben zu können, gibt es bau- und planungsrechtlich den Begriff »Sondernutzung«. Im Unterschied zum normalen »Gemeingebrauch« sind solche Nutzungen angesprochen, die das gleiche Recht aller überschreiten und deshalb in der Regel verboten sind respektive einer Erlaubnis bedürfen; denkbar sind sie vor allem auf öffentlichem Gelände, insbesondere an Straßen und öffentlichen Gebäuden. Dazu zählen zum Beispiel Außengastronomie, Veranstaltungen, Volksfeste, Straßenmusik und Kleinkunst-Darbietungen auf der Straße. Besonders in den Fußgängerbereichen der Innenstädte sind Sondernutzungen heute weit verbreitet und werden von den Städten und Gemeinden gezielt eingesetzt, um die Innenstadt attraktiv zu machen. Dabei kommt es jedoch auch immer wieder zu Problemen: Einige freuen sich über das neu gewonnene Flair der Stadt, andere beklagen die *Festivalisierung* der Innenstadt. Konkrete Konflikte entstehen in der Regel zwischen den Anwohnern oder ansässigen Geschäftsleuten und den Sondernutzern, zum Beispiel aufgrund von Lärmbelästigungen. Gleichwohl sind Sondernutzungen heute aus dem Stadtbild kaum mehr wegzudenken.

Doch auch auf einer anderen – gewissermaßen systemischen – Ebene ist *Festivalisierung* heute relevant: Wie die Bewerbungen um die Ausrichtung der Kulturhauptstadt 2010 in Deutschland zeigten, werden wesentliche Fragen über die Zukunft von Stadträumen aktuell durch die Planung großer Events aus den Bereichen Musik, Freizeit oder Sport geprägt. Hoffnungen auf Wachstumsimpulse und Ausstrahlungseffekte durch Unternehmen der Kulturwirtschaft finden sich in fast jedem Leitbild städtischer Planungen wieder. Mit großem finanziellem Aufwand werden insbesondere Innenstadträume auf derartige Veranstaltungen vorbereitet und umgestaltet. In einigen Stadtzentren Großbritanniens ist diese Entwicklung besonders anschaulich zu beobachten, indem aus Mitteln der staatlichen Lotterie sogenannte Millennium-Projekte massiv gefördert wurden.

Allein, der Schuss kann auch nach hinten losgehen. So war etwa im Ruhrgebiet die Gier nach der Loveparade riesig. Mochte das Techno-Event in Berlin längst als durchkommerzialisierte Massenveranstaltung abgehakt sein – zwischen Dortmund und Duisburg galt die Loveparade auch 2007 noch als grandiose Chance. Die Möglichkeit, den Schatten der Pro-

Festivitäten wie die Rheinkirmes in Düsseldorf sind fester Bestandteil einer jeden Stadtgeschichte – und heute nicht weniger nachgefragt als etwa im Mittelalter oder vor hundert Jahren. Sie entfalten, für Alt und Jung, für Einheimische wie Besucher, eine urbane Anziehungskraft, die unter der Digitalmoderne offenkundig nicht gelitten hat. Im Gegenteil: Feste, Festivals und Events tragen erheblich zur (temporären) Identitätsbildung eines Sozialwesens bei. Und umgekehrt werden Städte unverwechselbar durch ihre Festtraditionen geprägt.

vinzialität loszuwerden und das Städtekonglomerat möglichst zum Nulltarif als »Metropole« zu präsentieren, faszinierte Lokalpolitiker und Wirtschaftsförderer. Die Parade bringe »Bilder in die Welt von einem Ruhrgebiet, wie es von vielen noch nicht wahrgenommen wurde«. Begeistert war auch die Presse: »Ein Fest der Superlative« könne die Loveparade werden, jubelte etwa die im Ruhrgebiet verbreitete WAZ, und zog Vergleiche mit den Fanmeilen der Fußballweltmeisterschaft 2006. Und es gelang im Revier ein kleines Wunder: Die 15 Städte und Kreise der Region konnten sich auf ein gemeinsames Angebot an die Loveparade-Betreiber einigen. Die Marktmacht der Berliner Lopavent GmbH war zwar noch immer so groß, dass sie Städte wie München zu einer »Bewerbung« auffordern konnte – doch ausgerechnet das zerstrittene Revier stach die Bayern aus. In einer Region, die seit den preußischen Reformen in drei Regierungsbezirke gegliedert und dazu noch auf zwei Landschaftsverbände verteilt ist, galt der Zuschlag als bemerkenswert. Schließlich streitet die Lokalpolitik seit jeher eifersüchtig um die Fördermittel von Bund, Land und Europäischer Union. Was die Politik nicht schaffte, sollte die Eventkultur richten. Ausgerechnet bei der Loveparade gelang die Einigung. Doch so schön wie in Berlin, wo die Straße des 17. Juni für die Raver freigeräumt wurde, war der Techno-Trubel im Revier nie. 2007 gab es in Essen noch eine Parade am Rand der Innenstadt. In Dortmund 2008 kreisten die Wagen dann nur auf einem abgesperrten Teilstück der Bundesstraße 1 vor den Westfalenhallen – Grund war die »Angst vor pinkelnden Horden und Müllmassen«, notierte die WAZ. Turnusgemäß wäre 2009 Bochum an der Reihe gewesen, doch aus Sicherheitsbedenken wurde die Veranstaltung abgesagt. Was wiederum den Druck auf Duisburg massiv erhöhte, die Loveparade nicht ausgerechnet im Kulturhauptstadtjahr, in dem sich das Revier unter dem Titel »Ruhr 2010« als kulturelle Metropole von europäischem Rang präsentieren wollte, platzen zu lassen. Viele Faktoren trugen dann in Duisburg zum Desaster bei. Das Mega-Event wurde nicht zum Symbol für eine leuchtende Zukunft, sondern zum Abgesang auf einen Metropolentraum. Die Tragödie mit 21 Toten und mehr als

650 Verletzten erschüttert die Menschen noch heute, auch weil sich die aufreibende juristische Aufarbeitung über mehr als sieben Jahre hingezogen hat.

Ereignisse wie dieses machen zudem deutlich, welche Veränderungspotentiale, aber auch welche Konflikte in der Stadtgesellschaft schwelen, und mehr noch, wie sich die Formen der Kommunikation und der urbanen Praxis weiterentwickeln, und wie diese den Zusammenhang zwischen Stadtraum und Politik konstituieren und erkennen lassen. Desgleichen darf man nicht übersehen, dass sich unsere Gesellschaft in unübersichtliche Teilöffentlichkeiten aufsplittet. Und diese bestimmen sich kaum mehr über die »großen Themen« wie Politik, Bildung usw., sondern über Images und Lifestyles (Sport, Musik, Konsumverhalten, Rituale). Viele öffentliche Orte sind deshalb partikular – zwar im Prinzip für alle zugänglich, de facto aber einer bestimmten Gruppe zugeordnet. Eine solche (Um-)Deutung des öffentlichen Raumes stellt seine Nutzung etwa für Skater oder Le Parcours dar – eine in den Pariser Vorstädten entstandene Bewegung, die die vorhandene Architektur wie einen Hindernisparcours nutzt. Hier tummeln sich sportbegeisterte Jugendliche mit starken subkulturellen Gruppenbindungen und -dynamiken. Mögen diese Sportarten auch längst Eingang in das Branding einschlägiger Firmen (Nike, Puma, adidas etc.) gefunden haben, so weist die Okkupation der Räume immer noch einen subversiven Charakter auf.

Dass es gerade in den Städten ein starkes Bedürfnis nach einem ritualisierten, inszenierten Spektakel gibt, darauf hat der Situationist Guy Debord in seinem Buch *Die Gesellschaft des Spektakels* bereits 1967 kritisch hingewiesen. Daraus hat sich nun eine Theorie entwickelt, der zufolge insbesondere die Singles auf der Suche nach inneren und äußeren Erlebnissen die traditionelle Sesshaftigkeit und die sozial- und realräumliche Bindung an den Wohnort abgestreift hätten. Wie spätmoderne Stadtnomaden würden sie die Stadt als Kulisse ihrer eigenen Darstellung und als Bühne ihrer Selbstinszenierung benutzen. Ihr Wohnraumbedarf würde dabei die stadtspezifische Teilung der Lebenswelten in öffentliche und private Sphären sprengen: Singles beschlagnahmten den Stadtraum und machten ihn zu ihrem Wohnzimmer, zum Repräsentations-, Spiel- und bei Bedarf auch zum vernetzten Arbeitsraum.

Vor einiger Zeit erlebte das Spektakel eine kleine Renaissance. Im Jahr 2003 versammelte sich vor dem Berliner Kaufhaus des Westens ein Grüppchen, das wie auf Kommando in seine Handys schrie und kurz darauf wieder verschwand. Der erste Flash-Mob hatte es von New York über verschiedene europäische Metropolen bis nach Deutschland geschafft und wurde prompt zur liebsten Freizeitbeschäftigung einiger öffentlich Bewegter. Was da noch als Protest gemeint war, mutierte freilich alsbald in ein kommerzielles Unternehmen. Indem eine Partnervermittlung namens Paarty ebenfalls einen Flash-Mob veranstaltete, war es fast schon wieder vorbei mit der kleinen Revolution. Was hätte da nicht alles draus werden können. So schienen die Flash-Mobs für einen Moment die Rückkehr der Aktionskunst in die Mitte einer Spaß-sedierten Gesellschaft zu verheißen – soziale, gar politische Brisanz inbegriffen. Einen regelrecht dadaistisch inspirierten Aufbruchsgeist schien die Republik für eine Weile zu atmen – die Flash-Mobber als Brüder und Schwestern im Geiste von Wolf Vostell und Nam June Paik. Angesichts großmäulig von Museen an die Wand gemalter Gefahren, die sich dann doch nicht einstellten, weil der deutsche Gesetzgeber sie nachhaltig zu verhindern wusste, schienen die ästhetisch wertvollen Gefahren endlich dahin zurückzukehren, wo sie herkamen: auf die Straße.

Das mag man lächerlich finden. Doch solche Aktionsformen und Proteste, sosehr sie sich im Einzelnen gegen Falsche richten, die auch mal verwerflich sein mögen, sind, das wäre festzuhalten, eine typisch städtische Praxis. Es geht ihren Aktivisten darum, etwas zugespitzt für ein Publikum sichtbar zu machen, was sonst unsichtbar bliebe. Die Stadt ist zu groß und zu komplex, als dass über direkte Ansprachen Anliegen formuliert werden und zuverlässig den Adressaten finden könnten – die Inszenierung ist deswegen Teil eines medialen Prozesses, der für die Stadt konstitutiv ist und in dem die Stadt selbst Medium wird, wenn das, was in der Inszenierung sichtbar gemacht wird, auf einen überstädtischen Kontext zielt.

Was wiederum die Dynamik mancher Prozesse verständlich macht: Sie entsteht, weil es für einen Moment tatsächlich gelingt, Wahrnehmbarkeit überhaupt herzustellen. Das wirkt ermutigend und erhöht wiederum die mediale Wirkung.

Nicht nur der Effekt nach außen, sondern auch der »Ertrag« nach innen spielen beim Event eine Rolle. So notiert etwa der Bamberger Sozialwissenschaftler Gerhard Schulze, Erlebnisorientierung sei »die unmittelbare Form der Suche nach Glück«. Im praktischen Alltagsverhalten der Menschen schlägt sich das auch räumlich nieder, weil Erleben und Glück augenscheinlich nicht nur in der privaten Sphäre – sei's vorm Fernseher oder im Bett, sei's im Sportstudio oder an der Theke – gesucht und gefunden werden. Entsprechend vermischen sich nun jedoch auch die Sphären von Stadt und Event. So hat sich etwa rund um die jährlich stattfindende Segelregatta der Kieler Woche – dem maritimen Großereignis schlechthin – das größte Sommerfest im Norden Europas etabliert. Entlang der Kiellinie und auf dem Willy-Brandt-Ufer sind Bühnen und Stände aufgebaut, auf dem Rathausplatz und in der Fußgängerzone werden Spezialitäten verschiedener Länder angeboten; parallel finden unterschiedlichste Kulturveranstaltungen statt. Aber auch das Münchner Oktoberfest, als lang tradiertes regionales Brauchtum, reüssiert als außergewöhnliche, multisensuale Echtzeitveranstaltung: Fraglos eine tourismusfördernde Folklore – aber eben nicht nur.

Es geht um das kollektive Erleben in Echtzeit und am realen Ort. Nur so lässt sich erklären, dass das *public viewing* nicht nur bei Fußballbegeisterten Freudengefühle auslöst und seine Einschränkungen im Zuge vorsorglicher Maßnahmen zur Terrorabwehr zu leidlicher Verstimmung führt. Gemeinsamkeit scheint überhaupt einen neuen Stellenwert erreicht zu haben: Museen und Denkmäler werden im Kollektiv besucht, mehr oder minder homogene Touristen-Pulks durchstreifen mit Leihfahrrädern die Städte; ausgesuchte Kneipentouren erfreuen sich eines generationsübergreifenden, internationalen Klientels, Kunstvermittler bieten das geführte Galerie Hopping an, selbst das Spazierengehen wird in organisierter Truppenform praktiziert, und zwar nicht nur, wenn die Sehenswürdigkeiten des

Baedecker, Weihnachtsmärkte oder Fastnachtsumzüge das Ziel darstellen.

Man mag die wachsende Wertschätzung des kollektiven Erlebnisses als Derivat der Popkultur abtun, man kann die zunehmende Kommerzialisierung der Innenstädte beklagen. Doch die Stadt (und die Nutzung ihrer Räume) verändert sich, hat sich auch in der Vergangenheit stets verändert, bleibt sich gleichwohl darin treu, dass sie der zentrale Austragungsort gesellschaftlicher Entwicklung ist.

Totgesagte leben länger?

Die beiden Schlagworte Shopping und Events markieren eine tiefe innere Zerrissenheit der urbanistischen Fachcommunity, aufgespalten in zwei unversöhnlich scheinende Pole, auf denen Theoretiker aus Architektur und Stadtplanung zwischen romantischem Traditionalismus und marktnaher Fortschrittsempathie festgefroren scheinen. In wohl keinem stadtbezogenen Teildiskurs kommen erhobene Zeigefinger und paternalistische Grundhaltung deutlicher zum Vorschein als in diesem Feld, wenn man der hochemotionalen Rhetorik wider die Shopping Mall und jede Form des Events folgt. Nimmt man den empirischen Fingerzeig ernst, dass urbane Events einen immensen Zulauf haben und auch Einkaufscenter in vielerlei Facetten und Lagen schlicht funktionieren, weil sie die Wünsche und Bedürfnisse vieler Stadtbewohner erfüllen, liegt doch eigentlich die Frage nahe, ob Fundamentalopposition hier überhaupt tragen kann. Wie glaubwürdig ist eine Argumentation, die einerseits in einer projektorientierten Stadtentwicklung mit breiter Bürgerbeteiligung ihr Seelenheil sucht, und andererseits genau dort, wo Alltagsverhalten beim Einkaufen oder in der Museumsnacht die Bürgerwünsche tatsächlich offenbart, mit schroffer Ablehnung reagiert, weil Konsumismus von Gütern und Inszenierungen dann doch zu wenig Tiefgang für das Kulturgut Stadt zu bieten haben?

Doch unabhängig davon gilt noch immer: Die Stadt ist das Spielfeld des Öffentlichen. Es lassen sich nicht die Mittel der

Inszenierung zensieren, aber es lässt sich sehr wohl beeinflussen, welches Spiel zur Aufführung gebracht wird.

Aufgeworfen werden damit grundsätzliche Fragestellungen: Verstärken oder bedrohen Shopping-Center – oder wahlweise die großen Events – die Urbanität? Leiten sie die Verödung und den Verfall jener Altstädte ein, die eben erst mit Millionenaufwand saniert wurden und einen großen Reiz städtischer Agglomerationen ausmachen? Was passiert nun mit den Stadträumen? Können wir uns andere Gründe antrainieren, um »in die Stadt« zu gehen? Welche könnten das sein? Oder darf man hoffen, dass diese Triebkräfte das Wesen der Stadt kaum erschüttern dürften? Eben weil sich das Urbane letztlich nicht derart unter Wert verkaufen lässt?

Zumal ohne das Shopping eine nicht minder prekäre Perspektive verbunden wäre: Denn falls sich der Handel aus den Innenstädten und Stadtteilzentren auf breiter Front zurückziehen sollte, geraten Pacht und Mieten massiv unter Druck. Immobilieneigentümer sähen sich einer gänzlich neuen Nachfrage gegenüber, die vor allem eines kaum sein dürfte: zahlungskräftig. Leerstand und ein schmerzlicher wie langwieriger Prozess der baulichen Umstrukturierung dürften die Folge sein – vielfach ist er ja schon in vollem Gange. Auch dann, wenn sich die Städter für allerhand Arten von Kultur, Event und Plaisir in die Cities drängen, ist nicht sichergestellt, dass die stadträumliche Kulisse die Qualitäten wird behalten können, die sie heute auszeichnet. Klar ist, dass bauliche Qualität ihren Preis hat, und dieser muss über rentable Nutzungen bezahlt werden. Insofern muss die Suche nach neuen Formen der Urbanität jenseits des Shoppings traditioneller Façon auch die Suche nach einer neuen Ökonomie der Urbanität sein. Wir können sie heute nicht vorausahnen. Allerdings gibt es Anlass für einen gewissen Optimismus, da das Startkapital dafür – trotz aller Sorgen – eigentlich vorhanden sein sollte.

Buntes Multikulti, schmerzhafte Gentrifizierung?

Science-Fiction-Fans wissen es seit einem halben Jahrhundert: Die Stadt der Zukunft wird aus einem geschützten Luxusraum für die Superreichen und einem endlos wuchernden Slum bestehen. Swisskong nennen die New Yorker dieses Phänomen der Ort, an dem die Elite eines Landes von mittellosen und hoffnungslosen Landflüchtlingen umlagert wird. Die Wohlstandsinsel Schweiz einerseits, die Migrantenfluchtburg Hongkong andererseits sind die Pole, zwischen denen die Wahrnehmung oszilliert. Was dem einen als ökonomische Chance erscheint, nimmt der andere als öffentlichen Horror wahr, zum Beispiel die Verwandlung eines wuselig-kleinteiligen Raums in ein kühles Büro- oder Geschäftsviertel. Nicht nur, dass die Chancen für eine organisierte Reaktion der ethnischen und sonstigen Minderheiten auf politischer Ebene gering sind: die Ausgrenzung wird auch architektonisch vollzogen. Die kulturell präzise inszenierten Malls und Empfangshallen von Manhattan stempeln die *street person* zur Persona non grata. Schon die Wortwahl macht es deutlich: Das prinzipiell Feindliche ist auf der Straße zu lokalisieren, im öffentlichen und damit unkontrollierten Raum. So werden die Piazzas und Squares von New York zum Symbol für einen Filterungsprozess. Öffentlichkeit ist der Ort der Armut; die Wohlhabenden ziehen sich zurück in die private Sphäre der Wohnungen und Büros, oder in die spiegelglatten Innenwelten der Arcades und Shopping-Center, die kraft ihrer Gestaltung große Teile der Bevölkerung definitiv ausschließen.

Dass unsere zukunftsorientierten Städte, was die Wohngebiete anbelangt, aus einem zirkulären System von Gentrifizierung und Vernachlässigung entstehen, sind wir offenbar mittlerweile schon gewohnt. Und die dazugehörigen Tragödien kennen wir auch: Ein Viertel wird saniert, die alten Mieter, die entweder die steigenden Kosten nicht mehr tragen können oder zum neuen Typus des Anwohners nicht mehr passen, werden hinausgedrängt. In derselben Logik und in denselben Strukturen, in denen man ein Viertel sozial und kulturell »sanieren« kann, kann man ein anderes »verkommen lassen«.[1] Beide Strategien sind für die Immobilienbesitzer und ihre Nutznießer (auch in der Politik) profitabel. Zudem machen sie die Dynamik des Systems aus, denn der Wert einer Immobilie ist kein absoluter, sondern ein relativer. So erhält das Spekulieren mit dem Gebäude als Handelsobjekt seinen entscheidenden Antrieb.

Gewiss, die (Groß-)Stadt heute ist nicht mehr der steingewordene Lebenstraum eines aufstrebenden Bürgertums, nicht mehr Schmelztiegel von Elend und Reichtum, Künstlertum und Intellektualität. Vielmehr kann man sich – landauf, landab – des Eindrucks nicht erwehren, dass aus Städten überall dort, wo renoviert, modernisiert und für zahlungskräftiges Publikum neu gebaut wird, zunehmend sauber geputzte Knoten werden, die nur noch im funktionalen Sinne interessant sein sollen. Gleichzeitig spiegelt sich aber in ihnen nach wie vor die Hoffnung auf ein besseres Leben – für diejenigen, die vom Land in die Stadt drängen ebenso wie für die, die sich hier längst niedergelassen haben oder hineingeboren wurden. Zugleich formen die Stadtbilder der Vergangenheit bis heute unsere sinnliche Stadtwahrnehmung – vielleicht ein wenig romantisierend, aber doch auch wertsetzend für die Moderne, wie wir sie uns wünschen. Vielen gilt das Urbane als Ort der Möglichkeit der Integration, des verhandelnden Miteinanders. Was allerdings nur bedingt der Wahrheit entspricht. Denn spätestens mit der Schleifung der städtischen Festungsanlagen im Zeitalter der Industrialisierung setzte bereits eine räumliche Segregation ein. Die Reichen zogen in Villenquartiere, später in suburbane Siedlungsgürtel oder in vielen Ländern in *gated communities*. Das Gesamtgefüge der Stadt macht seine Integrationskraft aus, in dem nicht in jedem Einzelraum selbst Mischung und Handel gelebt werden, in dem es aber an der Tagesordnung ist, seine Räume tagtäglich zu verlassen und sich offen auf das urbane Spiel vom Austausch der vielfältigen Möglichkeiten einzulassen. Wer sich zwischendurch wann und wohin zurückzieht, ist dabei bis zu einem gewissen Grad unerheblich. Und heute? Mit der Rückkehr der Gutverdiener in die attraktiven Viertel der Innenstädte droht eine Gentrifizierung – also die Verdrängung der ärmeren ansässigen Bevölkerung beziehungsweise der Wandel vom heruntergekommenen Stadtteil zum hipen Szeneviertel. Das Hamburger Schanzenviertel etwa war in den frühen 1990er Jahren noch beliebt bei linken Autonomen, inzwischen ist es fest in der Hand gut verdienender Yuppies. Gleichzeitig entstehen viele der neuen Bauprojekte als abgeschirmte Wohnquartiere, die mit meist suggestiven Bezeichnungen – etwa die Fellini Residences in Berlin, das Quartier Parkend in Frankfurt oder die Lenbach-Gärten in München – vermarktet werden. Die Bewohner, so heißt es vollmundig, seien Akteure einer besonderen Atmosphäre und können den urbanen Charme ihrer Umgebung genießen. Es sei bezweifelt, dass dies mehr ist als nur Marketingverlockung. Und die Angst vor Beschädigung von Luxusautos führte bereits zu Etagengaragen. Beim Projekt »Carloft« im Berliner Stadtteil Kreuzberg können Pkws mit einem Lift auf die Ebene der Apartments befördert werden. Jede der elf Wohnungen hat eine Carloggia und eine üppige Wohnfläche von mindestens 224 Quadratmetern. Die umgebende Stadt und die kulturell fremden »Eingeborenen« werden von solchen Projekten als »störend« angesehen. Was mit dieser neuen Art von innerstädtischen Wohnbauten und -quartieren entsteht, das profitiert von der Stadt, ohne ihr etwas zurückzugeben.

Aus all dem, was aktuell über die Stadt geschrieben und gesagt wird – und zwar von Politikern, Wissenschaftlern, Planern und Bewohnern gleichermaßen –, darf man den Schluss ziehen, dass die Leitbilder und Entwürfe für unsere Städte auf eine Gesellschaft zielen, die durch Konsens oder ähnliche Gemeinsamkeiten integriert sein soll. Allerdings, was die Stadtgesellschaft definiert, ist, dass sie aus inkompatiblen Lebensformen besteht. Diejenigen, die in ihr andere Lebenswelten entwerfen, tun das, weil es zur Stadt gehört. Im Folgenden soll ein Blick auf einige der daraus resultierenden Widersprüche und Probleme geworfen werden.

Polizistenmord an der Hasenheide, Brandbrief von der Rütli-Schule, vermummte Frauen in und deshalb »Arabisierung« der Sonnenallee: So etwa lauteten noch vor einiger Zeit die Schlagzeilen, wenn in Berlin vom nördlichen Teil Neuköllns berichtet worden ist. Ähnliches verkündete man von Duisburg-Marxloh, vom Frankfurter Bahnhofsviertel oder von Köln-Chorweiler. Hinter jeder Ecke scheinen Dealer oder Jugendbanden, in vielen Großfamilien die Zwangsehe zu lauern. Zur Stigmatisierung eines Stadtteils ist es nicht mehr weit. Das hat durchaus Methode, zumal im medialen Aufmerksamkeitswettlauf. Integration in die urbane Lebenswelt gibt es augenscheinlich nur unter negativem Vorzeichen: als gescheiterte. Mit dem Flüchtlingszustrom seit dem Sommer 2015 sind auch Leichtigkeit und Selbstbewusstsein der Urbanisten in Sachen Integration ins Wanken geraten. Zuwanderer gelten – wie schon lange nicht mehr – als Problemgruppen, die anders leben, sich absondern, sich nicht an die Normen, Werte und Gesetze der Mehrheitsgesellschaft anpassen wollen. Allerorts wird das Bild einer segregierten Stadtgesellschaft gezeichnet, wobei die Begriffe Ghetto, Parallelgesellschaft und ethnische Kolonie stets schnell zur Hand sind.[2]

Doch die gebräuchlichen Dichotomien – wie »No-go-Areas« versus »lebenswerter Kiez« – erzeugen ein zu holzschnittartiges Bild, um der Wirklichkeit gerecht zu werden. Zumal das Wechselspiel von Homogenität und Heterogenität im Grunde genommen ein Leitmotiv städtischer Entwicklung überhaupt darstellt. Realität ist längst eine sozialräumliche Ausdifferenzierung der Wohnbevölkerung, das heißt, eine räumliche Abbildung sozialer Ungleichheiten, nach Herkunft, Ethnie, sozialer Lage und Lebensstil. Dies nennt man Segregation. Sie wird dann nicht als Problem betrachtet, wenn sie ohne Zwang erfolgt und Personen ähnlichen Lebensstils und ähnlicher Milieus – ob nun Künstler, Studenten oder junge Familien – ein Wohngebiet majorisieren. Gebiete jedoch, in denen Zuwanderer in hoher Anzahl leben, werden nun als integrationshemmend und als Ausdruck bewusster Desintegration gewertet.

Dahinter steht, ausgesprochen oder nicht, die normative Annahme, dass soziale und ethnische Mischung auch auf feinkörniger Quartiersebene gut und wichtig sei. Dahinter steht auch das Vorurteil, dass ethnisch homogene Stadtteile ein Problem darstellen, weil man sie – im Falle einer migrantischen Prägung – gleichsam als »geschlossene Blöcke« des Ganz-anders-Seins wahrnimmt.

Indes, es braucht ein gewisses Maß an Segregation, damit die Gesellschaft als Ganzes funktioniert. Denn »bei unserem Bemühen, immer nur zu integrieren und jede Desintegration zu verteufeln oder zu vermeiden«, so hat es treffend der vor einigen Jahren verstorbene Soziologe Karl Otto Hondrich formuliert, »ist das Gespür für die konstitutive Spannung zwischen beiden verloren gegangen. Auch wenn die Absichten friedlich sind: Unweigerlich entsteht das, was wir den Kampf der Kulturen nennen. Denn so sind Kulturen nun einmal: Als wertgeladene Lebensformen sind sie vom Vorzug ihrer selbst – im Vergleich zu anderen – durchdrungen.«[3]

Das bedeutet andersherum: Kulturen neigen zur Abgrenzung nach außen sowie zur Konsolidierung nach innen. Das schlägt sich naturgemäß in der Art und Weise nieder, wie wir leben beziehungsweise unsere Lebensumstände beeinflussen: Die Tendenz zu weitgehend homogener Nachbarschaft ist gleichsam universell. Und sie hat auch im Zeitalter von *cyber space* und Patchwork-Biographie nicht an Alltagsrelevanz verloren. Doch Vorsicht! Schon der Begriff selbst enthält zwei grundsätzlich verschiedene inhaltliche Aspekte: den der räumlichen Nähe und den der sozialen Interaktion. Beide Aspekte haben durchaus etwas miteinander zu tun, sie korrelieren jedoch nicht kausal. Sie bieten vielmehr Anlass für allerlei Kurzschlüsse. Trotzdem, oder gerade deshalb, feiert die Nachbarschaft als ideelle gesellschaftliche Bezugsgröße wieder fröhliche Urständ.

Die Geschichte der Nachbarschaft – als Kategorie der Stadtpolitik – begann eigentlich in den USA: Die Chicago School for Social Ecology hat vor rund 100 Jahren Wohngebiete und ihre sozialen Veränderungen, insbesondere vor dem Hintergrund der Einwanderungsproblematik, untersucht. In deren

Gefolge hat der amerikanische Stadtplaner Clarence Arthur Perry in den 1920er Jahren den Begriff von der Neighbourhood-unit geprägt. Die Wurzeln dieses Konzeptes lassen sich jedoch bis zu den Sozialutopien des ausgehenden 18. und beginnenden 19. Jahrhunderts zurückverfolgen. Neu aufgeworfen wird damit eine der traditionellen Grundsatzfragen allen Städtebaus: Ist es möglich, durch die Manipulation der gebauten Umwelt auf soziale Prozesse und Beziehungen gestaltend einzuwirken?

Dieser Glaube an den sozialen Determinismus räumlicher Planung basiert zwar größtenteils auf ungeprüften Annahmen und ideellen Prämissen, wurde aber sehr schnell zum Credo einer gesamten Architektengeneration. Die Gliederung der Großstadt in überschaubare, nach außen abgegrenzte, in sich zentrierte Einheiten in den Abmessungen eines Grundschulbezirkes war nichts weniger als der Versuch, endlich »für den Menschen zu bauen«. Es war, selbst für Skeptiker wie Lewis Mumford, die Vision der bewältigten Großstadt, und eine Idee von offenkundig unmittelbarer Überzeugungskraft, die sich weltweit durchgesetzt hat und etwa seit dem Brüsseler CIAM 1935 als allgemein akzeptiert gelten konnte. Folgerichtig wurden die 1950er Jahre zur Hoch-Zeit für die Verwirklichung des Nachbarschaftsmodells. Allerdings reduzierte es sich zumeist auf durch Grünzüge voneinander abgetrennte Wohnquartiere in aufgelockertem Siedlungsbau.

Auch wenn sich, wenig überraschend, alsbald Ernüchterung breitmachte, weil hier selbstverständlich kein Allheilmittel gegen die zeitgenössischen urbanistischen Kardinalprobleme gefunden sein konnte, ist die Sehnsucht nach homogener Nachbarschaft vielmehr genetische Prägung als soziologische Mode. Kein Beispiel könnte eindrucksvoller illustrieren, dass segregierte Gebiete mit einer in sich weitgehend homogenen Bevölkerungsstruktur eine Art Idealvorstellung sind, als die sogenannten *gated communities*. Nichts macht augenscheinlicher, dass es etwas Erstrebenswertes ist, nur mit seinesgleichen zusammen zu sein, als deren weltweiter Boom. Natürlich ist es nicht ohne Ironie, dass ausgerechnet Margaret Thatcher das amerikanische Konzept der geschlossenen Wohnkomplexe in Europa bekannt gemacht hat. Die eiserne Lady kaufte sich Mitte der 1980er Jahre öffentlichkeitswirksam ein Haus in einer neu errichteten *gated community* im Süden Londons: 23 Häuser, umgeben von einer hohen Mauer, überwacht von Videokameras, zugänglich allein durch ein mit Codekarten zu bedienendes Tor.

Die Zugehörigkeit zu einer geschlossenen Siedlung schafft, wie es scheint, Identität. Die Bewohner drinnen unterscheiden sich von den Menschen draußen, selbst wenn sich dies auf die einstigen Symbole der Eliten wie eine von Wachmännern gesicherte Toreinfahrt beschränkt. Der Markt für solche Siedlungen mit Gemeinschaftseigentum wie Parks und Pools und ganztägiger Zugangsbeschränkung expandiert gewaltig. Dem Interessenverband Community Associations Institute zufolge existieren allein in den Vereinigten Staaten rund 260 000 Anlagen mit insgesamt 21 Millionen Wohneinheiten. Viele der *gated communities* organisieren kommunale Dienstleistungen wie Müllabfuhr und Straßenbau selbst, finanzieren diese aus Gebührenzahlungen der Einwohner. Die Quartiere werden in der Regel komplett von einem privaten Unternehmen errichtet und Haus für Haus verkauft. Zum Teil unter sehr restriktiven Bedingungen, denen jeder Käufer zustimmen muss. Das Konzept der Exklusivität und Reinheit spiegelt die eigentliche Angst, die sich auch in Rassismus und den Vorbehalten anderen sozialen Schichten gegenüber ausdrückt, wider. Übermächtig ist der Wunsch der Wohlhabenden, fern der Zumutungen des Großstadtalltags unter sich zu bleiben.

Nun mag man einwenden, dies sei doch bloß ein luxuriöses Exklusiv-Segment von Stadt. Doch *gated communities* und sogenannte Problemviertel hängen eng miteinander zusammen. Sie bilden eine Art kommunizierende Röhre. Wobei »Nachbarschaft« auch einen Mikrokosmos von Widersprüchen darstellt. Das scheinbar unvermittelte Neben- und Ineinander von sozialer Enge und Offenheit, von Repression und Fürsorge schafft Lebensformen, die für so manchen nicht fremder sein könnten. Zudem muss man sich vor der Vorstellung einer (vorindustriellen) Dorfgemeinschaft hüten. Denn das »Jeder kennt jeden« und deren Beziehungen des »Gebens und Nehmens«, also der alltäglichen nachbarlichen Hilfeleistung, taugt nicht zur normativen Blaupause für die breite urbane Zukunft, auch wenn zum Beispiel neue innerstädtische Quartiere mit schlichtem Einfamilienhausangebot für junge Familien auf viele einen großen Reiz ausüben. Die dörfliche Gemeinschaft mit ihren eingeengten Interaktionsmustern und ihrem hohen Konformitätsdruck taucht hier in der Mitte der Stadt auf – als generelles Vorbild zeitgemäßer Stadtgesellschaft ist es aber kaum zu gebrauchen.

Um nur auf einen Aspekt hinzuweisen, der in der heutigen Diskussion wieder sehr stark mitschwingt – Sicherheit: Die von einer (wie auch immer existierenden) »nachbarschaftlichen Gemeinschaft« ausgeübte Kontrolle mag durchaus in der Lage sein, soziale Sicherheit im individuellen Umfeld zu schaffen. Andererseits sind Zweifel angebracht, wie beispielsweise durch die mutmaßliche Terrorzelle belegt, die für den Anschlag in Barcelona im August 2017 verantwortlich gemacht wurde und in ihrer Nachbarschaft keinerlei Argwohn erregte. Kein Wunder also, wenn eine idealisierte Gemeinschaft und ein weltanschaulich leicht zu vereinnahmendes Planungsmodell entschiedene Kritiker auf den Plan rufen. Andererseits gingen nicht nur für den Mentor der amerikanischen Demokratie, Alexis de Toqueville, die – für ein soziales Gemeinwesen konstitutiven – Bürgertugenden organisch aus kleinräumigen Gemeinschaften hervor.

Vor einem solchen Hintergrund mögen gerade die sozialen »Freisetzungen« unserer Zwei-Drittel-Gesellschaft einen neuen politischen Blickwinkel auf das Konzept eröffnen. Denn in der Idee der Nachbarschaft keimt zwar eine gewisse Nähe zu (nun nicht mehr ganz so aktuellen) kommunitaristischen Vorstellungen, doch sie befördert auch jenes Gewebe aus gesellschaftlichen Beziehungen, die auf Gegenseitigkeit und Freiwilligkeit beruhen und nicht auf Recht und juristischer Verbindlichkeit. Und das wird im gleichen Maße bedeutsamer, je weiter existentielle Grundsicherungen auf ein niedrigeres Niveau heruntergeschraubt werden. Da viele Paare heute keine Kinder mehr haben, mögen bald neue Formen nachbarschaftlicher Solidarität bedeutsam werden; und weil diese frühzei-

Zugegeben, die hochverdichtete Metropole Hongkong funktioniert anders als viele andere Städte. Weil es, gemessen an der Bevölkerungszahl, extrem wenig Platz gibt und alle Behausungen in die Höhe schießen, kann hier – wie etwa dieses Beispiel im Bezirk Wanchai – eine *gated community* halbwegs stadtverträglich und integriert sein. Denn durch die spezifischen Bedingungen der Dichte muss der unmittelbare urbane Außenraum offen bleiben für alle, nur der Innenraum ist kontrolliert.

tig gepflegt sein wollen, spielt räumliche Nähe plötzlich wieder eine stärkere Rolle.

Eigentlich ist es bekannt: Phänomene wie Chinatown oder Little India erbringen eine enorme Integrationsleistung für die jeweils betroffenen städtischen Gesellschaften, werden oftmals auch als Bereicherung, gar als touristische Attraktion empfunden. Einerseits Anlaufpunkt und Auffangnetz für Einwanderer (allerdings bei recht prekären Lebensverhältnissen), andererseits möglicherweise ein Ort, an dem die Ordnungsvorstellungen der Mehrheitsgesellschaft ein Stück außer Kraft gesetzt werden. Selten wird daraus aber die Folgerung gezogen, dass ethnisch segregierte Gebiete auch Orte der Integration und ein Potential für die Produktivität der Stadt seien. Man sollte den Beitrag der Migration zur Urbanisierung zur Kenntnis nehmen, anstatt mit den Schreckensbildern von Parallelgesellschaften diese Quartiere als Orte zu stigmatisieren, die die Ordnung stören. Dass das Soziale wesentlich auch eine *räumliche* Dimension aufweist, wäre zu begreifen, ohne indes gleich wieder ein – ideologisches oder technokratisches – Planungsmodell daraus zu machen.

Gentrifizierung: das neue Bewegungsgesetz der Stadt?

Es ist bemerkenswert, dass sich das Kunstwort Gentrifizierung im deutschen Sprachraum durchsetzen konnte. Erfunden hat es die britische Soziologin Ruth Glass 1964. Sie bezeichnete mit dieser Herleitung von *gentry* (dt.: niederer Adel) die aufstrebenden Londoner Stadtteile. Die Veredlung von Quartieren auf Kosten der ärmeren Mieter ist kein neues Phänomen. Neu ist nur die Haltung dazu: Wer Gentrifizierung sagt, ist dagegen.

Die Sache ist verzwickt, denn das, was man als Gentrifizierung bezeichnet, sind die negativen Folgen einer positiven Entwicklung. Kaum jemand hat etwas dagegen, wenn in einem heruntergekommenen Quartier – zumeist als innenstadtnaher Altbaubestand – wieder eine Infrastruktur entsteht und Wohnungen instand gesetzt werden. Doch weil ein angesagtes

Quartier auch außerhalb desselben attraktiv ist, geraten die angestammten Mieter und die vielzitierten urbanen Pioniere angesichts steigender Preise unter Druck, erhalten – und das ist zentral: als Mieter! – den Wertzuwachs des Quartiers nicht als Free-Lunch. Wer bleiben will, kommt im Laufe der Zeit um saftige Mietsteigerungen nicht herum. Wer sich das nicht leisten kann oder will, wird den Wohnort wechseln müssen. Eine wirtschaftliche Asymmetrie in diesen Prozessen ist virulent: Während angestammte Mieter mehr zu zahlen haben, profitieren auch angestammte Eigentümer unmittelbar, zum Teil auch ohne selbst in den Aufschwung investieren zu müssen. Lange hielt man das bloß für ein amerikanisches[4], durch schrankenloses Wirken der Marktkräfte bestimmtes Phänomen, das im europäischen, zumal deutschsprachigen Raum nicht gegeben sei. Die vielfache Sozialbindung des Eigentums stehe dem entgegen. Mittlerweile aber meint man Prozesse der Gentrifizierung in allen hiesigen Großstädten beobachten zu können: Erst kommen die Pioniere in ein gemischtes Viertel und stimulieren das Lebensgefühl, danach folgen die Yuppies (Young Urban Professionals), die Dinks (Double Income No Kids), schließlich die Bobos (Bourgeois Bohémien) und Hipster – und die fungieren dann, und sei es ungewollt, als Gentrifier. Sanierungen heben Wohnungsstandard und Mieten, die soziale Mischung geht zurück. Was in Zürich im In-Quartier Seefeld geschieht, hat seine Entsprechung in ausgesuchten Stadtteilen von Köln, Frankfurt, Stuttgart oder in Berlin, wo Prenzlauer Berg kaum aus den Schlagzeilen herauskommt und Kreuzberg, einst zweite Heimat der Migranten und Spielwiese der Alternativen, mittlerweile zum teuersten Bezirk aufgestiegen ist.

Der Dokumentarfilm »Die Stadt als Beute« will genau diesen Prozess illustrieren. Vier Jahre lang, von 2010 bis 2014, hat Andreas Wilcke einen Kampf um Berlin dokumentiert, dessen Ausgang allen Beteiligten klar zu sein scheint. Zwischen seine Gespräche hat er immer wieder wortlose Sequenzen von Bauaktivitäten eingeschnitten: Abrisse, Ausschachtungen, Ausbauten. Und Bilder der entstehenden neuen Wohngebäude: Reihenhäuser und das, wofür der Marketingeuphemismus der Immobilienbranche in jüngerer Zeit die Bezeichnung »Stadtvillen« geprägt hat, als Gipfel der architektonischen Einfallslosigkeit und terminologischen Dreistigkeit. Gemeinsam mit den Aufnahmen aalglatter Makler von enervierender professioneller Dauerfröhlichkeit bei Verkaufsanbahnungsgesprächen ergibt sich im Film ein Eindruck vom Geschehen auf dem Berliner Immobilienmarkt, den nur »schön« nennen könnte, wer Augen und Ohren fest verschlösse. Was Wilcke indes ausblendet, ist die gleichfalls wenig schöne Reaktion auf das von ihm dokumentierte Geschehen: Brennende Autos, sabotierte Baustellen, persönliche Diffamierungskampagnen im Internet oder Drohbotschaften an die Familien jener, die auf Raubtiere reduziert werden. Kein Wunder, wenn sich hinter dem Schlagwort Gentrifizierung heute unversöhnliche ideologische Lager verschanzen.

Um Aufwertungsdynamiken und ihre Wirkungsweisen zu verstehen und sinnvolle Instrumente des Gegensteuerns zu finden, empfiehlt der ausgewiesene Gentrifizierungsexperte und -gegner Andrej Holm,[5] dass verschiedene Auslöser und Motoren der Verdrängung voneinander unterschieden werden.

Klassische Gentrifizierung: Als typisches Muster wird oft eine symbolische Aufwertung durch sogenannte Pioniernutzungen angenommen. In bisher vernachlässigte Viertel mit großen Leerständen ziehen dabei Künstler und Alternativszenen ein, eröffnen Galerien, Kneipen und Clubs und tragen mit ihrer Anwesenheit und ihren Einrichtungen zu einem Imagewandel des Viertels bei. Aus einer wohnungswirtschaftlichen Perspektive kommt ein bisher unscheinbares oder sogar schlecht beleumundetes Viertel so zu einer besonderen Lage, die Extrakosten bei der Vermietung rechtfertigt. Als ein Beispiel dient Holm das nördliche Neukölln rund um den Reuterplatz. Sei die Gegend noch vor ein paar Jahren als gefährlich eingeschätzt und die Lage mit einer »Kreuzbergnähe« verschleiert worden, so werbe man inzwischen offensiv mit »Kreuzkölln!«. Steigende Neuvermietungsmieten und erste Sanierungsarbeiten seien ein Effekt dieses Imagewandels.

Politisch initiierte Gentrifizierung: Doch längst nicht alle Aufwertungen werden durch den Zuzug von Pionieren ausgelöst und Beispiele wie der Prenzlauer Berg zeigen, dass es nicht die Künstler/innen sind, die für Gentrifizierung und Verdrängung verantwortlich gemacht werden können. Vielmehr waren es dort die zunächst großzügig mit öffentlichen Geldern geförderten Sanierungsgebiete, die eine umfassende Modernisierungswelle auslösten. Etwa eine Milliarde Euro flossen durch Förderprogramme und Steuerabschreibungen in die Altbaugebiete von Prenzlauer Berg, doch nur in knapp 30 Prozent der Häuser konnte über Förderprogramme auch die Mietentwicklung eingedämmt werden. Vor allem in den seit dem Jahr 2000 sanierten Häusern wurde ein Großteil der Wohnungen in Eigentumswohnungen umgewandelt. Die hohen Wohnkosten sind für ärmere Haushalte kaum noch zu finanzieren und Hartz-IV-Bedarfsgemeinschaften finden faktisch keine modernisierte Wohnung mehr in diesen Quartieren. Die Mieten und Einkommen in den Altbaugebieten Prenzlauer Bergs gehören mittlerweile zu den höchsten der Stadt. Angeschoben durch ein öffentliches Sanierungsprogramm, hat sich Prenzlauer Berg in den letzten 20 Jahren von einer der ärmsten zu einer der wohlhabendsten Wohngegenden Berlins gewandelt.

Umzugsketten-Gentrifizierung: Oftmals wird der durch die Gentrifizierung ausgelöste Wandel in den jeweiligen Aufwertungsgebieten untersucht und diskutiert. Doch gerade Aufwertungs- und Modernisierungsprozesse lösen massive Umzüge aus und können auch anderenorts zu erheblichen Effekten führen. Zum einen kann die Verdrängung von ärmeren Haushalten die Konzentration von benachteiligten Bewohnern in anderen Stadtteilen verstärken. Zum anderen gehören viele derer, denen die Miete in luxusmodernisierten Häusern zu teuer geworden ist, in anderen Wohngegenden zu den Besserverdienenden. Verdrängung setzt vielfach gar nicht die vollständige Umwandlung in Eigentumswohnungen und umfangreiche Modernisierungen voraus. Gerade in Vierteln mit vielen Geringverdiener-Haushalten sind es oft schon kleine Mietsprünge, die nicht mehr getragen werden können und zum Auszug führen. In diesem Zusammenhang spielen die Umzugsketten der Aufwertung eine wichtige Rolle. So werden beispielsweise aus Friedrichshain verdrängte Wohngemeinschaften in Neukölln zu Aufwertungsakteuren, die wesentlich höhere Mieten als die meisten Bestandsbewohner zahlen können. Auch die Umzüge von vielen Familien aus den Sanierungsgebieten in Prenzlauer Berg haben in Pankow und Weißensee eine vergleichbare Wirkung.

Neubau-Gentrifizierung: Als eine vierte Form können Neubauprojekte im Luxuswohnbereich benannt werden. Oft wird argumentiert, ein Neubau könne doch niemanden verdrängen, doch werden dabei die Nachbarschaftseffekte in Form von steigenden Bodenpreisen in den umliegenden Wohnquartieren vernachlässigt. Etablieren sich solche Luxuswohn-Enklaven, dann wird ein Quartier nicht nur in eine bessere Wohnlage verwandelt, sondern es wachsen auch die unmittelbaren Begehrlichkeiten benachbarter Hauseigentümer und Investoren. Werden überdurchschnittliche Kaufpreise realisiert, fragen sich auch andere Eigentümer, ob sie ihre Wohnungen bisher nicht unter Wert vermieten. Und das entfacht wiederum eine neue Dynamik[6] (vgl. Abschnitt Lifestyle Wohnen in Kapitel 4).

Andererseits befeuert das Verhindern von Wohnungsneubau wiederum die Gentrifizierung, wovon gerade die Stadt Berlin ein Lied singen kann: »Während etwa in München oder in Freiburg jeder Quadratzentimeter der Innenstadt immer wieder daraufhin abgeklopft wird, ob da nicht doch Wohnungen gebaut werden könnten, kämpft das grünrote Milieu in Berlins gefragten Innenstadtbezirken um jede Pappel und gegen jede Verdichtung. Im einstigen West-Berlin ist der Widerstand besonders ausgeprägt. Ob es um die Randbebauung des Tempelhofer Feldes oder um eine Baulücke am Kreuzberg geht, ob um eine Brache am Kleistpark oder eine Kleingartenkolonie in Wilmersdorf – wohlgemerkt: beste City-Lage! –, es finden sich immer Bürgerinitiativen gegen die Bebauung mit Wohnungen. Und manchmal wird daraus ein Volksentscheid.«[7] Und die Spirale der Verdrängung dreht sich immer weiter.

Vertrackt ist das Thema insbesondere, weil es mit so mancher Lebenslüge unserer Gesellschaft verbandelt ist. Vor Jahrzehnten schon wurde das Aussterben des Tante-Emma-Ladens beklagt. Betrauert von den vielen, die dennoch lieber in die großen Supermärkte strömten und mittlerweile womöglich aufs Internet umgestiegen sind. Drogerieketten kamen und verschwanden, und auch Discounter sind nicht für die Ewigkeit gebaut. Wer seinen Kiosk oder Späti liebt, darf sich den Sixpack nicht an die Haustür liefern lassen. Wer Cafés mag, muss seinen Kaffee nicht in Pappbechern forttragen. Wer Schreiner schätzt, sollte seine Möbel nicht nach weltweit lesbaren Piktogrammen zusammenschrauben. Und so weiter. Es ist verdammt schwer, das Alte, Vertraute, Geschätzte zu bewahren. Es gelingt, wenn überhaupt, auch nur in Maßen. Aber es liegt immer auch an uns selbst.

Und deswegen gilt: Die Gentrifizierung hat viele Agenten. Künstler, Copyshops, der gemeine Latte Macchiato und der Straßen-Poller. Am Anfang steht ein eher heruntergekommenes Viertel. Vielleicht ist es ein ein wenig in die Jahre gekommenes bürgerliches Viertel, vielleicht war es noch nie richtig chic, sondern eher Wohnort für das Kleinbürgertum und für Arbeiterschichten, es leben dort auch viele Alte, überdurchschnittlich viele Migranten und Arbeitslose; vielleicht gibt es dort auch alte Fabrikgebäude, die sich in Lofts und ungewöhnliche Wohnungen und/oder Büros umbauen lassen. Relativ viele leerstehende Wohnungen. In jedem Fall aber hat es viele Altbauquartiere und eine gewachsene, aber etwas vernachlässigte Struktur: Viele kleine Läden, wenig Gaststätten, wenig, was für Touristen attraktiv ist. Darum sind die Mieten günstig. Weil das so ist, kommen Studenten, Künstler, Individualisten und mit ihnen die ersten Kreativbranchen. Sie sind die Pioniere des Prozesses, machen das Land urbar. Sie eröffnen Galerien, Szenekneipen und Underground-Party-Locations. Dadurch wird das Viertel zunächst symbolisch aufgewertet, es gilt erst als Geheimtipp, dann als angesagt. Allmählich steigen die Mieten an, wenn sie sich an den Wandel nicht anpassen wollen oder können, ziehen die alten Bewohner und Ladeninhaber weg, die Struktur der Geschäfte wandelt sich, das Viertel wird attraktiver, gilt als ›jung‹ und ›szenig‹. Dann kommen die Investoren. Sie investieren in die Gebäude nicht mehr, wie die zuvor Zugezogenen, weil sie selbst dort wohnen und arbeiten wollen, sondern weil sie ihr Geld arbeiten lassen, weil sie in den Gebäuden Renditeobjekte sehen.[8] Sie peppen das Viertel weiter auf, sanieren Häuser und Wohnungen, filetieren es in zu Höchstpreisen verkaufbare Objekte. Mieten und Preise steigen; immer weniger der alten Bewohner können sich das Leben dort leisten – auch viele der kürzlich Hinzugezogenen suchen das Weite. Das angebliche Szeneviertel ist nicht mehr szenig, stattdessen ziehen wohlhabende Kleinfamilien und reiche Yuppies hierher.

Die Liste der Horrorgeschichten vom aktuellen Immobilienmarkt ist lang: Ob drastische Mieterhöhungen nach Luxussanierungen, aussichtslose Wohnungssuche (weil man mit Hunderten anderer konkurriert) oder satte Maklerprämien unter der Hand. Und das macht etwas mit den Menschen: Sie werden sich zunehmend darüber klar, dass eine individuell zufriedenstellende Wohnsituation in deutschen Städten keineswegs mehr selbstverständlich ist, sondern etwas, wofür man sich inzwischen vielerorts glücklich schätzen muss.[9]

Der urbane Strukturwandel ist damit aber nur zum ersten Teil zum Abschluss gekommen. Es folgt die zweite Phase: Denn das bunte Flair, das mit den Künstlern und Studenten einzog, dann Szeneläden, Galerien, Nachtleben und Avantgardistisches anzog, und das auf einem reicheren, gediegeneren, auch langweiligerem Niveau zunächst weiterexistierte, hat inzwischen auch Touristen angezogen. Die Künstler weichen den Möchtegernkünstlern. Die Geschäftsmieten werden so teuer, dass Avantgarde und Szene es sich nicht mehr leisten können und wollen. In die frisch ausgeräumten Läden ziehen hipe Stores (lokale Modelabels, vegane Cafés usw.), und auf einmal sieht es im Viertel so aus wie in allen anderen sogenannten Szeneviertel, die alles sind, nur nicht szenig. Die Restaurants werden noch exquisiter, Designergeschäfte prägen das Straßenbild. Nur noch einzelne Einheimische haben es geschafft zu bleiben. Der vielgerühmte Prenzlauer Berg zum Beispiel ist längst das langweiligste Viertel in Berlin geworden – von Wilmersdorf vielleicht einmal abgesehen.

Im Münchner Glockenbachviertel, einer der renditeträchtigsten Immobilienlagen in der Stadt mit den höchsten Immobilienrenditen ganz Europas, eröffnen im Wochentakt neue Läden. Von den Schicksalen der Vormieter erfährt man selten viel. Nur als sich 2008 der Wirt des Salzburger Grill erhängte, erinnerten ein paar Nächte lang Blumensträuße und Kerzen an einen, der für das Viertel überflüssig geworden war, einen Gentrifizierungsverlierer. Dem Wirt wurde gekündigt, weil er die Renovierungsauflagen der Verpächter

Dass die Stadt »Platz für alle« bieten, dass von Neubaumaßnahmen auch der Normalbürger profitieren, dass man Verdrängungsprozesse stoppen muss, dass der urbane Raum nicht einfach nur ein Reservat für Wohlhabende sein darf: Forderungen dieser Art werden in jüngster Zeit – und aus nachvollziehbaren Gründen – vielerorts in Europa erhoben. Hier im spanischen Valencia handelt es sich eher um einen stillen Protest.

nicht erfüllen konnte. Doch so tragisch diese Geschichte anmutet: Der etwas heruntergekommenen Bier- und Würstelbude selbst trauerte kaum jemand hinterher. In das umliegende Schwulen-, Arbeiter- und Studenten-Viertel zogen in den vergangenen zehn Jahren vor allem wohlsituierte Kreative und Kleinfamilien. Das Muster ist aus vielen großen westlichen Städten bekannt: Doppelverdiener-Familien in prekären Arbeitsverhältnissen, die es ihnen nicht erlauben, auf der grünen Wiese ein Haus zu kaufen, entdecken die unsanierten Innenstädte. Und die bayrische Hauptstadt, die eine Münchner Mischung der Bevölkerung in den einzelnen Vierteln fördert, freute sich über renovierte Hinterhöfe und sanierte Fassaden. Die damit einhergehende Verdrängung wurde nur langsam sichtbar: Still verlassen Unterschicht, Handwerker und Kleingewerbe die Gegend. Die Übriggebliebenen sitzen in den verbliebenen Wirtsstuben, während die umliegenden Wohnblöcke von Spekulanten entmietet, mit Fußbodenheizungen und Marmorbädern ausgestattet, gestückelt und als Anlageobjekt von Kunden in Madrid oder Moskau gekauft werden. Und oft steht dann nur noch der Lokalpatriotismus einzelner Hauseigentümer der Übernahme eines ganzen Viertels durch zahlungskräftige Flagstore-Boutiquen und Coffee Companies im Weg.

Die Überlappungen zwischen den Milieus, meint der Stadtökonom Dieter Läpple, mache die moderne Stadt aus. Nicht zuletzt verleihe auch das örtliche Handwerk oder die Möglichkeit für Erzieher, in derselben Umgebung wie ihre Schützlinge zu wohnen, einem Viertel Lebensqualität. Wer Häuser und ganze Quartiere als Handelsware sieht, hat jedoch andere Interessen. An Einheimische richten sie sich ohnehin kaum. Vielmehr werden die nach Steuerabschreibungsmodellen umgewandelten Luxuswohnungen den Bauträgern von Anlegern aus aller Welt aus der Hand gerissen. In den günstigeren Preisklassen dagegen gibt es kaum etwas. Es ist abzusehen, dass die Reichen irgendwann unter sich bleiben. Man werde durch die Stadt gehen können, prophezeit der Stadtsoziologe Jens Dangschat, ohne über Armut und Integrationsprobleme jemals nachzudenken.[10] Doch liegt der Reiz des Urbanen nicht gerade im Zusammentreffen verschiedener Schichten und Lebensentwürfe?

Als mahnendes Beispiel im Münchner Glockenbachviertel könnte man den – wie es umgangssprachlich treffend genannt wird: totsanierten – Gärtnerplatz sehen: Dort habe der massenhafte Einfall der Gastro-Schickeria die Straße fast komplett von der Nachbarschaft abgekoppelt. Nicht zuletzt vor diesem Hintergrund gehen viele Stadtforscher davon aus, dass in zehn Jahren kaum mehr über schicke Viertel diskutiert wird, weil die Städte dann wesentlich gravierendere Probleme haben werden: die Zusammenballung der Gentrifizierungsverlierer am Stadtrand.

Ist eine solche Entwicklung tatsächlich alternativlos? Dass erst die Künstler und die alternative Szene kommen, dem Stadtteil Flair geben, sich dann die Investoren niederlassen, um daraus Kapital zu schlagen? Vielleicht nicht: In Hamburgs Gängeviertel jedenfalls hat sich dieses Bewegungsgesetz 2009 einmal umgekehrt. Was war passiert? Der niederländische Investor Hanzevast hatte das alte Arbeiterviertel von der Stadt Hamburg erworben, stieß aber auf so unvermuteten wie kreativen Widerstand aus der ansässigen Künstlerszene. Und das Feuilleton der *Zeit* räumte den Gentrifizierungsgegnern eine Aufschlagseite ein und druckte ihr Manifest »Not In Our Name, Marke Hamburg!«.[11] Die darin formulierte Kritik an einer Stadtentwicklungspolitik nach Marketinggesichtspunkten war hart und grundsätzlich: »Wir glauben: Eure ›wachsende Stadt‹ ist in Wahrheit die segregierte Stadt, wie im 19. Jahrhundert: die Promenaden den Gutsituierten, dem Pöbel die Mietskasernen außerhalb.« Die Besetzer erwiesen sich als geschickte Strategen. Sie randalierten nicht, sondern suchten das Gespräch, verließen bereitwillig ein Fabrikgebäude, um der Stadt die Kosten einer Zwangsräumung zu ersparen, und schlugen den Gegner mit seinen eigenen Waffen: Ein buntes Heft mit dem Titel »Hamburg: Das Magazin der Metropole« wurde aufgelegt, dessen Layout fatal den üblichen PR-Broschüren ähnelte, im Innern aber den Umbau Hamburgs vom »Gemeinwesen zum Profit-Center« aufs Korn nahm und von Initiativen in weiteren Stadtteilen berichtete. Proteste gegen Formen baulicher Aufwertung, die mit sozialer Verdrängung verbunden sind, regte sich auch in Hamburg-Altona, wo Ikea seine weltweit erste innerstädtische Filiale errichtete, auf St. Pauli, St. Georg und im Schanzenviertel. Im Ergebnis kaufte die Hansestadt, augenscheinlich anfällig für den Druck der öffentlichen Meinung, das Gängeviertel zurück. Doch dahinter steht auch ein gewisser Bürgersinn. Zudem ist das Misstrauen gegen Geschäfte mit menschlichem Grundbedarf, und dazu gehört nun einmal das Wohnen, gewachsen.

Bei manchen Stadtforschern und Kommentatoren allerdings gelten Gentrifizierungsgegner und Stadtteilaktivisten zugleich als Modernisierer und Modernisierungsgegner. Sie seien Täter, die sich als Opfer gerieren, meint etwa der Sozialwissenschaftler Andreas Thiesen: »Ihre Angst vor dem Verlust des Bestehenden, ihr Beharren auf räumlich akzentuierter ›Identität‹, ihr Pochen auf narrativ überlieferte Stadtteilkultur ist zutiefst provinziell und lokalistisch.« Die weitverbreitete Werthaltung, einem Tante-Emma-Laden stets den Vorzug zu geben gegenüber einer Uncle-Sam-Filiale, wäre doch zumindest ambivalent. Und es seien häufig die verbliebenen Kneipen der alteingesessenen Deutschen, die als Brutstätte des gepflegten Ressentiments bezeichnet werden können: »Das Erkämpfen sogenannter Freiräume im Kapitalismus war schon immer eine Illusion. Es gibt keine subkulturellen Nischen, zumindest keine, deren Gesellschaftskritik den inneren Zirkel einiger Ausgewählter verlassen würde. Man macht es sich gemütlich in seiner Wagenburg.« Doch wer sich gegen jede Art von Veränderung und Fortentwicklung sträube, der werde auch blind für mögliche Chancen und Alternativen, für bislang nur selten erprobte Formen der Einmischung, die eine emanzipatorische Perspektive eröffnen könnten: »Davon abgesehen wäre es reizvoll, die üblichen Praktiken subversiver Intervention auch in Wohnvierteln der Mittelklasse, also in unaufgeregten Stadtteilen, als umgekehrte Gentrifizierung zu erproben. Dies würde jedoch bedeuten, die eigenen Aktionsformen zu hinterfragen und den Stadtteil als antikapitalistischen Schutzhort aufzugeben.«[12]

Eigentlich sollte man aus ureigener Anschauung wissen, dass

in einer Metropole nun einmal nicht nur sozial Schwache wohnen. Und dass Widersprüche das Leben prägen, es sich viele Menschen aber nicht eingestehen wollen: solche, die »die zunehmende Segregation beklagen, aber ihre Kinder unter Gewissensbissen lieber doch nicht an eine Schule mit hohem Migrationsanteil schicken. Die der Meinung sind, dass zu einer Millionenstadt Urbanität, Lärm, Gewusel und Wolkenkratzer gehören, aber persönlich bald ins Grüne ziehen wollen. Menschen also, die mit einem Bein *bourgeoise* sind, Stadtbewohner mit partikularen Interessen, mit dem anderen *citoyen*, Bürger der Stadt, am Gemeinwohl interessiert. Die globalisierte Stadt bringt einen neuen Typus dieses *citoyen* hervor, der zugleich sein Geschöpf und Widerpart ist.«[13] Geht man zu weit, wenn man behauptet, dass eine vitale Stadtgesellschaft von pulsierenden Ökonomien und deren schöpferischer Zerstörung lebt? Die viel gerühmte Kreuzberger Mischung bestand ja gerade in der Fähigkeit, wirtschaftliche Dynamik mit kreativen Prozessen zu verknüpfen und Neuankömmlinge mit einzubinden. Klar aber ist: Das verläuft nicht immer kampflos.

Andererseits darf die Kritik an Gentrifizierung nicht mit Selbstabschottung und Touristenfeindlichkeit gleichgesetzt werden. Das wäre entschieden zu kurz gegriffen. Tatsächlich weist diese Entwicklung einen eisernen Kern auf, an dem man sich reiben muss, bis die Funken fliegen, weil nur so – irgendwann – eine gesellschaftliche Übereinkunft getroffen werden kann.

Wie weiter?

Die in diesem Kapitel angesprochenen Stichpunkte – Segregation und Multikulti, Gentrifizierung und Verdrängung – lassen sich *in nuce* auf einen uralten Konflikt rückbeziehen: die Dichotomie von Stadt und Land. Diese polarisiert seit Jahrhunderten. Sie steht für Gegensätzlichkeiten wie Fortschritt und Tradition, Wissenschaft und Religion, Aufklärung und Mythos, Profession und Improvisation, Liberalismus und Konservatismus, Pluralismus und Homogenität.

Dorfgemeinschaften und ihre spezifische politische Kultur sind höchst interessant. Die wohl vielschichtigste und anschaulichste Milieureportage über das Dorfleben der letzten Jahre ist keine Studie, sondern ein Roman – Juli Zehs *Unterleuten*. Der gleichnamige fiktive Handlungsort liegt in Brandenburg, keine 100 Kilometer von Berlin entfernt, doch könnte sich die Gemeinde, wie Zeh schreibt, »genauso gut auf der anderen Seite des Planeten befinden«. Denn: »Unterleuten war das reinste Panoptikum. [...] Man musste nur ein handelsübliches Dorf besuchen, um zu verstehen, was der gläserne Mensch tatsächlich war.« Das »Dorfauge« prägt das Miteinander. Die Menschen kennen sich, sie können die anderen einschätzen und haben klare Erwartungen, wie das Zusammenleben zu funktionieren hat. Manche schätzen am Landleben genau das. Dieser Anpassungsdruck wirkt verhaltensregulierend. Je nachdem, wie die politische Kultur vor Ort beschaffen ist, kann dies im besten Fall dazu führen, dass in kleinen Gemeinden eine beeindruckende Willkommenskultur entsteht. Im schlimmsten Fall kann das heißen: Die kulturelle – nicht quantitative – Dominanz von Fremdenfeindlichkeit, diese strikte Ablehnung von Integration, ist kaum zu brechen. Und Multikulturalität gilt als wahrhaftes Schreckensbild.

Wie weiter? Nachdem die Industriejobs mehr und mehr weggefallen sind, reden Politiker und Wirtschaftsexperten inzwischen gern davon, dass in der Kreativindustrie die Zukunft liege, dass jeder ein Künstler sein solle, irgendwie. Daran darf man freilich zweifeln. Man sieht es in Berlin, einer der größten jungen *creative cities* in Europa: Der Anteil der Sozialhilfeempfänger ist hier immer noch riesig, nur einige wenige können von Musik, Literatur oder Kunst wirklich leben. Es profitieren ein paar Hotels von dem bunten Ruf der Stadt und ein paar Immobilienspekulanten. Aber all dies bietet keine verlässliche ökonomische Zukunft für die »normalen« Anwohner.

Was hat das mit der Stadt und ihrer künftigen Ausprägung zu tun? Sehr viel. Allerdings muss man Rechenschaft darüber ablegen, was politisch und gesellschaftlich in den letzten Jahrzehnten eher falsch gelaufen ist. Insbesondere muss man sehen: Das Dilemma jeder Gesellschaftspolitik heute ist, dass sie es mit selbstgeschaffenen, aber oft nicht so gewollten Wirklichkeiten zu tun hat. Ganz evident im Bereich des Wohnens, zumal Privatisierung und Deregulierung, aber auch die aktuelle Mietentwicklung das erodiert haben, was der über ein Jahrhundert aufgebaute Bestand an gemeinnützigen Wohnungen einmal als gesellschaftliche Integrationsleistung geboten hat. Stadtplanung also hat – immer noch oder schon wieder – eine nicht zu unterschätzende Rolle. Doch braucht sie ein Bewusstsein, dass die räumliche Durchmischung oder materielle Aufwertung von Quartieren weder von heute auf morgen geschieht noch automatisch soziale Probleme löst. Die gesellschaftliche Wirklichkeit ist viel zu komplex, um sie gezielt planen zu können. Gleichwohl ist es wichtig, die äußerst engen Verknüpfungen zwischen räumlicher Planung, baulich-konzeptioneller Realisierung, der individuellen Sicht auf Nachbarschaft, Homogenität und Vielfalt immer wieder aufzurufen und zu hinterfragen. Dabei helfen fromme Wünsche und Ideologien nicht weiter. Das Motto »Es kann nicht sein, was nicht sein darf« bietet keine Handlungsanleitung. Letztlich entscheidet nicht das bauliche Ensemble über Integration und ein friedfertiges Miteinander im Anderssein. Ausschlaggebend sind die Menschen mit ihren Wünschen, Sorgen und Haltungen, welche wiederum stabile Komponenten wie auch variable aufweisen können. Um zu wissen, in welche Fallen man als Planer hier tappen kann, erscheint der heiße Draht zu empirisch verankerten Stadtsoziologen unerlässlich.

Stadtgestalt und Heimatgefühl

Das Vertraute und Wiedererkennbare, das physisch Fassbare, an das Erinnerungen geknüpft werden und welches Gefühle auszulösen vermag: In unserem kollektiven Gedächtnis ist all dies, so der Philosoph Maurice Halbwachs, unverzichtbar. Deswegen komme auch dem materiellen Aspekt der Stadt große Bedeutung zu, sei er doch für die affektive Bindung vieler Einwohner ausschlaggebend: Denn eine Mehrzahl der Stadtbevölkerung würde »zweifellos das Verschwinden einer bestimmten Straße, eines bestimmten Gebäudes, eines Hauses sehr viel stärker empfinden als die schwerwiegendsten nationalen, religiösen, politischen Ereignisse«.[1]

Gerade die historischen Altstädte spielen in der zeitgenössischen Gesellschaft eine große Rolle. Egal, in welche Stadt man reist, der erste Weg führt fast immer zum historischen Stadtkern. Dort liegen die Anfänge. Man kann Altstadt sogar als einen Ort verstehen, an dem eine kollektive Vergangenheit konstruiert wird. Damit Menschen in einer Gemeinschaft sich darüber verständigen können, was sie von ihrer Zukunft erwarten, müssen sie wissen, was sie miteinander teilen, was die Grundlage ist, von der aus sie Zukünftiges projizieren. Der größte Teil der Vergangenheit liegt außerhalb des persönlich Erlebten. Ist die Altstadt nicht eines der Instrumente, um sich einer potentiell gemeinsamen Vergangenheit zu vergewissern?

Jedenfalls mag es der Mensch, sich von Geschichte umgeben zu bewegen, weil es ihm das Gefühl vermittelt, Teil dieser Geschichte zu sein. Man nennt das Geborgenheit. »Menschen sind zu ihrem Wohlbefinden auf eine differenzierte und ästhetisch ansprechende Umwelt angewiesen.« Gerade Altstadtareale werden vielfach positiv bewertet, seien sie doch »gleichsam abgekoppelt von heutiger Realität« und »geraten damit zu zeitlosen, von Belastungen der Gegenwart scheinbar mehr oder weniger losgelösten Gegenwelten«. Diese Gegenwelt wiederum ist »nicht nur der Ort eher passiven Wohlbefindens, sondern vermag zugleich auch Raum beschwingter Lebendigkeit, von Entdeckungsfreude, von spielerisch gearteten Aktivitäten zu sein«.[2]

Und ein Geborgenheitsbaustein ist eben die Architektur. Sie ist, wie es der amerikanische Theoretiker Karsten Harries formuliert, »nicht nur um den domestizierenden Raum herum. Sie ist auch eine große Schutzmaßnahme gegen den Terror der Zeit.«[3] Der Wunsch nach festen Bezugspunkten wird durch den Prozess der fortschreitenden Individualisierung, der Pluralisierung der Lebensstile, der Ausdifferenzierung der Milieus nicht etwa verringert, sondern eher noch verstärkt. Selbst wenn wir im urbanen Kontext leben – also irgendwo in Dortmund oder München, in Köln oder Stuttgart –, dann reden wir häufig davon, dass wir »in die Stadt gehen«. Und wir meinen damit, ganz selbstverständlich, die Innenstadt. Sie bietet uns eben das, was wir sonst nirgendwo so recht finden können: Sie ist lebendig, offen und vielfältig in ihrer Gestaltung und Nutzung. Sie steht für Einmaligkeit, Charakter und Authentizität. Und sie ist – wenigstens idealtypisch – ausgestattet mit einer symbolischen Kraft.

Von dieser Prägekraft ist im normalen Stadtalltag allerdings wenig zu spüren. Weithin gesichtslose Neubauten, dominante Verkehrsschneisen, Lärm und Stau, disperse und ausgefranste Raumsituationen. Die Forderungen von Le Corbusier zur Trennung der verschiedenen Nutzungen in der Stadt und die heute vorherrschenden Gestaltungsprinzipien der Moderne führten zur Unterbrechung des kritischen Dialogs zwischen Stadtgeschichte und Stadtgestaltung. Die Anbetung einer puren Zweckrationalität beziehungsloser Einzelbauten mit annähernd normierter Gestaltung ihrer Fassaden ist eine Folge dieser Moderne. Derartige Siedlungen lassen sich in Mitteleuropa in allen Agglomerationen rund um die historischen Städte finden. Diese neuen Siedlungen sind sich in der Regel zum Verwechseln ähnlich. Wenn wir die Menschen fragen würden, ob sie in den heutigen Gebäuden mit ihren glatten Fassaden und fehlenden stadträumlichen Bezügen gern wohnen, würde

Ein Heimatgefühl im städtischen Kontext ist so ohne Weiteres nicht zu haben. Die Engpässe auf dem Wohnungsmarkt etwa könnten dazu führen, dass nun (wieder) auf eine Art gebaut wird, die Identifikation und Ortsbindung erschwert. Der berühmte Tokioter Kapselturm von Kisho Kurokawa – jener ingeniöse Versuch von 1972, mit vorfabrizierten Wohnzellen eine kurzfristigem Bedarf dienende Wohn- oder eher Schlafmöglichkeit bereitzustellen – ist dafür ein bildhaftes Beispiel. Durchgesetzt hat sich die Idee dankenswerterweise nicht; heute steht der Tower kurz vor dem Abriss.

wohl eine Mehrheit dem Wohnen in historisch geprägten, raumbildenden Stadtteilen mit ihren vielfältig nutzbaren Häusern und Innenräumen den Vorzug geben – was im Übrigen der Wohnungsmarkt tausendfach bestätigt.

Unsere heutige Gesellschaft hat offenkundig vergessen, dass es eine Verwandtschaft zwischen den Formen der künstlerischen Gestaltung und den Formen des Sozialen gibt. Diese hat der Kunsthistoriker Sigfried Giedion einmal sehr schön dargelegt: »Stadtbau wie Demokratie, die diesen Namen wirklich verdienen, liegt dieselbe Einstellung zugrunde: die Herstellung des Gleichgewichts zwischen individueller Freiheit und kollektiver Bindung. Mit anderen Worten: Der Stand einer Kultur hängt davon ab, bis zu welchem Grad eine chaotische Masse in eine integrierte, lebendige Gemeinschaft verwandelt werden kann.«[4] Wenn man die Stadt weiterentwickeln will, so impliziert das die Frage, was Gestaltung ist, und wie sie Anmutungsqualitäten mit Alltagstauglichkeit verbindet.

Wider die Verarmung der Sinne

Es ist nicht zu übersehen, dass die visuell wahrgenommene Welt einem »Abstrakt- und Indirektwerden« unterliegt: Künstliche Weltbilder, produziert in elektronischen Medien, wie in den Navis im Auto, verzerren unsere »natürlichen« inneren Repräsentationen von Stadt und tragen dazu bei, dass die »natürliche« Orientierungsfähigkeit verkümmert und so eine wichtige, uralte Kulturtechnik verlorengeht. Dieser vielfältige Prozess der Abstraktion verändert unser Verhältnis zur Stadt. Das Verhältnis wird immer indirekter, die verschiedenen Sinne – biologisch hoch entwickelt, aber kulturell unterernährt – verkümmern. Damit geht auch der Verlust des Gefühls für den »gelebten Raum« einher, also das Gefühl für Tauglichkeit und Einladung zu Begegnungen und geselligen Aktivitäten, für Atmosphären und für ästhetische Wahrnehmung. Vermutlich ist diese wachsende, sich ausweitende Abstraktion mitverantwortlich für die allgemeine Gleichgültigkeit gegenüber den beispielsweise verhängnisvollen Auswirkungen unserer Art des Wirtschaftens. Vielleicht erklärt sich so auch der Rückzug in die Welt der elektronischen Bilder und Spiele sowie in die Illusionswelt des Tourismus. Doch wenn die Stadtbewohner ihren emotionalen Zugang zur Stadt verlieren, dann werden ihnen auch unzweifelhaft notwendige technische und strukturelle Reformen gleichgültig bleiben. Deshalb muss der künftige Urbanismus mit einer emotionalen Berührung einhergehen.

Architektur ist etwas, an dem die meisten Menschen nichts ändern können oder wollen. Sie wird ihnen einfach vor die Nase gesetzt, sie wachsen darin auf und empfinden das gewohnte Umfeld zumeist als völlig normal. Ist diese Normalität zugleich die Basis für eigene Urteile? Was prägt eigentlich unsere Wahrnehmung von Raum? Welche Vorstellungen, Wünsche und Ideale übertragen wir auf Bauten und Stadtbilder? Es mag schwer sein, darauf endgültige Antworten zu formulieren. Notwendig für eine bessere Zukunft ist eine Stadtwahrnehmung, wie sie vor vielen Jahren bereits der Kunsthistoriker und Kurator Janos Frecot eingefordert hat, nämlich ein Bild der Stadt als Lebendiges, als Gestalt und Geflecht. »Wenn wir Leben nicht als Meßlatte für buchbare Erfolge, wenn wir Wissenschaft weder als Faktenakkumulierung noch als abgehobene Ideengeschichte, sondern als Teil des Geflechts aus Hoffnung, Angst und Traum erfahren haben, werden wir die Stadt als leibliche Gestalt erleben.«[5]

In diesem Zusammenhang spielt der Begriff der Atmosphäre eine eminent wichtige Rolle. Gemeint ist damit etwas, das sich im Zwischenraum von architektonischer Objektwelt (was aus dem Arrangement der Dinge strahlt) und subjektivem Raumerlebnis (dem Reflex von Stimmungen und Affekten) konstituiert. Denn in der Wahrnehmung und Erfahrung von Orten und architektonischen Objekten geht es nicht allein um objektive Tatbestände (nicht um ein »An sich«), sondern um deren Wirkungsweisen für das Subjekt (um das »Für sich«). All unsere Erfahrungen spielen sich in Räumen ab – und zwar nicht allein in der Realität des Sichtbaren und Messbaren, sondern auch in den flüchtigen Räumen der Vorstellung, der Erinnerung, der Assoziation. So wie jeder dialogische Prozess auslösende Momente braucht, an die sich eigene Erfahrungen und Einfälle heften können. Atmosphären zeigen sich im unmittelbaren Jetzt und sind – jenseits der *hard facts* – von lediglich temporärer Signifikanz. Was Leon Battista Alberti im 15. Jahrhundert propagierte, nämlich dass Licht und Schatten den Raum verzaubern, gilt noch immer.

Menschen haben Teil an Atmosphären mit Leib und Wesen. Man betrachtet die Welt nicht bloß von außen, sondern ist gleichzeitig mittendrin. Eine grandiose Sinfonie mit zahllosen Orchestergruppen, die in den prächtigsten Wirkungsfeldern miteinander interagieren – das ist die menschliche Verkehrsform. In seinem – mittlerweile zum Klassiker avancierten – Buch *Atmosphäre* hat der Philosoph Gernot Böhme festgehalten: »In der Wahrnehmung der Atmosphäre spüre ich, in welcher Art Umgebung ich mich befinde. Diese Wahrnehmung hat also zwei Seiten: auf der einen Seite die Umgebung, die eine Stimmungsqualität ausstrahlt, auf der anderen Seite ich, indem ich in meiner Befindlichkeit an dieser Stimmung teilhabe und darin gewahre, dass ich jetzt hier bin.«[6] Die Atmosphäre ist auf eine unbestimmte Art in den Raum gegossen. Nachgegangen werden kann ihr nur, indem sie erfahren wird. Man muss sich ihr aussetzen und affektiv von ihr betroffen sein. Es mag in einem Raum eine gewisse heitere oder eine bedrückende Stimmung herrschen; diese wird in der Regel als quasi objektiv äußerlich erlebt. Im Böhme'schen Sinn wäre Atmosphäre so etwas wie ein gemeinsamer Zustand des Ichs und seiner Umwelt.

Doch das gilt nur situativ. Denn Wirklichkeit ist immer nur ein Ausschnitt, und sie ist stets mit Eigen- und Fremdpräsenzen verbunden. Um hier auf die Rolle der Architektur zu sprechen zu kommen: Abstrakte Schönheit und kühle Rationalität herzustellen war, zumindest implizit, eine Absicht der klassischen Moderne. Ein Vorsatz jedoch, der sich mit den Grundbedürfnissen des Menschen nicht recht zu vertragen scheint. In der dünnen Höhenluft ästhetischer Sphären hält es der Normalbürger nicht lange aus. Die Architektur wecke Stimmungen, postulierte der berühmte Wiener Baumeister und scharfzüngige Kritiker Adolf Loos, weshalb es die Aufgabe des Architekten sei, diese Stimmungen zu präzisieren. Die Entwerfer und Erbauer täten gut daran, diesen Ratschlag mehr zu befolgen. Es liegt an der seelenlosen Perfektion industrieller Produktionsweisen von Aluminiumfenstern, Glastüren und Stahlmöbeln, es liegt an den computerisierten, seriellen Entwurfsmethoden, die Standardlösungen leicht machen und individuelle Ideen zwar nicht gerade verhindern, aber eben unnötig werden lassen.

Aufgrund ihrer überwiegend konzeptionellen und formalen Ideale tendiert die zeitgenössische Architektur dazu, Umgebungen für das Auge zu schaffen, die in einem einzigen Moment entstanden zu sein scheinen und ein Empfinden mangelnder Lebendigkeit auslösen. Die moderne Baukunst strebt danach, eine Aura von Alterslosigkeit und ewiger Gegenwärtigkeit zu vermitteln. Die Ideale von Perfektion und Vollständigkeit entfernen das architektonische Objekt gewissermaßen von der realen Zeit und Nutzung. Infolge der Vorstellung zeitloser Perfektion sind unsere Gebäude anfällig für die negativen Auswirkungen von Alterung, Sonne, Wind und Regen: Sie sind sozusagen der Rache der Zeit ausgesetzt.

Demgegenüber hat das Erzeugen von Atmosphären mit Theater zu tun, mit dem Wissen um inszenatorische Wirkungen von Licht, Farben und Materialien. So beschäftigten sich die Gartenarchitekturtheoretiker des 18. Jahrhunderts mit der Anlage und Wirkung englischer Gärten, die ja nicht wie der französische Garten auf die Ratio, sondern auf das Gemüt wirken sollten. Sie versuchten, sich in die Menschen hineinzudenken und durch die Anlage stimmungsvoller Lichtungen, abwechslungsreicher Wege und lauschiger Plätzchen erlebnisreiche Szenerien zu schaffen. »Die soziale Welt, die eine Welt voller mal gepflegter, mal verleugneter Unterschiede ist, bedient sich der Architektur, der Gestaltung von Räumen und der Ausgestaltung des Interieurs, um auf Unterschiede aufmerksam zu machen und zu signalisieren, welche Klientel willkommen ist und welches nicht. So ist zum Beispiel längst bevor man einen Blick auf die Speisekarte und die Preise eines Restaurants werfen kann, in aller Regel klar, ob das Restaurant zu einem passt oder nicht.«[7]

Ganz in diesem Sinne beschrieb Richard Sennett eine Geschichte der Stadt, gespiegelt durch die körperlichen Prägungen der Menschen. Für ihn ist die Stadt ein Deutungsraum nicht nur in Hinblick auf Macht, Herrschaft und soziale Praktiken, sondern in Bezug auf die Parallelität von individuellem und kollektivem Verhalten. In der Stadt wird gestaltet, was an Körperlichkeit gelebt und interpretiert wird. Im DDR-Plattenbau etwa spiegelt sich die »allseits gebildete sozialistische Persönlichkeit« wider, die untergebracht sein will und das Individuelle der Funktionalität des Systems unterordnet. Was Sennett jedoch eigentlich zu seinem Buch angeregt hatte, war die – aus seiner Sicht – »Verarmung der Sinne, die das moderne Bauen wie ein Fluch zu verfolgen scheint; die Dumpfheit, Monotonie und taktile Sterilität, die schwer auf unserer städtischen Umgebung lastet.«[8]

Dabei besitzen wir doch eine erstaunliche Fähigkeit, die Atmosphäre eines Ortes oder Raumes zu erfassen. In Städten, Landschaften oder Räumen erkennen wir deren Wesen und Eigenschaften in Sekundenbruchteilen, noch bevor wir andere Details erfasst oder begriffen haben. Tatsächlich scheint unsere Wahrnehmung der Umgebung vom Ganzen zu den Einzelheiten zu verlaufen und nicht, wie oft behauptet, umgekehrt. Im letzten Jahrhundert strebte die moderne Architektur nach Perfektion in Raum, Form und Detail, wobei die Gesamtatmosphäre in den Hintergrund rückte. Das Element von Zeit und Dauer, kombiniert mit dem Gespür für menschliches Leben, ist deutlich enger mit peripheren, unbewussten atmosphärischen Erfahrungen verbunden als mit der fokussierten und bewussten Wahrnehmung von Formen.

Atmosphäre ist schon deshalb ein zentraler Begriff, weil er ein aktuelles Defizit benennt. Denn es sind nicht ideale Proportionsverhältnisse wie der Goldene Schnitt und nicht der metrische, euklidische Raum, die den Menschen anrühren. Es ist der Ort mit seinen Beziehungen und seiner Aura, der alle Sinne anspricht. Es ist der akustische Eindruck, die Stimmung des Lichts, der Farbe und der Materialien mit ihren sinnlichen Qualitäten, die zum Anfassen, Anfühlen animieren. Eine solch poetische Formulierung bringt aber auch ein über die Jahrhunderte ausgebildetes westliches Stadtverständnis ins Spiel, das von der Prägekraft von Raumfiguren auf stadtgesellschaftliche Wirklichkeit ausgeht. Der Dichter Joseph Brodsky schrieb einmal: »Es scheint, als reagiere der Raum – in dem Bewusstsein, der Zeit unterlegen zu sein – mit der einzigen Eigenschaft, die der Zeit fehlt: mit Schönheit.« Wahr jedenfalls ist, dass in der Architektur die Fähigkeit zur Kooperation im Ensemble eine unabdingbare Voraussetzung für höhere Qualität darstellt. Und zwar nicht einfach nur im Sinne der umgebenden Bebauung, sondern im Sinne eines architektonischen Raums, der das menschliche Leben behaust.

Die Piazza Tartini in Piran (Slowenien) stellt, nach seiner Umgestaltung durch den Wiener Architekten Boris Podrecca Ende der 1980er Jahre, für viele Fachleute so etwas wie das Idealbild eines Stadtraums dar, der gleichermaßen der lokalen Historie verpflichtet als auch zeitgenössischen Aneignungsformen gegenüber offen ist.

Allerdings muss man sehen, dass der Begriff Atmosphäre heute gern auch anderweitig vereinnahmt wird: nämlich als Grundbegriff des Entwerfens von postmodernen Gesamtkunstwerken, in denen Architektur mit anderen Disziplinen – etwa Szenographie oder Mediendesign – so verquickt wird, dass sie einmünden in die Konfektionierung von öffentlichen Raum-Bühnen. Doch um die Propagierung solch konsumstrategischer Ansätze ist es hier gerade nicht zu tun. Zumal sich – gerade in der Dimension städtischer Phänomene – Atmosphäre nur allmählich, über lange Prozesse aufbaut.

Wie ein unsichtbares Gewebe liegt die Erinnerung an vergangene Situationen oder die Hoffnung auf mögliche Qualitäten über der gebauten Stadt. Diese mentalen Bilder sind bei jedem Bewohner anders – je nach Alter und Biographie. Doch das macht sie nicht weniger real, denn aufgrund dieser Bilder werden täglich Entscheidungen beim Durchqueren der Stadt getroffen, und häufig finden sich Gemeinsamkeiten bei den »inneren Bildern« der Bewohner. Wie kann man diese »kollektive Intelligenz«, diese verborgenen – manchmal verlorenen, manchmal möglichen – Qualitäten eines Ortes sichtbar machen? Wie kann man sie vermitteln? Und wie kann man das daraus Gewonnene am Ende gestalterisch umsetzen? Auf solche Fragen gilt es überzeugende Antworten zu finden, wenn man die Stadt der Zukunft entwerfen will.

Zwischen Bewahren und Verändern

Jene Vision für eine wahrhaft lebenswerte Stadt – als Ort der Begegnung von Menschen, Wirtschaft, Kunst und Kultur –, die August Endell vor gut 100 Jahren veröffentlichte, trug den suggestiven Titel »Die Schönheit der großen Stadt«. Zwar hatte der renommierte Jugendstil-Architekt an der von ihm erlebten Realsituation viel auszusetzen. »Die Plätze sind leere Räume ohne Größe und ohne Form, die Häuser fügen sich den Straßen nicht ein, sind laut, aufdringlich und doch ohne Wirkung. Zwischen Haus und Straße findet sich kein Zusammenhang.« Aber seine kunstphilosophische Betrachtung implizierte eine große Zukunftsperspektive; und er setzte auf Kräfte, »die langsam beginnen, das bewußt zu gestalten, was bis dahin Zufall und blinde Notwendigkeit achtlos und ohne Liebe gehäuft hatten«.[9]

Doch augenscheinlich war seine Hoffnung trügerisch, und auch die angerufenen Kräfte vermochten sich nicht recht durchzusetzen. Heute muss man konstatieren, dass eine Vielzahl verschiedener Akteure unterschiedliche Ansprüche an den Raum formuliert, und zwar so selbstbezogen wie synchron. Sie äußern sich beispielsweise in unternehmerischen Standortentscheidungen, Logistikkonzepten von Großverteilern, bodenrechtlichen Spezifikationen, verkehrsinfrastrukturellen Vorhaben, regionalplanerischen Leitbildern, wohnsoziologischen Präferenzen, Arbeitsmarktentwicklungen etc. Diese Aufzählung wäre unschwer zu verlängern. Eine gemeinsame Wirkung lässt sich aber weder abschätzen noch unter Kontrolle bringen.

Nicht zuletzt deshalb ist der sinnliche Eindruck, den unsere heutigen Städte vermitteln, nicht besonders befriedigend. Allzu oft sind wir mit einem unbändigen Konglomerat maßstäblich nicht korrespondierender Bauten konfrontiert: am Bahnhof gähnende Ödnis; die wichtigsten Straßen eher Ausfallschneisen denn Boulevards, Stadtplätze ohne klare Fassung, dafür mit einem byzantinischen Gewimmel um Fress- und sonstige Buden. Und etwas weiter draußen entweder ein durch Lärmschutzwände abgeriegeltes Gewerbegebiet oder eine atemberaubende Mischung aus heruntergewirtschafteten Wohnhauszeilen, Müllcontainern, wild parkenden Autos und zugenagelten Geschäftsbauten. Viele urbane Situationen wirken abweisend oder hinterlassen einen chaotischen Eindruck. Nach wie vor herrscht eine auf die Optimierung einzelner Funktionen ausgerichtete räumliche Organisation. Und weil deren Vernunft sich an den immer gleichen Kriterien orientiert – nämlich Minimierung der Kosten und Maximierung der Nutzbarkeit –, entstand und entsteht überall etwas strukturell Ähnliches; das Besondere von Orten im Sinne von Anmutungsqualität und Identitätsbildung schmilzt hinweg.

Dieses Besondere hat viel mit dem Vorhandenen, dem allmählich Gewachsenen, dem Überlieferten zu tun. In der zeitgenössischen Debatte wird das kurz der (bauliche) Bestand genannt und meint keineswegs nur Denkmale. Insoweit ist das Wechselverhältnis von Bewahren und Verändern mitnichten eine retrospektive Angelegenheit, sondern ein zentraler Faktor für die Zukunft des Urbanen. Verdichtung, Veränderung und Nutzungswandel – hier sei nur auf die virulente Wohnungsfrage verwiesen – üben heute einen gewaltigen Druck auf die vorhandenen Baulichkeiten aus, die rund 80 Prozent unserer Städte ausmachen. Doch die vorhandenen Strukturen setzen der Veränderung einen Widerstand entgegen, der etwa ihrem Marktwert, ihrem politischen und kulturellen Wert oder den Kosten ihrer Beseitigung entspricht. Es sind sehr große technische, rechtliche und finanzielle Mittel – abgesehen vom Zeitaufwand der Vorbereitung und Durchführung – nötig, um intakte Strukturen grundlegend zu ändern. Deshalb sind die Veränderungsraten – außer in ausgesprochenen Boomzeiten, wie sie gerade heute einige Städte in Deutschland erleben, oder in autoritären Verhältnissen – in der Regel im Verhältnis zur Strukturmasse klein.

Hier zeigt sich *in nuce* das Kernproblem urbaner Fortentwicklung. Denn an der Art und Weise eines gelingenden Zusammenspiels zwischen dem, was da ist, und dem, was zusätzlich nötigt ist, bemisst sich die Zukunftsfähigkeit städtischer Strukturen. Recht besehen schlägt die derzeitige Renaissance des Begriffs Gemeinwohl dabei ebenso zu Buche wie die seit längerem ins Feld geführte Forderung nach Baukultur. Dummerweise aber erschöpfen die politischen, wirtschaftlichen und planerischen Aktivitäten sich jedoch häufig darin, die Innenstädte mit historisierenden Fassaden zu schmücken, während daneben die banalen Hüllen der Shopping Malls, Entertainment-Center und Multiplexe sprießen.

»Gut, nur selten werden in der City denkmalgeschützte Häuser zerstört. Doch bleibt bei Sanierungen meist nur die Fassade stehen, der Rest wird ausgeweidet. In der Karolinenstraße, am Rand der City, haben die Architekten einen alten Backsteinbau geradezu vergewaltigt, er wurde halb aufgeschnitten und dann einem ondulierten Messegebäude einfach einverleibt. Auch sonst ist es durchaus üblich, feingliedrige Sandsteinfassaden mit monströsen Aufbauten zu versehen, die mal wie Bienenkörbe, mal wie Volieren aussehen – und immer störend ins Auge fallen. Wenn man die Stadt als Körper begreifen will, dann ist Hamburg kaum mehr als eine Anhäufung zerstückelter Gliedmaßen. Nichts will sich mehr fügen, nichts mag mehr recht zusammengehören. Fremd stehen sich die Bauten gegenüber, lauter Egoisten, die nur das Selbstgespräch kennen. Von dem lebendigen Miteinander, das diese Stadt einmal ausmachte, scheinen sie nie gehört zu haben.«[10]

Das Vorhandene gilt im Zweifel wenig; es wird nicht *kultiviert*. Dass das unzureichend ist, hat der spanische Autor Antonio Muñoz Molina folgendermaßen in Worte gefasst: »Eine Stadt vergißt man schneller als ein Gesicht: Reue oder Leere bleiben, wo vorher die Erinnerung war, und wie ein Gesicht, bleibt auch die Stadt nur dort unvergessen, wo das Bewußtsein sie nicht verschleißen konnte.«

Eigentlich sind Stadtplanung und Denkmalschutz eine Gemeinschaftsaufgabe. Aber schon die Formulierung eines solchen Anspruches deutet an, dass dieses Zusammenspiel im Alltag wohl nicht immer rundläuft. In diesem Kontext wäre zudem auf etwas hinzuweisen, was der renommierte Archäologe Salvatore Settis – so etwas wie das kulturelle Gewissen Italiens – das »Paradox der Konservierung« genannt hat. Dieses Paradox bestehe darin, »dass nichts erhalten bleiben noch überliefert werden kann, wenn es unbeweglich verharrt«. Tradition ist demnach nichts anderes als ein ständiges Sich-Erneuern.

Es ist bezeichnend, dass die deutsche Sprache die Begriffe Altbau und Neubau kennt, die zwei bestimmte Welten meinen, zwei alternative Stadttypen, zwei soziale Systeme. Aus der Immobilienbranche wird häufig von Bauinteressenten berichtet, die danach fragen, ob sie nicht einen schönen Altbau realisieren könnten. Obgleich das unsinnig ist und heutige Normen und Regeln das kaum zulassen, sollte man diese Nachfrage ernst nehmen, weil sie implizit den Verlust von städtischen Qualitäten thematisiert. Es gibt – auch beim Planen und Bauen – ganz offensichtlich den Wunsch nach festen

Bezugspunkten. Und der wird durch den Prozess der fortschreitenden Individualisierung, der Pluralisierung der Lebensstile, der Ausdifferenzierung der Milieus nicht etwa verringert, sondern eher noch verstärkt. Sich auf das gebaut Vorhandene zu stützen kann hier äußerst hilfreich sein.

Aber das erfordert eine gemeinsame Wertediskussion und kann nicht in die Haltung einmünden, dass alles zum Denkmal wird. Zudem gilt es, sich auf das Einmalige zu besinnen und das Vorhandene zu stärken, anstatt Verlorenes zurückzuholen. Deshalb ist es umso wichtiger, eine vermittelnde Position einzunehmen zwischen den mitunter als Antipoden daherkommenden Sphären der Stadtplanung und des Denkmalschutzes (die indes in der Diskussion auch einmal als »Zwangsgemeinschaft« apostrophiert wurden). Wir sind es in dialektischer Tradition offenbar nicht gewohnt, das Sowohl-als-auch zu denken oder gar zu akzeptieren – vor allem nicht im beharrlichen Metier von Architektur und Stadt. Dabei ist es doch eigentlich so: Man kann Gegner mancher Rekonstruktionen (der Wiederaufbau des Berliner Schlosses hat ja offenkundig weniger Anhänger als der Nachbau der Dresdner Frauenkirche) sein – aber andere gutheißen und zugleich die Leistungen der Vorfahren schätzen oder für einen Altbau mit Herzblut kämpfen. Man kann im Altbau leben – und zugleich von den Panoramafenstern der sechziger Jahre begeistert und Freund des Waschbetons sein. Daraus darf man schließen, dass es viel zu selten um Differenzierung, um das Aushalten von Widersprüchen in einer Kontinuität, die Moderne und Tradition verbindet, geht. Und Denkmalpflege ist keineswegs allein eine Strategie im Umgang mit Zeugnissen der Vergangenheit, sondern kann zugleich eine tragfähige Zukunftsstrategie darstellen.

Unbestritten ist der bauliche Bestand ein unverzichtbarer Teil des kulturellen Erbes, und das wiederum bildet unter heutigen Bedingungen ein »glokales Identitätslabor«. Sich mit dem Bestand zu beschäftigen heißt so viel wie die Reset-Taste drücken. Den Begriff kennt jeder aus der Computersprache. Wenn man ihn rückübersetzt in den Lebensalltag, dann heißt das in etwa: Es geht um das Wiederherstellen eines neuen

Funktionszustandes unter Rückgriff auf systemimmanente Elemente und Routinen. Im Fokus stehen hier nicht nur das einzelne Gebäude, sondern insbesondere städtebauliche Zusammenhänge. Dabei sind es insbesondere zwei Fragen, mit denen man sich beschäftigen muss: Wie kann man bestehenden städtischen Räumen zeitgemäße Programmierungen einschreiben? Und wie können dabei immanente, bisher vielleicht kaum beachtete Qualitäten freigesetzt und für eine nachhaltige Gestaltung und Konzeption der Stadt von morgen fruchtbar gemacht werden? Eigentlich stellen diese beiden Hypothesen das traditionelle Planungsverständnis auf den Kopf. Denn üblicherweise formuliert Planung zuerst ein (beabsichtigtes) Ergebnis, um im zweiten Schritt zu überlegen, wie dieses erreicht werden kann. Hier dreht sich das Verhältnis um, weil zunächst gefragt wird, wie eine Entwicklungsdynamik entfaltet werden kann, ohne gleich einen idealen Endzustand zu definieren. Das Problem beginnt im Kopf. Zumal in der Stadtentwicklung die Chancen eines prognostizierten Systemwechsels – aus der Warte fortlaufender technologischer Innovation heraus – häufig überschätzt und Qualitäten und Anpassungsmöglichkeiten des Bestandes unterbewertet werden. Hier braucht es ein Umdenken, eine andere Mentalität.

Damit steht letzten Endes die Forderung im Raum, in der Stadtentwicklung eine Politik kluger Ressourcennutzung einzufordern – auch jenseits jenes relativ kleinen Bestandes von Gebäuden, die durch das besondere Prädikat der Denkmalwürdigkeit ausgezeichnet werden. Ein gesellschaftlich begründeter Paradigmenwechsel – weg von der marktwirtschaftlich orientierten Schnelllebigkeit im Lebenszyklus von Architektur hin zu einer neuen Wertschätzung der Dauerhaftigkeit – wäre notwendig, um die Nachhaltigkeit in der Baukultur allgemein zu fördern. Um dies zu erreichen, wird indes die Denkmalpflege ihren Zielkatalog erweitern müssen; insbesondere, weil sie eine Mehrfachrolle und Wirkung besitzt: Als kulturelles Signal und Katalysator, als Ort für sozialen Austausch, für die Erhöhung der Attraktivität von Regionen und Orten sowie als ökologisches Vorbild. Diese gesellschaftlichen und wirtschaftlichen Potentiale der Denkmalpflege wurden bisher kaum abgerufen oder entwickelt, und wenn, dann wurden sie nur lokal umgesetzt – wie etwa zur Tourismusförderung an Stätten des Weltkulturerbes. Mit anderen Worten: Die Denkmalpflege kann in dem – vor allem in den letzten Jahren gewandelten – größeren Arbeitsfeld historisch-städtebaulicher Zusammenhänge des baulichen Bestandes nur dann effektiv werden, wenn sie gleichrangig neben Wirtschafts-, Sozial- und Verkehrsplanung als wesentlicher Bestandteil einer interdisziplinären Aufgabe verstanden wird – aber sich auch selbst so versteht. Wie es beispielweise in Bayern der Fall ist, wo kommunale Denkmalkonzepte integraler Bestandteil übergeordneter Planungen sind.

Ein wesentliches Merkmal von Städten ist ihr Grundriss. Er stellt so etwas wie den genetischen Code der Stadt dar und zeigt an, nach welchem Muster die elementaren Bausteine der Stadt angeordnet sind. Zwar stellt sich die Frage, ob die mit diesem Muster weitgehend festgelegten Eigenschaften nur für die (erweiterte) Innenstadt relevant oder überhaupt nur aus ihr beziehbar sind. Gleichwohl aber kommt den Stichworten »revitalisierender Städtebau« und »protektive Erneuerung« eine zentrale Brückenfunktion zwischen Stadtentwicklung und Denkmalschutz zu. Wobei man sie nicht als (vermeintlich) klare planerische oder bauliche Handlungsanweisungen missverstehen darf. Denn sie bieten – ja fordern – im Einzelfall vielerlei Optionen und Auslegungen. Gerade darin aber liegen Chancen begründet, da sich eine apodiktische Grundhaltung gleichsam verbietet. Denn die erhaltenswerte Bausubstanz mit ihrer historisch-kulturellen Aufladung fort- und zugleich eine den aktuellen Lebensbedingungen angemessene Modernisierung durchzuführen: Dies stellt eine dialektische Einheit dar, deren Antipoden nicht einseitig betont beziehungsweise vernachlässigt werden dürfen. Die modern verstandene Denkmalpflege im Sinne der Deklaration von Amsterdam (1975), nämlich die Erhaltung des baulichen Erbes als integraler Bestandteil des Städtebaus und der Regionalplanung, muss noch stärker Eingang in die Stadtentwicklungsplanung finden. Die Denkmalpflege ist daher gut beraten, den ihr immer noch eng gesteckten Rahmen des Objekt- und Bereichsschutzes zu verlassen – entsprechend den Erfordernissen einer Gesamtstadtplanung.

Wie weiter? Der Blick zurück kann uns nicht sagen, was wir in Zukunft tun sollen. Aber er erinnert uns daran, was womit zusammenhängt, und wo wir, wenn wir das eine tun, dazu gezwungen sein werden, das andere nicht zu lassen. Denkmalschutz muss viel mehr beinhalten als die Sorge um die Rettung einzelner Traditionsinseln, die meistens in keiner Beziehung mehr stehen zum sozialen Geflecht der übrigen Stadt. Er ist deshalb einzubetten in ein strukturelles Gesamtkonzept, das die Verteilung der Standortqualitäten und der Entwicklungskräfte innerhalb des Stadtgefüges steuert.

Viel zu lange wurde beim Stadtumbau die Idee des gesellschaftlichen Fortschritts an die Semantik neuer urbaner Layouts geknüpft und die Eigendynamik gewachsener Strukturen negiert. Zudem kultiviert man in der Regel den Gegensatz: Hier die Rationalität des Fortschritts, dort appellative Nostalgie. Doch die Wahrheit liegt dazwischen, nämlich darin, Alt und Neu gemeinsam in ihr Recht zu setzen, in einer Synthese auf der Basis einer fallweisen Filterung. Gerade weil es heute mehr denn je um das Problem der »bestehenden Stadt« – und nicht um ihre Neuerfindung – geht, sind Lösungen nur möglich, wenn wir uns nicht nur um die Dinge kümmern, die zu konsolidieren und zu retten sind, sondern auch um die Demolierungen, Veränderungen und neuen Verwendungsmöglichkeiten. Denn die im Laufe der Geschichte erbaute Stadt ist das Material, aus dem die urbane Zukunft geformt werden wird.

Andererseits gilt der berühmte Satz des früheren Bundeskanzlers Willy Brandt: Wer das Bewahrenswerte erhalten will, der müsse verändern, was der Erneuerung bedarf. Weil nun aber die Gesellschaft insgesamt – respektive die in ihr stattfinden Veränderungen (ob in den Wirtschaftsformen oder den Mentalitäten) – letztlich darüber bestimmt, was angepasst, modernisiert, neu interpretiert werden muss, kann es nicht allein Sache der Denkmalpflege sein, allgemein verbindliche Standards vorzugeben. Ohnedies sind situations- und standortspezifische Lösungen eher gefragt als eine allumfassende normative Vorgabe.

Gleichwohl braucht die Stadt im gleichen Maße Regeln wie die Gesellschaft eine Verfassung. Statt sie bei jedem auftretenden Problem neu zu fassen oder aber als Kulturgebilde aufzugeben, wäre strukturell an Bewährtes anzuschließen. Jenseits aller Versuche, mit immer wieder neuen Ideologien oder primär technischen Mitteln die Probleme der Städte in den Griff zu bekommen, existieren spezifische Raumdispositionen, urbanistische Bausteine und stadträumliche Elemente, mit denen auch heute noch gut umzugehen ist, wenn sie denn mit neuen Inhalten gefüllt werden. Da heißt es – immer wieder neu –, Allianzen zu schmieden und Kompromisse zu formulieren. Denn die Brücke zwischen Protektion und Erneuerung, zwischen Bewahren und Anpassen, zwischen Status quo und Modernisierung, zwischen Ensembleschutz und aktiver Stadtentwicklung braucht Widerlager – auf beiden Seiten.

Stadt braucht Gestaltung

Das Bedürfnis nach geschlossenen Stadtbildern ist weit verbreitet. Die Menschen fahren eben nicht zufällig nach Rothenburg oder Bamberg, nach Görlitz oder Quedlinburg und schauen sich die gut gefügten Stadtbilder an. Ob es sich um eine Straße oder einen Platz handelt, der Mensch sucht nach Geborgenheit – in manchen Lebensphasen vielleicht mehr als in anderen. Es ist dies eine genetische Vorprägung, die seit Jahrtausenden wirksam ist. Selbst das spektakulärste Bauwerk wird erst dann reizvoll, wenn es in einem harmonischen Gefüge steht. Wenn alle Häuser ungewöhnlich sind, dann ist keins mehr besonders. Von eben dieser Sehnsucht zeugen auch die jüngst enorm zunehmenden Rekonstruktionsvorhaben, die verschwundene historische Bauten ersetzen sollen. Die besondere Begeisterung dafür ist etwa in Berlin, Braunschweig oder Frankfurt, in Nürnberg, Dresden, Potsdam und Hannover zu beobachten.

Recht besehen, scheinen die Bilder des Bekannten und Altgewohnten immer wichtiger zu werden. Für mehr und mehr Menschen passen Schlösser genau deshalb in die heutige Zeit, weil sie so anders sind: Sie stehen für das Unverwechselbare in einer Welt, deren Städte einander immer ähnlicher werden. Sie verkörpern Dauerhaftigkeit statt Hektik, sie weisen zurück in eine zwar nicht heile, doch bekannte Epoche statt in eine ungewisse Zukunft. Das gestiegene Interesse für solche Fragen bestätigen auch die zahlreichen Bürgerinitiativen, die sich mit großer Leidenschaft sowohl der Erhaltung des Bestandes als auch der Wiedererrichtung wichtiger Bauten und Ensembles widmen. Erneut heimisch zu werden in den Strukturen der überlieferten Stadt, scheint heute ein weithin akzeptiertes Ideal. Mit dem Blick zurück geht man abgesichert nach vorn.

Doch das Gesamtbild, mit dem unsere Städte heute zumeist aufwarten, entspricht augenscheinlich nicht dem Identifikationsbedürfnis seiner Bewohner und Besucher. So verwundert es nicht, wenn sich dagegen lauthals Opposition formiert. »Und wir nennen diesen Schrott auch noch schön?«, fragte der Schriftsteller Martin Mosebach in einem so bemerkenswerten wie polemischen Essay, der diese Debatte bundesweit anheizte: »Wie konnte die europäische Menschheit eine ihrer hervorstechendsten Begabungen verlieren: das Städte- und Häuserbauen? (…) Die Zeugnisse der fünfziger, sechziger, siebziger Jahre – ein Crescendo des Schreckens – sämtlich wieder auszulöschen.«[11] Es bleibt dahingestellt, ob der Städte- und der Wohnungsbau der Gründerzeit, den Mosebach in seinem flammenden Plädoyer als beispielhaft preist, Lösungen für alle heutigen und künftigen Probleme bieten könnte. Ungeachtet dessen erlebt Geschichte als Kategorie des Städtischen offenkundig eine Renaissance. Und mittelbar wird damit auch das Verständnis für einen gestaltenden Städtebau neu geweckt.

Im landläufigen Sinne geht es dabei um die Sicherung historischer Kontinuität – in der Substanz und im sichtbaren Bild. Dass der Traditionalismus eine neue Dynamik und Größenordnung erreicht – man braucht ja nur kurz auf den Frankfurter Fachwerkstreit, die Debatten um die Altstadtentwicklung in Potsdam oder den Wiederaufbau des Neumarktviertels in Dresden zu schauen –, erscheint deshalb wenig überraschend. Stadtgestaltung mag anknüpfen an einzelne, besonders bedeutende Bauwerke von historischer Aussagekraft, an das bauliche Gesamtgefüge im Sinne des Ensembles, aber auch an die Erhaltung von Stadtgrundriss und Raumfolge bei weitgehender Veränderung der Gebäude. Es gilt: Auffälliges in einer Reihe von mehreren Auffälligkeiten verliert seine Besonderheit. Gleiches neben Gleichem wirkt ermüdend.

Geschichtliche Kontinuität schließt indes auch Ehrlichkeit gegenüber der Gegenwart ein: Geschichte lässt sich weder anhalten noch zurückdrehen. Das wiederum spricht *gegen* eine Art von Anpassungsarchitektur, die den Eindruck zu erwecken sucht, als handele es sich um historische Substanz. Und *für* eine Aneignung der Geschichte mit den Mitteln (und Formen) von heute. »So erscheint nichts dringlicher, als mit Augenmaß und ohne verfestigte Glaubenssätze, aber auch ohne falsche Sentimentalität jede städtische Situation daraufhin zu durchdenken und planend zu überprüfen, ob Refunktionalisierung im Sinne dessen, was Stadt eigentlich bedeutet, zu leisten ist.«[12]

Durch stadtgestalterische Maßnahmen lässt sich die *public domain* zwar nicht ersetzen; gleichwohl aber braucht es die Rückgewinnung eines mit den Sinnen erfahrbaren Stadtraums. So hatte der Philosoph John Dewey in seinem Buch *Kunst als Erfahrung* vehement darauf hingewiesen, wie bedeutsam die Erfahrung sinnlich wahrnehmbarer Gestaltungen für den Menschen ist. Auch wenn es – angesichts des Umstandes, dass unsere Städte zum allergrößten Teil bereits gebaut sind – oft nur einzelne Interventionen sein können: Sie sollten beispielgebend, auf die Umgebung ausstrahlend, Maßstäbe setzend sein. Gestalten heißt Antworten suchen auf den Genius Loci, auf den vorgefundenen Kanon der Formen, Farben, Materialien, der Rhythmen, Proportionen und der Lichter. Gestalten heißt, den Inhalt einer Bauaufgabe mit den Bedeutsamkeiten ihres räumlichen Umfeldes zu einer Einheit zusammenzuführen. Und das ist alles andere als paternalistisch oder obrigkeitsstaatlich. Wenn vor einiger Zeit in Leipzig gegen die als »wahllos« empfundenen Abrisse nicht nur Denkmalschützer, sondern auch eine große Zahl an Einwohnern protestierten, und wenn daraufhin von der Stadt ein Sicherungsprogramm

Schönheit sei dort, wo der Baumarkt nicht ist. Gleichwohl ist so etwas wie Baukultur nicht nur an historische Setzungen (etwa die Altstädte in Lübeck, Görlitz oder Regensburg) gebunden, sondern zeigt sich vielerorts. Hier etwa in Valencia. Mit Bedacht eingesetzt, können solche avancierten Beispiele durchaus hilfreich sein, wenn Stadt als Lebenswelt begriffen und beeinflusst werden soll.

zur Rettung von »städtebaulich herausragenden Eckgebäuden« an Hauptstraßen vorgelegt wurde: Dann artikuliert sich hier Bürgersinn im Stadtbild.

Dies ist beileibe kein singuläres Phänomen: Ein diffuses Gefühl, dass städtische Umgebungen durch Bauwut, Planungswahnsinn und Immobilienspekulation zusehends an Attraktivität einbüßen, hatte sich vor einiger Zeit in Locarno zu ausgesprochenem Unmut verdichtet. Auslöser dafür war offenbar ein im *Corriere del Ticino* veröffentlichter Leserbrief eines deutschen Ehepaars, das sich bei der Stadtpräsidentin über die vielen Bausünden beklagte und mitteilte, es werde künftig seine Ferien lieber anderswo verbringen. Dem offenen Brief folgte eine heftige, bald auch von anderen Medien aufgenommene Debatte. Fast täglich meldeten sich Politiker,

Tourismusvertreter, Stadtplaner, Architekten und Kulturschaffende zu Wort und veröffentlichten eine Flut von Leserbriefen. Fast unisono wurde gefordert, dass endlich etwas gegen die grassierende Verschandelung unternommen werden müsse. Vehement wandte man sich gegen eine »Zukunft der Leere und des Zements«. Nie zuvor hat wohl in der Schweiz die Bevölkerung einer Stadt so lautstark gegen den architektonischen Niedergang rebelliert. Zwar mag diese Episode Züge einer Lokalposse tragen, doch muss man konzedieren, dass es vielerorts ein Unbehagen gibt, welches kaum in proaktiv-gestaltende Bahnen gelenkt werden kann.

Stadtgestaltung ist, das illustrieren solche Beispiele, eine gesellschaftliche Aufgabe, zumindest latent. Das Unübersehbare, das Nicht-Lesbare, nicht nach einem erkennbaren Prinzip Geordnete, hat zu allen Zeiten das Bedürfnis produziert, es »in Ordnung« zu bringen, ihm ein Prinzip einzuverleiben oder überzustülpen.[13] Weil sich die geltenden Vorstellungen von rationaler Ordnung aber ändern, wird auch die Stadt ständiger Veränderung unterzogen. Oft genug ist dafür der Überdruss an der (vor)letzten architektonischen Mode ursächlich. Diesen Wandel aushalten zu können, ohne seine Identität zu verlieren, wird zur zentralen Forderung an den Städtebau. Ausgangspunkt und zentrale Komponente ist, auch unter heutigen Bedingungen, der öffentliche Raum der Straßen und Plätze, also die Überlagerung von technischen Infrastruktur-Bausteinen einerseits und stadträumlichen Elementen andererseits.

Doch Gestaltungsanspruch auf ein Ordnungsbedürfnis zu reduzieren hieße, die eigentlichen Dimensionen zu verkennen. »Das Wort ›Gestalt‹ macht uns Deutschsprachige so rasch keiner nach. Es sagt sehr viel und verschleiert noch mehr. Seine implizite Behauptung, ›das Ganze sei mehr als die Summe seiner Teile‹, ist fruchtbar, verschweigt aber, daß die Addition der Teile zu diesem Ganzen nicht naturwüchsig ist, sondern ein gesellschaftlicher Akt, ein Akt, in welchem sich Geschichte und Kultur, Herrschaft und Bildung spiegeln.«[14] Auch ist es durchaus problematisch, Städtebau für eine Wissenschaft mit künstlerischen Grundsätzen zu halten, die auf abstrakten und über die Zeit konstanten Theoremen fußt. Denn dann liegt die inhärente Gefahr darin, dass nichts anderes entsteht als Sehnsuchtsbilder vormoderner Stadtszenen. Und hinter den Fassadenentwürfen und Platzlayouts verbirgt sich nichts anderes als die Hoffnung, Stadtwirklichkeiten gleichsam am Zeichentisch festlegen zu können.[15] Dass Städtebau natürlich auch, aber eben nicht nur Gestaltung ist, wird also tendenziell verkannt.

Zudem muss man erkennen, dass eine gleichsam von außen kommende Gestaltung (zumindest) auf dreierlei Vorbehalte stößt: Zum Ersten berührt sie geschmackliche Präferenzen, die sich heute ebenso ausdifferenziert haben wie die Gesellschaft insgesamt. Was die Wahrung beziehungsweise Herstellung identitätsstiftender Stadträume anbelangt, hat dies längst Spuren hinterlassen. Das ästhetische Urteil scheint heute ein Tabu nicht zuletzt in der staatlich repräsentierten Stadtplanung zu sein, die durch objektivierbare »Erfordernisse« oder wissenschaftliche Methoden und nicht durch subjektive Meinung hoheitliche Aufgaben wahrnehmen soll. In der Praxis hat dies eine weitverbreitete Verweigerungshaltung bei jeder Art von gestalterischen Problemen zur Folge, die ihrem Gegenstand als per se ästhetischem – nämlich dem wahrnehmbaren materiellen Objekt – nicht angemessen sein kann.

Zum Zweiten hat man es in dieser Frage schnell mit einer Art zivilgesellschaftlicher Abwehrhaltung zu tun: Denn Stadtgestaltung wird stets auch als Einschränkung individueller Entfaltungsmöglichkeit empfunden. Wenn *laisser-faire* die vorherrschende Grundeinstellung ist, dann hat es die Akzeptanz einer »Kollektivform« schwer.

Zum Dritten wird man mitunter mit dem Vorwurf konfrontiert, man rede der Ästhetisierung der Alltagswerte das Wort. Es lenke ab von sozialen, ökonomischen, politischen, ökologischen und anderen Problemen und verschleiere und verstärke kritikwürdige Strukturen. Doch das ist höchstens die halbe Wahrheit. Und selbst wenn es die ganze Wahrheit wäre: Sollte man daraus die Konsequenz ziehen, dass nur hässlich gebaut werden darf? Dass ehrlich lediglich das Missgestaltete ist? Dass nur unattraktive Stadträume authentisch sind? Wenn es stimmt, was der namhafte Soziologe Ulrich Beck einmal gesagt hat, dass Architekten nicht nur Friseure und Kosmetiker des Stadtgesichtes seien, sondern »Gesellschaftsgestalter im steinernen Sinne des Wortes«: Dann darf man die gebaute Umwelt nicht auf ein bloßes Kosten-Nutzen-Denken minimieren.

Man kann nicht *nicht* gestalten. Wohl aber ignorieren, welche Auswirkungen Gestaltung auf die Lebensweisen von Menschen haben kann. Besonders wenn Stadtgestaltung mehr und mehr die Sache von Investoren, von ihren Spekulationen und Gewinnabsichten ist, stellt sich die Frage, wie sie die Lebensbedingungen derer prägt, die nicht von ihr profitieren. Städtebau braucht Identifikation und Symbole, er darf aber nicht zur (reinen) Symbolpolitik werden, darf sich nicht in »Embellissement«, in oberflächlichen und punktuellen Verschönerungen erschöpfen. Gerade weil die städtische Identitätspolitik unter den gegenwärtigen Bedingungen einer verschärften kommunalen Konkurrenz um Wachstum an Wirtschaftskraft und Einwohnern unterliegt, schwebt sie in der Gefahr, sich nur an ausgesuchten innerstädtischen Orten stadtgestalterisch zu engagieren. Ebenso unübersehbar wie bedenklich ist heute der Trend, dass manche Kommunen allein die Bereiche entwickeln, die sich imagekompatibel vermarkten lassen, während an Interventionen in Problemstadtteilen nur wenig Interesse besteht.

Unabhängig davon bleiben Mittel und Instrumente für die Stadtgestaltung eine offene Frage. Denn Verwaltungsakte, auch Gestaltungs- und Erhaltungsvorschriften sind, eher häufig als selten, wenig geeignet. Im Gegenteil: Mit der naiven Vorstellung, Gestaltverfall auf dem Verordnungswege eindämmen zu können, Gestaltqualitäten gewissermaßen justitiabel vorzuzeichnen, leistet bürokratisches Reglement der Entwicklung eher Vorschub. Denn man schreibt einige der äußerlichen Aspekte von Räumen und Gebäuden fest, die Fenstersprossen, Dachneigungen, Beläge, Farben und anderes mehr. Solcherart Rezepte aber bewirken nicht unbedingt Gestaltqualität; vielmehr können sie verhängnisvoll darüber hinwegtäuschen, dass diese mehr ist als die Summe ihrer verordneten Teile. Erfolgversprechende Stadtgestaltung hingegen ist permanente Detailarbeit, ein sanftes Steuern von Prozessen, die am besten von selbst laufen, angetrieben von wirtschaftlichen Notwendigkeiten oder von echten gesellschaftlichen Veränderungen. Sie ist aber auch Überzeugungsarbeit; eine stete, im Einzelnen oft mühsame und konfliktreiche Begleitung von langwierigen Prozessen. Dem widerspricht nicht, dass natürlich auch gezielt normsetzende Kraftakte im Stadtraum vonnöten sind. Weil die Stadt das Resultat der – eher unbewussten als bewussten – Gestaltungskräfte einer Vielzahl von Unternehmern, Bauherren, Bürokraten ist, wäre dem Städtebauer, wie es Theodor Fischer bereits vor 90 Jahren verlangt hatte, die Aufgabe zuzuweisen, »die auseinanderfallende Kultur zusammenzufassen«.[16]

Stadtgestaltung hat etwas zu tun mit kulturgeschichtlichem Bewusstsein. Sie berührt damit auch jenen Parallelismus, den Friedrich Schlegel einst forderte: »Was die Materie des Wissens betrifft, muss sich die Philosophie auflösen in Physik und Geschichte.« Gemeint ist das empirische Wissen, welches Gesetze und Entscheidungen aus Erfahrung und Beobachtung herleitet, und das gerade beim Städtebau von entscheidender Bedeutung ist. Doch die Frage nach dem Wert überlieferter Fertigkeiten wird kaum je mehr gestellt. Ein Kennzeichen der Moderne schlechthin?

Komplexe Gebilde – und was wäre komplexer als Stadt – geraten in Verwirrung, wenn man versucht, angeschlagene Teilbereiche losgelöst vom Gesamtzusammenhang zu verbessern. Was unmittelbar deutlich macht, dass Planung und Gestaltung einander brauchen und ergänzen; sie sind Kehrseiten ein und derselben Medaille. Dabei sollte man sich in Erinnerung rufen, dass Stadt gestaltbarer ist als vielfach – vorschnell und zu resignativ – angenommen wird. Nicht nur Architekten und Planer, auch Bürger sollten sich endlich (wieder) als das begreifen, was sie auch sind: nämlich Subjekte und Akteure im Prozess der Stadtbildung und -gestaltung.

Es gibt eine hübsche Anekdote aus dem Bereich der Menschenkunde: Nach dem Zweiten Weltkrieg beobachteten Anthropologen auf vielen Südseeinseln ein zunächst schwer zu erklärendes Verhalten der Inselbewohner. Diese errichteten Flugzeugattrappen aus Ästen und Zweigen, sie paradierten vor Fahnenmasten und schulterten in Reih und Glied schwere Stöcke. Was hatten diese Leute erlebt? Sie hatten gesehen, dass genau dieses Verhalten mit unendlichen Reichtümern belohnt wird. Immer wieder waren Soldaten auf den Inseln gelandet, waren marschiert, hatten Fahnen aufgehängt und vor diesen salutiert, hatten an Schreibtischen gesessen und Dokumente verfasst. Während die Bewohner der Inseln für alles schuften mussten, bekamen diese Leute ganze Flugzeuge voll mit herrlichsten Waren nur für diese Tätigkeiten! Als die Soldaten wieder weg waren, dachte man sich: Was die können, können wir doch schon lange. Also setzte man sich an Schreibtische und uniformierte sich. Aber es kam keine Ladung.

Soweit die Anekdote. Nun kann man sagen: Klar, die Insulaner hatten nicht verstanden, um was es eigentlich ging. Aber auch wir, im Hier und Heute, verstehen oft nicht recht, um was es geht. Stadtgestalt und Heimatgefühl bilden nämlich ein Begriffspaar, das womöglich als überkommen gilt oder auf eklatante Weise unterschätzt wird, das aber für die Zukunft von eminenter Bedeutung sein wird. Denn das Thema Heimat bezieht sein Gewicht daher, dass die Örtlichkeit mehr ist als ein Umriss unveräußerlicher Substanzen. Heimat ist etwas, das erworben und gestaltet und nicht bloß vorgefunden wird. Sie zeichnet sich einmal aus durch Vertrautheit und Verlässlichkeit; sie bildet eine Sphäre, in der wir uns auskennen – und dies in dem doppelten Sinne des Kennens und Könnens. Die Vertrautheit wurzelt in einer affektiven Verankerung. Aber: Es gibt keine rein natürliche Heimat. Wie die Kindheit, so ist auch die Heimat immer schon zurechtgemacht, zurechtgestutzt, gedeutet, verarbeitet, umgesetzt und fortgesetzt. Mit anderen Worten: Sie ist in all ihrer Natürlichkeit mit Künstlichem durchsetzt, und nur so ist sie menschlich. In den Augen des Philosophen Bernhard Waldenfels führt die Überdehnung des Lebensraums zu Spaltungen: Wir wüssten uns überall zu Hause, fühlten uns aber fremd. Der Unterschied von Vertrautem und Fremdem, ohne den so etwas wie Heimat nicht zu denken ist, werde mehr und mehr eingeebnet. »Mangelnde Strukturierung, die zu Monotonie und Gleichförmigkeit führt, fördert die Austauschbarkeit der Umweltaspekte. Mangelnde Zentrierung, die mit einer Übermobilität zusammenhängt, schwächt die Verankerung im Raum und gleicht den Lebensraum dem homogenen Raum an, der nur noch austauschbare Raumstellen enthält.«[17]

Das örtliche Erfahrungswissen einer Gesellschaft, aber auch der – individuelle wie kollektive – Umgang mit der gebauten Umwelt sind und bleiben entscheidende Faktoren für die Seele einer Stadt. Die einzelnen Gebäude, ihr Produktionsprozess ebenso wie ihr Zusammenspiel sind auch künftig Indikatoren für den Lebenswert eines Ortes. Dieser wird in dreifacher Weise wahrgenommen: funktional im alltäglichen Gebrauch (als Gebrauchswert), ökonomisch über die Nachfrage als Wohn- und Arbeitsort (als Tauschwert) und emotional über das Erscheinungsbild und die Atmosphäre des Ortes (als Inszenierungswert). Es ist nicht zu vermuten, dass sich das verliert.

Zumal sich das Bedürfnis nach Identifikation und Bewahrung auch in unspektakulären Alltagssituationen artikuliert – etwa jener älteren Dame, die die Baumscheibe vor ihrem Mietshaus wöchentlich zweimal wässert. Solche Identifikationen eröffnen die Chance, unsere Städte, die mitunter zweckentfremdet und entsprechend heruntergekommen sind, im besten Sinne des Wortes zu revitalisieren: Nicht als touristische Imitationen ihrer selbst, sondern als komfortabel ausgestattete Wohnorte und anziehende Brennpunkte urbanen Lebens. Freilich entsteht *Heimat* nicht dadurch, dass wir durch unsere Stadt spazieren und uns an den bekannten Bildern erfreuen. Sie entwickelt sich erst, wenn wir selbst uns als Teil eines gesellschaftlichen Prozesses verstehen und nicht nur als Zuschauer und Besucher. Stadt geht alle an!

Zukunftsprospekte

Seit Jahrzehnten zählen Museen zu den prestigeträchtigsten Bauaufgaben überhaupt. Im Zeitalter des City-Branding haben politische Entscheidungsträger das Potenzial spektakulärer Kulturbauten entdeckt und Sponsorengelder lassen sich leichter eintreiben, wenn der Name eines Stararchitekten auf den Plänen steht. So entstehen denn, auch wenn die öffentlichen Ausgaben für Kultur nicht wachsen, weiterhin allerorten neue Ausstellungsbauten, vom Kunstmuseum bis zum Science-Center. Gerade in Los Angeles – hier zu sehen u. a. The Broad & Walt Disney Concert Hall – ist diese Logik sehr ausgeprägt. Ob das auch eine zukunftsträchtige Antwort auf die Frage darstellt, wer die Stadt macht, sei dahin gestellt.

Wer macht Stadt? Wie sieht ein neues Betriebssystem aus?

Stadt macht immer der, der seinen Worten auch Taten folgen lassen kann. Stadt macht, wer baut, wer eine Fabrik oder einen Laden eröffnet. Stadt macht auch, wer ein Theater betreibt oder Widerstand gegen ein Bauwerk, eine neue Fabrik oder den überbordenden Verkehr organisiert. Stadtmachen ist insofern aufs Engste mit Macht und Raffinesse derjenigen verbunden, die Stadt nicht nur als Kulisse ihres Alltags verstehen, sondern sich im urbanen Umfeld wirtschaftlich und gesellschaftlich verwirklichen. Mit jenen, die der Stadt und der Stadtgesellschaft ihren individuellen Stempel aufdrücken wollen. Aufgabe der Planung ist und bleibt es, diese Interessen und Akteure zumindest im Ansatz zu sortieren. Die Stadt erhält ihre Glanzpunkte durch die proaktive Tat, die neue Idee, das verwegene Projekt. Die Stadt der Passiven hingegen droht in einen Dornröschenschlaf zu versinken: Der urbane Bestand wird gleichsam zum Mehltau, die Stadt still, langsam und schwach. Dieses Verwelken kennt unterschiedliche Stadien und Formen. Ökonomische Einbrüche, Einwohnerrückgang oder klamme Stadtkassen sind oft genug die Symptome, die dazu führen, dass die Stadtmacher ermüden oder den Ort verlassen. Erst lange Zeit später, wenn die Preise und Mieten sinken, wenn der Niedergang selbst – paradoxerweise – etwas Verlockendes ausstrahlt, werden neue oder auch altbekannte Stadtmacher aktiv. Erst dann keimen wieder zarte Pflänzchen kreativer Ideen; erst dann scheint ein Neustart möglich. Unabdingbar bleibt, dass die öffentliche Seite der Stadt – insbesondere Stadtrat und Stadtverwaltung – sich ihrer Verantwortung nicht entzieht. Zwar muss man einräumen, dass sie heute an allen Ecken und Kanten mit den Zwickmühlen konfrontiert sind, die vom Metier der planenden Berufe, aber auch von Teilen der Zivilgesellschaft immer wieder scharf kritisiert werden. Meist mit dem Kampfbegriff des sogenannten Investorenstädtebaus, der gelegentlich, und wenig produktiv, in die ideologische Ecke des Neoliberalen gestellt wird. Aber wer sonst soll, in organisierter und strukturierter Form, für das Gemeinwohl Sorge tragen?

In der urbanistischen Fachliteratur wird vielfach auf das Akteursgefüge, auf die Machtstrukturen und nicht zuletzt auf die Frage Bezug genommen, wer welche Ressourcen in die Stadtentwicklung einbringt oder einbringen soll. Die normative Richtschnur ist dabei ebenso eindeutig wie alltagsuntauglich: Die verschiedenen Kraftfelder einer Stadt seien, so die allenthalben zu vernehmende Forderung, auszubalancieren, nicht zuletzt deshalb, weil die öffentlichen Belange nicht unter die Räder geraten dürften. Wie leicht aber führt das in die Irre: Wenn in Neapel oder Palermo die Straßen wieder einmal von Unmengen an Hausmüll verstopft sind, weil die Müllwerker streiken, geht immer wieder neu das Gerücht um, dass allein die Mafia wieder Ordnung schaffen könne. Ideallösungen sehen anders aus.

Durchaus kompliziert war die Konstellation in Deutschland in den 1990er Jahren in Hinblick auf die Tatkraft des Staates. Weil ihre Haushaltssituation extrem angespannt, mitunter sogar prekär war, büßten viele Städte einen Großteil ihrer Gestaltungskraft ein. Mehltau legte sich über das Urbane. Privatisierung und Liberalisierung schienen im damaligen politischen Mainstream das Gebot der Stunde. Die Einsicht, nach der der Staat mit seiner bisherigen Art, die Aufgaben zu erledigen, gescheitert war, führte zu einer neuen Sicht auf die städtischen Angelegenheiten. Es galt, die Kräfte des privaten Kapitals und den Wettbewerb in den Dienst des Urbanen zu stellen. Und wie so oft: Erst wenn wir *ex post* auf die großen Änderungen gesellschaftlicher Spielregeln schauen, erkennen wir die Fehler: Die ausgleichenden Gemeinwohlziele für die Stadt lassen sich eben nicht ohne Staat erreichen. Sind die Kräfte des privaten Kapitals erst entfesselt, bedarf es in der Regel mehr Staat, als man sich das in den Lehrbüchern der Liberalisierungs-Apologeten gedacht hatte. So müssen öffentlich-private Verträge äußerst kenntnisreich aufgesetzt und aufwendig kontrolliert werden, damit auch der öffentliche Partner seine Vertragsziele erreicht sieht. Ausschreibungen, Wettbewerbe und Vergaben dürfen nur dem Gemeinwohl verpflichtet sein und nicht der Tatsache, dass jeglichem Privatkapital der Weg zum Investment zu ebnen sei. Und dann setzte sich auch die Einsicht durch, dass diejenige Stadt deutlich besser fährt im Umgang mit privaten Investoren, die eine ebenso klare wie starke und selbstbewusste urbane Entwicklungsstrategie verfolgt.

Im riskanten Liberalisierungsspiel gab und gibt es auf beiden Seiten der Verhandlungstische eine Menge zu lernen: Denn die Usancen auf dem Börsenparkett, in DAX-Unternehmen oder innerhalb bestimmter Branchen unterscheiden sich maßgeblich von den Zwängen und der Kultur im öffentlichen Kosmos der Stadt. Was der eine schnell und unkompliziert, oft wenig transparent per Handschlag regeln möchte, muss die andere Seite breit abgestimmt, öffentlich diskutiert in langen Zeitläufen – und ohne Garantie für einen klaren Ausgang – durch die Verwaltungsmühlen drehen. In solcherlei Konstellationen ist es zumindest nicht unwahrscheinlich, dass der Schwächere nachgibt, oder aber schwerwiegende Fehler macht. Insofern erweist sich die Kritik an den geforderten neuen Aushandlungsprozessen zwischen Stadt und Wirtschaft als durchaus grundsätzlich: Denn das Kräfte-Parallelogramm dieses öffentlich-privaten Ringens ist so konstruiert, dass regelmäßig die auch ökonomisch lukrative Stadt eine starke Verhandlungsposition besitzt und ihre Konzepte entweder durchsetzen oder dem Ansinnen eines Investors, aus der Position der Stärke heraus, eine Absage erteilen kann. Was wiederum oft genug Lösungen zeitigt, die Kritiker und Theoretiker sinngemäß verlangt haben: Gute und innovative, städtebaulich ausgewogene Projekte, von privater Hand umgesetzt und finanziert. Schwierig bis dysfunktional wird das Spiel, wenn die Stadt – weil sie unter multiplen Gebrechen leidet – den schwächeren Part innehat und sich den Investoren ausliefert: Ohne die Kräftebalance werden zahllose – oft genug kaum ins Stadtgefüge integrierte, allein auf den kurzfristigen Gewinn ausgerichtete – Projekte realisiert, die allenfalls betriebswirtschaftlich zu rechtfertigen sind, dem urbanen Organismus aber Wunden zufügen.

Wenn wir in diesem Kapitel der Frage nachgehen, wer oder was Stadt prägt und antreibt, dann tun wir dies in dem Bewusstsein, dass jede Stadt und jede gruppendynamische stadtsoziologische Konstellation für bestimmte Epochen ausgesprochen wichtig ist. Niemand kann dabei die grandiose Bedeutung der Kaufleute oder etwa der Hanse für die Entwicklung der Städte in Europa geringschätzen. Ohne die Wirtschaft und ihr

Bei genauerem Hinsehen tun sich in der Stadtentwicklung vielerlei Klüfte auf. Sie können rein lagebedingt sein, aber auch wirtschaftlicher oder sozialer Art. Etwa in Form scharfer Interessengegensätze. Der in der Londoner U-Bahn allgegenwärtige Warnhinweis »Mind the Gap« ist deshalb ein so wichtiger wie praxistauglicher Hinweis für die Gestaltung unserer Städte: Es gilt mit entsprechendem Bewusstsein urbanistisch aktiv zu sein, Beweggründe anderer (an)zuerkennen und Brücken zwischen unterschiedlichen Belangen zu bauen.

enormes Engagement für die Entwicklung des Urbanen wären viele moderne Städte der Gegenwart nie aufgeblüht. Es mag zwar sein, dass das Handwerk in der heutigen Stadt weniger sichtbar ist als vor 100 Jahren, aber es spielt immer noch eine eminente Rolle, ebenso wie das Vereinsleben – der Karnevalisten, der Schützen, der Briefmarkensammler –, das mit seinem informellen, aber höchst belastbaren Netzwerk nach wie vor eine stabile Tragstruktur des Urbanen ausmacht.

Do-it-yourself-Aktivitäten

Unbeschadet dessen lässt sich vielerorts wieder ein Engagement für das Urbane erkennen. Es äußert sich zumeist in einem situativen Zugang zum urbanen Surrounding: Nicht nur, dass diverse Bürgerproteste – ob nun von Altstadtfreunden in Nürnberg, Dresden oder Frankfurt formuliert, ob nun gegen das Bahnhofsprojekt »Stuttgart 21« oder die Bebauung des Tempelhofer Feldes in Berlin gerichtet – bevorzugt im städtischen Raum zelebriert werden. Auch die wachsende Individualisierung findet hier ein Forum, die gewandelten Interessen neu auszuhandeln. Auf mannigfache Weise eignen sich bestimmte Gruppen den Raum der Stadt an und verändern ihn, durch Flashmobs etwa, aber auch mittels Verabredung zum kollektiven Tangotanzen.

Über Jahrzehnte hinweg wurde, zumindest in Mitteleuropa, das urbane System professionalisiert und spezialisiert. Bevorzugt arbeitet man mit Plänen, die jeweils nur einzelne Aspekte – die des Verkehrs etwa, der Wirtschaftsentwicklung oder des Wohnens – isoliert behandeln und optimieren. Dieses Denken in Teilsystemen ist nun zwar durchaus im Sinne einer naturwissenschaftlichen Vorgehensweise. Aber es tendiert dazu, sich immer weiter auszudifferenzieren und zu verselbstständigen. Und das große Ganze aus dem Blick zu verlieren. Kein Wunder, dass das Pendel nun in die andere Richtung ausschwingt. Ob nun Urban Knitting und Zwischennutzer, ob Guerilla Gardening oder Stadtpioniere: In und mit solchen – mitunter anarchischen – Aktionen scheint sich tatsächlich eine Art des gesellschaftlichen Wandels anzukündigen: Das Verhältnis von individueller Handlungsautonomie und sozialer Ordnung wird auf der städtischen Bühne gerade neu austariert. Dazu gehört auch die These, dass die temporäre Nutzung das Gegenteil eines Masterplans sei: Denn sie gehe vom Kontext und vom aktuellen Zustand statt von einem fernen Ziel aus, sie versuche Bestehendes zu verwenden statt alles neu zu erfinden, sie kümmere sich um die kleinen Orte und kurzen Zeiträume. Darin artikuliert sich ein alternatives Stadtplanungsverständnis: Statt die Entwicklung der Verwaltung und der Ökonomie allein zu überlassen, versuchen die Zwischennutzer ein Aneignen der Stadt zu erproben. Eine *Do-it-yourself*-Mentalität tritt an die Stelle des bloßen Konsums von Stadtraum.

Unübersehbar wird die Produktion von urbanen Räumen heute durch flexible, dynamische Strategien beeinflusst, die weniger um die Planungen der Kommune kreisen, sondern sich in unübersichtlichen informellen Prozessen aus der Eigeninitiative von zivilgesellschaftlichen Akteuren heraus entwickeln. Diesen Prozessen ist inhärent, dass sie zunächst in einer Gegenposition zur offiziellen Stadtplanung stehen, in Leerräumen und Nischen operieren. Auch ist derzeit viel vom partizipativen *co-working* die Rede. Denn mit neuen Ideen für eine gemischte Stadt und der Frage, was Städtebau und Architektur alles sein könnten, ist oftmals eine andere Form von Zusammenarbeit zwischen Profis und Nutzern verbunden. Es entstehen Baugruppen, Genossenschaften und Netzwerke auf planerischer wie auf Bewohnerseite; diesbezüglich eine gewisse Prominenz erlangt haben etwa das Projekt »Spreefeld« in Berlin oder die Kalkbreite in Zürich.

Urbanität ist, wie der renommierte Soziologe Hartmut Häußermann einmal betonte, »nicht das Ergebnis bewusster planerischer Entscheidung, sondern das Ergebnis einer Entwicklung, an der eine Vielzahl unterschiedlicher Akteure, Interessen und Initiativen usw. beteiligt sind. In diesem vielschichtigen Prozess entsteht, wenn es gut geht, ein urbaner Ort. Planung behindert solche Prozesse eher, als dass sie diese befördert.«[1] Doch dieses Verdikt ist weniger vernichtend als es klingt; durch den Kontext wird klar, dass keineswegs die Daseinsberechtigung von Planung in Zweifel gezogen wird. Will sie aber ihre Rolle als steuernde Instanz zurückerlangen, muss die Improvisation – die im Kleinen durchaus Sinn macht – durch ein stabiles Konstrukt gestützt und in eine ganzheitliche Strategie eingebettet werden. Dabei kommt insbesondere der Frage, wie bisher vielleicht zu wenig beachtete soziale und situative Qualitäten freigesetzt und für eine nachhaltige Konzeption der Stadt fruchtbar gemacht werden können, eine entscheidende Bedeutung zu.

Politik und Verwaltung – vom Tiger zum Bettvorleger?

Die Art und Weise, wie Städte sich verändern – wie sie umgebaut wurden –, erlaubt gewisse Rückschlüsse auf das Verhältnis von Planung und Macht. Zugleich kann sich in ihrer aktuellen Gestalt die Dialektik zwischen Modernisierung und dem Wunsch nach kultureller Repräsentation offenbaren.

Gerade die großen europäischen Städte sind bevorzugter Ort für eine ganz bestimmte Art der Historiographie. Sie zeigt die Stadt in jener Perspektive, an die uns die Vergangenheit des Urbanismus gewöhnt hat: Als Produkt von Ideen und Initiativen, als Werk weitblickender Politiker, aktiver und manchmal philanthropischer Unternehmer, als Geniestreich begabter Planer. Und was an metabolischen Vorgängen, bedingt durch industrielle Entwicklungsschübe, Manchester, Lyon oder Berlin in einen Tiefpunkt formaler Destruktion, hygienischer Unzulänglichkeit und sozialer Disfunktionalität stürzte, schrie im Gegenzug förmlich nach der reformatorischen Idee. In dieser Geschichte wären die repräsentativen Veranstaltungen des neueren Städtebaus zu benennen: Die simple, nichtsdestoweniger eindrucksvolle und bis zu einer gewissen Leistungsgrenze auch funktionstüchtige Geometrie der frühen nordamerikanischen Stadtpläne; der elegante chirurgische Eingriff, mit dem der englische Planer und Grundstücksspekulant John Nash dem Londoner Westen ein biegsames Rückgrat eingesetzt hat; die klassizistische Stadtbaukunst von Mailand bis Karlsruhe; die imperialen Verwandlungen von Paris unter Napoleon III. beziehungsweise dem Präfekten Haussmann und Wien unter Franz Joseph I. All diese Unternehmungen, so unterschiedlich, ja gegensätzlich sie im Einzelnen auch waren, einte ein gemeinsamer Wesenszug: Der Glaube an die »Machbarkeit« der Stadt, mithin an die Formbarkeit der Gesellschaft.

Ob die utopischen Sozialisten Robert Owen, Charles Fourier oder Étienne Cabet, ob die späteren Visionäre Ebenezer Howard, Frank Lloyd Wright und Le Corbusier: Sie alle wollten die Folgen der industriellen Revolution durch eine neue, zukünftige Gesellschaftsordnung überwinden. Beseelt vom tiefen Misstrauen gegenüber der Industriestadt, ist ihr Anliegen nicht eine wie auch immer geartete Reform der Großstadt, sondern Abhilfe gegen ihre Erscheinungen durch radikal neue, rein rational begründete Formen menschlichen Zusammenlebens. Sie setzten der wirklichen Stadt eine ideale Stadt entgegen. Doch das Zwanghafte, das mitunter durch den ausgefransten Mantel philanthropischer Nächstenliebe lugt – wie etwa in Fouriers reglementierten Produktions- und Wohngenossenschaften der Phalanstères –, diskreditierte die jeweilige Utopie. Und, der gesellschaftliche Impetus, der all diese Utopien speist, verschmäht zumeist die banale Wirklichkeit. Mit hochfliegenden Träumen ließen sich die tatsächlichen Probleme der industriellen Stadt nur schwerlich lösen.

Vor allem dezidierte Städte*bauer* wie Hermann Josef Stübben oder Reinhard Baumeister verkörpern da eine entgegengesetzte, eine pragmatische Herangehensweise – mithin so »deutsch«, dass sie internationale Anerkennung hervorriefen. Sie waren eine Art Mischwesen aus Architekt, Bürokrat und Politiker. Was sie auszeichnete, war, bei allem gestalterischen Talent immer auf dem Boden nüchterner Tatsachen, Befunde und realer Möglichkeiten zu stehen. Sie prägten eine sich gerade entwickelnde Disziplin und wurden (neben Camillo Sitte) zu ihren wichtigsten und namhaftesten Vertretern. Öffentliche Daseinsvorsorge, Verkehrsbewältigung und juristische Regelung sind die entscheidenden Stichworte, die ihren Wirkungskreis definieren. Zudem haben sie ihre Vorstellungen

Wir mögen hier den Kopf eines Monsters sehen, das, dem Jurasic Park entflohen, nun über den Dachvorsprung guckt, bereit, alle im Stadtraum Befindlichen anzufallen. In der japanischen Kultur werden allerdings mit einem Drachen traditionell eher positive Assoziationen verbunden. Was hier, im Tokioter Stadtteil Shinjuku, als skurrile »Kunst am Bau« reüssiert, ist also auch eine Parabel auf das Urbane: Ein und dasselbe Phänomen wird höchst unterschiedlich interpretiert. Was der eine gut findet, erschreckt den anderen.

weitgehend in die Tat umgesetzt. Gerade das unterschied sie von der anderen Seite: Denn soweit das »utopische Denken« darauf gerichtet war, den Traum von sozialer Gerechtigkeit in die Alltagspraxis zu überführen, ist es gescheitert. Gleichwohl hat es bis in die heutige Stadtdiskussion hinein Wirkungen entfaltet. Es sind nach wie vor zwei Pole, die ein Phänomen bestimmen, welches mit dem Begriff Städtebau nur unzureichend zu fassen ist. Beides, planerische Utopie und städtebaulicher Pragmatismus, sind grundlegende Komponenten jenes Kittes, der die Sphären des Sozialen und des Räumlichen zusammenhält.

Temps perdu? Heute gibt es niemanden mehr, so wird vielerorts geklagt, der die Stadt gestalten könne. Weder Utopisten noch Pragmatiker. Nicht einmal der Anspruch werde noch erhoben. Stattdessen gilt entweder Verwaltung des Status quo, oder, im besseren Fall, die politische und administrative Begleitung eines Veränderungsprozesses. Allerdings, die aktuelle Situation ist auch nicht vergleichbar mit den absolutistischen Zeiten, der Situation um die vorletzte Jahrhundertwende oder der Wiederaufbauphase vor 60 bis 70 Jahren. Viele Städte stehen, bildlich gesprochen, mit dem Rücken zur Wand. Finanzknappheit, Wohnungsnot, soziale Polarisierung sind einschlägige Stichworte. An sich sind Städte und Kommunen zuständig für die Bereitstellung wesentlicher Teile der sozialen Infrastruktur, die der Befriedigung menschlicher Grundbedürfnisse dienen soll, also die Voraussetzung für ein halbwegs »gutes Leben« darstellt. Dieser Aufgabe kommen sie vielerorts immer weniger nach, weil ihnen Geld, Personal und Kompetenzen fehlen. Den so in die Enge Getriebenen geht dann zunehmend der Optimismus verloren, Stadt positiv gestalten zu können.

Die Rahmenbedingungen städtischer Politik sind angesichts der vielfach nicht zu Ende gedachten Deregulierungs- und Privatisierungspolitik der 1990er Jahre und der damit verbundenen – wohl übertriebenen – Ökonomisierung allzu vieler Lebensbereiche deutlich unklarer geworden. Obgleich die Städte von dieser Entwicklung in unterschiedlicher Weise betroffen sind, haben sie darauf generell mit einer Intensivierung außenorientierter Wettbewerbspolitik – auch *new urban policy* genannt – reagiert.

Viele dieser Aktivitäten nutzen freilich der breiten Bevölkerung recht wenig. Deutlich wird dies nicht zuletzt im Kulturbereich. Schon früh hatte der Frankfurter Kulturdezernent Hilmar Hoffmann Kulturpolitik als Standortpolitik definiert: Das Frankfurter Museumsufer zeugt von diesem Bestreben ebenso wie der Wiederaufbau der Altstadt oder auch der Bau der Hamburger Elbphilharmonie. Damit soll die Anziehungskraft der Stadt für ein internationales Publikum erhöht werden. Gleichzeitig geht dies zu Lasten einer allgemeinen und breiter angelegten Kulturförderung. Zu diesen Maßnahmen zählt auch der Ausbau des Messe- und Kongresswesens oder die Veranstaltung kultureller oder sportlicher Großveranstaltungen.

Nun wäre es durchaus möglich, trotz dieser ungünstigen Bedingungen einen Paradigmenwechsel innerhalb der Politik der Städte einzuleiten. Doch dazu müssten sie ihr Selbstverständnis ändern und sich nicht länger als bloße, zum Teil allzu passive Marktteilnehmer, sondern als steuernde Akteure der kommunalen Entwicklung verstehen. Was braucht es, um hier voranzukommen? Überzeugungskraft, Strategie und Kompetenz in doppelter bis dreifacher Ausführung, weil man sowohl die Stadtgesellschaft gewinnen und beteiligen muss, um eine geeignete langfristig orientierte Strategie in die Stadtzukunft aufzulegen; weil man die Wirtschaft verstehen muss, um sie auf die jeweiligen städtischen Ziele einzuschwören oder sie zum beiderseitigen Vorteil zu funktionalisieren; und weil man zur richtigen Zeit auch Erfolge vorweisen muss. Und das wiederum gilt sowohl für gelungene städtebauliche Projekte als auch für ein produktives Miteinander zwischen Stadtpolitik und Verwaltung.

Blicken wir auf die Digitalisierung – eine der vermutlich kritischsten Gestaltungsaufgaben für die Stadt der Zukunft. Es steht außer Frage, dass die digitale Transformation der Städte nur in enger Kooperation mit der Wirtschaft gelingen kann. Die Hürden für gelungene Kooperationen sind aber hoch: Es mangelt an Fachwissen, Finanzkraft und Anreizen im öffentlichen Bereich. Eine Kooperation auf Augenhöhe, wie es dringend notwendig ist, scheint in weiter Ferne. Gleichwohl muss dies unabdingbar das Ziel für die Stadtentwicklung der Zukunft sein: Die öffentliche Hand muss es wieder schaffen, auf Augenhöhe mit den heute noch stärkeren Partnern zu verhandeln. Dazu muss zum einen immer klar sein, was die Stadt will, wonach sie strebt – was leider heute alles andere als selbstverständlich ist. Zum anderen müssen alle Ebenen und Akteure der Stadtentwicklungspolitik anerkennen, dass die Städte und Gemeinden ihre Aufgaben nur dann werden erfüllen können, wenn sie kompetent und selbstbewusst aufgestellt sind. Um das zu erreichen, bedarf es so mancher Voraussetzung – ohne eine auskömmliche Finanzausstattung der Städte und Gemeinden, zu der auch ein wettbewerbsfähiges öffentliches Dienst- und Besoldungsrecht zählt, wird allerdings alles nichts sein.

Community Building: Antworten aus der Zivilgesellschaft

Vielerorts in Europa hinterlassen Graswurzelbewegungen nun ihre Spuren in der Stadt. Das Neue und eigentlich Interessante an diesen Interventionen ist, dass die Zivilgesellschaft nicht länger auf eine Einladung zur Partizipation wartet, sondern von sich aus aktiv wird. Die Gruppe »O Espelho« (Der Spiegel) gab ihrer Kritik an der austeritativen EU-Haushaltspolitik deutscher Prägung anlässlich des Besuchs von Kanzlerin Merkel in Lissabon die Form einer Wandzeitung, die sie nachts an Zäune und Hauswände kleisterte. Eine Bauruine im Zentrum Madrids wurde von der Bürgerinitiative Campo de Cebada besetzt und in ein offenes Kulturzentrum verwandelt. In Turin bringt die Gruppe »Il Piccolo Cinema« (Das kleine Kino) Filmemacher mit Bürgern zusammen, um *Crowd*-finanzierte Dokumentarfilme zu drehen. Die Breite und Vielfalt einer neuen urbanen Veränderungsbewegung in Europa zeigt sich an und mit Bürgern, die sich gegenseitig helfen, selbst anpacken, handeln.[2] In Deutschland hat sich der Bund hieran so begeistert gezeigt, dass er seit gut zehn Jahren solcherlei Engagement über ein Förderprogramm sogar mit kleinem Geld unterstützt und die Ergebnisse aufwendig dokumentiert, um landauf, landab möglichst viele Menschen zu ermuntern, Stadt selber zu machen.[3]

»Warten auf den Fluss« nennt die Gruppe »Observatorium« ihre 38 Meter lange Brücke im Niemandsland an der Emscher – ein Mittelding zwischen hölzerner Relax-Zone, bewohnbarer Skulptur und Aufwertung eines ehemals zum Industriekanal verkommenen Flusses. Das Gebilde aus Baustellenbrettern versteht sich als eine Art Stoppschild für die arrivierte Stadtplanung: Es wendet sich gegen ein ›weiter so‹, will stattdessen die Aufmerksamkeit auf die umliegende Ruderalvegetation und deren Aufenthaltsqualität lenken.[4] Auch in Norwegen nimmt man auf neue Art den öffentlichen Raum ins Visier: Der Geopark in Stavanger (Helen & Hard) wirkt wie ein überdimensionierter Spielplatz, dessen bunte Elemente und Installationen – den Offshore-Basen und Bohrinseln entliehen und recycelt – einen brachliegenden Uferstreifen zum *hotspot* umgestalten. Mit dem partizipatorischen Reformprojekt »Die Baupiloten« ist die Architektin Susanne Hofmann in Berlin angetreten, um spartanische Flure und genormte Pausenhöfe von Schulen und Kindergärten radikal neu zu denken. Ihr Geschäftsmodell ist so einfach wie erfolgreich: Mit dem gegebenen Etat für eine Umbaumaßnahme so zu haushalten, dass etwas übrig bleibt für unorthodoxe Verschönerungen. Die Basisbewegung »Kinetisch Noord« schließlich transformierte den alten Hafenspeicher und Teile des Werftgeländes der Firma NDSM in Amsterdam; sie schuf neben preiswerten Ateliers, Wohnungen und Veranstaltungsorten auch eine weltbekannte Skateparkhalle. Beispiele wie diese – es ließen sich noch viele weitere nennen – sind beredt insofern, als sie veranschaulichen, dass die Gestaltung der Stadt weder ein bruchloses Anknüpfen an die Tradition ist noch das Ergebnis der Umstände ihrer Entstehung. Vielmehr offenbart sie sich als eine Praxis, die sich erst im Umgang mit Störungen erweist und bewährt. Gleichwohl ist längst nicht ausgemacht, dass das Provisorische eine zukunftsfähige Gestaltungsstrategie darstellt.

Zudem stellt sich die Frage, ob die Annahme, dass sich Subjekte über Partizipation, Selbstverwaltung und räumliche Aneignung ihrer jeweiligen Entfremdungen durch institutionalisierte Stadtpolitik und betriebswirtschaftliche Logiken zumindest teilweise entledigen, nicht zu positivistisch ist. Zumindest ist es ein schmaler Grat zwischen gesellschaftlicher Veränderung und Vereinnahmung durch das System. So können zeitgenössische Phänomene wie etwa urbane Gemeinschaftsgärten auch als Teil einer neuen urbanen Governance fungieren, sind sie doch nicht eindeutig entweder neoliberaler oder progressiver Stadtpolitik zuzuordnen. Zwar geht es den einzelnen Projekten durchaus um die Dekommodifizierung öffentlichen Raums, dabei spielen sie aber nicht selten unwillentlich über kommunal angetriebene Gentrifizierung und Imagepolitiken einer eher privatwirtschaftlich dominierten Stadtentwicklung in die Hände.[5] Mitunter wird das Urban Gardening dementsprechend auch als »Politik der Lebensstile« kritisiert, die eben nicht auf gesellschaftliche Veränderungen in Richtung eines Abbaus sozialer Ungleichheit ziele. Viele Gartenprojekte sind weniger divers als gedacht. Und sie neigen zu sozialer Schließung. Freilich verändert sich das Bild, wenn die Zusammenarbeit von Aktivisten mit lokalen Behörden gelingt. Sollen urbane Gärten als grüne Gemeinschaftsgüter fungieren und dem Gemeinwohl dienen, geht es wesentlich um das Problem der eingeschränkten Zugänglichkeit und Nutzbarkeit. Gemeinschaftsgärten sind als Kontinuum zwischen privat und öffentlich, marktwirtschaftlich und staatlich zu sehen. In Düsseldorf und Hannover – beides Städte, in denen die zuständigen politischen Gremien und Verwaltungen Gemeinschaftsgärten gegenüber positiv eingestellt sind – wachen städtische Bedienstete darüber, dass keine Vertreibung unliebsamer Nutzergruppen erfolgt – der Klassiker sind hier Konflikte mit Alkoholikern und/oder Obdachlosen – und fühlen sich dafür zuständig, »verbindliche Regelungen über die Befristung« auszuhandeln, um eine Privatisierung öffentlicher Räume zu vermeiden.[6]

Einen etwas anders gelagerten Fall stellt das Thema der Baugemeinschaften dar. Dass aus vielerlei Gründen Eigeninitiative gefragt ist, um in der Stadt heimisch zu werden, ist kaum überraschend. Nichts ist so stark wie eine Idee, deren Zeit gekommen ist, behauptete schon Victor Hugo. Und nun scheint die Zeit für Baugruppen – zumindest in Deutschland – offenbar reif zu sein. Richtig jung ist der Typus solcher Baugemeinschaften zwar nicht, aber es hat fast 20 Jahre gedauert, bis er nicht nur als Alternative zum Erwerb von Wohneigentum beziehungsweise zur Mietwohnung, sondern auch als Instrument der Stadtentwicklung begriffen wurde. Eine stärker ausdifferenzierte Nachfrage auf den Wohnungsmärkten muss heute vielfältige Bedürfnisse und Wünsche berücksichtigen. Baugruppen und Baugemeinschaften sind zur Umsetzung von nachfragegerechten Wohnkonzepten geeignet, da sie die Bedürfnisse und Wünsche nach bestimmten Nutzungs- und Gestaltungsqualitäten von Nachfragergruppen durch die Partizipation der zukünftigen Bewohner (in Bauherrenfunktion, nicht als Käufer) berücksichtigen. Häufig sind es besondere gemeinsame Zielvorstellungen (neue Wohnkonzepte wie Leben und Arbeiten, umweltfreundliches Bauen o. Ä.) – gekoppelt mit dem Wunsch nach einer kostengünstigen Realisierung –, auf deren Basis eine Baugemeinschaft ins Leben gerufen wird.

Das Modell weist drei grundsätzliche Vorzüge auf: Erstens, Baugemeinschaften beziehungsweise Baugruppen ermöglichen ein frühes Kennenlernen der zukünftigen Nachbarn durch die gemeinsame Planungsphase, und sie können für günstige Baukosten durch gemeinschaftliche Produktion sorgen. Vorfinanzierungen Dritter, Vermittlungshonorare, Vermarktungskosten und Bauträgerumsätze entfallen, wodurch die Gesamtkosten in der Regel 15 Prozent unter den ortsüblichen Immobilienpreisen liegen. Zweitens, der direkte und intensive Austausch zwischen Planern und Bauherren erlaubt individuellere Gestaltungsmöglichkeiten und meist qualitätsvolle, hochwertige Architektur – wer selbst nutzt, hat die besten Vorstellungen von dem, was er braucht. Drittens, Baugemeinschaften können bei kleinteiligeren Projekten im Rahmen der Innenentwicklung (Nachverdichtungen; Umnutzungen usw.) willkommene Partner für Kommunen sein, weil solche Projekte für Großinvestoren, Bauträger und Wohnungsgesellschaften meist von geringerem Interesse sind. Gleiches gilt für die Entwicklung von Baugebieten in entspannten Wohnungsmärkten, die für Bauträger aufgrund der niedrigen Marktpreise weniger attraktiv sind. Mittlerweile gibt es eine große Bandbreite realisierter Projekte – vom Geschosswohnungsbau bis zum Reihenhaus, von der innerstädtischen Hofbebauung bis zur durchgrünten Stadtrandlage –, die in Eigeninitiative von Bauherren und/oder Architekten entstanden.[7] Was kann man diesem Modell zutrauen, und was nicht?

Eine Initiative, die in den urbanen Alltag interveniert und zugleich ein beträchtliches finanzielles Wagnis einging, stellte die Baugruppe am Urban in Berlin-Kreuzberg dar. Unweit eines Hafenbeckens am Landwehrkanal befindet sich das Urban-Krankenhaus aus dem 19. Jahrhundert. Die historischen Backsteinbauten – 19 denkmalgeschützte Gebäude auf einer großen, parkähnlichen Fläche – wurden nach einem längeren finanzpolitischem Poker 2010 an die Bietergemeinschaft »Am Urban« verkauft. Dabei handelt es sich um rund 100 Parteien: bauinteressierte Familien, soziale Träger und Einzelpersonen, die sich in diverse Baugruppen gliedern. Eine Mischung aus überwiegend Alt- und zusätzlichem Neubau, aus Eigentums- und Mietwohnungen sowie Gewerbeflächen will der seit Jahren andauernden Steigung der Miet- und Eigentumspreise im Kiez entgegenwirken.

Architektonisch spektakulär ist dieses Vorhaben wohl kaum. Bemerkenswert ist es deshalb, weil es sich auf das besinnt, was jahrhundertelang die Zentralaufgabe des Städtebaus war: den Um- und Weiterbau. Weil es – praktisch und lebensweltlich – illustriert, dass Verdichtung den Schrecken verliert, den sie im frühen 20. Jahrhundert heraufbeschworen hat. Nicht zu Unrecht wurden die Baugruppen vom Berliner Senat gelobt als »Katalysatoren für urbane Lebensqualität«, die nicht nur »die städtische Baukultur durch anspruchsvolle, nachhaltige und individuelle architektonische Lösungen« bereichern, sondern auch »eine Bewohnerschaft mit Verantwortungsgefühl und Engagement für das Wohnumfeld« schaffen. Um solche Potentiale zu nutzen, bedarf es auch eines Umdenkens seitens der öffentlichen Hand. Zumal der Grundstückserwerb nach wie vor ein Haupthindernis für Baugruppen darstellt, auch sind Vermittlung und Moderation zu organisieren; Förder- und Finanzierungsmodelle anzupassen usw.

Auch Hofsituationen erfreuen sich nun einer neuen Beliebtheit, wie es das autofreie Projekt »Strelitzer Gärten«, ebenfalls in Berlin, zeigt, das auf dem ehemaligen Mauerstreifen auf einer kleinen Anhöhe liegt. Acht Architektenteams haben eine abwechslungsreiche Anlage mit 16 zwei- bis dreigeschossigen Hausindividuen auf einem beengten Hammergrundstück geschaffen. Ein schmaler Wohnweg, der nur für Möbelwagen und Blaulichtfahrzeuge befahrbar ist, führt durch die Stadthaussiedlung an einem kleinen Spielplatz vorbei. Den Auftakt der Reihe bildet ein recht auffälliger Baukörper mit gerundeter Kante, gleichfalls gerundetem Eckfenster und scheinbar frei verteilten Fensteröffnungen, die nach außen keine Stockwerksteilung erkennen lassen. Indem der Architekt Jörg Ebers Räume unterschiedlicher Proportionen und Höhen in einen Baukörper packt, verweist das in gewisser Weise auf den *Raumplan* von Adolf Loos. Arrondiert und gerahmt wird das Projekt durch einen Gebäudetypus, der für eine Baugemeinschaft nicht eben üblich ist: die eigenwillige Adaption einer Baulückenschließung zwischen zwei konventionellen gründerzeitlichen »Mietskasernen«. Keines der sieben Obergeschosse ist mit einem anderen identisch – was sich in der belebten Fassade spiegelt. Es gibt für die zehn Parteien kleinere und größere Wohnungen, solche mit Innentreppe und zwei Geschossen sowie ein Apartment im Dach. Ein Vorzug aller Wohnungen ist die Lichtfülle durch raumhohe Fenster nach Südwesten. Da indes Balkone an der Straßenfassade aus bauordnungsrechtlichen Gründen nicht erlaubt waren, wurde mit Klappbalkonen operiert, die wie eine Tür nach außen geöffnet werden und dann eine viertelkreisförmige Standfläche bieten. So öffnet sich im Sommer die Fassade mit vielen Augen, während sie im Winter geschlossen erscheint.

Mittlerweise erweist sich die Szenerie an Baugruppen – zumal in Berlin – als sehr bunt. Sie reicht von linksalternativen, selbst verwalteten Gemeinschaften aus Hausbesetzerzeiten über generationenübergreifendes Bauen und Wohnen bis hin zu Menschen mit einem guten Polster an Kapital, die sich zusammentun, um die Kosten für ihre Eigentumswohnungen zu minimieren.[8] Und natürlich lässt sich darüber streiten, ob Wohngruppen und Baugemeinschaften mehr darstellen als eine *quantité négligeable*. Dennoch: All diesen Projekten ist gemein, mehr aus dem Wohnen zu machen, als es traditionelle Angebote zulassen. Sie wollen Gemeinschaft nicht verordnen, sondern Möglichkeiten dazu eröffnen und zugleich eine breite Palette von Antworten auf die sich weiterentwickelnden Wohnwünsche und Lebensstile bieten.

Wirtschaft als Stadtmacher – mehr als ein Störenfried?

Beschleunigt durch die Megatrends der Globalisierung und Digitalisierung, vollzog sich eine tiefgreifende Wandlung der ökonomischen Basis der Städte. In der Folge dieses Strukturwandels haben sie ihre Rolle als Zentren industrieller Produktion vielfach verloren. Auch in Konzepten wie etwa der »Creative City« von Richard Florida haben Industrie und materielle Produktion keine Bedeutung mehr für die künftige Stadt. Aber ist es tatsächlich so, dass die Zukunft urbaner Arbeitswelten nur noch in den Dienstleistungen, insbesondere denen der Wissensökonomie und der Kultur- wie Kreativwirtschaft (auf der einen, und den gering entlohnten und meist prekären Beschäftigungen in Bereichen wie Gastronomie, Einzelhandel, Reinigung oder Bewachung auf der anderen Seite) zu suchen ist? Oder muss man nicht eher von einer Rückkehr der Produktion in die Stadt ausgehen?

In Deutschland sind Wirtschafts- und Siedlungsstruktur traditionell eher auf Vielfalt getrimmt, weshalb die Deindustrialisierung der Stadt noch weit weniger fortgeschritten ist als etwa in London. Niemand kann allerdings voraussagen, ob die Transformation einer Industrie- in eine Wissensökonomie tatsächlich auch hierzulande weiter voranschreitet und damit auch die Monofunktionalisierung in puncto Dienstleistungsbüros und Wohnen. Ebenso denkbar, dass sich zurzeit bereits eine Kehrtwende beobachten lässt, weg vom *cultural turn* der letzten Jahre hin zu einem *material turn* der Stadt der Zukunft. Die aktuelle Transformation der Industrieproduktion: urbane Manufakturen, vernetzte Produktion, FabLabs, Kleinfabriken der Recyclingbranche könnten für die Rückkehr einer neuen städtischen Industrie in kleinteilig gemischte Quartiere sprechen.

Die Firma adidas, die ihre Sportschuhe seit Jahren in Asien produzieren lässt, will Teile der Produktion zurück nach Deutschland holen durch den Bau einer »Speedfactory«, die aus einer Kombination von »Industrie 4.0« und der 3-D-Drucker-Technologie besteht. Ausgemacht ist diese Entwicklung aber längst noch nicht, wenngleich in den Städten mittlerweile auch eine gewisse Renaissance des Handwerks feststellbar ist, festzumachen zum Beispiel an Manufakturen, die ihre Herstellung (u. a. Schuhe, Fahrräder, Kleidung) auf eine Kundschaft ausrichten, die nachhaltig produzierte und dauerhafte Produkte kaufen möchte.

Mag in der aufziehenden Digitalmoderne der Eindruck entstanden sein, Materialität verlöre massiv an Bedeutung, so erweist sich das mehr und mehr als Mythos. Denn die materielle Produktion, auch in ihrer industriellen Form, bleibt eine unverzichtbare Basis zum Stillen unserer Bedürfnisse. Facebook allein vermag den Menschen nicht zu befriedigen. Schuhe, Socken, Hosen, Kleider, Zahnbürsten, all die Computer und computerähnlichen Dinge – von Dematerialisierung im Wortsinne keine Spur. Insofern ist es auch völlig irrational, die urbane Ökonomie allein in Büros und Dienstleistungswelten zu denken. Und wenn nun so oft von urbaner »New Economy« die Rede ist: Heißt das, wir sind auf dem Weg zu einer lokal eingebetteten Ökonomie, für die der Stadtteil kein neutraler Standort, sondern ein Wirkungsfeld ist, das mit vielfältigen Synergien oder auch möglichen Entwicklungsblockaden verbunden ist? Mehr noch: Stehen wir gar an der Schwelle zu einer modernen Industrie, die nicht nur stadtverträglich, sondern stadtaffin ist?

Denkbar und gar nicht unwahrscheinlich ist diese stadtaffine Ökonomie durchaus. Insbesondere zwei Aspekte locken die Produktion wieder näher an die Stadt: Smarte Technologien der Industrie 4.0 werden umfeldverträglicher und vermutlich weniger raumgreifend als bisher. Es gibt gute Argumente, sich in der Stadtentwicklung damit zu befassen, dass das Hohelied der funktionalen räumlichen Trennung schrittweise verstummen wird. Die Produktion der Zukunft ist viel stärker mit Kreativität und Know-how verknüpft als in der Vergangenheit: Spannende und lukrative Produktionsstandorte müssen künftig weit stärker als bisher dort angesiedelt werden, wo das passende Personal leben möchte. Tritt diese

Stadt bildet die Gesellschaft im Kleinen ab. Sie ist mit einer unübersehbaren Zahl von Protagonisten, mit höchst verschiedenen Interessen und Wirkungsfaktoren konfrontiert. Natürlich gibt es ein professionelles Getriebe für die urbane Entwicklung. Oft bleibt für den Einzelnen nebulös, wer oder was Stadt macht und formt. Dieses Beispiel aus dem kubanischen Havanna könnte dafür eine Allegorie liefern.

Entwicklung tatsächlich ein, klopfen wieder andere Stadtmacher an die Tür der urbanen Entwicklung: Wenn neue Gebäudekomplexe der Industrie 4.0 in die Stadt einziehen wollen, träte die industrienahe, Zukunft gestaltende Baukultur aus dem Schatten der oft Menschen und Räume lähmenden, und bloß im musealen Kontext gefeierten historischen Industriekultur. Nostalgie verlöre an Bedeutung. Dann entstehen neue Reibungspunkte, aus denen durchaus neue urbane Qualitäten zu erwarten sind. In dieser Argumentation ließen sich gegebenenfalls sogar die Handlungslogiken der Fabrikanten mit denen der Stadtplaner nach langen Jahrzehnten wieder in Einklang bringen: Denn Urbanität scheint in dieser Denkrichtung eine *Win-win*-Konstellation zu sein. Dann wird Wirtschaft möglicherweise auch wieder ein wohlgelittener Aktivposten für die Stadtentwicklung.

Immobilienrenditen – Die falsche Arithmetik für die Stadt

Vor etwa 200 Jahren hat der Philosoph Arthur Schopenhauer den Menschen als hilfloses Ofer eines für ihn unergründlichen Weltenlaufs beschrieben. Damit widersprach er der aufklärerischen Vorstellung seiner Zeit, der Mensch könne sich mit Hilfe seines Verstandes aus der selbst verschuldeten Unmündigkeit herausbewegen. Schopenhauer sah hinter den individuellen Imaginationen von Welt als die eigentliche Triebkraft menschlichen Strebens einen grundlosen Willen walten. Dem Menschen wird damit jede Hoffnung auf eine von ihm zum Besseren zu beeinflussende Zukunft genommen, und sein Dasein verwandelt sich in eine nie versiegende Quelle des Leidens.

Man könnte meinen, der Pessimist Schopenhauer habe den heutigen Immobilienmarkt beschrieben. So sehen sich die Menschen hier mit einer gewaltigen Diskrepanz zwischen Willen und Vorstellung konfrontiert. Heute will man beispielsweise wieder gern im urbanen Kontext wohnen – kommod und belebt, alle notwendigen Einrichtungen schnell erreichbar – und leistet damit doch mittelbar der Gentrifizierung

Vorschub. Zudem ist das räumlich-maßstäbliche Gefüge der Real-Estate-Branche in den letzten Jahren massiv in Bewegung geraten: Während Immobilien naturgemäß standortgebunden sind, erweist sich das in Immobilien investierte Kapital als immer flexibler, mithin sogar flüchtiger. Durch die steigende geographische Ausdehnung der ökonomischen Verflechtungen werden die territorialen Immobilienmärkte aufgebrochen und von rein marktlichen Interessen invadiert. Private Gesellschaften haben seit der Jahrtausendwende in Deutschland 2 780 000 Wohnungen erworben und 1 990 000 verkauft. Bemerkenswert dabei ist, dass diese Dynamik vielfach dadurch ausgelöst wurde, dass Bund, Länder und Kommunen ihre Bestände abgestoßen haben.[9]

Während Herkunft und Rechtsform einer Immobilieneigentümerschaft für das Quartier oder die Stadt zunächst einmal völlig neutral wirken, sind die Handlungslogiken und oft einseitigen Interessen dieser neuen Spieler am Immobilienmarkt oft extrem problematisch. So lassen sich Gebäude, deren rechtliche Eigentümer auf den Virgin Islands firmieren, selten bis nie in Konzepte zur Quartiersaufwertung integrieren, weil regelmäßig nicht einmal Ansprechpartner für Sondierungsgespräche zu identifizieren sind. Beteiligungen an kollektiven Verbesserungen in Geschäftsstraßen etc. scheitern immer wieder daran, dass diese neuen Eigentürmer an solcher Art von Aufwertung kein Interesse haben, da nur die gewinnträchtigen Differenzen zwischen Kaufpreis und unternehmensinternen Prognosen über die jeweilige regionale Immobilienpreisentwicklung interessieren. Dieses Finanzierungsmonopoly verschafft Banken, Versicherungen und anderen Geldgebern große Immobilienportfolios, da die Immobilie selbst eben die Kreditabsicherung schlechthin darstellt. Aus Stadtentwicklungssicht wird hier der Bock zum Gärtner: ohne jede Kompetenz zur Nutzung dieser Portfolios und ohne jedes Interesse, Lösungen für den Standort zu finden. Was hier zählt, ist allein das Interesse an buchhalterischen Gewinnaussichten. Oftmals haben die zuständigen Unternehmens-Controller die in den Büchern geführten Immobilien nicht einmal betreten. Anders ausgedrückt: In letzter Zeit ist die Zahl, vor allem aber die Bedeutung von Immobilieneigentümern deutlich gestiegen, die für konkrete Stadtentwicklung, für kollektive Aufwertungsbemühungen in keiner Weise zugänglich sind. So werden Immobilien zum Teil wie achtlos an den Straßenrand geworfene Pizzakartons behandelt – ohne Würdigung ihrer kollektiven Bedeutung, allein auf eine mathematische Renditeformel reduziert.

Diese Marktentwicklung entzieht einer kooperativen Stadtentwicklung tendenziell den Boden unter den Füßen. Die skizzierte Handlungslogik ist empirisch breit belegt, auch wenn sie sicherlich nicht auf alle international agierenden Unternehmen gleichermaßen zutrifft. Wer heute aber Investoren umwirbt, muss sich genau dieser Risiken bewusst sein, wie verständlich die Sehnsüchte vieler Stadtverantwortlicher auch sein mögen, Shopping-Center, hipe Bürotürme und ganze Lifestyle-Quartiere als »*Me-Too*-Produkte« in ihrer Stadt anbieten zu können. Selbst wenn sich derartige Immobilienentwicklungen beim Start als gewinnbringend erweisen, so bleibt die Antwort auf die Frage »Was ist Erfolg?« langfristig offen. Denn es schwingt immer die Sorge mit, dass in weniger rosigen Zeiten ein großes Wehklagen ertönt, weil Renditen nur auf Zeit berechnet werden.

Indes, statt eine gesellschaftspolitische Strategie des Umgangs damit zu entwickeln und durchzusetzen, resultiert daraus eher ein bemerkenswertes Wechselspiel: Auf der einen Seite suchen Anleger und Developer nach neuen, renditestarken Investitionszielen; auf der anderen Seite scheuen Städte und Regionen im internationalen Standortwettbewerb keinen Aufwand, um Investoren anzulocken. Und beide Seiten demonstrieren dies durch ostentative Präsenz auf den großen internationalen Messen wie MIPIM oder Expo Real. Eine fast unüberschaubare Zahl an regionalen Immobilen-Veranstaltungen allein in Deutschland komplettiert das Bild.

Apostrophiert als eine Art Marktplatz, an dem alle Beteiligten sich zum gegenseitigen Nutzen und Frommen einfinden und miteinander agieren, gelingt es den Immobilienmessen jedoch kaum, diesem Integrationsaspekt Genüge zu tun. Denn hier scheint es nur »Vermarktungsobjekte« zu geben. Ein durchschnittlicher Stadtbewohner würde vermutlich kaum behaupten, dass die Eigengesetzlichkeit der gebauten Umwelt hier ausreichend zur Geltung gebracht wird. Tatsächlich ist sie lediglich unter Branding-Aspekten zu sehen; und kalkuliert wird sie in erster Linie betriebswirtschaftlich als allzu banale Arithmetik. Pathetisch ausgedrückt: Humanistische und materialistische Geistesstränge stehen nebeneinander, sie bilden kein inhärentes Ergänzungsverhältnis. Architektur ist dabei kaum mehr als willkommener Bildlieferant für die schwunghafte Maschinerie des Investments. Unter den Tisch fällt, dass mittels des Entwerfens, Planens und Bauens eben auch »Räume für ein nicht entfremdetes Leben« (Boris Sieverts) zu schaffen wären. Oder um es mit der Schriftstellerin Siri Hustvedt zu sagen: »Es gibt kein Leben ohne einen Grund und Boden, ohne das Gefühl für einen Raum, der nicht nur äußerlich, sondern innerlich ist – mentale Loci.«[10] Die »Sozialrendite« von Häusern und Projekten, die »gefühlten Werte«: Sie ist in diesem Teil der Immobilienwelt nicht vorgesehen.

Andererseits darf man die harten Realitäten der realen Stadtentwicklung und eines immer anonymer werdenden Marktes nicht verkennen. Um sie kurz anzureißen: Private Investoren bauen, ohne die Nutzer zu kennen. Schon vor der eigentlichen physischen Entstehungsphase – noch im Planungsstadium, doch eventuell schon mit Baurechten versehen – werden Projekte an andere Investoren verkauft. Developer und Immobilientrusts beeinflussen den Städtebau heute massiv. Die Stadtplanung hätte sehr wohl die Möglichkeiten, zu bestimmen, wo es baulich langgeht. Aber auch im öffentlichen Handeln liegt so manches im Argen: Agieren kommunale Institutionen, denen Gemeinwohl vor Eigenwohl gehen müsste, als Bauherren, so erweisen auch sie sich zunehmend gesteuert von der Ellenbogenmentalität des internationalen Städte- und Standortwettbewerbs.

Nun hilft es freilich kaum weiter, die Immobilienbranche zum geborenen Feind guter Stadtentwicklung zu stempeln. Im staatlich gesetzten Rahmen tun auch diese Unternehmen, wozu sie auf dem Markt sind: Sie streben nach Gewinn. Wenn die Stadtentwickler, und gemeint sind dabei Gesetzgeber und

Verwaltung vor Ort, Korrekturbedarf sehen, sollte sehr wohl an den Rahmenbedingungen geschraubt werden. Nach einer längeren Phase staatlicher Enthaltung ist in einigen ökonomischen und gesellschaftlichen Handlungsfeldern eine neue Lust des Staates zu erkennen, die öffentlichen Belange nun tatsächlich nicht vollkommen dem Laisser-faire der Unternehmen zu überantworten. So wie man sich aktuell bemüht, Auswüchse in den sozialen Medien zu begrenzen und Marktmachtmissbrauch im Internet zu begrenzen, muss es auch in der Stadtentwicklung zu einem massiven Umdenken kommen: Die Perspektive guter Stadtentwicklung muss auf das »Gemeinwohl« gerichtet sein, welches wiederum eine breite Verhandlung und allgemeine Akzeptanz voraussetzt, nicht bloß eine Behauptung.

Ökonomische Markenbildung und Architektur haben in den letzten 20 Jahren eine Beziehung entwickelt, in der sie sich gegenseitig, doch recht ausschließlich, befruchten. Nicht nur, dass das Bauen immer mehr als Medium zur Schaffung eines dreidimensionalen Markenerlebnisraums eingesetzt wird. Umgekehrt nimmt auch die Baukunst große Anleihen beim Branding. Längst sprichwörtlich geworden ist der Bilbao-Effekt, womit die gezielte Aufwertung von Orten durch *iconic buildings* bezeichnet wird. Städte wie Shanghai und Oslo, Seattle und Hamburg haben in den letzten Jahren die Architektur erfolgreich als Bestandteil einer umfassenderen Stadtmarketingstrategie eingesetzt. Und die vielzitierte *Festivalisierung* der Stadtentwicklung, die vornehmlich auf Großereignisse fokussiert und Manpower, Fach- und Entscheidungskompetenz sowie finanzielle Ressourcen in der Hoffnung bündelt, weithin sichtbare Erfolge zu erzielen, schwebt permanent in der Gefahr, zu Lasten eines breiter angelegten Urbanismus zu gehen. Mit der Konsequenz, dass bestimmte Fragen, etwa nach Langfristperspektiven oder dem Verhältnis von symbolischem Ertrag zu realem (stadtgesellschaftlichem) Nutzen, lieber gar nicht erst gestellt werden.

Der Wohnungsbau wiederum fußt in der Regel auf abgesicherten und tendenziell retroaktiven Vorstellungen von Behausung. Im Büro- und Verwaltungsbau, wo immer schnellere Nutzungszyklen und technische Veränderungen die Anspruche verändern, setzt man auf möglichst viel Fläche, die möglichst flexibel gestaltbar sein soll; und drum herum meist die ewig gleiche Glas- und Stahlhülle. Die Eintönigkeit liegt indes nicht nur an der Einfallslosigkeit der Planenden, sondern auch an den für alle geltenden Brandschutzbestimmungen, an den Achsrastern, die etwas mit einer flexiblen Nutzung der hinter der Fassade liegenden Büroräume zu tun haben, um unter dem Druck des Marktes das Letzte aus jedem Winkel herauszuholen. Tiefe Fassaden, in denen sich Licht brechen könnte, entfallen, da dabei wertvolle vermietbare Fläche verlorengeht. Und welcher Developer entscheidet sich unter Verzicht eines zusätzlichen Geschosses für gut proportionierte Räume mit Raumhöhen, die ihren Namen verdienten? Auch dürfte es mehr als bloße Vermutung sein, dass Investoren Angst vor unbequemen, eckigen Architekten haben. Ziel der privaten Wirtschaft sind hocheffiziente Gebäude, die hohe Mieten erwirtschaften und in immer kürzeren Zeiträumen umgeschlagen werden können. Es kommt nicht von ungefähr, dass bei den meisten Bauherrn die Mentalität eines Bankers aufscheint, der nur die Finanzierung sieht, alle Risiken ausschalten will und idealtypisch unter Baukultur lediglich die Einheit von Baugenehmigung, Festpreis, Abnahme und Vollvermietung versteht.

All diese Aspekte machen vor allem eines deutlich: Längst befindet sich unser Kulturkreis im Übergang von einer politisch motivierten, nichtmonetären Stadtentwicklung hin zu einer privaten, an Gewinn und Rendite orientierten Steuerung. Das kann Chancen bieten: Wenn internationale Investoren angelockt werden, die mit ihren Projektentwicklungen oder mit der Sanierung ältere Bürogebäude die baulichen Voraussetzungen für die Ansiedlung neuer Branchen schaffen, und wenn damit positive Beschäftigungseffekte ausgelöst werden. Unübersehbar gibt es indes auch die Kehrseite: nämlich eine weitaus stärkere Abhängigkeit von mobilem, stets abziehbarem Kapital. Wenn die Renditen in anderen Anlagebereichen oder an anderen Standorten aussichtsreicher sind, dann kann abrupt ein Abzug der Finanzmittel erfolgen. »Was systemfunktional ist für Wirtschaft und Verwaltung, beispielsweise eine Verdichtung der Innenstadt mit steigenden Grundstückspreisen und wachsenden Steuereinnahmen, muß sich im Horizont der Lebenswelt der Bewohner wie Anlieger keineswegs als ›funktional‹ erweisen. Die Probleme der Stadtplanung sind nicht in erster Linie Probleme der Gestaltung, sondern der Eindämmung und Bewältigung von anonymen Systemimperativen, die in städtische Lebenswelten eingreifen und deren urbane Substanz aufzuzehren drohen.«[11]

Doch damit einen Umgang zu finden, der privatwirtschaftliche und allgemeine Ansprüche ausbalanciert, will augenscheinlich nicht recht gelingen: »Wer heute mit der populären Losung ›mehr Markt‹ für Privatisierung, Deregulierung, Marktmieten in der Wohnpolitik antritt, der muss sich auch klar sein, worauf er verzichtet: zum Beispiel auf einen großen, in über 100 Jahren aufgebauten Bestand gemeinnützig-gebundener Wohnungen.«[12] Zwar sind gegenwärtig Genossenschaften wieder stärker im Kurs, aber deren quantitativer Effekt ist naturgemäß sehr begrenzt. Es wäre angeraten, über neue Planungs- und Baufinanzierungsmodelle nachzudenken, mit denen privates und öffentliches Geld in einen sozial verträglichen, ressourcenschonenden und ökologisch korrekten Umbau der Städte gelenkt werden könnte.

Wieder auf Betriebstemperatur?

In den 1950er Jahren erschien eine dreibändige, höchst einflussreiche Schrift mit dem etwas rätselhaften Titel *achtung: die schweiz*. Daran war auch der Schriftsteller Max Frisch maßgeblich beteiligt. Der erste Teil »wir selber bauen unsre Stadt« erschien 1953 und das Vorwort von Frisch beginnt so: »Es gibt zwei Arten von Zeitgenossen, die sich über die Misere unseres derzeitigen Städtebaus aufregen; die einen, die große Mehrzahl und auch sonst die Mächtigeren, sind die Automobilisten, die keinen Parkplatz finden; die anderen sind die Intellektuellen, die in unserem derzeitigen Städtebau etwas anderes nicht finden: Sie finden keine schöpferische Idee darin, keinen Entwurf in die Zukunft hinaus, keinen Willen, die

Schweiz einzurichten in einem veränderten Zeitalter, keinen Ausdruck einer geistigen Zielsetzung – das macht noch nervöser, als wenn man keinen Parkplatz findet.« Damit beschrieb Frisch die essentielle Botschaft des Pamphlets, nämlich den Aufruf zu einer neuen Machart von Stadt, die sie als Ausdruck einer geistigen Zielsetzung begreift. Die dabei aufgeworfenen Fragen nach dem zukünftigen Aussehen der Stadt und dem Einfluss der Bürger auf die Planung stehen im Zentrum der Schrift, die damit als wichtiges Dokument einer nonkonformistischen Bewegung zehn Jahre nach Kriegsende gilt. Mit den kämpferischen Texten der Trilogie lieferten die Autoren Denkanstöße, stellten die Objektivität und Unantastbarkeit von Expertenpositionen in Frage und forderten eine politisch motivierte Zukunft durch eine proaktive Gesellschaft. Dabei ging es ihnen nicht darum, Sündenböcke ausfindig zu machen, sondern die grundsätzliche Frage zu stellen, wer eigentlich für die Stadt verantwortlich sei. Man dürfe nicht die Behörden diejenigen Aufgaben machen lassen, die eigentlich die der Zivilgesellschaft wären. Auch heute, gut 60 Jahre später, haben diese Kernthemen nichts an Aktualität verloren. Planung und Bürgerbeteiligung sowie die Kritik an politisch-gesellschaftlichen Verhältnissen, die schließlich im Vorschlag einer neuen Stadtgründung mündete, sind Beispiele für eine Diskussionskultur, die auch heutigen Planungsprozessen gut zu Gesicht stünden. Die Antwort auf die Frage, wer die Stadt macht, darf man nicht allein ökonomischen Kalkülen oder der Eigenlogik von Immobilienentwicklung überlassen. Wer heute Stadt besser machen will, muss die obwaltenden Marktmechanismen durchschauen, um sich nicht ziel- und erfolglos zu verausgaben.

Auf dem Spielfeld der Stadtentwicklung tummeln sich indes nun weitere, neuartige Akteure, die wiederum eigene Ziele verfolgen: Google, Facebook und artverwandte Großkonzerne, die unsichtbare, vermutlich unumgängliche virtuelle Netze und Kommunikationskanäle über die Städte spannen. Was das für die Zukunft der Stadt bedeutet, bleibt bis auf Weiteres offen. Sicher ist nur: Es wird nicht weniger komplex, deshalb viel anspruchsvoller, wenn nicht nur Bauen und Gesellschaftliches zu handhaben ist, sondern auch die bisher unbekannte Welt der hybriden Muster aus Materialität und Bits und Bytes. Sicher ist auch: Stadtentwicklung braucht klare Konzepte und bedarf einer so zielgerichteten wie schlauen Moderation. Natürlich kann und sollte der Staat nicht alles selbst erledigen. Allerdings muss er – aus einer neuen Leidenschaft für Stadt und Urbanität – an Selbstvertrauen gewinnen. Und cleverer agieren, als das in den letzten Jahrzehnten der Fall war.

Die Smart City als vermeintlicher Heilsbringer

Aktuell wird heftig über die Neuerfindung der Städte des 21. Jahrhunderts debattiert. Die diesbezüglichen Prozesse und Perspektiven sind zu einem der prominentesten gesellschaftlichen Themen geworden. Seit 2008 leben mehr Menschen in Städten als auf dem Land. Bis zum Ende dieses Jahrhunderts werden die Städte für beinahe 90 Prozent des Bevölkerungswachstums und für 60 Prozent des Energieverbrauchs verantwortlich sein. Es gibt also gute Gründe, dass allenthalben nach »smarten«, »digitalen« oder »hochtechnisierten« Lösungen für den Städtebau gerufen wird. Der Schwerpunkt liegt auf den Informations- und Kommunikationstechnologien mit dem Potential, die Funktionsweise urbaner Räume zu verbessern. Angeheizt von dem ständig wachsenden Datenmaterial über Städte (zum Klima, zu den Verkehrsströmen, zum Grad der Umweltverschmutzung, zum Ausmaß des Energieverbrauchs usw.), haben sich mehrere Schlüsselbereiche herausgeschält, die als mögliche Anwendungsfelder für Hightech-Eingriffe herangezogen werden; dazu zählen etwa die Bewegungsmuster von Menschen, die Verteilung von Energie, Nahrung und Wasser, oder der Umgang mit Müll. Die »Smart City« ist das überwölbende Schlagwort dieser Debatte.

Fraglos ist der Begriff selbst untrennbar mit der digitalen Transformation verbunden. Aber es ist keineswegs so, dass eine »smarte« zwangsläufig eine frisch gebaute Stadt sein muss. Neue digitale Technologien zeichnen sich ja nicht zuletzt durch ihre Mikro-Größen aus, die wir in beinahe jedes Haus aus vorigen Jahrhunderten implementieren können. Offenkundig ist es durchaus machbar, etwa Venedigs Paläste, Plätze und Brücken ohne nennenswerten Gesichtsverlust im digitalen Zeitalter *smart* zu machen, während eine Anpassung an die grobschlächtigen Anforderungen der industriellen Revolution offenkundig unmöglich war. Der umtriebige Architekt und MIT-Forscher Carlo Ratti sieht eine beinahe ewige Konstanz der urbanen Formgebung – viele Elemente der heutigen Stadt fanden sich schon bei den Griechen und Römern. Grundsätzlich gilt: Menschen brauchen auch in der Zukunft Strukturen, Böden und Wände. Mag es mitunter auch einen anderen Anschein haben – im Digitaldiskurs geht es nicht um den grundlegenden Um- oder Neubau von Städten. Vielmehr erhält das Urbane ein neues Betriebssystem, weil sich das Sein und das Miteinander der Urbanisten in den gegebenen Strukturen und Räumen vollständig wandeln werden.[1] Und deshalb spielen die Architekten und Stadtplaner bislang keine Hauptrolle im Digitalisierungsspiel. Vermutlich aber wird ihre Zeit noch kommen – dann nämlich, wenn das neue Betriebssystem einen hinreichenden Reifegrad erreicht hat und wir in eine Epoche neuer Raumnutzungen eintreten. Dementsprechend soll in diesem Kapitel den Smart-City-Phantasien weit mehr im gesellschaftlichen Leben – in und zwischen den Häusern – nachgespürt werden, weniger in spekulativen Visionen für gänzlich neue Städte.

Zunächst einmal stellt der Slogan »Smart City« kaum mehr als den Versuch der Wirtschaft dar, sich die Städte als neuen globalen Megamarkt zu erschließen, indem man suggeriert, die alte Stadt sei »out«. Genauer gesagt: Bei allen Problemen, die in den urbanen Zentren bestehen und die sich um sie ranken, sei die Stadt allein durch einen hohen Aufwand an neuer Technologie für die Zukunft fit zu machen.

Das entfaltet Wirkung: Getüftelt und gebaut wird mittlerweile weltweit an diesen Puzzleteilen der Stadt der Zukunft, so auch an den sogenannten Hudson Yards in New York. Das gesamte Investment wird unter dem Werbeslogan »A new neighborhood for the next generation« gebündelt, und gemeint ist damit nicht nur die Rundumversorgung mit Food, Fun und Fitness, sondern auch die Errungenschaften der neuesten Technik, die die Bewegungen der Besucher und die Bedürfnisse der Bewohner genauestens registriert. Mit Hilfe von Smart Data, sprich: Tausenden von Sensoren, die von den Einkaufsgewohnheiten bis zur Nutzung von Energie das Verhal-

Mag das weltweit wohl meistzitierte Beispiel für eine Smart City auch das südkoreanische Songdo darstellen, so dient die Metropole Tokio doch vermutlich eher als Referenz für das, was urbanistisch auf uns zukommt. Jene futuristische Planstadt, die sich weitgehend selbst reguliert, in der Millionen Sensoren Daten liefern an einen Zentralrechner, in der die Planer auf Bildschirmen das Stadtgeschehen in Echtzeit verfolgen können, ist vorerst nicht mehr als ein digitales Utopia. Die japanische Hauptstadt hingegen, ein von Menschen gemachtes Werk, von vielen Brüchen und Gegensätzen geprägt, doch enorm effizient, erweist sich als immer wieder modernisierbar.

ten messen, entstehen auch hier seit 2016 Mosaiksteine für Städte der Zukunft. Das bedeutet nicht allein, dass der großenteils noch im Bau befindliche Hochhauskomplex mit einem ökologisch innovativen Energieversorgungssystem ausgestattet wird, das es via Datenanalyse möglich macht, Temperatur, Beleuchtung und Belüftung zu optimieren, sondern auch, dass die Umgebung jede Regung ihrer Benutzer registriert oder ausspioniert, je nach Betrachtungswinkel und Gemütslage. Was mit der Datensammlung, die unter dem Stichwort »responsive neighborhood« firmiert, sonst noch geschehen kann, wird nicht gesagt. Es reicht, dass man auf die andern herabblicken kann. 374 Meter hoch wird der Wohnturm sein, den die Architekten Kohn, Pedersen und Fox, die auch den Masterplan für das Gelände entworfen haben, derzeit auf den Hudson Yards hochziehen.

Glaubt man Schätzungen der OECD, liegt der weltweite Investitionsbedarf für Infrastrukturprojekte bei jährlich rund 1800 Milliarden US-Dollar, und dies bis mindestens 2030. Klar ist, dass ein großer Teil dieser Investitionen in den Städten getätigt werden wird. Wenn man den Hype um Smart Cities verstehen will, muss man wissen, dass global agierende Technologieunternehmen sich einen erbitterten Wettstreit um Anteile an diesem urbanen Megamarkt liefern. Während die technische Grundausstattung unserer Städte bislang im Prinzip auf Steinen, Beton und einer beachtlichen Anzahl von Kupferkabel-Kilometern basierte, soll aus Sicht der Unternehmen die anstehende große Infrastrukturtransformation ein komplexes Geflecht aus klassischen Ver- und Entsorgungs- sowie neuen IuK-Infrastrukturen, aber auch aus sozialen Netzwerken hervorbringen – und damit die Wege in die Smart City bahnen. Allein damit entsteht ein großer ökonomischer Druck auf die Städte, der sich höchst unterschiedlich auswirken kann.

»Smart« zu sein gilt schon heute einigen Kommunen als wichtiger Standortfaktor, um sich im weltweiten Städtewettbewerb zu behaupten. Hier wirkt die Globalisierung gleichsam als Brandbeschleuniger: Immer mehr Städte treten in einen direkten wirtschaftlichen und kulturellen Austausch miteinander, der umso reibungsloser und befruchtender funktioniert, je synchroner die Technologien an beiden Enden der Beziehung arbeiten. Anschaulich wird dies an Flug- und Seehäfen, wo ankommende Flugzeuge und Schiffe am besten überall die gleichen technologischen Bedingungen vorfinden sollten, um eine möglichst reibungslose Logistik zu erreichen. Und jede Modernisierung am einen Ende der Beziehung wird dadurch schnell zu einem Muss am anderen. So ist unmittelbar nachvollziehbar, dass sich zum Beispiel Hamburg – getrieben durch die Digitalisierung und Automatisierung im globalen Hafenwettbewerb – auch in seinen übrigen urbanen Angelegenheiten mit großer Kraft der Digitalisierung widmet. Hamburg als Stadt des Hafens und des Handels kann sich den neuesten Entwicklungen der Digitalisierung kaum entziehen.

Der Wunsch nach »Smartness« wird so manche Stadt dazu verführen, sich schnell und gleichsam mit Haut und Haaren auf den Digitalisierungsweg zu begeben; in der Regel (und mangels bekannter Alternativen) über Partnerschaften mit genau der Wirtschaft, die ihre eigenen Interessen verfolgt. Dabei ist auch der externe Einfluss beträchtlich: Sei es, weil die Bevölkerung, die selbst schon viel ambitionierter in der digitalen Sphäre zu Hause ist als die Stadtverwaltung, die öffentliche Hand herausfordert. Oder sei es, weil die Unternehmen am Ort eine umfassende Digitalinfrastruktur als neuen Standortfaktor gewährleistet sehen wollen, andernfalls mit Abwanderung drohen oder tatsächlich ihre Zelte abbrechen. Schließlich gibt es noch ein drittes Motiv, das in dieser digitalen Goldgräberstimmung bedeutsam ist; und das betrifft jene Städte, die heute eher ein Schattendasein fristen, die wirtschaftlich nicht so gut dastehen. Sie wittern in der Digitalisierung die Chance für einen neuen Aufbruch. Doch gerade an dieser Stelle ist Vorsicht geboten. Denn eine Anverwandlung zur Smart City ist weder ohne massive Investitionen möglich, noch wird es gelingen, wirklich zukunftstauglich zu werden, wenn es keine Entwicklung aus dem Kern, dem Wesen der Stadt selbst heraus gibt. Der bloße Import von neuen Technologien reicht nicht. Es ist naiv und gefährlich zugleich, wenn man meint, sich durch innovative und weitreichende Kooperationen mit globalen Tech-Giganten in die urbane Zukunft katapultieren zu können.

Denn bei allem, was sich im Zuge der digitalen Transformation ändern wird, verlieren die bewährten Prinzipien der Stadtentwicklung, wie sie zumindest in Europa hochgehalten werden, keineswegs an Wert. Dabei geht es um Fragen der integrierten Planung und Umsetzung von städtischen Vorhaben; aber auch um eine Behutsamkeit, die im völligen Gegensatz zu den disruptiven Phantasien der Apologeten der Tech-Welt steht. Und nicht zuletzt um das Soziale und Inklusive der Stadt, die mitnichten auf dem Altar der Digitalisierung geopfert werden dürfen. In der jüngst für Deutschland veröffentlichten »Smart City Charta« verfolgt die Bundesregierung deshalb genau das Ziel, Stadtentwicklung mit den Chancen und Risiken des Abenteuers Digitalisierung zu verknüpfen. Hier wird von den Kommunen ein starker Werte- und Zielebezug gefordert, um Technologien mit Bedacht und Weitblick nutzen zu können.

Algorithmen, Big Data und neues Denken

Natürlich sind Akzeptanz und entsprechende Verbreitung neuer Technologien von großer Bedeutung; sie bestimmen letztlich die Dynamik möglicher Entwicklungen in den Städten. Vielfach sind parallele Entwicklungen bei Anbietern und Nachfragern notwendig, um eine erfolgreiche Innovationsdynamik zu erreichen. So wäre beispielsweise das aktuell starke Wachstum im Car-Sharing-Segment ohne den »Siegeszug« der Smartphones bei den Bürgerinnen und Bürgern nicht möglich. Die Ubiquität der Endgeräte macht flexible, internetgestützte Car-Sharing-Angebote erst marktfähig. Hier gehen Technologie, Akzeptanz für neue Zugangs- statt Eigentumsmodelle, neuartige Problemlösungen und die Entwicklung völlig neuer Geschäftsmodelle in der Stadt Hand in Hand. Sie sind in der Lage, dynamische Innovationsketten in Gang zu bringen. Aber: Wer oder was bestimmt eigentlich, was passiert? Wer oder was befindet über die Wege und Geschwindigkeiten in Richtung Smart Cities?

Sich mit dem Thema auseinanderzusetzen bedeutet, sich von

eingeschliffenen Pfaden des Denkens zu verabschieden und sich neuen technologischen Optionen gegenüber zu öffnen. Auch wenn die digitale Durchdringung von Wirtschaft und Gesellschaft in Deutschland noch nicht so weit ist, wie es in anderen Ländern der Fall ist (etwa im kleinen Estland), dürfen wir nicht so tun, als gingen uns diese gravierenden Veränderungen nichts an. Denn »die Digitalisierung verändert, was und wie wir wissen. Doch was genau das bedeutet – darüber wissen wir bei weitem nicht genug.«[2]

Das gilt auch und besonders für den Bereich des Big Data: »Big Data ist das, was man in großem aber nicht in kleinem Maßstab tun kann, um neue Erkenntnisse zu gewinnen oder neue Werte zu schaffen, so dass sich Märkte, Organisationen, die Beziehungen zwischen Bürger und Staat und vieles mehr verändern. Aber das ist nur der Anfang. Die Ära von Big Data wird sich auch auf unsere Lebensweise und unsere Weltsicht auswirken. Vor allem muss die Gesellschaft sich gewohnter Vorstellungen von Kausalität entledigen und stattdessen vermehrt auf Korrelationen verlassen: Man wird oft nicht mehr wissen warum, sondern nur noch was. Das ist das Ende jahrhundertelang eingeführter Prozesse und verändert tiefgreifend die Art, wie wir Entscheidungen treffen und die Wirklichkeit verstehen.«[3] Solch grundlegenden und nur von Fachleuten in ihren Alltagsauswirkungen einschätzbaren Umbrüchen infolge des technisch-wissenschaftlichen Fortschritts stehen wir vielfach wie paralysiert gegenüber. Frank Schirrmacher sieht den einzelnen Menschen im Zeitalter der Digitalisierung der Bedrohung einer fundamentalen Verwandlung ausgesetzt: Auf der Jagd nach Informationen und unter dem Druck eines sich ständig ändernden, niemals verifizierbaren Informationsumfeldes geraten wir in ein krank machendes Hamsterrad des Multitaskings. Und in diesem Hamsterrad verlieren wir, so Schirrmacher, zunehmend an Aufmerksamkeit, Konzentrationsfähigkeit und letztlich an Problemlösungskapazität. Es drohe uns eine Verwandlung, wie sie Kafkas Gregor Samsa erfahren hat, der eines Morgens aus unruhigen Träumen erwachte und sich zu einem ungeheuren Ungeziefer verwandelt sah und hilflos auf seinem panzerartigen harten Rücken lag.

Und diese Verwandlung geht im Prinzip in uns allen vor. Beruflich und privat können wir bald jederzeit auf große Teile des Menschheitswissens zugreifen. Durch unseren digitalen Life- und Workstyle produzieren wir zudem ständig riesige Datenmengen, die nur noch von Maschinen verarbeitet werden können. Das Bewusstsein, im Prinzip alles und immer mehr wissen und jederzeit aktuell informiert sein zu können, und die Jagd nach diesem unerreichbaren Informationsideal führt zu massiven Erschöpfungszuständen aller Beteiligten. Zu Oberflächlichkeit und zu Scheinlösungen. Zum Verlust der Fähigkeit, öfter einmal die Vogelperspektive einzunehmen oder Daten und Informationen zur eigenständigen Gestaltung zu nutzen. Wir liegen auf dem Rücken und das Gewicht des Rucksacks voller Daten und Informationen lässt uns hektisch und hilflos mit den Armen und Beinen rudern.[4] Das Sich-Verlieren in einem nicht mehr handhabbaren Umfeld potentieller Allwissenheit und dem beinahe zwangsläufigen Burnout ist ein Teil der Diagnose. Ein anderer Teil umfasst die Konfrontation mit dem als nicht möglich Erachteten.

Kaum jemand hätte ernsthaft erwartet, dass Algorithmen pfiffig genug sein könnten, Zeitungsartikel zu schreiben. Zuerst hatte es auch niemand richtig bemerkt. Erst einige Monate, nachdem Algorithmen einen Spielbericht über ein kleines Baseball-Team aus Illinois, die Northwestern Wildcats, verfasst hatten, schrieb der mittlerweile verstorbene David Carr von der *New York Times*: »Die Roboter kommen. Oh, sie sind schon da!« Mercedes Bunz meint, hierzu ein häufiges Muster für den Umgang mit Innovationen zu sehen: »Wenn endgültig klar ist, dass wir bestimmte Dinge von nun an mit anderen Augen betrachten müssen, sind wir schockiert; doch bevor sich die neuen Erfindungen in unserem Alltag durchsetzen, nehmen wir häufig gar nicht wahr, dass etwas passiert.«[5] Das automatische Schreiben ist mittlerweile auch über Chatbots hinaus weit verbreitet. So nutzt die *Los Angeles Times* eine Software namens Quakebot, die eigenständig kurze Berichte über Erdbeben in Kalifornien verfasst, Associated Press verwendet eine Software, die Finanzberichte schreibt, die nun auch ohne Prüfung durch einen menschlichen Redakteur veröffentlicht werden. Aus Japan ist gar die Warnung an menschliche Autoren zu vernehmen, dass eine Künstliche Intelligenz (KI) eine Kurzgeschichte verfasst habe, die kurz vor dem Gewinn eines Nationalen Literaturpreises gestanden haben soll.[6] Genauso dürfte es sich auch mit den vielen Mosaiksteinen der smarten Stadt verhalten. Viele Dinge sind außerhalb unserer Wahrnehmung in anderen Teilen der Welt schon real, und wir bekommen kaum etwas davon mit oder wollen es nicht zur Kenntnis nehmen. Das bedeutet aber nicht, dass diese Entwicklungen nicht auch unsere Städte erreichen werden. Wiederum andere Dinge werden wir nicht erwarten, weil sie unseren heutigen Denk- und Suchroutinen nach möglichen Zukünften widersprechen. Oder weil wir manche Entwicklungen aufgrund gewachsener und breit akzeptierter Wertevorstellungen und deren scheinbar gesellschaftlicher Verankerung ablehnen.

Bedroht die digitale Transformation nicht absehbar unsere Privatsphäre? Wie schnell ist der gläserne Bürger erreicht, der sich – wenn die Entwicklung schleppend negativ verläuft – den Servern und datenanalysierenden Algorithmen und den hiermit verbundenen Unternehmen oder staatlichen Behörden ausgeliefert hat? Wie weit sind wir denn schon in diese Entwicklung eingetaucht? Ein anschauliches Beispiel liefern Entwicklungen im Bereich digitaler Kameras und der Videoüberwachung – spätestens seit 9/11 auch ein großes Thema der Stadtentwicklung: Wir werden gefilmt auf öffentlichen Plätzen, in U-Bahn-Stationen, an Bahnhöfen, Flughäfen usw. Mit dem Siegeszug der Smartphones kann man von einer filmischen Massenexplosion sprechen: Alles und nichts wird aufgenommen und häufig unlöschbar gepostet und geteilt. Die Technik ist in den letzten Jahren immer billiger und leichter einsetzbar geworden. Und der Markt wächst, vor allem im privaten Bereich. Mit dem Effekt, dass es kaum noch unbeobachtete Stellen gibt.

Aus der Literatur sind einige Schreckgespenster in unser Bewusstsein eingedrungen, die in gewisser Weise mit den Ängsten und Sorgen um die Digitalisierung verknüpft sind. So manches Werk erlebt heute wieder große Neuauflagen. Allen voran wird der Roman *1984* mit dem Symbolbild des Großen

Bruders immer wieder in Diskussionen eingeflochten, auch wenn George Orwell mit seinen gesellschaftskritischen Intentionen deutlich stärker vor totalitären Systemen als vor einer technikgetriebenen, unmenschlichen Zukunft warnte. Der Große Bruder gilt vielen als Synonym für eine perfekte, alles kontrollierende Staatsmaschinerie, die heute vielfach mit der digitalen Ausspionierung durch die Geheimdienste gleichgesetzt wird. Oder als Inbegriff der durch Algorithmen gestützten Analysen unseres Online-Lebens in den Rechenzentren der privaten Internet-Giganten, die krakengleich Macht über uns gewinnen, weil sie schier alles über uns in Erfahrung bringen – und im Zweifel dann gegen uns einsetzen werden, wenn es gilt, Gefügigkeit einzufordern. Allerdings ist die Welt in *1984* gekennzeichnet durch Furcht und Bestrafung, was im Digitalisierungskontext heute kaum im Mittelpunkt steht. Vielmehr liefern wir uns ja durch unser digitales Alltagsverhalten den neuen Mächten des digitalen Zeitalters freiwillig aus.[7]

Deshalb scheinen zwei andere Klassiker dystopischer Literatur deutlich treffender auf das Bezug zu nehmen, was heute in der digitalen Entwicklung zu beobachten ist. Aldous Huxleys *Brave New World*, als ironisch-satirische Zukunftsvision konzipiert, zeichnet zugleich eine teuflische Variante des Totalitarismus, die sich dadurch auszeichnet, dass »eine allmächtige Exekutive politischer Machthaber und ihre Armee von Managern eine Bevölkerung von Zwangsarbeitern beherrscht, die zu gar nichts gezwungen werden brauchen, weil sie ihre Sklaverei lieben«.[8] Wie könnte es heute so weit kommen? Bei *Huxley* spielt die stimmungsaufhellende und anregende Droge »Soma« eine gleichsam systemstabilisierende Rolle. Nach dem Motto »Ein Gramm versuchen ist besser als fluchen« werden negative Stimmungslagen von den Menschen selbst ausradiert. Das Soma der schönen neuen Welt scheinen heute die angeblich kostenlosen Onlineservices der Internetwelt zu sein, mit der wir uns alle quasi selbst enteignen (indem wir unsere Daten ohne Gegenleistungen der Internetökonomie zur Verfügung stellen) und uns so Unternehmen und Geschäftsmodellen ausliefern, die mit ihren Sirenenservern, wie sie Internetpionier Jaron Lanier nennt, in einer aufziehenden »The-Winner-Takes-It-All-Ökonomie« die Macht übernehmen.[9] Sie können deshalb einen Großteil der Wirtschaftssubjekte maximal ausbeuten, weil im Zuge der Digitalisierung massenhaft Jobs und gegenwärtig noch vermarktbare Qualifikationen obsolet werden und die breite Mittelschicht in das wirtschaftliche Prekariat abzurutschen droht. Für Huxley selbst haben sich die von ihm befürchteten Entwicklungen viel schneller eingestellt, als er sich das vorstellen konnte, weshalb er 1959 in seinem berühmten Essay »Brave New World Revisited« die Romanwelt mit seiner Sicht auf die damalige Wirklichkeit konfrontierte. Er kam zu dem Schluss, dass die Anonymität der Verwaltungsapparate, verfeinerte Methoden der politischen Propaganda und der seelischen Manipulation sowie die Allgegenwart der Massenmedien unmerklich Individualität und persönliche Freiheit des Menschen gefährden.[10] Wie würde sich Huxley heute, rund 60 Jahre nach dieser Diagnose, wohl über die Gefährdung der Freiheit äußern?

Technik und Wissenschaft entfalten ebenso wie Märkte gewaltige Kräfte, und grundsätzlich wohnt einer solchen Dynamik keinerlei moralische Instanz inne, die mögliche Negativentwicklungen aus sich heraus stoppen würde und könnte. Was einmal gedacht ist, wird nicht mehr zurückgenommen – so hat es schon Friedrich Dürrenmatt in den *Physikern* formuliert –, und eine Entwicklung wie die der Digitalisierung zieht im Prinzip unaufhaltsam ihre Bahn. Gleichwohl können und müssen wir Leitplanken ziehen und nach Kräften Rahmenbedingungen für solch wirkmächtige Technologien setzen. So wie es nach den Sündenfällen von Hiroshima und Nagasaki immer wieder neue und durchaus erfolgreiche Bestrebungen zu einer regulierenden Atompolitik gab und gibt, muss auch die Digitalisierung als politische Daueraufgabe immer wieder in einen Wertekanon aus Freiheit und Selbstbestimmung gebändigt werden. Das gilt selbstverständlich auch für Fragen der digitalen Transformation unserer Städte. Politik und Verwaltung stehen in der Stadtentwicklung – wie die renommierte Politologin Saskia Sassen es formuliert hat – vor der Aufgabe, »die Technologien zu urbanisieren«. Neben Leitungen, Netzen und Fahrzeugen geht es dabei zunehmend auch um die

Wirkungen von Algorithmen und Mathematik, die jenseits von Vermessung und Statik in das soziale Geflecht der Stadt strahlen. Stadtentwicklung muss sich viel stärker als bisher mit den Chancen und gesellschaftlichen Nebenwirkungen von Kommunikation in digitalen Sphären – und somit auch mit dem Verhältnis von Mathematik und Stadt befassen. Hier wird – unsere zweite Referenz – der Roman *Wir* von Jewgenij Samjatin wieder aktuell, der in einer von der Arbeit bis zur Liebe streng nach mathematischen Gesetzen organisierten Stadt spielt, in der sogar die Philosophie gleichsam durchgerechnet ist. So blickt der Held Nr. D-503 anfangs noch verächtlich auf unsere »beschränkte Einsicht«, wenn er formuliert: »Sie aber vermochten es nicht, nicht einmal alle ihre Kants zusammen. Weil keiner dieser Kants darauf kam, ein System wissenschaftlicher Ethik zu schaffen, einer Ethik nämlich, die auf Subtraktion, Addition, Division und Multiplikation beruht.«[11] In vielen Entwicklungsabteilungen der Tech-Branche wachsen momentan solche Ideen, vielleicht werden sie sogar durch vielschichtige Entwicklungen ungewollt unterstützt.

Nun stehen wir in diesem Zwiespalt von Planung, Effizienz und Mathematik vermutlich vor einer unlösbaren Aufgabe, die da lautet: das schöne und lebenswerte Leben in der Stadt möglichst rational in die digitale Zukunft zu transferieren, und zwar unter Abwägung von Chancen und Risiken. Nimmt man noch einmal die Gedanken von Mercedes Bunz auf, stellt sich folgende Herkulesaufgabe: »Wir mögen zwar das Gefühl haben, die Digitalisierung sei etwas, das uns bloß zustößt; allerdings heißt das noch lange nicht, dass wir keinen Einfluss darauf haben, wie sie sich vollzieht. Wie sie sich konkret ereignet, ist nicht entschieden – und das bedeutet, wir müssen beginnen, sie aktiver gesellschaftlich zu gestalten.«[12] In seinem durchaus optimistischen Manifest zur Stadt in der Digitalmoderne geht Hanno Rauterberg einen anderen Weg. Er sagt – und zeigt es in vielen Beispielen –, dass die Digitalmoderne eben vieles in der Stadt ändert, sie aber bisher keineswegs dazu geführt hat, dass das Stadtleben erlahmt, oder sich von den Straßen und Plätzen zurückzieht. Sein Credo zur Stadt in der digitalen Transformation lautet einfach, die dystopischen

Schwarzseher ein Stück entwaffnend: »Ohne Bewegung und Wandel wär eine Großstadt keine. Sie lebt vom Zweifel, vom Experiment, von der Freude am Aufbruch.«[13]

Erste urbane Anwendungen des Digitalen

Natürlich werden schon heute in deutschen Städten digitale Technologien eingesetzt: Verkehrsleitsysteme, E-Government, Ver- und Entsorgungsinfrastrukturen und alles, was sich um Internet oder mobile Kommunikation und Smartphone-Nutzung dreht, sind bereits Teil unseres Stadtalltags. Schaut man genauer hin, findet man auch im Bereich der dezentralen, eher informellen Stadtentwicklung eine Menge Projekte mit digitaler Unterstützung, wie zum Beispiel Crowdfunding-Projekte, Nachbarschaftsplattformen oder FabLabs. Gar die Kunst im öffentlichen Raum wird virtuell, wie Snapchat-Nutzer vor Kurzem wohl in New York erleben konnten, als der weltbekannte und 2013 für immerhin gute 43 Millionen Euro versteigerte Ballon-Hund von Jeff Koons virtuell in den Central Park platziert und mit Graffiti besprüht wurde.[14]

Die Industrie aber drängt nach mehr; sie macht vollmundig Versprechungen und weist, so beredt wie bildreich, auf verlockende Möglichkeiten hin: Städte – handlich, flexibel und hip wie das neueste Smartphone. Stadtverkehr – einfach, aber dennoch vernetzt, sauber und leise, wie in der Werbung. Städtische Diskurse und Demokratie – direkt, unzensiert und doch voll von schwärmender Intelligenz, wie in den sozialen Netzwerken. Technik, die begeistern kann und Konflikte löst, die uns heute unüberwindbar scheinen. So sehen es die glühenden Verfechter der Digitalisierung. Wer würde aber nicht zugleich unter dem Eindruck von Überwachung, Troll-Fabriken und Fake News reflexartig in eine Abwehrposition verfallen und Smart Cities mit der großen Manipulation – durch wen auch immer – assoziieren? Hier dringt nun schrittweise die Einschätzung von Eric Schmidt von Google (bzw. heute Alphabet) in das öffentliche Bewusstsein, dass nämlich die virtuelle Sphäre zwar nicht per se die bestehende Weltordnung überholen oder erneuern wird. Aber die vielfältigen und grundlegenden Veränderungen legen unübersehbar nahe, dass mit der schieren Existenz der virtuellen Sphäre beinahe alles komplizierter werden wird.[15] Und das gilt auch für das urbane Miteinander. Womöglich sogar für das Urbane an sich.

Als Smart City kann man eine Stadt bezeichnen, in der neue Technologien in den Bereichen Infrastruktur, Gebäude, Mobilität etc. intelligent und systemübergreifend vernetzt werden, um Ressourcen wie zum Beispiel Energie oder Wasser hocheffizient zu nutzen und ihren Verbrauch zu reduzieren. In einer Smart City werden neuartige Mobilitätsformen und deren infrastrukturelle Voraussetzungen vernetzter Services antizipiert, entwickelt und realisiert. Hier wird Platz für Innovationen und die Erprobung neuer Ideen, Verhaltensweisen und Lösungswege geschaffen. Integrierte (Stadt-)Planungsprozesse (z. B. in puncto Energiekonzept) werden mit den Möglichkeiten und Anforderungen neuer Technologien verzahnt. Im Sinne von *Good Governance* werden in einer Smart City interaktive Kommunikations- und Managementsysteme eingesetzt, um die urbane Dynamik effektiv und auf Beteiligung setzend steuern zu können. Eine optimale Vernetzung zwischen den Akteuren der Stadt und innerhalb der Kommunalverwaltung erleichtert nicht nur den Alltag in allen Lebensbereichen, sondern kann ökologische und ökonomische Vorteile mit sich bringen und bei zielführendem Einsatz auch neue Lösungen im Bereich der Bürgerbeteiligung oder bei Fragen der sozialen Stadtentwicklung hervorbringen.

Etwas konkreter kann der Wandel im Mobilitätsbereich beschrieben werden. Und der hat voraussichtlich immense Auswirkungen auf unsere Städte. Hier kommen mehrere Trends und Zwangslagen zusammen: Viele Menschen scheinen das herkömmliche Auto zunehmend satt zu haben, was sich in immer vielfältigeren Angeboten im Bereich des Car Sharing niederschlägt. Aus Umweltgründen werden, wenn auch für viele zu langsam, elektrische Antriebe immer bedeutender, und das nicht nur im Pkw-Bereich. Eine umfassende Elektrifizierung des urbanen Verkehrs wird Luftschadstoffe und Verkehrslärm in den Städten massiv reduzieren können. Hinzu kommt der von den Autoherstellern massiv vorangetriebene Trend zum autonomen Fahren. Was heute über diverse Assistenzsysteme in den Oberklassemodellen der Autobauer bereits zum Standard zählt, dürfte in 15 bis 20 Jahren sogar autonome Fahrzeugflotten im Stadtverkehr ermöglichen. Man muss sich das so vorstellen, dass eine völlig neue Variante des öffentlichen Verkehrs mit Komponenten einer starken Individualisierung möglich wird. Auf Basis eines breiten Sharing-Ansatzes fungiert eine große Flotte autonom fahrender, elektrisch angetriebener Fahrzeuge quasi als automatisiertes Taxisystem. Jedes Mitglied kann per Smartphone – wie in den gängigen Sharing-Systemen schon heute – ein Fahrzeug reservieren und sich an einem bestimmten Punkt abholen und an den Zielort chauffieren lassen. Am Zielort ist die Wahrscheinlichkeit groß, dass jemand anderes zusteigt und das autonome Vehikel seine Fahrt fortsetzt. Je besser diese »Dienste on Demand« funktionieren, desto mehr werden sie sich in den Städten ausbreiten. Dies hätte wiederum eine Menge weiterer Implikationen: Die Stadt gewinnt viel Platz, denn diese fahrerlosen Vehikel wären tatsächlich dauernd unterwegs, all die Flächen und Bauwerke, die wir heute für das Parken bereithalten, könnten – theoretisch – anders genutzt werden. Ein Automanager hat dies jüngst in einem Interview so formuliert: »Wir werden keine Ampeln und Verkehrsschilder mehr brauchen, keine Parkplätze oder Parkhäuser.« Ob in dieser Zukunft dann tatsächlich alles so reibungslos ablaufen wird, darf jedoch bezweifelt werden. So zeigen Studien zum einen, dass insbesondere Dienste, die mit autonomen »Mobility on Demand«-Angeboten erfolgreich sein können, oft auch Fußgänger und Radfahrer zu den neuen Angeboten locken könnten (also ein Mehr an motorisiertem Verkehr erzeugen). Zudem könnte der Erfolg solcher Konzepte dazu führen, dass ohne kluge begleitende Verkehrskonzepte und ohne eine qualitative Aufwertung des restlichen öffentlichen Verkehrs massive Erhöhungen der Fahrleistungen dieser Pkw-ähnlichen Gefährte gegenüber den heutigen Werten im Pkw-Bereich auftreten können. Dieses Exempel illustriert die Verlockungen, die Tech-Konzepte im Stadtverkehr auf die Stadtentwicklung haben können. Das

Versprechen zurückzugewinnender Flächen durch eine Verkehrswende in der Smart City klingt ja durchaus verheißungsvoll. Wie realistisch es freilich ist, bleibt abzuwarten.

Ein anderes Beispiel ist in das Geflecht um kommunale Dienstleistungen, Bürgerengagement und Verantwortung für die Stadt als Organismus eingebettet. Der deutschsprachige Aufmacher einer neuen App kommt sofort auf den Punkt: »Mit SeeClickFix spielen Sie eine wesentliche Rolle im Dienst an der Öffentlichkeit – Sie leiten Anliegen aus Ihrer Nachbarschaft, z. B. Schlaglöcher oder fehlende Beleuchtung, mit den richtigen Informationen an die richtigen offiziellen Stellen weiter.« Und darüber prangt der Slogan »Gut zu wissen – meine Stadt hört zu«. In Deutschland zählen solche Angebote inzwischen durchaus zum Repertoire kommunaler Online-Angebote. In Hamburg heißt es »Melde-Michel«, in anderen Städten wird schlicht vom Anliegen-Management gesprochen. Was hat es mit diesen Anwendungen nun auf sich, und welche Defizite werden eigentlich damit geheilt? Natürlich ist es eine pfiffige Sache, wenn man in seiner Nachbarschaft wilde Müllhalden, verrutschte Dachziegel oder abgeknickte Bäume mit dem Smartphone fotografieren und auf einer städtischen Website posten kann, damit sich die entsprechende Stelle der Stadtverwaltung oder eines städtischen Betriebs darum kümmern kann. Vielfach sind diese Apps oder Plattformen mit Online-Karten-Diensten verknüpft, was eine öffentliche Darstellung der eingegangenen Meldungen und deren Erledigungen ermöglicht. Nun ist es allerdings heute längst nicht so, dass jeder Missstand in einer Stadt deshalb noch besteht, weil die zuständige Stelle nicht informiert ist. Oft genug ist zur Behebung eben deutlich mehr zu tun, als das Problem vor Ort mit zwei bis drei fachkundigen Handgriffen aus dem Weg zu schaffen. Und selbst das kann unmöglich werden, wenn die Personalausstattung der Stadt nicht ausreicht, alle erkannten Probleme tagtäglich aus dem Weg zu schaffen. Der Umstand klammer kommunaler Kassen hat dazu geführt, dass in vielen Mängelmeldern etwa das Anzeigen von Schlaglöchern nicht zum Programm gehört und gleichsam außer Konkurrenz läuft. Doch noch zwei weitere Fragen bleiben offen: Ist die App-Lösung so niederschwellig, dass sich systematisch mehr Menschen in der Stadt um die Beseitigung kleinerer wie größerer Missstände bemühen? Wenn ja, was kostet es die Verwaltung, allein diese vielen Meldungen auszuwerten und in Aufträge an die zuständigen Stellen umzuwandeln? Wirklich smart wäre eine Lösung, die diesen Akt in der Administration automatisiert und keinen zusätzlichen Verwaltungsaufwand erzeugt, sondern vielleicht sogar Personal einspart. Mit dem Geld könnten dann Menschen bezahlt werden, die sich vor Ort um Problemlösungen verdient machen. Schaffen solche Angebote tatsächlich einen Mehrwert? Wer heute im öffentlichen Raum einen Wasserrohrbruch erkennt oder eine defekte Straßenlaterne, kann natürlich über eine Servicenummer den Stadtwerken Bescheid geben – und hier wird regelmäßig schnellstens Abhilfe geschaffen. Bei Parkverstößen sieht das in der Regel anders aus, wobei allerdings hier eine App nur bedingt weiterhelfen kann, weil manches Ärgernis in der Stadt mehr einem Herdentrieb gleicht als einer singulären Störung und Beschädigung, die auf eine Reparatur wartet. Gleichwohl dürfte heute kaum ein Ordnungsamt jene Anzeigen von Falschparkern (z. B. auf Radwegen), die ihm per Smartphone (inkl. Foto, das Zeit und Ort dokumentiert) zugeleitet werden, gänzlich unbeachtet lassen.

Die Städte wären schon gut beraten, neue digitale Tools gezielt in ihrer Aufgabenerfüllung zu berücksichtigen. So könnten beispielsweise die Radfahrer einer Stadt systematisch in die Verbesserung des Radwegenetzes eingebunden werden. Mit Hilfe eines *crowd-mapping* ist es relativ einfach möglich, breite Informationen über gefährliche Kreuzungspunkte zu erhalten, indem man den Radlern selbst die Chance gibt, Gefahrenstellen per Smartphone zu posten. Regelmäßige Auswertungen dieser Karten zeigen den zuständigen Behörden zuverlässig relevante Gefährdungen an. Akzeptiert man eine solche Weisheit der vielen und setzt man entsprechende Finanzmittel ein, dann ließen sich nicht nur die städtischen Angebote deutlich verbessern, sondern es könnte auch eine neuartige Priorisierung von Investitionsprojekten erfolgen. Hier würden Qualifizierung und Demokratisierung gleichermaßen Platz greifen. Ähnliche Möglichkeiten bestehen bei der Messung bestimmter Schadstoffbelastungen. Auch hier ist es technisch bereits möglich, dass Bürger mit Hilfe von Sensoren die offiziellen Zahlen der Stadt zu bestimmten Umweltbelastungen hinterfragen bzw. ergänzen können. In dieser Form kann neue Technik auch zu einer Art Empowerment der Bürger führen, da man nicht allein subjektive Einschätzungen, sondern durchaus belastbare Messergebnisse in Debatten mit der Stadtverwaltung einfließen lassen kann. Allein die Präsenz oder auch nur die Möglichkeit solcher Netzwerke aus Bürger-Sensoren dürfte Verwaltungshandeln per se disziplinieren, weil Bürgerinnen und Bürger beredt Zeugnis ablegen können über ökologische und gesundheitliche Missstände. In der Fachliteratur wurde aus der denkbaren Summe solcher und ähnlicher Ideen das Konzept der *Cognitive Cities* geboren, das neben einer höheren, selbstlernenden und »erkennenden« Stufe der Informationsverarbeitung zur intelligenten *urban governance* auch den verstärkten Einsatz der Bürger als »Sensoren« der vernetzten Systeme vorschlägt (*active data generators*). Das Ziel besteht darin, zu einer verbesserten Entscheidungsfindung und besseren Qualität der öffentlichen Dienstleistungen in der Organisation einer Stadt zu gelangen.[16]

Eine andere, mit europäischen Forschungsmitteln in der Stadt Soest umgesetzte, digitale Idee zielt auf eine verbesserte Mobilität und größere Selbstständigkeit sehbehinderter Menschen. Zentrale Elemente von »Guide4Blind« sind barrierefreie Tourismusanwendungen und verkehrsmittelübergreifende Navigationslösungen als Smartphone-App. Das System basiert technisch auf hochgenauen Vermessungen, blindengerechten kartographischen Grundlagen, satellitengestützten Positionierungs- und Korrekturverfahren sowie einer Ortung in Gebäuden mit Hilfe von Funktechnologien. Akustische Signale und spezielle Audioguides bieten dem Nutzer eine barrierefreie, sichere Navigation. Zudem hilft die kostenlose App »Busguide« bei der zentimetergenauen Einstiegsortung und der Zielführung innerhalb des Soester Verkehrsnetzes. Für die touristische Orientierung gibt es an speziellen Sehenswürdigkeiten in der Stadt barrierefreie Infoterminals sowie

Zusatzinformationen über das Smartphone. Neben blinden Menschen können aufgrund der Einfachheit der Mensch-Maschine-Interaktion auch ältere Menschen oder Menschen mit Konzentrationsproblemen oder einer Leseschwäche von dem Angebot profitieren. Aktuell wird bereits mit »m4Guide« an einem bundesweiten Nachfolgeprojekt gearbeitet.[17]

Doch wohnen den beschriebenen – zweifelsohne guten – Ideen auch immer komplizierte Fragen inne. Führt ein durch Sensoren unterstützter demokratischer Wettstreit unweigerlich zu besseren Ergebnissen? Sind wir in unserem Staats- und Verwaltungsverständnis auf einen derartigen Wettstreit eingestellt? Oder geraten wir nur in ein exponentielles Wachstum von Verwaltungsgerichtsverfahren? Haben wir nicht lange geglaubt, dass Messungen – zumal in Deutschland – schon ihre Richtigkeit haben, bis wir durch den Abgasskandal in der Automobilindustrie lernen mussten, dass Software auch hier in der Lage ist, Messergebnisse so subtil wie perfide zu manipulieren? Es wäre naiv zu glauben, dass nicht auch findige Bürger auf die Idee kommen können, zur Erreichung ihrer Interessen digital zu tricksen.

Fantasien zur smarten Stadt

Mit dem Narrativ der Smart City werden regelmäßig weitreichende Spekulationen verbunden: So gehen etwa in der Stadt der Zukunft die Menschen schon längst nicht mehr zum Einkaufen in die Stadt. Der Schaufensterbummel unserer Kindertage ist nicht nur *out* – er ist schlicht nicht mehr möglich, da Geschäfte traditioneller Prägung ökonomisch keinen Sinn mehr machen und von der innerstädtischen Bildfläche verschwunden sind. Der Onlinehandel hat sich in allen Segmenten vollumfänglich durchgesetzt. Wer heute auf Erlebnis-Shopping aus ist, nutzt die atemberaubenden Angebote der Vollsortimenter und Spezialanbieter, die mit ihren Virtual-Reality-Rundflügen alles in den Schatten stellen, was wir heute kennen. Hier kann man Fußballschuhe in der Live-Atmosphäre der Arena seines Lieblingsvereins ausprobieren. Die neuesten Skier testet man auf sonnenüberfluteten Abfahrten der Rocky Mountains und die neuesten Kleider trägt man gleich auf der Düsseldorfer Königsallee oder in einer In-Diskothek testweise zur Schau.

Auch die vielfach automatisierte Versorgungslogistik funktioniert zumindest in den wohlhabenden Städten reibungslos. Große elektronische Geräte oder Möbel werden von lokalen Sammelstellen aus mit Lieferrobotern zugestellt, autonom fliegende Paketdrohnen besetzen das Marktsegment für leichte Textilien. Die Paketzusteller für kleinere Lieferungen nehmen einen immensen Aufschwung und sind auch sozial durchaus aufgestiegen, da kleine Teams nun stetig Quartiere versorgen und quasi zur Nachbarschaft gehören. Da alle Warensendungen in Echtzeit getrackt werden, sind flexible Zustellformen nun Alltag. Wer noch mit einem eigenen Pkw in der Stadt unterwegs ist, kann sich beispielsweise seine Lebensmittel minutengenau in den Kofferraum seines Wagens liefern lassen – der Zusteller erhält dazu einen Code, mit dem er im abgestimmten Zeitfenster den Kofferraum öffnen kann. Das Parken ist nicht mehr das, was es war: Parken meint zunächst einmal, dass ich mein Fahrzeug nicht selbst zur Fortbewegung nutze; es haben sich einige private Sharing-Modelle entwickelt, die es z. B. während der Arbeitszeit erlauben, den Pkw von anderen nutzen zu lassen. Parken kann aber auch Servicezeit für das Vehikel bedeuten: Wartung, Reparatur, Reinigung und Aufladen des Fahrzeug-Akkus. Oder eben eine ortsfeste Verabredung mit dem Zusteller meiner bestellten Waren.

Auch das Stadtverkehrssystem ist kaum wiederzuerkennen. Interessanterweise nahm ja die Verkehrswende erst richtig Fahrt auf, nachdem ein Bundesgericht Fahrverbote für antiquierte Verbrennungsmotoren zur Sicherung halbwegs gesunder Stadtluft verfügt hatte. Die Schockwellen des Urteils verbreiteten sich in der Industrie ebenso wie in den Köpfen der Menschen. Plötzlich wurde neue Mobilität hip und marktgängig – es bewegte sich eine Menge. Für den öffentlichen Verkehr gibt es endlich eine Flatrate; Schwarzfahren ist ebenso obsolet wie der ewige Kampf mit dem Ticketautomaten; *diese* Maschinen sind schlicht verschwunden. Allerdings macht es die Vielfalt der Mobilitätsangebote nicht immer einfach, den

Überblick zu behalten. Wer in der Innenstadt wohnt und weiterhin sein eigenes Fahrrad nutzt, kommt am einfachsten ans Ziel. Die Entscheidung für einen Taxidienst mit vollständig autonom fahrenden Fahrzeugen oder die Nutzung der ebenfalls autonom fahrenden und individuell bestellbaren Klon-Kabinen, die Teil einer Erweiterung des Bus-, Straßen- und U-Bahn-Angebotes früherer Zeiten sind, fallen da schon etwas schwerer. Neben minimalen Preisdifferenzen entscheidet hier oft der angebotene Zusatznutzen. Während die rollenden Klon-Kabinen heute eher von Kreativen genutzt werden und die Fahrt Gespräche über die neueste Musik, Literatur oder Software-Idee verspricht, haben sich andere Anbieter auf »Mobi-Lern-Angebote« spezialisiert. Auch auf der kürzesten Fahrt werden hier Vokabelrepetitorien für jede erdenkliche Sprache angeboten oder eine Auffrischung für die neueste Programmiersprache. Mit dem alleinigen Transport von Menschen von A nach B ließ sich schon länger kein Geld mehr verdienen.

Das Leben in der Stadt der Zukunft hat sich in vielen Bereichen völlig gewandelt. Es ist schneller und komplexer, es ist effizienter geworden; und die Menschen genießen es in der Regel, sich auf das Wesentliche zu konzentrieren. Wobei eine Entwicklung besonders ins Auge sticht: Dass sich nämlich die Menschen – durch das Verschwinden der Läden in den Innenstädten – weltweit vom Konsumfetisch abwandten. Die Versorgung mit Waren und Gütern hat offenkundig ihren Reiz verloren, Shopping ist allenfalls in der Volksrepublik China noch ein Zeitvertreib. Und die eingesparte Zeit, Motivation und Lebenskraft wird nun, man reibt sich die Augen, vorzugsweise in das lebenslange Lernen gelenkt. Die Menschen lernen nun anders, und sie haben verstanden, dass Lernzeit eine produktiv eingesetzte Zeit ist, die man nicht missen möchte. Genau dieser Shift von der Konsum- zur Wissensgesellschaft entfesselte viele Marktkräfte, die letztlich auch die Mobilitätsangebote umkrempeln konnten. Vielleicht war BlaBlaCar hier einer der intellektuellen Türöffner. Denn auf BlaBlaCars Online-Marktplatz spielte schon früh nicht der Preis die Hauptrolle: Vielmehr können Interessenten die Mitfahrgelegenheiten danach durchsuchen, ob der Fahrer eher gesprächig

In einem Positionspapier für die EU-Kommission formulierte der renommierte Architekt und Stadttheoretiker Rem Koolhaas unlängst eine geharnischte Kritik an der Smart City: »Die Bürger, denen die Smart City zu dienen vorgibt, werden wie Kinder behandelt. Wir sind gefütterte, niedliche Icons des urbanen Lebens, ausgestattet mit harmlosen Geräten, kohärent in angenehmen Diagrammen, wo die Bürger und Geschäfte von mehr und mehr Dienstleistungen umgeben sind, die Kontrollblasen kreieren.« Sind wir dabei, dass der Dataismus alles gleichförmig macht, vom Abfall über den Verkehr bis hin zur Politik? Und der Bürger im Kontrollnetzwerk der Smart City bloß noch ein Datenpaket darstellt? Die reale Stadt besteht nicht aus Pixeln – selbst wenn es, wie hier auf dem Sankt-Markus-Platz in Venedig, auf den schnellen Blick so aussehen mag.

(daher der Name BlaBlaCar) oder in sich gekehrt ist, oder welche Musik er bevorzugt.[18]

Inwieweit solche Fantasien real werden, bleibt offen. Aber auch künftig dürfte eine gewisse Sehnsucht nach Nachbarschaftshilfe und sozialem Engagement vorhanden sein, wie auch die nach weniger Kriminalität sowie höherer Verkehrssicherheit. Auf der Basis solcher Ziele lassen sich weitere Ideen für ein smartes Stadtleben der Zukunft formulieren. So dürfte etwa folgende Alltagsszenerie in einer Stadt der nahen Zukunft nicht ganz unwahrscheinlich sein: Jeden Morgen bekommen wir beim Frühstück auf den in den Küchentisch eingelassenen Touchscreen aus der städtischen Cloud die neuesten Push-Meldungen zu unserer Stadt und Nachbarschaft eingeblendet. Seit mehr als 70 Prozent der Bevölkerung diese Stadt-Cloud nutzen, hat die papierne Zeitung aufgegeben. Ihre letzte Ausgabe erschien vor fünfeinhalb Jahren. Das hat die Menschen zunächst aufgerüttelt und zu Protesten geführt. Allerdings war gegen die Macht des Faktischen kein betriebswirtschaftliches Kraut gewachsen. Die Stadt-Cloud ist eine intelligente Big-Data-Lösung, die sowohl Metadaten zur Situation der Stadt und massenhaft Datenströme in Echtzeit zu allen Prozessen in der Stadt nutzt, korreliert und in individualisierte Hinweise, Empfehlungen bis hin zu Warnungen und Verbote umwandelt. Dabei ist es hilfreich, dass persönliche Vorlieben und Aversionen, religiöse Einstellungen und finanzielle Möglichkeiten in das System einfließen. Schließlich ist es für jeden Einzelnen doch viel leichter, nur aus für ihn relevanten Alternativen auszuwählen.

Um sich das besser vorstellen zu können, hier exemplarisch die Hinweise vom Donnerstag, den 16. Mai 2030: Das Straßenfest in der Nachbarschaft steht übermorgen an (Ludwig kann für seinen Vorgarten das Gartenzelt gebrauchen, das Sharing-Netz der Nachbarschaft für Werkzeuge zeigt einen offenen Posten für die Bohrmaschine), drei Straßen weiter findet am 19. Mai das Kinderfest für die Kleinen statt (unsere Töchter sind zu groß, aber Lotte könnte beim Malwettbewerb helfen), Theater-Special, Donnerstag ab 22 Uhr (vielleicht etwas zu spät); am selben Abend findet eine Charity-Veranstaltung für das geplante Kulturzentrum statt, das im ehemaligen Kaufhaus in der City entstehen soll (wir waren die letzten beiden Male verhindert, haben deren Anliegen aber immer geliked; da müssen und wollen wir jetzt spenden). Meine Smart-Watch zeigt mir gerade den durchschnittlichen Stromverbrauch unserer Straße und unseres Mehrfamilienhauses an. Wir stehen in der Gruppe gut da, immerhin. Familie Schulze hat groß investiert. Mit ihrem neuen sensorgesteuerten Beleuchtungsnetzwerk haben sie die Messlatte für das Viertel sehr hoch gehängt. Nicht mehr lange und einige Nachbarn ziehen wohl nach. Wir selbst müssen im nächsten Quartal mal in der Familie reden, ob wir die Spenden an die Charity-Projekte zugunsten einer Energieeinsparinvestition aussetzen. Meine Uhr meldet sich wieder: Es sei Zeit aufzustehen, vor lauter Informationsverarbeitung gerät es schon einmal in Vergessenheit, dass das ewige Sitzen der Gesundheit kaum zuträglich ist. Gut, dass uns heute Fitness- und Gesundheits-Tracker immer wieder aus diesem Trott rausreißen. Nun zeigt die Uhr etwas drängelnd an, dass das Bewegungsziel für heute kaum noch zu erreichen sei. Jetzt hätten wir um ein Haar die Abfahrt unserer Fahrgemeinschaft aus dem Viertel verpasst – viele Wege legen wir mittlerweile zusammen zurück. Das spart manchmal Zeit und auf jeden Fall Geld – das Nachhaltigkeitsbarometer fürs Viertel hält sich auf diese Weise im oberen Drittel. So bringt uns das alte, noch teilautonome Vehikel zur Schule oder zum Arbeitsplatz, wo wir dann auch 2030 noch den Tag verbringen. Nach Feierabend trifft sich ein Teil unserer Fahrgemeinschaft wieder an der Mobilitätsstation. In den letzten Wochen haben sich unsere Gespräche im Wagen immer wieder um transhumanistische Themen wie digitale Speicherung unseres Bewusstseins oder das Für und Wider der Kryonik gerankt. In unserer Nachbarschaft gibt es tatsächlich glühende Verfechter der Idee, sich nach dem Tod einfrieren und in einer fernen Zukunft zu einem zweiten Leben erwecken zu lassen. Ist Unsterblichkeit wohl möglich, wenn der Fortschritt so weit geht, dass wir eine Verlängerung der Lebenserwartung erreichen, die pro Jahr stärker als ein Jahr ansteigt?[19] Im Fonds des elektrisch betriebenen Achtsitzers träume ich etwas vor mich hin, es wird langsam dunkel, Regen setzt ein. Ein entspannendes Signal für unser Wohnviertel, dass die Polizei trotz des trüben, düsteren Wetters im Zuge ihrer datengestützten Analysen zu Einbruchswahrscheinlichkeiten – in die wir alle regelmäßig auch unsere Beobachtungen zu Auffälligkeiten einspeisen – die Ampel für unser Quartier auf Grün stellen konnte. Meine Uhr rüttelt mich aus dem Dämmerzustand. Was ist das?

Eine neue Nachricht: Ich solle mich morgen für ein Gespräch mit der Polizei zu Hause bereithalten, mein Handy zur Ortung bei Bußgeldandrohung unbedingt eingeschaltet lassen. Das datengestützte Verbrechensprognoseprogramm hat für meinen Stammdatensatz und meine Verhaltensprofile ungewohnt hohe Korrelationen für die Verübung einer Straftat ausgewiesen. Oje!

Die Frage von Fremd- und Selbstbestimmung

Aus Spaß wird Ernst: Prognostische Datenanalysen setzt man bereits heute immer häufiger bei der Polizeiarbeit ein, um zum Beispiel räumliche Verbrechensschwerpunkte vorhersagen zu können. Nicht zuletzt deshalb müssen sich Juristen zunehmend mit der Frage befassen, wie die Polizei mit solchen Erkenntnissen umgehen darf. Ist sie befugt, schon im Vorfeld einer Straftat argumentativ präsent zu sein, weil Korrelationsanalysen personenscharfe Hinweise auf eine zu begehende Straftat ausspucken? Ein tieferer Blick in den Sicherheitsbereich zeigt ausgesprochen weitreichende Entwicklungen. Zum Schutz von Streifenpolizisten vor unbegründeten Anzeigen und zur Einsparung von Justizkosten werden mittlerweile in vielen Bundesländern, wie in Hessen, Hamburg oder NRW, Bodycams eingesetzt.[20] Polizeibeamte können selbst darüber entscheiden, wie transparent sie in ihrer Arbeit sein wollen. Das Filmen ist auch schon in unsere Kinderzimmer vorgedrungen. Hier sind seit einiger Zeit ferngesteuerte Fahrzeuge mit kleinen Digitalkameras unterwegs, die den Ausblick von Fahrerin oder Beifahrer auf die Fernsteuerung übertragen. Das sind gängige Spielzeuge, die für jedermann erschwinglich sind. Der zentrale Aspekt ist folgender: Diese Technik kostet kaum noch etwas; sie kann also massenhaft eingesetzt werden. Was im Kinderzimmer funktioniert, kann doch auch in der Pflege helfen? Wo heute Nothandys oder ähnliche Systeme genutzt werden, um Hilferufe abzusetzen, könnten Kameras in den Häusern und Wohnungen unserer Eltern vieles erleichtern. Wir müssen hier als Gesellschaft klären, ob wir das wollen!

In der Diskussion um Folgen und Auswirkungen der Digitalisierung spielen Überwachung, aber auch zunehmend Fragen der Bevormundung von Bürgerinnen und Bürgern eine große Rolle. Sascha Lobo provozierte unlängst mit der These, dass wir in fünf Jahren die Hälfte des Tages tun und lassen, was uns eine Maschine vorschreibt.[21] Dies würde auf drei unterschiedliche Arten geschehen: 1) freiwillig, weil es richtig scheint, 2) unfreiwillig, weil es (für Sie) nicht anders geht, und 3) unwissentlich. Anlass seiner Erörterungen zur maschinellen Bevormundung (Nany-Tech) war eine neuerliche Produktvorstellung von Apple, bei der das neue Betriebssystem automatisch über den sogenannten Dopplereffekt erkennt, ob man im fahrenden Auto sitzt. Falls ja, wird das Umschalten in einen neuen Modus »Do not disturb while driving« angeboten. Angesichts der wachsenden Zahl von Smartphone-bedingten Verkehrsunfällen mit Toten und Verletzten sicherlich eine gute Idee. Während sich hier also die Maschine selbst meldet, um uns von gefährlichem Fehlverhalten abzuhalten, gibt es auch noch eine Reihe anderer Möglichkeiten, unser Verhalten zu lenken. So hat die *Zeit* mit Blick auf die ausgeklügelte Anwendung von Big-Data-Technologien einen Artikel mit »Denn Sie wissen schon, was ich will« überschrieben. Im Konsumbereich sind hier sogenannte personalisierte Empfehlungssysteme von besonderer Bedeutung, die zum Beispiel bei Amazon für mehr als ein Drittel des Umsatzes verantwortlich sein sollen und über die Auswertung von Konsumgewohnheiten über Algorithmen »passgenau« Konsumwünsche adressieren, somit viele unserer Alltagsentscheidungen prägen. Dabei bleibt natürlich strittig, ob es sich bei den datengestützten Empfehlungssystemen um effiziente Strategien zur präferenzorientierten Entscheidungshilfe handelt – oder schlicht um eine Manipulation individueller Entscheidungen durch Internetkonzerne.

Was wir im Konsumbereich vielleicht als hilfreich bewerten, erhält bei Wahlen oder im gesellschaftspolitischen Diskurs eine grundlegend andere Bedeutung. So wird insbesondere in den USA kontrovers über den Einsatz von Big-Data-Instrumenten im Wahlkampf debattiert oder hinterfragt, in welchem Maße zum Beispiel Facebook über die direkte oder versteckte Platzierung von Wahlempfehlungen die Kür eines neuen Präsidenten beeinflussen kann. Anders mag man es bewerten, wenn Facebook eine Funktion einführt, die die Bereitschaft zur Organspende in der Bevölkerung unterstützt. Kompliziert wird es, wenn man kaum noch unterscheiden kann, ob Empfehlungen gezielt von Personen oder aber von sogenannten Bots ausgesprochen werden. Neu sind diese Debatten erst auf den zweiten Blick. Marketingaktivitäten und ausgeklügelte Versuche, die öffentliche Meinung zu beeinflussen, sind seit Anbeginn der Politik ihre Begleiter. Im Kontext von Big Data und der technikinduzierten Tendenz zu einer globalen Monopolisierung daten- oder internetbasierter Dienstleistungen mag der Meinungswettbewerb als Fundament freiheitlicher Gesellschaften ausgehöhlt werden. Denn es drohen Informationskokons, also kommunikative Universen, in denen wir nur zu hören bekommen, was wir selbst bestellen und was uns beruhigt und zusagt. Wer sich längere Zeit in einem solchen Kokon aufhält, wird es verlernen, die richtigen Fragen zu stellen und die passenden Antworten zu finden.

Uns reichen diese Ideen und Möglichkeiten allzu nahe an die mathematisch durchgerechnete Welt in Samjatins Roman *Wir* heran. Im Lichte wissenschaftlicher Erkenntnisse zur Steuerbarkeit des Verhaltens des Einzelnen, im arglistigen Zusammenspiel von Technologien und Steuerungsphantasien scheint allerdings einer wissenschaftlichen Ethik, die auf Subtraktion, Addition, Division und Multiplikation beruht, nur noch wenig im Wege zu stehen.

Responsive City und die städtische Demokratie

Bürgerbeteiligung, Kommunikation und Feedback zwischen den handelnden Akteuren gelten seit einiger Zeit als Stützpfeiler einer nachhaltigen, integrierten Stadtentwicklung. Da nimmt es nicht wunder, wenn jüngst der Begriff der *Responsive City* aufgekommen ist, der Kommunikation und Feedback über die Technologie- und Automatisierungsebene denkt und so die effiziente Form neuer Infrastrukturen und ihres Betriebs adressiert. Letztlich dehnt er ihn sogar auf die Steuerungsebene des urbanen Akteursgefüges und seiner jeweiligen Ansprüche aus. In der Smart City kann eine bedenkenswerte konzeptionelle Neuerung in der *responsiveness* liegen, das heißt, in der Neuartigkeit der Vernetzung der städtischen Einzelsysteme. Responsiveness bezeichnet bei den Medizinern so etwas wie Reaktionsfähigkeit und bei den Ingenieuren die sogenannte Änderungssensitivität. Smarte Systeme zeichnen sich durch eine engmaschige Echtzeitüberwachung von Zustands- und Leistungsvariablen aus, die – mit entsprechenden Reaktionsmustern gekoppelt – dazu führen, dass bei Über- oder Unterschreiten vorher definierter kritischer Kennwerte automatisch Anpassungsreaktionen erfolgen. Mit dem breiten Einsatz digitaler Technologien in den städtischen Infrastruktursystemen werden Monitoring, Reporting und Entscheidungen über die Durchführung vielfältiger Maßnahmen effizient. Das kann sogar so weit gehen, dass Maßnahmen gemäß den Vorgaben der für die Gesamtsystemsteuerung Verantwortlichen rational und automatisiert umgesetzt werden. In solchen Systemen muss nicht zeitaufwendig nach Lecks gesucht werden, es kommt nur noch zu minimalen Leitungsverlusten und deutlich reduzierten Umweltbelastungen durch Leckagen. Reparaturen können punktgenau und dadurch viel schneller und kostengünstiger vorgenommen werden, was auch mit einer viel geringeren Beeinträchtigung des Stadtverkehrs verbunden sein dürfte.

Die Vernetzung von Infrastrukturen durch Informations- und Kommunikationstechnologien verbessert grundsätzlich die Steuerbarkeit städtischer Systeme. Zugleich eröffnen sich Möglichkeiten für zeit- und preisorientierte Anpassungen vielfältigster Angebote an die individuellen Bedürfnisse der Menschen in der Stadt. So steigen die ökonomische und die ökologische Effizienz der Systeme, wobei aber ebenfalls davon auszugehen ist, dass der Betrieb der Systeme ressourcenaufwendiger als bisher wird. Bei großtechnischen Anlagen ist diese Entwicklung bereits weit vorangeschritten; Raffinerien etwa werden heute so gesteuert. Diese Form der *responsiveness* begründet im Kern die vielfach aufgeführte These des großen Effizienzgewinns in Smart Cities.

Denkt man diesen technischen Komplex in die Bereiche der Kommunalpolitik oder allgemeiner stadtgesellschaftlicher Diskurse weiter, zeigen sich wichtige zusätzliche Aspekte der *responsiveness*. So können zum Beispiel die Kosten, Auswirkungen oder Akteursbetroffenheiten von alternativen Projekten der Stadtentwicklung höchst transparent für Politik, Verwaltung sowie Bürgerinnen und Bürger aufbereitet werden. Rein private Informationen, oder der Aufbau von Wissensvorsprüngen durch Zurückhalten von Informationen zu Projekten, sind dann kaum noch möglich. Weitergedacht, führt die tenden-

Heute ist die Geschwindigkeit, mit der sich technologisch alles zu verwandeln scheint, städtebaulich nur schwer zu fassen. So wie sich dieser Bus in London durch die lange Belichtungszeit der abendlichen Aufnahme vom klassischen Look der Doppeldecker in bewegte Linien verwandelt, scheint das ehrwürdige Gebäude über den Entwicklungen zu thronen. Gleichwohl irritiert die verzerrte Perspektive den traditionellen Blick auf Regent Street – und damit auch generell auf das Urbane – gewaltig.

zielle Auflösung von »asymmetrischer Information« zu einer Neujustierung der Machtverhältnisse zwischen den Akteuren in der Stadt. Sofern sich die Zivilgesellschaft einbringen möchte, kann diese neue Transparenz ihr zu einer deutlich stärkeren Stellung verhelfen. Im Idealfall ergeben sich im Informationsbereich – bezogen auf städtische Projekte – so enge Rückkopplungseffekte, dass es zu transparenten Entscheidungsgrundlagen und deren allgemeinverständlicher Aufbereitung kommt. Somit werden Entscheidungen über städtebauliche Vorhaben zu Sachentscheidungen, die zum Beispiel viel häufiger als bisher von allen Bürgerinnen und Bürgern (über entsprechende Verfahren) direkt entschieden werden können. Die Bedeutung der Experten in den Verwaltungen wandelt sich: Sie werden mehr als bisher zu Entscheidungsvorbereitern, und zwar für Entscheidungen der Bürgerinnen und Bürger.

Nun kann man gegen diese – eigentlich sehr positive – Entwicklung einwenden, dass die Digitalisierung der Gesellschaft mit der Verlagerung von Aktivitäten und Emotionen in die virtuelle Sphäre gerade zum Gegenteil geführt hat: zu einer Art Loslösung vom konkreten städtischen Raum. Haben nicht auch Wahlbeteiligungen in den letzten Jahren aus Mangel an Interesse am Politik- und Stadtgeschehen immer weiter abgenommen? Doch diese Prozesse sind längst noch nicht entschieden. Hanno Rauterberg formulierte vor einiger Zeit folgenden Gedanken, der gegen ein allzu düsteres Bild der Digitalmoderne argumentiert: »Es gehört zu den großen Widersprüchen der modernen europäischen Stadt, dass sie erst die Geburtsstätte des individualisierten Lebens war, dann aber just an dieser Individualisierung leiden sollte, an der Vereinzelung, am zerstobenen Zusammenhalt. In der Digitalmoderne könnte dieser Widerspruch aufweichen. Denn sie bestärkt das urbane Ich und befördert das urbane Wir. Sie könnte eine Öffentlichkeit hervorbringen, die auf wolkige hybride Weise das eine ermöglicht, ohne das andere zu unterbinden.«[22] Andererseits werden Öffentlichkeiten durch den Verlust weithin akzeptierter lokaler Diskussionsplattformen – wie etwa Tageszeitungen mit einem klassisch recherchierten Lokalteil – auf verschiedene Zielgruppen und ihre unterschiedlichen Reaktionsweisen zergliedert. Das schwächt die lokale politische Diskussion und fächert den Willensbildungsprozess weiter auf.

Zugleich ist zu bedenken, dass sich der Rahmen für Kommunal- und Stadtentwicklungspolitik grundlegend ändern kann: In dieser schönen neuen Stadtwelt könnten Anforderungen an die Verwaltung immer schneller und ohne Zugangshürden formuliert werden. Ebenso könnten Kritik und Protest viel massiver, direkter und unter Verlust des bisher oft noch kommunalen Wirkungs- und Wahrnehmungsradius artikuliert werden. Wie kann und soll sich Stadtentwicklungspolitik hier verhalten? Wie kann eine langfristig ausgerichtete Konzeption umgesetzt werden, wenn jede Idee und jeder Vorschlag, der in die Öffentlichkeit gelangt, auch gleich dem massiven Meinungswettbewerb ausgesetzt wird, ohne sich inhaltlich verdichten und reifen zu können? Ist zu befürchten, dass die Konkurrenz der Standpunkte zu mächtig wird und die Omnipräsenz von Widerstand viele Projekte für eine gute Stadtentwicklung bereits im Keim erstickt? Wir sehen hier eine den Informationskokons völlig entgegenstehende, gleichwohl nicht auszuschließende Entwicklung.

Neben planerischen Fragen und solchen nach der räumlichen und sozialen Ausgewogenheit dieses Wandels werden Fragen technologischer Standards und System-Updates ebenso von Bedeutung sein wie der Wandel kommunaler Governance-Strukturen. Die Anpassung der Städte und ihrer Infrastrukturen an die technologischen Möglichkeiten und Erfordernisse ist dabei nichts revolutionär Neues und eigentlich auch kein Grund für Aufregung. Möglicherweise wird sich der Begriff Smart Cities auch alsbald überleben, weil er mittlerweile von zu vielen Diskutanten global sehr unterschiedlich benutzt, gar in Frage gestellt wird. Das heißt nicht, dass die Diskussion über Smart Cities damit beendet wäre. Geht es doch um die entscheidende Frage, wie wir – wie immer bei technologischen Umbrüchen – gesellschaftliche Regelungen für ihre Gestaltung politisch aushandeln und unsere Städte und Gemeinden erfolgreich weiterentwickeln. Sie zu beantworten ist ein lohnendes Unterfangen.

Gewiss bietet die intelligente Vernetzung einer Vielzahl der Akteurs- und Infrastruktursysteme eine Basis, auf der Modernisierungspotentiale mit einer klugen digitalen Transformation einhergehen können. Gleichwohl wird unmittelbar deutlich, dass die Smart City keinen klar umrissenen Charakter hat und kein festes Ziel beschreibt, sondern über die Vielfalt der Innovationsprozesse eine sich kreativ verändernde Stadt beschreibt.

Mit dem Eintritt in die digitale Transformation unserer Köpfe, Beziehungen und Städte betreten wir einen irritierend ausstaffierten Raum von »Gegenwartsschrumpfung«[23], der uns einiges an Schwindel und Kopfzerbrechen bereiten wird. Vollzieht sich die digitale Transformation automatisch und in die richtige Richtung weiter? Dies anzunehmen wäre ein großer Fehler, denn die großen Entwicklungsschübe der Digitalisierung stehen uns erst noch bevor und werden das Betriebssystem unserer Städte wohl tatsächlich grundlegend ändern. Wenn die Bürgerschaft einer Stadt über ihre Kommunikation und ihren gesamten digitalen Lifestyle zu Smart Citizens würde, wenn sich Akteursnetzwerke veränderten und die Machtstrukturen heutiger Städte stärker durch global agierende Player der Datenökonomie geprägt würden, könnten sich Themen, Prozesse und Qualitäten der Stadtentwicklung massiv wandeln – ob zum Guten oder zum Schlechten, scheint bislang eher eine Glaubens- als eine Wissensfrage zu sein. Empirische Studien zum Thema der digitalen Spaltung machen indes deutlich, dass Ausgrenzung ohne einen massiven Kompetenzaufbau in der Zivilgesellschaft eher zu- als abnehmen dürfte.

Nimmt man Frank Schirrmachers Skepsis über eine bevorstehende Verwandlung der Menschen ernst, dann muss man sich durchaus Sorgen um die Zukunft des Urbanen machen. Unmittelbar notwendig ist eine breite Forschung, die sich mit den Chancen und Risiken einer Digitalisierung unserer Städte auseinandersetzt. Sie muss ein Zukunftslabor dergestalt sein, dass sie deutlich über den Tellerrand des heutigen Alltags der Stadtentwicklung hinausschaut. Sie muss zudem eine wirkungsorientierte Forschung in der Art sein, dass sie die vielfältigen Facetten der Digitalisierung in ihren Auswirkungen auf das soziale, ökonomische und politische Beziehungsgeflecht in den Städten der Zukunft analysiert. Um die Chance zu erhalten, auch künftig ein wichtiger Akteur in der Stadtentwicklung zu sein, muss die öffentliche Hand viel mehr als bisher die anstehende Verwandlung verstehen und sich schrittweise neu positionieren. Anders als bei bisherigen Technologieschüben der Moderne wird die Digitalisierung der Gesellschaft nicht durch den Staat oder durch militärische Ziele befördert. Im Gegenteil: Sie hat sich heute der Gestaltung und dem Zugriff der öffentlichen Hand weitgehend entzogen. Und sie wird durch die Wirtschaft und die Bürger als Konsumenten und teilweise Anwender stetig und uneinholbar vorangetrieben.

Damit beginnt gewissermaßen ein »Kampf der Kulturen«. Wobei die Frage zentral ist, ob das klassische Staats- und Regelungsverständnis noch Gültigkeit behaupten kann. Ist die legitimierte Staatsmacht weiterhin in der Lage, die Rahmenbedingungen für gesellschaftliches und wirtschaftliches Handeln, also die Spielregeln für Entwicklung, zu definieren? Der Gegner ist mächtig. Und schwer zu lokalisieren, da er mit vernetzten Mechanismen, mit nicht klar erkennbaren Waffen oder Strategien agiert. Um noch einmal das Bild von Huxleys *Brave New World* aufzunehmen: Wirken tolle digitale – quasi kostenlose – Produkte bei mehreren Milliarden Nutzern wie die Droge Soma, die die Menschen selbstbestimmt und bester Laune schleichend in eine Sphäre der Unfreiheit führt? Ein Großteil der Weltbevölkerung gibt freiwillig mehr oder weniger ihr ganzes, in Datenpakete sequenziertes Leben preis und schafft so die Tech-Giganten der Gegenwart und Zukunft. Weder der Zentralstaat noch eine einzelne Stadt können wirkungsvoll dagegenhalten – weil wir diesen Pfad, wenn nicht in die Unfreiheit, so doch in eine völlig *unbekannte* Art von Gesellschaft freiwillig gehen.

Wissenschaft und Zivilgesellschaft müssen deutlich stärker als bisher den Finger in die schmerzhaften Verwundungen der Freiheit legen. Wir brauchen einen täglichen Aufschrei aller Akteure, um die *stupefying smart city* zu verhindern. Dabei ist zu befürchten, dass es kaum möglich sein wird, den daten- und digitalberauschten Zustand der Gegenwartsgenerationen so auf Entzug zu setzen, dass die Stadt der Zukunft weiterhin ein Ort der lyrischen Kasuistik sein kann oder den Charme der verruchten Anonymität behält. Die datengetriebene Optimierung wird vieles ausschalten, was Stadtleben heute noch prägt. In einer völlig durchgerechneten Welt – wie wir sie schon bei Samjatin finden – sind Räume für die Musik des Zufalls bald rar und so etwas wie kreatives Chaos zunehmend ausgeschlossen. Wenn es schiefgeht, wird die Stadt der Zukunft eine optimierte Maschine zur Erledigung von Aufgaben. Gesellschaftlich wird es in dieser Stadt vermutlich mehr um Entfremdung als um Nachbarschaft und Verbundenheit gehen. Wobei offenbleibt, ob die Stadt auch einem wirtschaftlich-materiellen Niedergang entgegenstrebt.

Nun ist es extrem schwierig wenn nicht gar unmöglich, aus einem persönlichen Wertekanon heraus einen solchen technologischen Umbruch für künftige Gesellschaften zu bewerten. Jede Epoche hat ihre Brüche zu durchleben, muss mit ihnen zurechtkommen. Der Digitalisierungs-Tsunami wird das Gesicht der Stadt und das Gefühl von Urbanität grundlegend verändern. Aber das haben die Elektrifizierung, das Automobil oder Sozialversicherungssysteme ebenfalls getan. Im Sommer 2016 hat die Kunstsammlerin Julia Stoschek zusammen mit dem Videokünstler Ed Atkins eine Ausstellung mit dem vielschichtigen Titel »Generation Loss« gezeigt. Rein technisch dreht es sich um Verluste, die sich durch das Kopieren, Komprimieren und Umwandeln von Dateien einstellen – der stetige Qualitätsverlust bei der Bearbeitung von Fotos im jpg-Format ist hier ein Alltagsbeispiel. Man kann den Begriff auch gesellschaftlich hinterfragen. Im ewigen Generationen-Gerangel werfen die Älteren den Jüngeren eben dies regelmäßig vor: mangelnder Tiefgang, Neigung zum Kopieren mit einer Menge an Qualitätsverlust. So sehen die Alten wohl auch eher die Stadt der Zukunft als eine, die mit so manchen Verlusten konfrontiert sein wird. Umgekehrt entsteht durch Kopieren und Umwandeln bei allen Verlusten auch immer etwas Neues. Das mag dann die Urbanität der Zukunft sein.

Klar hat die Stadt Zukunft – aber welche?

Bleibt am Ende natürlich die Frage, wohin die Reise von Stadt und Urbanismus nun geht. Es ist zwar nachvollziehbar, dass man sich nach so eindeutigen wie wegweisenden Antworten sehnt. Aber letztlich gibt es kaum Anknüpfungspunkte, an denen sich seriöse Vorhersagen festmachen lassen. Wir haben hier Facetten und Strömungen, Eigenlogiken und dominante Interessen aufgeblättert, die das Urbane ausmachen. Und wir gehen davon aus, dass eben dieses Kräfte- und Ideennetzwerk auch für die Zukunft prägend sein wird. Der französische Romancier Victor Hugo äußerte eine ähnliche Auffassung, die er trefflich zuzuspitzen wusste: »Die Zukunft hat viele Namen: Für Schwache ist sie das Unerreichbare, für die Furchtsamen das Unbekannte, für die Mutigen die Chance.«[1] Wenn man, wie wir, am Urbanen als Lebensraum interessiert ist, dann kann man sich nur mehr Menschen jedweder Couleur wünschen, die mutig Stadt machen und die Vielfalt des Miteinanders wie auch des Wettstreits durch neue Ideen bereichern.

In diesem Zusammenhang ist es interessant, dass selbst ein Begriff wie Kosmopolitismus einen urbanistischen Rückbezug aufweist. Entstanden ist er in der Antike. Er beruht auf der Idee, dass der Kosmos größer ist als die Polis. Der Kosmopolit war derjenige, der auf die Welt geschaut hat und nicht nur auf die eigene Stadt. Er hat sogar die eigene Stadt auf der Basis dieses Blicks auf die Welt kritisiert. Zählt das auch heute noch zu unserer Kultur?

Und was ist, gerade in Deutschland, aus dem Fortschritt geworden? Wo ist er geblieben, nachdem er jahrhundertelang Menschen beflügelt, angespornt, in mancher Verzagtheit getröstet hat? Sieht man einmal von der eher wüsten Goldgräberstimmung im Digitalen, in der Smart City ab, so scheint weithin eine Art »Mehltau der Zukunftsangst« bestimmend, der sich über Städtebau und Urbanismus gelegt hat und jegliche Vorfreude auf alles Kommende trübt.

Fortschritt, Zukunft, Utopie? Wo man munter drauflos denken und entwerfen darf, in universitären Seminaren etwa, herrscht an solchen Reizvokabeln kein Mangel. Allerdings füllt jeder sie mit seinen Lieblingsthemen: mal Tempo, mal Entschleunigung, heute Skyline, morgen wuselnde Urbanität. Für die einen ist der Planet nur mit Hightech zu retten, für andere nur per Subsistenz und Resilienz. Manche sind offen für alles Neue, manche kontextsicher und prinzipienfest. Aber wo, bitte schön, ist denn nun wirklich »vorn«? Oder hat sich gerade dieses »vorn« ein für alle Mal aufgelöst?

Wie man mit wohlfeilem Zukunftsraunen statt klarer Visionen eher Verwirrungen erntet, brachte unlängst ein Hochschulwettbewerb exemplarisch ans Licht. Mit ihm wurde eines der Berliner Dauerthemen aufgerufen, um nach dem Fortschritt zu fahnden: der Ernst-Reuter-Platz. Den imposantesten Verkehrskreisel der City West wollte der Werkbund als Auslober »zukunftsfähig gestalten«. Dieses »Manifest der autogerechten und aufgelockerten Stadt« sei, so die Ausschreibung, »den völlig veränderten gesellschaftlichen Herausforderungen an eine zukunftsfähige Stadt nicht mehr gewachsen«. Ein Preisträgerentwurf zeigte dann auch lehrbuchhaft, in welche Richtung hier »Zukunftsfähigkeit« vermutet wird: Beseitigung des Verteilerrondells zugunsten einer schnurgeraden Avenida mit versetzten Seiteneinmündungen (Verkehrsbremse!), daneben ein braves Viereck als kuschelige Plaza, leicht abgesenkt zwischen Telefunken-Hochhaus und Architekturfakultät. Drum herum mal dickere, mal schlankere Hochhäuser. Solcherart »Zukunftsbilder« fehlten bei keinem der Einsender.

Und das ist eher die Regel denn die Ausnahme, wenn es um die Zukunft der Stadt geht. Substanzentleert, und deshalb sentimentalisierungsbedürftig, sind die meisten der entsprechenden Verheißungen. Die Architekturvisionen, die entwickelt, die Prospekte, die verfasst, die Planungswettbewerbe, die durchgeführt wurden: Sie mögen über einen gewissen Schauwert verfügen, aber die Frage nach dem urbanistischen Fortschritt bleibt – auf irritierende Weise – weiter offen. Wenn dieses Buch darauf eine Antwort gibt, dann lautet sie: Es gilt, sich zuallererst mit fundamentalen Unbestimmtheiten auseinanderzusetzen – und nicht, wie es teilweise der Fall ist, eine vermeintlich klar umrissene Zukunft vornehmlich technologischer Art zu postulieren. Allzu oft basierten Prognosen auf der Erwartung, dass das, was vorstellbar war, auch machbar sei. Und entsprechend wurden Technologie*möglichkeiten* als Zukunfts*wirklichkeiten* beschrieben und lösten sich als naive *Wunschträume* schnell ins Nichts auf.

Gewiss aber lassen sich aus möglichen und wünschbaren Zukünften Handlungsoptionen ableiten und Strategien aufzeigen. Wenn wir in Zukunft *so* leben wollen – welche Wege müssen wir dann heute einschlagen? Worin liegen die Anknüpfungspunkte zum urbanistischen Weiterdenken? Wie lauten die wahrscheinlichen Entwicklungsperspektiven? Was sind die wesentlichen Faktoren und Treiber, die die Stadt von übermorgen beeinflussen werden? Wie mag sie strukturiert sein, wie kann sie aussehen? Umgekehrt wäre jedoch auch danach zu fragen, was die heutigen Konsequenzen der zukünftigen Entwicklungen sind. Was können und was müssen wir unternehmen, um eine nachhaltige Stadtentwicklung zu initiieren? Fraglos spielen dabei das je aktuelle politische Umfeld, Aspekte von Governance, die Eigenlogiken von sozialer und wirtschaftlicher Entwicklung, die Dynamik des Immobiliensektors, die (Re-)Strukturierung von Stadt- und Wohnraum, die Veränderungen in Mobilitätsverhalten und -angeboten oder den entsprechenden Infrastrukturen eine Rolle. Doch kann aus sektoralen, und wie auch immer abgesicherten Zukunftserwartungen ein urbanes Gesamtbild entstehen? Oder muss »Die Stadt von übermorgen« ein Patchwork wohlfeiler Vermutungen bleiben?

Es wäre vermessen, hier ein Bild mit klarer Kontur skizzieren zu wollen. Ohnehin dient uns Zukunft weniger als Brennglas, sondern vielmehr als Kaleidoskop. Wir möchten uns nicht in Mutmaßungen darüber verlieren, was 2045 oder 2079 sein wird. Stattdessen versuchen wir eine Annäherung anhand von drei Gegensatzpaaren. Erstens: Extreme Beschleunigung versus Ruhepol. Zweitens: Masterplan versus Einzelprojekt. Und drittens: Optimismus versus Pessimismus. Gewiss, das Koordinatenkreuz für die weitere Entwicklung könnte sich auch an anderen Begriffen festmachen. Dennoch lassen sich Wahrscheinlichkeiten, Veränderungsszenarien wie auch das mögliche Entwicklungspotential des Urbanen durchaus auf diese Weise abstecken.

Muss die Schnecke den Turbo einlegen?

Wer die Irrungen und Wirrungen der Gegenwart verstehen möchte, muss sich intensiv dem Phänomen der Beschleunigung widmen. Beschleunigung und exponentielles Wachstum fungieren als eine Art *passe partout* zur Erklärung, wie die Welt heute funktioniert. Öffnen wir gedanklich die Tür zu diesem Phänomen, tut sich eine Terra incognita auf, in der ein nicht abreißender Strom neuer Ideen und Entwicklungen an uns vorbeirauscht, ohne dass wir die Hand ausstrecken und beherzt auf all das Neue zugreifen können. Heute gewinnt der alte Begriff des lebenslangen Lernens eine dramatisch neue Bedeutung: Wir *müssen* lernen, und das immer *schneller* und weitgehend ohne Pausen.

Dass der Onlinehandel auf Amazon droht, in Mittelzentren die Fußgängerzonen verwaisen zu lassen; dass *Airbnb* in Berlin, Hamburg und München mit dem Hotelgewerbe konkurriert und hilft, die Verknappung von Wohnraum weiter zu beschleunigen; dass *Uber* den Sektor der Personenbeförderung kräftig aufmischt: All das stellt nur die Spitze des Eisbergs dar. Dass Internetunternehmen mit gezielter Standortpolitik direkt in Stadtentwicklungsprozesse intervenieren – in Toronto[2] etwa, und jüngst, wie Google, auch in Berlin[3] – deutet die Drastik der Dynamik an. Wenn wir von Beschleunigung sprechen, meinen wir, dass schnell »richtig schnell« wird. Dieses Tempo ist, wenig überraschend, untrennbar mit dem exponentiellen Wachstum von Computerleistungen verbunden – das Moore'sche Gesetz[4] besagt, dass sich die Geschwindigkeit und Leistungsfähigkeit von Mikroprozessoren bei ungefähr konstanten Kosten alle zwei Jahre verdoppelt. Nicht nur, dass diese Erfahrung sich seit mittlerweile 50 Jahren bestätigt. Sie ist auch historisch verankert. Etwa in der Sage vom König, der von der Erfindung des Schachspiels so begeistert war, dass er dem Erfinder eine von ihm frei zu wählende Belohnung anbot. »Der Mann bat den König, ein Reiskorn auf das erste Feld des Schachbretts zu legen, zwei auf das nächste, vier auf das übernächste – auf jedes Feld immer doppelt so viel wie auf dem vorhergehenden. Der König stimmte zu, weil nicht klar war, dass 63 Verdoppelungen in Folge eine unvorstellbar große Zahl ergeben, nämlich ungefähr 18 Trillionen Reiskörner. So wirkt exponentielles Wachstum! Wenn etwas über 50 Jahre hinweg alle zwei Jahre verdoppelt wird, dann kommt man irgendwann auf extrem große Zahlen, und es passieren ein paar abgefahrene Sachen, die man in dieser Form noch nie gesehen hat.«[5] Um im Bild zu bleiben, ist zunächst einmal festzuhalten, dass wir uns in Sachen Beschleunigung mittlerweile in der zweiten Hälfte des Schachbretts befinden. Thomas L. Friedman, Kolumnist der *New York Times*, fächert das Beschleunigungsphänomen, das kulturhistorisch seinesgleichen sucht, in seinem jüngsten Buch so virtuos auf, dass wir noch ein paar seiner Gedanken und Ideen nutzen, um das Unfassbare ein wenig zu veranschaulichen. Der US-amerikanische Handelsriese Walmart stellte fest, dass die Kunden Unterschiede in Tausendstelsekunden erkennen, und wenn sie einen Kauf- oder Suchknopf anklicken, dann erwarten sie innerhalb von Zehntelsekunden eine Reaktion. Jede weitere halbe Sekunde Zeitverlust führt dazu, dass zwei oder mehr Prozent der Einkäufe abgebrochen werden – bei Millionen von Transaktionen am Tag ist das eine Menge. »Nachdem Sie ›Kaufen‹ klickten, haben wir ihnen ein Lieferdatum genannt. Das ermitteln wir mit Wahrscheinlichkeitsrechnung. Dazu muss das System eine Reihe von Operationen durchlaufen, mit denen es die beste Lieferoption findet. Es kommen ungefähr 400 000 Variablen ins Spiel. Aber jetzt, da Sie als Kunde den Kauf getätigt haben und nicht mehr warten, haben wir viel Zeit. Deswegen berechnen wir das in knapp einer Sekunde.«[6] Eine Sekunde!

Kunst im öffentlichen Raum als Gleichnis auch des modernen Urbanismus: Im Foto eingefroren, als könne man den Lauf der Zeit aufhalten, ticken 24 Bahnhofsuhren seit über 30 Jahren im öffentlichen Raum. Was den Wattenscheider Künstler Klaus Rinke zur Bundesgartenschau 1987 mit seiner Kunstinstallation Zeitfeld im Entree des Düsseldorfer Volksgartens umtrieb, ist heute aktueller denn je: Es geht um Zeitirritationen, um Gehetzheit im Alltag, um die ambivalente Sehnsucht nach Langsamkeit und Tempo. Sich kontemplativ zwischen den Uhrenspargeln auf die Wiese setzen – den einen mag es beruhigen, da die Zeit über ihn hinwegschwebt. Andere fühlen sich zutiefst beunruhigt, haben hastende Männer in grauen Anzügen und schmalen Aktentaschen vor Augen, zeigen sich verwirrt wie Momo im Nirgendhaus in Michael Endes gleichnamigen Roman.

Nimmt man einen ausgiebigen Schaufensterbummel vergangener Zeiten zum Maßstab, dann wird unmittelbar ersichtlich, was »richtig schnell« bedeutet, was Beschleunigung mit uns anstellen kann. In den Wachstumsstädten Deutschlands bekommt man ja jüngst eine Ahnung davon, wie rapide Nachverdichtung oder das Zubauen von Brachen auf einmal vonstattengehen kann. Was jahrzehntelang von der Stadtentwicklung herbeigesehnt wurde oder mit unterschiedlichsten Instrumenten erzwungen werden sollte, geschieht nun im Eiltempo. Zumindest in den attraktiven Städten sind den dynamischen Umbauprozessen kaum Grenzen gesetzt (zusätzlich getrieben durch die Nullzinslage auf den Finanzmärkten). Wobei vieles kaum schnell genug ist, wenn man den Neubaubedarf an Wohnungen an der Miet- und Bodenpreisentwicklung festmacht. Die Lebenszyklen von Bürogebäuden verkürzen sich, Handelsimmobilien werden in immer kürzeren Zyklen renoviert und modernisiert. Weshalb die Google'sche Idee der Baukasten-Quartiere, in denen man günstige Bauten ruckzuck von einer Art Quartiers-Skelett abnehmen und ersetzen kann, durchaus ihren Reiz hat. Da wird Hausnummer 17 fix von einer Bar in einen Lernraum verwandelt und, wenn sich die Renditelage ändert, mir nichts, dir nichts eine Lounge für Kreative aufgestöpselt.[7]

Doch was dem einen noch zu langsam ist, bringt andere schier zur Verzweiflung: Denn die aktuelle Umbaudynamik ist nur ein Teil der Geschichte. Viele Städte in Deutschland schrumpfen weiterhin. Und jeder Wegzug, jeder neue Leerstand lässt eher die Sorgen um die Stabilität urbaner Strukturen wachsen, als beseelte Utopien entstehen. Wenn alles in schnellen Wellen über uns kommt, wird die Zeit für pfiffige und tragfähige Anpassungen knapp. Gerade dort, wo es schrumpft, braucht es Kreativität für beinahe kein Geld, denn an diesen Orten lässt sich nicht groß verdienen. Hier fällt Stadtentwicklung wieder auf seine Basics zurück.

Ganz offenkundig muss man konstatieren, dass ein großer Teil der Gesellschaft nicht in der Lage – oder nicht willens – ist, sich an dieses Tempo anzupassen. Der Fortschritt scheint uns wegzulaufen, ein liebegewonnenes soziales Gefüge verliert an Stabilität. Als stünde man auf einem gemächlichen Rollband von dem einen zum anderen Flughafenterminal, und dessen Laufgeschwindigkeit verzehnfache sich plötzlich. Und auch die Haltung, dass ein solcher Fortschritt doch wurscht sei, dass man sich nicht um ihn kümmern müsse, ist aus zwei Gründen fatal. Erstens haben wir weltweit die überlebenswichtigen Ökosysteme an den Rand des Kollabierens gebracht, weshalb wir alle – auch technologisch innovativen – Register ziehen müssen, um unseren Heimatplaneten zurück in ein lebensfähiges Gleichgewicht zu bringen (und zugleich schneller im Handeln zu werden, um den Speed zu reduzieren, mit dem wir auf die Katastrophe zurasen). Zweitens: Auch die altbekannte Diskussion um den wirtschaftlichen Strukturwandel erhält eine völlig neue Dimension im Zeitalter der Beschleunigung. Jeder Einzelne, der sich hier ausklinkt, steht in der Gefahr, seinen Lebensunterhalt nicht mehr eigenverantwortlich zu verdienen.

Was bedeutet das nun für die Stadt? Städtebau und Stadtentwicklung zählen vermutlich seit jeher zu den langsamsten Politik- und Handlungsfeldern. Von der Idee über die Planung bis zur Umsetzung vergehen nicht selten zehn bis zwanzig Jahre. Kann das Urbane so noch Halt und Orientierung im Zeitalter der Beschleunigung geben? Kann Stadt einen vermittelnden Rahmen setzen, innerhalb dessen sich eine neue Wirtschaft und Gesellschaft entwickelt? Kann die europäische Stadt die kulturhistorisch und emotional so wichtige Brücke – aus der Vergangenheit über die Gegenwart in eine als offen verstandene Zukunft – bauen? Kann und soll Stadt an ihren vielen Grundsätzen der Langsamkeit festhalten oder muss auch sie sich dem Gegenwartstempo anpassen? Können Gegenbewegungen – wie etwa Cittaslow[8] – ein neues, tragfähiges Fundament bilden? Kann noch Heimat sein, was sich schnell und permanent ändert? Was macht das Gefühl des ruhelos getriebenen Seins mit der Verantwortung in der Stadt? Kann man das auch baulich oder baukulturell verankern? Oder werden auf der Überholspur Anonymität und Individualisierung maximiert? Wo bleiben die tief in uns angelegten Bedürfnisse nach einem Miteinander, nach Reflexion und nach Geborgenheit?

All diesen Unwägbarkeiten zum Trotz gibt es, für uns, einige unabdingbare Aspekte: Die öffentliche Hand darf nicht resignieren. Sie muss sich – nicht zuletzt mittels gut ausgebildeter und engagierter Menschen – den Herausforderungen stellen. Sie hat in Köpfe und Ideen zu investieren, statt mit dem Rotstift zu steuern. Sie braucht eine strategische, weitsichtige Haltung. Auch Vorhaben langlebiger und daher stadtprägender Strukturen müssen auf den Weg gebracht werden, mögen Zeithorizonte und Umsetzungsprobleme auch abschrecken. Man wäre gut beraten, sich etwa um die Verzahnung von hocheffizientem öffentlichem Verkehr mit der Wohnungsplanung unter Einschluss der sozialen Infrastrukturen im Nahbereich zu kümmern. Dass in Hochgeschwindigkeitszeiten die Fehler häufiger werden, muss man akzeptieren; doch sie dürfen nicht zu irreversiblen Knock-outs führen. Unerlässlich ist, dass ein Mindestmaß an sozialem Miteinander, an urbaner Solidarität, an Identifikation aller Akteure mit der Stadt gewährleistet bleibt. Es braucht eine Art von Urvertrauen, dass sich alle, wie unterschiedlich auch immer, *für* das Wohl ihrer Stadt einsetzen – doch dafür muss ein entsprechendes gesellschaftspolitisches Klima erzeugt und gepflegt werden. Und nicht zuletzt ist es nötig, anzuerkennen, dass wir in Deutschland seit Ewigkeiten von einer dezentralen Siedlungsstruktur profitiert haben: Es war und ist gewissermaßen – wirtschaftlich, sozial und auch ökologisch – für alle etwas dabei. Das stellt einen eminenten Wert dar. Weshalb diese Balance, bei allem urbanistischen Enthusiasmus, auch künftig aufrechtzuerhalten wäre.

Wie wird die Stadt künftig »gesteuert«?

Wir sind es gewohnt, die Stadt als Gegenstand laufender Optimierung zu betrachten: gleichsam eine Akkumulation stetiger Verbesserungen. Zumindest in unserem Kulturraum verdankt die heutige Stadt ihren Gehalt und ihre Leistung dem Einbezug immer wieder neuer Vorgaben, zum Beispiel des Umweltschutzes, der Behindertengerechtigkeit, der Energieeffizienz, des Lärmschutzes, der Klimaanpassung usw. All das verlangt ausgewiesene Fachkenntnisse und einen gewaltigen Apparat zu deren Verwaltung und Kontrolle. Gearbeitet wird zumeist mit Plänen, die jeweils nur einzelne Aspekte des Stadtganzen isoliert behandeln und optimieren. So weit, so gut. Aber die Mechanismen und Zielsetzungen der Fachplanung, die immer anspruchsvoller und komplexer wird, widersprechen sich gegenseitig mehr und mehr. Außerdem ist es kaum zu schaffen, die Teilsysteme wieder zu einem Ganzen zusammenzufügen. Und damit muss man sich zwangsläufig Gedanken über die Grenzen der Planung machen.

Zumal Städtebau und Stadtentwicklung aktuell geprägt sind von einer ausgesprochenen Fixierung auf Projekte. Beispielsweise haben wir es derzeit mit einer Inflation von Formaten in der Planung zu tun. Internationale Bauausstellung, Europäische Kulturhauptstadt, Green Capital Award, Bundesgartenschau, Landesgartenschau, Regionale Projektschau. Natürlich gibt es dafür wichtige Gründe: Zum einen werden gern wettbewerbliche Prinzipien hochgehalten. Die Auswahlmechanismen sind immer auch eine Zuspitzung von politischer Macht inklusive der darauffolgenden Budgetierung. Zum anderen sind die Formate kommunalpolitisch »hoffähig« geworden. Sie versprechen in einer vermeintlich einfachen, griffigen Formel Investitionen in Zukunftsprojekte und substituieren daher auf der politischen Seite eine umfassende Auseinandersetzung. Allen diesen Formaten ist gemein, dass sie für einen definierten Raum eine Aufmerksamkeit auf einen Veränderungsprozess lenken, der mit beispielgebenden Projekten hinterlegt werden soll. Im Umkehrschluss scheint eine gute ambitionierte und innovative Stadtentwicklung im Alltag nicht mehr zu realisieren zu sein.

Nun sollen hier keinesfalls die endlosen Debatten über die Beteiligungsformen bei Stuttgart 21 oder über den ebenso unsäglichen wie offenbar unendlichen Bau-Prozess des Flughafens Berlin-Brandenburg oder über die Kostenentwicklung bei der Elbphilharmonie in Hamburg wieder aufgekocht werden. Um diese Art solitärer Großprojekte und die Bedingungen ihrer Planung und Realisierung geht es hier nicht. Vielmehr steht die Frage der Wechselwirkung zwischen Plan und Projekt im Vordergrund. Und ob beziehungsweise wie diese neu justiert werden muss.

Zweifellos haben sich die Rahmenbedingungen des Urbanismus in den letzten Jahren erheblich verändert. »Disruption« ist folgerichtig ein Trendbegriff, mit dem viele krisenhafte Veränderungen belegt werden, die jahrelang eingespieltes und erprobtes Handeln auf den Kopf stellen.[9] Das gezielte Nachdenken darüber ist nicht mehr nur Übung für *Think Tanks* und Unternehmensberatungen. Denn diese umbruchartigen Herausforderungen betreffen nicht nur einzelne Unternehmen oder Branchen, sondern mit ihren komplexen und schwer abschätzbaren Folgen immer mehr und insbesondere die Städte. Und so nimmt es nicht wunder, dass das Verhältnis von individueller Handlungsautonomie und sozialer Ordnung gerade auf der städtischen Bühne neu austariert wird.

Einerseits wird heute allenthalben ein Integrierter Stadtentwicklungsplan gefordert. Aber gibt es sie denn noch, jene enzyklopädische Vollständigkeit eines flächendeckenden Plans, der alle Probleme auf einmal lösen kann? Und verfügen wir in unseren Gemeinwesen über politische Institutionen, die den Kraftakt eines großen Zielmodells noch bewältigen? Andererseits kann man sich des Eindrucks nicht erwehren, dass die Konzentration auf einzelne Projekte eine Art Patentlösung zu bieten scheint. Die Stadtpolitik setzt gemäß Richard Floridas Theorie der »Kreativen Klasse« auf die sogenannte Kreativwirtschaft, und darüber wölbt sich eine gewandelte Form der Kommunikationskultur, die einem wachsenden Bedürfnis nach klaren Positionen, der Suche nach einfachen Antworten und dem Wunsch nach eindeutigen Lösungen entspricht. Die Gefahr, die aus dieser Entwicklung entstehen kann, besteht in der zunehmenden Vernachlässigung von Aufgaben und Schwerpunkten der Stadtentwicklung, die vor allem in der anspruchsvoller gewordenen Kommunikation zwischen Experten und Laien nur schwer behandelt werden können.

Es ist mehr als eine bloße Vermutung, dass jeder, der sich urbanistisch engagiert, hat lernen müssen, dass die Planbarkeit der Stadt Grenzen hat. Deshalb ist es interessant, einmal mit anderen Augen auf die Situation zu schauen. Folgt man dem Wissenschaftsphilosophen Michael Polanyi, so könnte man diese Frage der Planbarkeit mit dem Zusammenlegen eines großen Puzzles durch verschiedene Personen vergleichen. Es ist nicht ohne Weiteres zu sehen, welche Teile wie zusammengehören; und wenn niemand sagen kann, welches Bild das Puzzle ergeben wird, wäre es unsinnig, das Handeln der Puzzlespieler durch konkrete Anweisungen eines Spielleiters zu koordinieren. Ausschließlich mit Hilfe allgemeiner Regeln für eine Zusammenarbeit wird man allerdings auch nicht viel erreichen. Es geht ja nicht darum, dass jeder Mitspieler möglichst ungestört seine eigene Version des Ganzen bildet, sondern darum, das für alle gleiche Bild zusammenzulegen. In dieser Situation erscheint es am vernünftigsten, jedem Spieler die Freiheit zu lassen, die Zusammengehörigkeit der Teile zu erproben. Gleichzeitig muss jeder Spieler jedoch im Blick behalten, welche Teile die anderen vor sich haben und welche Fortschritte sie beim Zusammenlegen machen. Denn jeder benötigt für seinen Ausschnitt des gesamten Bildes wahrscheinlich Teile, die bei anderen liegen, und vor jedem können Teile liegen, die in seinen Ausschnitt nicht passen, die aber andernorts benötigt werden.

Wenn man diese Gedanken rücküberträgt in die Sphäre des Urbanismus, dann muss man vielleicht sagen, dass weder die Voraussetzungen für klare Regieanweisungen gegeben sind noch eine völlig liberale Haltung des *anything goes* akzeptabel ist. Weder ein fest betoniertes Leitbild hilft weiter, noch ein bloßes *muddling through*, ein inkrementalistisches Sich-Durchwurschteln. Es gibt keine Alternative zu einer weiter fortschreitenden Re-Urbanisierung. Aber keine Idee, kein Plan lässt sich realisieren ohne ambivalente Entwicklungen.

Städte »baut« man nicht eigentlich, sondern sie entwickeln sich – und zwar mehr oder minder planvoll. Abstrakt gesehen stellt Stadtentwicklung ein kooperatives kollektives Unternehmen dar, dessen Ziel (hoffentlich) ein systematischer Gewinn, eine Verbesserung im Sinne des Gemeinwohls ist. Allerdings muss man einräumen, dass heute vorab nicht unbedingt zu sehen ist, welche Form dieser Gewinn annehmen wird. Sind die Chancen auf einen möglichst erfolgreichen Urbanismus dann größer, wenn es sich um einen ergebnisoffenen, von Einzelprojekt zu Einzelprojekt kontinuierlich fortgeschriebenen Prozess handelt? Mit einer Abfolge von Zwischenzielen, die eine Reflexion und Rückkoppelung zur Optimierung der weiteren Schritte ermöglichen? Oder ergeben sich Wirkung und Umsetzbarkeit einzelner Projekte erst und vor allem durch ihre

Integration in den Gesamtprozess? Welche Rolle spielen dabei ephemere oder temporäre Vorhaben? Gerade weil die Nuancierung hier von so zentraler Bedeutung ist, sollte die Reaktion auf Dynamik und Unsicherheit von Stadtentwicklung weder in einem gezielt offen gestalteten Prozess liegen, noch allein in einer weiter ausdifferenzierten Festlegung adäquater Planungsziele. Eher geht es doch um ein Kontinuum der Handlungsoptionen als um die Wahl zwischen zwei antipodisch ausgerichteten Alternativen. Die Antwort dürfte also irgendwo in der Mitte liegen.

Optimismus heißt: Wir alle müssen Verantwortung übernehmen

Wie optimistisch oder pessimistisch man gestimmt ist, wird gern anhand des Bildes vom Wasserglas erklärt, das entweder als halb voll oder als halb leer wahrgenommen wird. Bezogen auf die Frage nach der Zukunft der Stadt glauben wir, dass es keineswegs nur um Empfindung geht. Wir sind mithin der Auffassung, dass man es sich so bequem nicht machen darf. Denn Zukunft entsteht nicht einfach – sie wird bereitet und hergestellt. Mit anderen Worten: Je mehr Fehler wir begehen, desto schlechter werden wir morgen und übermorgen dastehen. Und umgekehrt, je mehr richtige Entscheidungen wir treffen, desto größer sind die Chancen auf eine brauchbare Zukunft, die uns und unseren Nachkommen auskömmlichen Wohlstand und Lebensfreude bietet. Dabei müssen wir uns vergegenwärtigen, dass Fehler schnell passieren, wenn wir aus Angst, Ressentiment, aus schlichter Überforderung oder Erschöpfung handeln. Woraus für uns folgt: Wenn es um die Herzstücke des Urbanen geht, dann darf die Stadtgesellschaft nicht um Antworten verlegen sein. Grundlegende Werte – Toleranz und Respekt genauso wie Tausch, Handel, Konsens und Kreativität von auf engem Raum miteinander lebender Menschen – müssen beschützt werden. Kraftvoll beschützt. Es braucht, bei jedem Einzelnen, den Mut und das Bewusstsein dafür, öffentlich für die Bewahrung dieser Wesensmerkmale einzustehen. So ist beispielsweise im Englischen die Chance, stets Antworten geben zu können *(to be able to respond)* semantisch eng mit der Übernahme von Verantwortung *(responsibility)* verknüpft.

Im Internet findet sich die bemerkenswerte Website *overdeveloped.eu* – sie konfrontiert den User mit der Fragentrias: Unterentwickelt? Entwickelt? Oder sogar überentwickelt? Das Stadtmachen steht vor genau der Hürde, dass überkomplexe juristische Regulierung im Verein mit zu selten hinterfragtem professionellen Spezialistentum zu Stillstand oder verqueren Lösungen führt, weil uns offenbar zu oft der Kompass für gutes Leben abhandengekommen ist. Ein tolles Beispiel liefern hier die ohrenbetäubend lauten Laubbläser, die den Besen ersetzend an festen Wochentagen ganze Quartiere tyrannisieren. Zur Re-Orientierung könnte ein Besuch in der Düsseldorfer Brunnenstraße bestimmt hilfreich sein – denn es geht tatsächlich um Liebe.

Andreas Voßkuhle, der Präsident des Bundesverfassungsgerichtes, hat unlängst deutlich gemacht, dass – belegt durch »die moderne Erkenntnistheorie und die politische Alltagserfahrung« – »in Wirklichkeit niemand im Besitz einer absoluten Wahrheit in politischen Angelegenheiten« sei. Um dann daraus zu folgern: »Wenn niemand für sich in Anspruch nehmen kann, am besten zu wissen, was für alle am besten ist, sind alle gleichermaßen dazu berufen, sich zu den Fragen des Gemeinwesens zu verhalten.«[10] Dementsprechend sind für uns, für eine im Wortsinne brauchbare Zukunft die Kerneigenschaften der Stadt nicht – nicht! – verhandelbar. Und dafür muss jeder Einzelne Verantwortung übernehmen: im Sinne des Städtischen sprechen und handeln.

Im internationalen Vergleich erleben Deutschlands Städte seit Ende des Zweiten Weltkrieges eine paradiesähnliche Phase von Stabilität und Wohlstand. Im Durchschnitt der letzten 70 Jahre zeigte die Wohlstandskurve stetig nach oben – und dies trotz einer insgesamt zunehmenden wirtschaftlichen Ungleichheit. Allen medialen Aufgeregtheiten zum Trotz mussten wir uns in puncto Ordnung und Stabilität doch im Grunde kaum Sorgen machen. Weitet man freilich den Blick, dann sieht die Sache völlig anders aus. Ganze Staaten und Imperien sind implodiert. Es gibt heute eine Reihe sogenannter *Failed States*: Somalia, den Sudan, den Irak oder Afghanistan[11] – Staaten also, die ihre grundlegenden Funktionen nicht mehr erfüllen können. Hier herrschen Chaos, Willkür, das Recht des Stärkeren. In diesen Ländern ist, verkürzt gesagt, genau das verlorengegangen, was wir als Herzstück des Urbanen angesprochen haben. Können wir uns gescheiterte Städte vorstellen, in Deutschland? Andersherum gefragt: Kann man hoffnungsvoll über die Zukunft der Stadt spekulieren, wenn Pöbeleien von rechtsaußen ehrenamtliche Bürgermeister vertreiben?[12] Auch bei uns gibt es akute Gefährdungen. Frust und Wut können schnell vieles zerstören, was Vertrauen und die Kultur eines konstruktiven Miteinanders angeht. Demokratie ist sehr verletzlich, wenn Vermittlung nicht mehr gelingt und Akzeptanz schwindet. Wir brauchen, erstens, Offenheit – allen Änderungen gegenüber, weil wir nur so nicht untergehen werden. Zweitens, die Courage, den Menschen die Wahrheit über die krassen Veränderungen zu sagen – um im nächsten Schritt Vertrauen und Gemeinschaft als Grundkapital für die Anpassung aufzubauen. Und drittens muss jeder eine gewisse *responsibility* vor Ort übernehmen. Weil die wichtigsten Aufgaben nur so lösbar sind.

Doch alle Veränderungen, Probleme und Unwägbarkeiten – davon sind wir überzeugt – ändern nichts daran, dass die Stadt Zukunft hat. Für jeden Einzelnen gilt dabei, was der Schriftsteller Martin Walser einmal formulierte: »Ihm war die ganze Stadt als eine riesige Schmiede erschienen, in der alles der Bearbeitung unterlag, in der es keinen Unterschied mehr gab zwischen Werkstück und Schmied, alles war zugleich Werkstück und Schmied, jeder und jedes wurde bearbeitet und bearbeitete selbst, ein Ende dieses Prozesses war nicht vorgesehen«[13]

Anhang

Anmerkungen

Einleitung

1 Paul Auster: Mein New York, Hamburg 2000, S. 11.

2 In diesem völlig enthemmten Wachstum wird man auch den Grund dafür finden, dass man kaum noch genau nachhalten kann, wie sich die Urbanisierung, also die Stadtwerdung, im globalen Kontext vollzieht. Noch vor anderthalb Jahrhunderten bezog sich diese Dynamik bloß auf eine überschaubare Anzahl von Referenzorten. Nach der ersten Volkszählung 1801 lebten in London 1 096 784 Einwohner. Während es 1821 schon 1 573 210 waren, stieg die Zahl bis 1851 auf 2 651 939. Im Jahre 1901 lebten bereits 6 506 889 Menschen in London. Einhundert Jahre später waren es dann 7 172 091, und heute wird die Bevölkerung der Greater London Urban Area auf rund 9 Millionen geschätzt. In der momentan weltweit größten städtischen Agglomeration Tokio sollen rund 38 Millionen Menschen leben. Einer Studie der Organisation für wirtschaftliche Zusammenarbeit und Entwicklung (OECD) zufolge gibt es in China 15 Megastädte, in denen insgesamt mehr als 260 Millionen Menschen leben – die gigantischen Städte wuchsen zuletzt mit einer Geschwindigkeit von fast zwei Prozent pro Jahr. Bei einer Stadt von zehn Millionen Einwohnern sind das etwa 200 000 Neubewohner jährlich.

3 Friedrich Leyden: Groß-Berlin. Geographie der Weltstadt. (Reprint, mit einem Nachwort von Hans-Werner Klünner), hg. v. Museumspädagogischen Dienst Berlin, Berlin 1995, S. 63 u. S. 83.

4 Rainer Mackensen: Ist Stadtentwicklung planbar? Technische Universität Berlin 1996 (unveröffentlichtes Vortragsmanuskript).

5 Horst Steinmetz: Moderne Literatur lesen, München 1996, Einführung.

6 Ratti, Carlo: The sense-able city, in: The European, 21. 3. 2014, im Internet unter www.theeuropean-magazine.com/carlo-ratti-2/8251-making-our-cities-smarter, Zugriff am 19. 5. 2017.

7 Ingo Schulze: Vortrag in der Reihe »Welche Mitte?« am 23. 9. 2010 in der Akademie der Künste in Berlin.

1 Zieht es die neue Jugendbewegung raus aus der Welt, hinein ins kuschelige Heim? Dies sei eindeutig der Fall, wie der Soziologe Klaus Hurrelmann konstatiert. In der von ihm verfassten »Deutschen Jugendstudie« 2017 heißt es: »Die Sehnsucht nach einem Rückzugsort, nach Halt, ist ein Charakteristikum der jüngeren Generation. Die jungen Menschen sind einerseits hypermodern, flexibel und leistungsbereit. Gleichzeitig hat eine Mehrheit dieser Generation den tiefen Wunsch nach Erdung.« Der Bausparvertrag, sagte Hurrelmann, sei unter Jüngeren wieder extrem beliebt. »Wenn wir nach dem Grund fragen, hören wir: Ich möchte später ein Häuschen mit Garten, eine Familie, einen kleinen Hund. Alles sehr biedere Sehnsüchte.«

2 Unter dem Begriff StadtLeben wurde vor einiger Zeit eine aufschlussreiche Studie vorgelegt. Anhand von zehn Untersuchungsgebieten im Kölner Raum gingen die Autoren dabei der Frage nach, welchen Bezug haben die Bewohner zu ihrem Raum, wie nehmen sie ihren Wohnort wahr und welche Bedeutung messen sie ihm bei? Welche Konsequenzen ergeben sich daraus für die Planung? Eine explorative Datenanalyse ergab sieben Bereiche, über die die Bewohner ihr Verhältnis zu ihrem Wohnort bzw. ihre Bindung an diesen beschreiben: (1) die emotionale Bindung an den Raum aufgrund der eigenen Lebensgeschichte, (2) die Zusammensetzung der Nachbarschaft, (3) die Freizeit- und Versorgungsmöglichkeiten sowie die Aufenthalts- und Freiraumqualität, (4) das Image eines Gebietes, von dem man sich angesprochen fühlt, (5) unmittelbar die Wohnung bzw. das Haus betreffende Bezüge, die oft mit der Realisierung bestimmter Wohnwünsche einhergehen, (6) Aspekte der Erreichbarkeit, die auch verschiedene Verkehrsträger berücksichtigen, oder (7) relationale Lagebeziehungen, die den eigenen Wohnstandort mit Blick auf seine Lage zu anderen Zielen einschätzen. Im Ergebnis ließ sich die Dichotomie von Entankerung und Distanzorientierung, wie von namhaften Soziologen formuliert, nicht recht wiederfinden. Vielmehr, so die Autoren, fänden auch neuerliche räumliche Bindungen statt. Gesunkene Raumwiderstände und ein größeres Maß an Alltagsmobilität seien dabei teilweise erst Voraussetzung für bestimmte Bindungsprozesse. »Andererseits stehen langjährig stabilen Gebieten mit gemeinsamen räumlichen Kontexten und hoher Quartiersbindung der Bewohnerschaft durch den einsetzenden Zuzug anderer Bewohnergruppen Brüche bevor. Die Integrationsfähigkeit ist hier weit weniger ausgeprägt als etwa in Gebieten, in denen kontinuierlich verschiedenste Raumansprüche bestehen und integriert werden.« Siehe: Beckmann,

Klaus J.; Hesse, Markus; Holz-Rau, Christian; Hunecke, Marcel (Hg.): StadtLeben – Wohnen, Mobilität und Lebensstil. Neue Perspektiven für Raum- und Verkehrsentwicklung, Wiesbaden 2001.

3 Lewis Mumford: In the Defense of the Neighbourhood, in: Wheaton, Milgram, Meyerson, Urban Housing, New York 1967, S. 115.

4 Georg Simmel: Soziologie, Berlin 1968, S. 460 ff.

5 In den Jahrhunderten zuvor hingegen galten allgemein verständliche und akzeptierte Spielregeln: Repräsentative Gebäude städtischer Patrizier oder des wohlhabenden Bürgertums prägten die Hauptstraßen und zentralen Plätze. Nebenstraßen oder Randlagen waren Handwerkerfamilien und den Armen vorbehalten. Interessant ist, dass die dabei entstandenen Raumbilder bis heute unsere sinnliche Stadtwahrnehmung zu beeinflussen scheinen – ebenso wie auch unsere Erwartungshaltung.

6 Die Chicago School of Sociology umfasste eine Gruppe von Professoren und ihre Studierenden und Promovierenden, die maßgeblich in den Jahren 1915 bis 1935 in Chicago forschten und publizierten. Sie untersuchten schwerpunktmäßig die Schnittstellen zwischen Stadtsoziologie und Immigration, arbeiteten aber auch zu abweichendem Verhalten und Kriminalität, zu sozialen Bewegungen und der Beziehung unterschiedlicher Bevölkerungsgruppen zueinander. Dabei waren nicht nur die untersuchten Themen, sondern auch die angewandten Methoden innovativ und stärkten den Einfluss von qualitativen Methoden in der Sozialforschung wie Interviews, teilnehmende Beobachtung und ethnographische Zugänge. Als bedeutendstes Werk dieser Gruppe gilt das Buch *The City* von Robert Park, Ernest Burgess und Roderick Duncan McKenzie.

7 Perrys Ansatz hat die Fachwelt in den Bann gezogen. Die Gliederung der Großstadt in überschaubare, nach außen abgegrenzte, in sich zentrierte Einheiten in den Abmessungen eines Grundschulbezirkes war nichts weniger als der Versuch, Größe – eine Größe, unter der man litt – durch Staffelung zu überwinden, mittels einer Struktur, welche das menschliche Maß – die Fußgängerentfernung – enthielt und die längst erhobenen Forderungen, endlich »für den Menschen zu bauen«, erfüllte. Es war die Vision der bewältigten Großstadt, und eine Idee von offenkundig unmittelbarer Überzeugungskraft, die sich in der Folge weltweit durchgesetzt hat. Die 1950er Jahre wurden im Westen zur Hoch-Zeit für die Verwirklichung des Nachbarschaftsmodells. Auch in den sozialistischen Staaten Osteuropas und Asiens fand diese Grundkonzeption – wenngleich unter anderem Namen – rege Aufnahme.

8 Hellmut Klages: Der Nachbarschaftsgedanke und die nachbarliche Wirklichkeit in der Großstadt, Köln 1958, S. 4 f.

9 Entscheidende Anregungen dieses Abschnitts, insbesondere zu den beiden Architekturbeispielen, verdanken sich dem Essay »Nachbarschaften« des Städteplaners Bernd Kniess und des Architekturtheoretikers Christopher Dell in dem von Daniel Arnold herausgegebenen Bildband Nachbarschaft, München 2009, S. 225 ff.

10 Alison und Peter Smithson: Cluster City, in: Architectural Review, November 1957, S. 333.

11 Alison und Peter Smithson: Die gebaute Welt, in: Architectural Design, hg. von Monica Pidgeon, London, 1955.

12 Die Smithsons äußerten ihre Fundamentalkritik an der Doktrin der »funktionellen Stadt« beim IX. CIAM-Kongress in Aix-en-Provence und wurden damit weithin bekannt.

13 Robert Musil: Der Mann ohne Eigenschaften (zuerst 1930), Reinbek bei Hamburg 1978, S. 17.

14 Tabula Non Rasa. Towards a performative contextualism. Ilka & Andreas Ruby in conversation with Jean-Philippe Vassal, in: Ilka & Andreas Ruby (Hg.), Urban Transformations, Berlin 2008, S. 252 ff.

15 So wurde beispielsweise in Nordrhein-Westfalen 2016 eine »Quartiersakademie« ins Leben gerufen, die die dezentral-partizipative Selbststeuerung von Betroffenen/Beteiligten befördern will. Ein guter Ansatz, denn: »Viele bedürfnissensible und problemscharfe kleine Lösungen sind besser als der Versuch, Bedürfnisse und Probleme mit einer großen unscharfen Lösung zu beantworten.« (Gohl, a. a. O.)

16 Aktuell erfreut sich die begriffliche Trias von Nachbarschaft, Quartieren und Gemeinschaft wieder großer Beliebtheit in der urbanistischen Debatte. Wobei eigentlich der Terminus *Community* sinnbildlich steht für das Selbstverständnis vieler Internetfirmen, insbesondere im Social-Media-Bereich. Die Bedeutungsebenen unterscheiden sich jedoch erheblich: Versteht ein Raumplaner das Quartier beispielsweise als komplexes sozialräumliches Konstrukt, wird es in der Logik der Smart City zu einer Optimierungsebene, die durch die richtige Zusammensetzung und den Einsatz passender Anwendungen auf einen vorbestimmten Zielwert hin ausgerichtet werden kann.

17 Vgl. insbesondere die beiden auf Deutsch vorliegenden Bücher Jan Gehls: »Leben zwischen Häusern«, Berlin 2012, sowie »Städte für Menschen«, Berlin 2015.

18 Der kanadische Neurowissenschaftler und Psychologe Colin Ellard beschreibt in seinem jüngst erschienenen Buch *Psychogeografie – wie die Umgebung unser Verhalten und unsere Entscheidungen beeinflußt* die Auswirkung, die langweilige Architektur auf unsere Psyche hat. Am Beispiel der 2007 errichteten Filiale des Biosupermarkts Whole Foods in der New Yorker Lower East Side untersuchte er, welche

Reaktionen es bei Passanten auslöst, wenn in einer ansonsten kleinteiligen und lebendigen Straße auf einmal ein Gebäude einen gesamten Block umfasst. Ein ganzer Block Milchglasfassade. Die Testpersonen, die sich zuvor als vergnügt eingestuft hatten, nannten das Gebäude »öde, monoton, seelenlos« und gaben zu Protokoll, sie hätten sich beim Vorbeilaufen auf einmal gelangweilt und unzufrieden gefühlt. In die gleiche Kerbe schlägt Jan Gehl, wenn er – fußend auf seinen empirischen Befunden – darlegt, dass eine gute Stadtstraße dem durchschnittlichen Fußgänger alle fünf Sekunden eine interessante Abwechslung bieten sollte. Andernfalls gehen Menschen schneller, um die Monotonie so rasch wie möglich hinter sich zu lassen.

19 Roger Willemsen, Bangkok Noir, Frankfurt am Main 2009, S. 82 f.

Das Gerüst der Stadt: What makes the city go'round

1 Dieser berühmte Aphorismus stammt aus dem Jahr 1911. Veröffentlicht wurde er unter anderem in Karl Kraus: Pro domo et mundo, Leipzig 1919.

2 James Friedrich Ludolf Hobrecht war ein preußischer Stadtplaner und für Berlins ersten perspektivischen Bebauungsplan, den Hobrecht-Plan von 1862, verantwortlich.

3 Heinrich Tepasse: Stadttechnik im Städtebau Berlins, (drei Bände), Berlin 2007.

4 Deutsches Institut für Urbanistik, 2008. Der kommunale Investitionsbedarf 2006 bis 2020.
Endbericht – Kurzfassung; Projekt Z6-10.08.18.7–06.4; https://www.vdz-online.de/fileadmin/gruppen/bdz/Newsletter/Pressemitteilungen_Anhang/Kurzfassung_f_r_Kommunalkongress.pdf.

5 Darin scheint im Übrigen etwas für unsere ganze Gesellschaft Grundsätzliches angelegt. So heißt es etwa bei der Webadresse trendimpulse.de unter der Überschrift »Nature, Inc.«, dass dieser Trend »eine neue Art des Respekts, Umgangs und Einsatzes der Natur in unserer Gesellschaft« beschreibt. Diese Haltung sei anhand dreier Punkte leicht nachvollziehbar zu machen: »1. Innovationsmotor Natur: Die Natur steht Pate für technologische Entwicklungen, organisches Design, genetische Architektur und bestimmt mit ihrer Weisheit das Streben nach Innovationen. 2. Koproduzent Natur: Die Natur bietet Inspiration und Lebensqualität. Ihre unveränderbaren Abläufe sind ein Ruhepol in einer Gesellschaft der Datenhighways und des nie endenden Informationsflusses. 3. Teilhaber Natur: In der modernen Architektur werden Häuser nicht mehr gebaut, sie wachsen. Die Gesellschaft erkennt die Bedeutung von Natur und

versucht, eine respektvolle Symbiose aus Mensch, Natur und Technik zu erreichen.« www.trendimpulse.de (Stand März 2004).

6 So lässt sich die Stadtnatur in vier Typen unterteilen: Die »Natur der ersten Art« sind verinselte Reste ursprünglicher Naturlandschaften (Wälder, Feuchtgebiete), sozusagen Ergebnisse ursprünglicher Nichtnutzung. Die »Natur der zweiten Art« sind landwirtschaftliche Flächen, die »Natur der dritten Art« die gärtnerischen Anlagen und die »Natur der vierter Art« die urban-industrielle Vegetation vorzugsweise der Stadtbrachen; siehe Gerhard Hard: Natur in der Stadt?, in: Berichte zur deutschen Landeskunde, Bd. 75, 2001, S. 358.

7 Vgl. Dieter Kienast: Die Natur der Stadt. Städtische Dichte und authentische Natur, in: Dieter Kienast; Ursula Koch (Hg.): Kulturlandschaft Stadt, Architektur, Städtebau, Denkmalschutz, Zürich 1998.

8 Zumal der Aspekt »Garten + Grün« mittlerweile selbst auch zum Gegenstand und Treiber von Gentrifizierungstendenzen geworden ist: »Als einer der Gärtner 2015 bei Immobilienscout entdeckte, dass eine Dachgeschosswohnung im Nachbarhaus mit ihrem Garten beworben wurde, wussten sie, dass etwas schief lief. Da ackerten sie seit Jahren gegen Verdrängung, gegen Gentrifizierung, für gemeinschaftlich genutzte städtische Flächen. Sie hatten das Kunststück vollbracht, eine beinahe komplett versiegelte Brache in einen blühenden Gemeinschaftsgarten zu verwandeln, aber ehe sie sich versehen, sind sie die Möhre in der Berliner Immobilien-Eselei. Anlockfutter für Investoren, benutzt durch die Makler der Stadt. Ausgerechnet sie trieben nun die Preise in die Höhe. Dabei wollten sie die Alternative sein, nicht Teil des Problems. Und auch nicht dessen Opfer.« Deike Diening: Auf Gedeih und Verderb. Die Leute vom Gemeinschaftsgarten »Prachttomate« haben aus einer Neuköllner Müllecke ein grünes Paradies gemacht – und damit dessen Bedrohung befördert, in: Der Tagesspiegel, 22. 8. 2017, S. 3 (vgl. Abschnitt Gentrifizierung in Kapitel 10).

9 International bekannt wurde Ostrom vor allem mit ihrem Buch *Governing the Commons: The Evolution of Institutions for Collective Action* (1990), in dem sie sich mit Problemen kollektiven Handelns bei knappen natürlichen Ressourcen, die gemeinschaftlich genutzt werden (Allmenden), beschäftigt. Vgl. https://de.wikipedia.org/wiki/Elinor_Ostrom.

10 Sebastian Hensel: Ein Lebensbild aus Deutschlands Lehrjahren, Berlin 1903.

1 Vilém Flusser: Dinge und Undinge. Phänomenologische Skizzen, München 1993, S. 89 f.

2 Hartmut Häußermann; Walter Siebel: Soziologie des Wohnens. Eine Einführung in Wandel und Ausdifferenzierung des Wohnens, Weinheim & München 1996.

3 Gert Selle: Die eigenen vier Wände. Zur verborgenen Geschichte des Wohnens, Frankfurt am Main 1993, S. 27. Vgl. hierzu auch Werner Sewing: Mass Customization und Moderne, in: ARCH+ 158, S. 98: »Es ist diese Virtuosität im Erzeugen von Variabilität, zugegebenermaßen von der Virtualität des Rechners leicht gemacht, die das Individualismus-Thema zum innerakademischen Diskurs hat werden lassen, während die Realität des alltäglichen Reihenhausbaus bisher wenig Innovationen hervorgebracht hat.«

4 Zit. in Johannes Spalt; Herman Czech (Hg.): Josef Frank 1885–1967, Wien 1981, S. 179 f.

5 Lucius Burckhardt: Die Kinder fressen ihre Revolution, Köln 1985, S. 102.

6 Gert Kähler: Nicht nur Neues Bauen!, in: ders. (Hg.): Geschichte des Wohnens. 1918–1945 Reform, Reaktion, Zerstörung, Stuttgart 1996, S. 308.

7 Siehe ausführlich Clemens Zimmermann: Wohnungsbau als sozialpolitische Herausforderung. Reformerisches Engagement und öffentliche Aufgaben, in:. Jürgen Reulecke (Hg.): Geschichte des Wohnens, Band 3: 1800–1918/Das bürgerliche Zeitalter, München 1997, insbesondere S. 572 ff.

8 Siegfried Giedion: Befreites Wohnen, Stuttgart 1928, vgl. insbesondere Abb. 83.

9 Der übrigens, und angesichts eines schier allmächtigen Neoliberalismus, noch tief in unsere heutige Gesellschaft hinein wirkt.

10 Allerdings gab es bereits vorher entsprechende Ansätze, beispielsweise bei diversen Stadterweiterungsplänen für Paris im 19. Jahrhundert, bei welchen die einzelnen Gebäude nicht mehr Variationen eines eingebürgerten und überlieferten traditionellen Typus darstellten, sondern gleichförmige Wiederholungen eines theoretischen, utilitaristisch entwickelten und exakt kodifizierten Prototyps.

11 Gustav Wolf: Die Grundriß-Staffel. Beitrag zur Grundrißwissenschaft, München 1931, S. 23.

12 Vgl. Manfredo Tafuri: Kapitalismus und Architektur. Von Corbusiers »Utopia« zur Trabantenstadt, Hamburg, Berlin 1977, S. 79 ff.

13 Kristina Hartmann: Alltagskultur, Alltagsleben, Wohnkultur, in: Gert Kähler (Hg.): Geschichte des Wohnens. 1918–1945 Reform,

Reaktion, Zerstörung, Stuttgart 1996, S. 246. S. a. Klaus von Beyme: Wohnen und Politik, in: Ingeborg Flagge (Hg.): Geschichte des Wohnens. Von 1945 bis heute: Aufbau-Neubau-Umbau, Stuttgart 1999, S. 123 sowie Gerd Kuhn: Standard- oder Individualwohnung?, in: ARCH+ 158, S. 66 ff.

14 Gerhard Schulze: Die Erlebnisgesellschaft. Kultursoziologie der Gegenwart, Frankfurt am Main 1997, S. 59.

15 Häußermann/Siebel, op. cit., S. 333.

16 Theodor W. Adorno: Funktionalismus heute?, in: Ohne Leitbild. Parva Aesthetica, Frankfurt am Main 1967, S. 120.

Der tägliche Straßenkampf – urbane Mobilität

1 Bernd Adamaschek et al.: Der Interkommunale Leistungsvergleich Mobilität, in: Beiträge aus dem Institut für Verkehrswissenschaft an der Universität Münster, Bd. 154, Göttingen, 2004, hier S. 14.

2 Ilan Salomon: Telecommunications and travel relationships: a review. Transportation Research Part A: General, 20(3), S. 223–238, 1986.

3 Bundesinstitut für Bau-, Stadt- und Raumforschung (BBSR): Raumordnungsbericht 2017, Bonn, hier S. 6.

4 Christina Eisenmann et al.: Deutsches Mobilitätspanel (MOP) -Wissenschaftliche Begleitung und Auswertungen Bericht2016/2017: Alltagsmobilität und Fahrleistung, Karlsruhe, 2018. S. 116.

5 Für die Berechnung des Motorisierungsgrads werden alle Pkw, also privat, gewerblich und dienstlich genutzte Fahrzeuge herangezogen.

6 Beide Werte zu den Güterkraftfahrzeugen nach Statistisches Bundesamt: Verkehrsunfälle, Unfälle von Güterkraftfahrzeugen im Straßenverkehr, 2017, im Internet unter https://www.destatis.de/DE/Publikationen/Thematisch/TransportVerkehr/Verkehrsunfaelle/UnfaelleGueterkraftfahrzeuge5462410167004.pdf?__blob=publicationFile.

7 Bundesministerium für Verkehr und digitale Infrastruktur: Verkehr in Zahlen 2017/2018, 46. Jg. Im Internet unter http://www.bmvi.de/SharedDocs/DE/Publikationen/G/verkehr-in-zahlen-pdf-2017-2018.pdf?__blob=publicationFile.

8 Vgl. Gerd Gigerenzer: Risiko, Gütersloh 2012.

9 Harald Welzer: Wir sind die Mehrheit. Für eine offene Gesellschaft, 2. Aufl., Frankfurt am Main 2017, S. 93 f.

10 Vgl. das ausgesprochen gelungene Feature »Eine Nation pendelt« von Stahnke, Julian et al. unter www.zeit.de/feature/pendeln-stau-arbeit-verkehr-wohnort-arbeitsweg-ballungsraeume und als Quelle zudem www.zeit.de/mobilitaet/2017-04/verkehr-pendler-zunahme-rekordwertvom2. April 2017.

11 www.zeit.de/feature/pendeln-stau-arbeit-verkehr-wohnort-arbeitsweg-ballungsraeume.

12 Vgl. zu den Zahlen für Berlin BVG, Zahlenspiegel 2008 und 2018.

13 Vgl. Andreas Schubert (2018): »München will 5,5 Milliarden Euro für Ausbau des Nahverkehrs ausgeben«, in: Süddeutsche Zeitung, 11. 1. 2018, unter http://www.sueddeutsche.de/muenchen/verkehr-muenchen-will-milliarden-euro-fuer-ausbau-des-nahverkehrs-ausgeben-1.3821284.

14 Vgl. die Darstellung auf der Website der Stadt Düsseldorf unter www.duesseldorf.de/verkehrsmanagement/mit-bus-und-bahn/wegweiser-wehrhahn-linie.html.

15 www.youtube.com/watch?v=96SGFZ79OU0.

16 Vgl. hierzu/www.sueddeutsche.de/auto/drohnen-in-dubai-kommt-ein-taxi-geflogen-1.3380774.

17 Vgl. ADFC (2017): Hat Deine Stadt ein Herz fürs Rad?, unter: https://www.adfc.de/fahrradklima-test/adfc-fahrradklima-test-2016/adfc-fahrradklima-test-2016-startseite.

18 Solche und weitere eindrückliche Beispiele (etwa aus Portland/Oregon) zeigte die Ausstellung »Fahr Rad! Die Rückeroberung der Stadt«, die im Sommer 2018 im Deutschen Architekturmuseum (DAM) in Frankfurt am Main präsentiert wurde. Der gleichnamige, reichhaltige Katalog ist empfehlenswert.

19 Vgl. hierzu im Internet www.zukunft-mobilitaet.net/117042/urbane-mobilitaet/radverkehr-paris-radwege-radschnellwege-rev-foerderung-abstellanlagen/

Öffentlichkeit findet Stadt

1 Vgl. etwa Ulrich Berding; Antje Havemann; Juliane Pegels; Bettina Perenthaler (Hg.): Stadträume in Spannungsfeldern. Plätze, Parks und Promenaden im Schnittbereich öffentlicher und privater Aktivitäten, Detmold 2010. Nach wie vor lesenswert ist Andreas Feldtkeller: Die zweckentfremdete Stadt. Wider die Zerstörung des öffentlichen Raums, Frankfurt am Main 1994.

2 Zwar gibt es in den sozialwissenschaftlichen Disziplinen eine durchaus nachvollziehbare Skepsis gegenüber der These einer bewussten, »Öffentlichkeit fördernden« Gestaltbarkeit des öffentlichen Raumes, wohl aber wird weithin akzeptiert, dass dieser von jener nicht unabhängig ist. Um nur eine Meinung zu zitieren: »Auch wenn ›Raumprogramme‹ für sich genommen außerstande sind, Defizite und Beschädigungen im städtischen Leben zu beseitigen, so können sie doch strategisch eingesetzt werden. Der Stadtraum lässt sich ›inszenieren‹. Das Medium der Stadtgestalt und des Bildes ermöglicht

es, nach den Interessen der Akteure Bedeutungen zu schaffen.« Karl-Dieter Keim: Stadtkultur heute. Vom gesellschaftlichen Wandel des Urbanitätsverständnisses, in: Neue Rundschau, 99. Jg., Nr. 4, 1988, S. 148.

3 Vgl. grundsätzlich Walter Siebel: Die Kultur der Stadt, Berlin 2015. Dabei gilt nach wie vor: »Wie können sich Menschen wechselseitig aufeinander beziehen und verständigen, wenn sie in mehreren verschiedenen Erfahrungsräumen leben? Die Stadt scheint der kleinste gemeinsame Nenner zu sein, der Ort, an dem sich heterogene Lebensstile und Milieus noch begegnen können.« Regine Bittner: Die Stadt als Event, in: dies. (Hg.): Die Stadt als Event. Zur Konstruktion urbaner Erlebnisräume, Frankfurt am Main 2001, S. 16–25.

4 Vgl. Martin Seel: Inszenieren als Erscheinenlassen, in: S. Hauser; C. Kamleithner; C. und R. Meyer (Hg.): Architekturwissen. Grundlagentexte aus den Kulturwissenschaften. Band 1, Bielefeld 2010, S. 352–358.

5 Detlev Ipsen: Die Kultur der Orte. Ein Beitrag zur sozialen Strukturierung des städtischen Raums, in: Martina Löw (Hg.): Differenzierungen des Städtischen, Opladen 2002, S. 233–245. Vgl. auch Erving Goffman: Verhalten in sozialen Situationen. Strukturen und Regeln der Interaktion im öffentlichen Raum, Gütersloh 1971.

6 In seinem so berühmten wie hellsichtigen Essay dachte Georg Simmel über die psychologische Grundlage nach, »auf der der Typus großstädtischer Individualitäten sich erhebt«: Diese bestehe in einer Steigerung des Nervenlebens, die aus dem raschen und ununterbrochenen Wechsel äußerer und innerer Eindrücke hervorgehe. Heute freilich hat die ubiquitäre Digitalisierung des Alltagslebens nicht nur die von Simmel diagnostizierte »rasche Zusammendrängung wechselnder Bilder« befördert; sie hat auch der Außensteuerung der Subjekte einen Schub gegeben, den Simmel nicht erwarten konnte. Vgl. Georg Simmel: Die Großstädte und das Geistesleben (1903), in: Georg Simmel: Das Individuum und die Freiheit, Berlin 1984, S. 192 f.

7 Kathrin Röggla: Fake Cities, Fiction Cities, Fictitious Cities (Essay), in: Hundertvierzehn. Das literarische Online-Magazin des S. Fischer Verlags (Zugriff am 20. 10. 2016).

8 In diesem Zusammenhang sei etwa auf das virulente Problem mit den Drogen hingewiesen. Das Beispiel des berüchtigten Görlitzer Parks in Berlin und der Allgegenwart von Dealern veranlasste Harry Nutt, den Feuilletonchef der Berliner Zeitung, unlängst zu einem sehr prinzipiellen Statement: »Das einst so locker dahergesagte Motto ›Für jeden etwas und alles für jeden‹ ist auf fatale Weise schiefgegangen. War die Eroberung der öffentlichen Parks zu Be-

ginn des 20. Jahrhunderts noch ein emanzipatorischer Akt, so ist sie, wie das Beispiel des Görlitzer Parks zeigt, zum Spielzeug einer rücksichtslosen Lebensstilelite geworden, die nach dem Ausklingen des Rausches rasch weiterzieht. Am Görlitzer Park geht es nicht nur um Ruhe und Ordnung für die Anwohner, sondern ganz grundsätzlich um die Zukunft des urbanen öffentlichen Raums.« Harry Nutt: Nach dem Rausch, in: Berliner Zeitung, 21. 11. 2017, S. 19.

9 Aus der unübersehbaren Zahl an diesbezüglichen Veröffentlichungen sei hier nur auf einen etwas entlegenen, aber sehr instruktiven Beitrag hingewiesen: Werner Sewing: Über das Verschwinden der Öffentlichkeit aus dem städtischen Raum. In: Elisabeth Blum u. Peter Neitzke: Boulevard Ecke Dschungel. Stadtprotokolle, Hamburg 2002, S. 145–151.

10 Grundsätzlich scheint es dabei ja eine Tendenz zur »Verhäuslichung« zu geben – beispielsweise auch im Spielverhalten und den Spielmöglichkeiten von Kindern. Darauf hat Michael Roes in einem sehr lesenswerten Buch – halb Roman, halb anthropologischer Essay – hingewiesen: »Nicht das rauhere klima ist verantwortlich für die ›verhäuslichung‹. Eher ist das gegenteil der fall: Die jahreszeitlichen unterschiede hatten zu einer gröszeren, den klimatischen bedingungen entsprechenden differenzierung unserer spiele im freien geführt (schneeballschlachten, drachen bauen und steigen lassen, bade- und strandspiele …). Wesentlicher grund für die verlagerung unseres spiels ins haus ist die zunehmende ›verstädterung‹ unseres ehemaligen spielraums: geschlossene bebauung, geschäfte, wachsender verkehr … Das ›drauszen‹ bietet immer weniger freiräume; selbst das bemalen des pflasters mit einem hinkelfeld ist für einige passanten oder anwohner nun bereits ein ärgernis. Eine fast häusliche ordnung und sauberkeit hat sich bis auf die ja mittlerweile auch möblierten straszen ausgedehnt.« Michael Roes: Leeres Viertel – Rub' al-Khali. Invention über das Spiel, Frankfurt am Main 1996, S. 182 f.

11 Hartmut Häußermann und Walter Siebel: Neue Urbanität, Frankfurt am Main 1987, S. 209 f.

12 John Dewey: Kunst als Erfahrung, Frankfurt am Main 1980. Vgl. auch Lucius Burckhardt: Die Stadtgestalt und ihre Bedeutung für die Bewohner, in: M. Andritzky; P. Becker; G. Selle (Hg.): Labyrinth Stadt, Köln 1975, S. 126.

13 Hans Paul Bahrdt: Die moderne Großstadt. Soziologische Überlegungen zum Städtebau, Hamburg 1969, S. 69 f.

14 Zunehmend wird Vandalismus als Signum einer Gesellschaft aufgefasst, die sich auf gemeinsame Wertmaßstäbe nicht mehr einigen könne. Neu freilich ist das Phänomen nicht; bereits vor fast 30 Jahren gab es dazu stichhaltige Analysen: »Wo soziale und ökonomi-

sche Unterschiede zu groß, die Kluft zu spürbar werden, wo blanke Gewinnsucht natürliche Lebensbedürfnisse zubetoniert und soziale Ungerechtigkeit die humane Vision einer solidarischen Gemeinschaft zur Farce macht, das sind die Folgen nicht selten als ›vandalistische Spuren‹ im öffentlichen Raum ablesbar.« Vgl. Werner Strodthoff: Vandalismus und öffentlicher Raum, in: Der Architekt, Nr. 11, 1990, S. 508.

Von Schattenseiten und Dunkelräumen des Urbanen

1 Vgl. Polizeiliche Kriminalstatistik, Opfer nach Alter und Geschlecht, PKS 2017 – Standard Übersicht Opfertabellen V1.0 im Internet unter https://www.bka.de/DE/AktuelleInformationen/StatistikenLagebilder/PolizeilicheKriminalstatistik/PKS2017/. Standardtabellen/standardtabellenOpfer.html?nn=96600. Allerdings hatte der Wert im Jahr 2012 mit 281 am niedrigsten gelegen.

2 Seit 2016 weist zumindest die Polizeiliche Kriminalstatistik einen Rückgang bei den erfassten Wohnungseinbrüchen aus.

3 Vgl. www.berlin.de/polizei/aufgaben/verkehrssicherheit/verkehrsunfallstatistik/.

4 Torsten Landsberg: »Es war vielleicht nie dieses tolerante Land«. Der US-Komiker Greg Shapiro benennt Probleme und Gespenster seiner Wahlheimat Niederlande vor der Wahl, in: Neue Züricher Zeitung, 14. 3. 2017.

5 Landtag Nordrhein-Westfalen, Drucksache 16/14861, 12.4.2017 sowie Robert Tannenberg: Das sind die »verrufenen und gefährlichen Orte« in NRW, www.welt.de, 20.4.2017.

6 Der Ruf nach präventiven staatlichen Maßnahmen steht immer häufiger im Raum. Als am 6. Juni 2018 in Wiesbaden-Erbenheim, auf einem schwer zugänglichen Gelände an den Bahngleisen, die Leiche der 14-jährigen Susanna Maria Feldmann – offenbar vergewaltigt und ermordet – gefunden wurde, war die Empörung so hoch wie nachvollziehbar. Denn der mutmaßliche Täter Ali Bashar war polizeilich schon seit längerem aktenkundig wegen verschiedener Ermittlungen zu Gewalt- und Raubdelikten.

7 FAZ am 17. 3. 2016.

8 »Die wahren Probleme in Duisburg-Marxloh haben nur die wenigsten verstanden, in: www.huffingtonpost.de/pater-oliver-potschien.

9 Josef Joffe: Der Prophet, der brillant danebengriff, in: Die Zeit, Nr. 1, 29. 12. 2016, S. 43.

10 Vgl. www.reeperbahn-hamburg.com/kieztour-hamburg.

11 Roger Willemsen: Bangkok Noir, Frankfurt am Main 2009, S. 92, S. 109 u. S. 80.

12 Ebd. S. 43.

13 Vgl. Gerhard Matzig: Stadtluft macht arm, in: Süddeutsche Zeitung, 20.8.2016.

14 Der Dreiteiler von Fabienne Hurst, Julia Friedrichs, Michael Schmitt und Andreas Spinrath wurde im Sommer 2018 im WDR Fernsehen ausgestrahlt. Er rückt insbesondere die Frage nach Chancengleichheit bei Kindern in den Fokus – mit der These, dass Deutschland hier im internationalen Vergleich hinterherhinke.

15 Vgl. Marcel Helbig; Stefanie Jähnen: Wie brüchig ist die soziale Architektur unserer Städte? Trends und Analysen der Segregation in 74 deutschen Städten, WZB Discussion Paper, Berlin 2018.

Triebkräfte und Treibsand: Shopping und Event

1 Italo Calvino: Die unsichtbaren Städte, München 2007, S. 174.

2 Erst in jüngerer Zeit scheint dies stärker zum Thema auch der universitären Forschung zu werden. Vgl. beispielsweise Anne Mayer-Dukart: Handel und Urbanität. Städtebauliche Integration innerstädtischer Einkaufscenter. Schriftenreihe Stadt + Landschaft, Städtebau-Institut, Universität Stuttgart. Stuttgart 2010. Wichtige Etappensteine in der jüngeren Diskussion sind u. a. Walter Brune et al. (Hg.): Angriff auf die City. Kritische Texte zur Konzeption, Planung und Wirkung von integrierten und nicht integrierten Shopping-Centern in zentralen Lagen. Düsseldorf 2006; Jan Wehrheim (Hg.): Shopping Malls: Interdisziplinäre Betrachtungen eines neuen Raumtyps, Wiesbaden 2007; Rolf Junker; Gerd Kühn; Christina Nitz; Holger Pump-Uhlmann: Wirkungsanalyse großer innerstädtischer Einkaufscenter, Bd. 7, Berlin 2008.

3 Jonas Geist: Passagen. Ein Bautyp des 19. Jahrhunderts, Berlin 1969.

4 Dass Lebensstil und Konsumgewohnheiten in massiver Veränderung begriffen sind, dass das Einkaufen der Zukunft dezentraler, individueller, zentrifugaler und asymmetrischer sein wird, ist beispielsweise eine zentrale These von Eike Wenzel, Institut für Trend- und Zukunftsforschung (Heidelberg). In seiner Studie werden vier neue Konsumszenarien beschrieben, in denen grundlegend andere Sehnsüchte und Konsumentenbedürfnisse eine Rolle spielen, als das bislang der Fall war. Vgl. Eike Wenzel: Erlebnismärkte 2030, München 2010.

5 Kerstin Dörhöfer: Shopping Malls und neue Einkaufszentren. Urbaner Wandel in Berlin, Berlin 2008, S. 53.

6 Martin Thumm: Die Macht der Bilder – vom virtuellen und realen in der Architektur der neuen Einkaufszentren, in: Sigrid Brandt; Hans-Rudolf Meier (Hg.): Stadtbild und Denkmalpflege. Konstruktion und Rezeption von Bildern der Stadt, Berlin 2008, S. 251 f.

7 Thomas Krüger; Monika Walther: Auswirkungen Innerstädtischer Shopping Center auf die gewachsenen Strukturen der Zentren. Aus den Projektergebnissen des DFG-Forschungsprojekts der HafenCity Universität Hamburg, 2006–2010, DFG-Datenbank Gepris.

8 Das betrifft keineswegs nur die Großstädte, sondern längst auch mittelgroße Städte. So wurden unlängst etwa in Osnabrück, Oldenburg, Hameln und Celle zeitgleich riesige Einkaufsparadiese realisiert, die sich mitten in die gewachsenen Strukturen zwängen. Was wiederum die Umland-Gemeinden dazu nötigt, ihre Flaniermeilen herauszuputzen und verstärkt die Kundschaft im Ort zu halten.

9 Hanno Rauterberg: Bunte Langeweile, in: Die Zeit, Nr. 44, 26. 10. 2006 (Dossier), S. 19.

10 Thumm, a. a. O., S. 252 f.

11 Gustav Stresemann: Die Warenhäuser. Ihre Entstehung, Entwicklung und volkswirtschaftliche Bedeutung, in: Zeitschrift für die gesamte Staatswirtschaft. 1900, S. 696–733, hier: S. 714.

Buntes Multikulti, schmerzhafte Gentrifizierung?

1 Dass arme Menschen in deutschen Städten zunehmend konzentriert in bestimmten Wohnvierteln leben, hat jüngst eine breit angelegte empirische Studie bestätigt. Untersucht wurde für 74 Städte die Entwicklung der sozialräumlichen Segregation von 2005 bis 2014. Die Ergebnisse deuten darauf hin, dass in vielen deutschen Städten die Idee einer sozial gemischten Stadtgesellschaft nicht mehr der Wirklichkeit entspricht. Die Studie ist als WZB Discussion Paper erschienen und online verfügbar unter: https://bibliothek.wzb.eu/pdf/2018/p18-001.pdf.

2 Es bleibt eine offene Frage, ob es künftig nicht auch in Deutschland Slums geben könnte. Richtet man den Blick nach Italien, scheinen manche Entwicklungen auch hierzulande nicht unrealistisch: Nachdem 2007 in Rom die Frau eines italienischen Marineoffiziers auf dem Weg vom Bahnhof nach Hause wahrscheinlich von einem Bewohner einer illegalen Siedlung angegriffen und tödlich verletzt wurde, spricht man in Rom auch offiziell über Favelas und Slums in der italienischen Kapitale. Lange war es ein Tabu, sich mit den Behausungen der römischen Favelas zu befassen, die aus Holz, Pappe und Plastik bestehen. Sie haben weder Wasser noch Strom und liegen oft inmitten wilder Müllhalden. Allein in Rom sollen die Carabinieri, die militärisch organisierten Polizeikräfte des Verteidigungsministeriums, schon 74 solcher Ansiedelungen dichtgemacht haben. Die 3 600 Bewohner waren zumeist illegale Einwanderer aus

Rumänien. In manchen wilden Siedlungen hausen nach Medienberichten mehrere hundert Einwohner. Der bürgerlich-liberale Mailänder *Corriere della Sera* zählt in Rom 22 Lager von »Nomaden« mit 30 bis 850 Bewohnern, von denen zwölf keine Versorgungseinrichtungen besäßen. Fernsehberichte sprechen mittlerweile auch von 20000 Einwohnern in Favelas.

3 Zit. nach Gregor Dotzauer: Der Skeptiker. Zum Tod des Soziologen Karl Otto Hondrich, in: Der Tagesspiegel, 21. 1. 2007.

4 Zuerst konnte man das Phänomen ab den 1960er Jahren in den USA beobachten. Prominentes Beispiel ist das New Yorker Stadtquartier SoHo in Manhattan. Früher wurden hier in den berüchtigten Sweatshops Kleider genäht, dann mussten die Fabriken schließen. Künstler kamen, Lofts wurden en vogue.

5 Online-Blog der Wochenzeitung Der Freitag am 8. 9. 2010. Er bezieht sich dabei sehr stark auf die Situation in Berlin.

6 Andrej Holm hat in diesem Zusammenhang mehrere Bücher veröffentlicht, die sehr viel tiefer bohren, als das hier möglich ist – unter anderem *Wir bleiben alle! Gentrifizierung – Städtische Konflikte um Aufwertung und Verdrängung*, Münster 2010; *Reclaim Berlin. Soziale Kämpfe in der neoliberalen Stadt*, Berlin 2014 sowie *Mietenwahnsinn. Warum Wohnen immer teurer wird und wer davon profitiert*, München 2014.

7 Max Thomas Mehr: Das kollektive Nein zum Neubau gehört zur Kiez-Folklore, in: Der Hauptstadtbrief 136, 13. 5. 2016.

8 Jan Peter Bremer hat 2011 einen Roman mit dem Titel *Der amerikanische Investor* veröffentlicht. Die Familie der Hauptfigur leidet darunter, dass das Haus, in dem sie wohnt, einen neuen (titelgebenden) Besitzer hat, der wiederum Bauarbeiten veranlasst, in deren Folge sich ein Teil der Wohnung des Protagonisten absenkt. Auf seine Beschwerde hin wird ihm von der Hausverwaltung empfohlen auszuziehen. Das will er sich nicht gefallen lassen, er sucht Rat beim gekündigten Hausmeister und beabsichtigt, dem Investor einen Brief zu schreiben. Allein aus dem Brief wird nichts. Die Umstände, die ihn daran hindern, den Brief zu schreiben, die Ausflüchte und Verwicklungen formen den Roman zu einem aberwitzigen Abenteuer. Der verhinderte Briefschreiber ist wie der Autor Schriftsteller von Beruf und erörtert immer wieder die Bedingungen seines Schaffens. Die Unfähigkeit, auf die Wohnungsmisere reagieren zu können, katapultiert ihn in eine Schreibblockade. Die lässt ihn nicht nur vor sich selbst versagen, sondern auch vor der Frau und den beiden Kindern, ja sogar der Hund scheint sich über ihn lustig zu machen. Die Bedrohung von außen, die Risse in den Wänden und der mögliche Verlust der geliebten Wohnung bringen das Lebenskonzept des

Schriftstellers ins Wanken. Damit hat Bremer gewissermaßen den Roman zur Lage geschrieben. Doch ein Kunstwerk ist er – mit dem Alfred-Döblin-Preis ausgezeichnet –, weil Bremer nicht (nur) die Abläufe der Gentrifizierung beschreibt, sondern weil er die wirtschaftlichen und soziologischen Vorgänge als Nährboden für die Literatur nimmt. Der Hausbesitzer steht einerseits für den modernen Kapitalismus, andererseits ist er eine Allegorie auf die Bedingungen künstlerischen Schaffens.

9 Das ist eine Erkenntnis aus der »Wohntraumstudie 2018 – So möchten die Deutschen wohnen« des Immobilienfinanzierers Interhyp. Die repräsentative Untersuchung, die das Unternehmen seit Anfang des Jahrzehnts im Zwei-Jahres-Rhythmus auf Basis mehrstündiger qualitativer Interviews durchführt, bietet einen Einblick in die Seelenlage der Bundesbürger in puncto Wohnen. Sie setzt sich aus zwei Teilen zusammen: dem Status quo, also den aktuellen Lebens- und Wohnverhältnissen der Befragten, und der Frage, wie die Umfrageteilnehmer am liebsten wohnen würden.

10 Vgl. Jens S. Dangschat: Gentrification – Die Aufwertung innenstadtnaher Wohnstandorte, in: dérive No. 4, Juni 2001.

11 Die Zeit, Nr. 46, 5. 11. 2009.

12 Alle drei Zitate dieses Absatzes: Andreas Thiesen: Neue Spießer. Warum die übliche Kritik an der Gentrifizierung provinziell ist und zu nichts führt, in: Die Zeit, 26. 1. 2012, Nr. 5.

13 Michael Angele: Stop it! Ein starkes Signal gegen die Zerstörung der Stadt – aber leider noch keins für Urbanismus und Bürgersinn, in: Der Freitag, Nr. 22 vom 28. 5. 2014.

Stadtgestalt und Heimatgefühl

1 Maurice Halbwachs: Das kollektive Gedächtnis, Frankfurt am Main 1985, S. 131 f.

2 Peter Jüngst: Psychodynamik und Altbaustrukturen. Zur präsentativen Symbolik historischer Ensembles und Architektur, in: Die alte Stadt, Nr. 3, 1992, S. 210–222.

3 Karsten Harries: The Ethical Function of Architecture, Cambridge/Mass 1997.

4 Sigfried Giedion: Architektur und Gemeinschaft. Tagebuch einer Entwicklung, Hamburg 1956, S. 96.

5 Janos Frecot: Berlin im Abriß. Beispiel Potsdamer Platz, Berlin 1981, S. 6.

6 Gernot Böhme: Atmosphäre, Frankfurt am Main 1995, S. 96.

7 Markus Schroer: Grenzen – ihre Bedeutung für Stadt und Architektur, in: Aus Politik und Zeitgeschichte, Nr. 25, 2009, S. 24 f.

8 Richard Sennett: Fleisch und Stein. Der Körper und die Stadt in der westlichen Zivilisation, Frankfurt am Main 1997, S. 21.
9 August Endell: Die Schönheit der großen Stadt, Stuttgart 1908, S. 23 f.
10 Hanno Rauterberg: Schluss mit klotzig! Warum viele deutsche Städte in Hässlichkeit versinken. Das Beispiel Hamburg, in: Die Zeit, Nr. 48, 24. 11. 2011.
11 Martin Mosebach: Und wir nennen diesen Schrott auch noch schön. – Wider das heutige Bauen, in: Frankfurter Allgemeine Zeitung, 28. 6. 2010, S. 40 f.
12 Christoph Hackelsberger: Lebensraum Stadt. Nachdenken über Stadt heute und morgen, Stuttgart 1985, S. 47.
13 Vgl. Ulrich Conrads: Zeit des Labyrinths. Beobachten, nachdenken, feststellen. Bauwelt Fundamente, Bd. 136, Basel, Berlin, Boston 2007, S. 222.
14 Lucius Burckhardt: Die Stadtgestalt und ihre Bedeutung für die Bewohner, in: M. Andritzky; P. Becker; G. Selle (Hg.): Labyrinth Stadt, Köln 1975, S. 126.
15 Angelus Eisinger: Die Stadt der Architekten, Basel, Berlin, Boston 2001, Bauwelt-Fundamente, Bd. 131, S. 154.
16 In ähnliche Richtung zielen auch Vorschläge jüngeren Datums, z. B. Rob Krier: Town Spaces. Contemporary Interpretations, in: Traditional Urbanism, Basel, Berlin, Boston 2003 oder Karsten Pålsson: Humane Städte. Stadtraum und Bebauung, Berlin 2017.
17 Bernhard Waldenfels: Heimat in der Fremde, in: Informationen zur Raumentwicklung, Nr. 7–8, 1987, S. 486, S. 488 u. S. 490.

Wer macht Stadt? Wie sieht ein neues Betriebssystem aus?

1 Hartmut Häußermann: Urbanität und die ungleiche Stadt – eine Chance?, in: Jürg Sulzer (Hg.): Stadtstärken. Die Robustheit des Städtischen. (Schriftenreihe Stadtentwicklung und Denkmalpflege, Bd. 17, Berlin 2014, S. 103.
2 Dies war u. a. Gegenstand der bemerkenswerten Ausstellung »We-Traders«, die das Goethe-Institut im Kreuzberger Kunstraum Bethanien (Berlin) im Sommer 2014 zeigte und damit illustrierte, wie in den Städten Europas aus dem Protest gegen die Finanz- und Wirtschaftskrise eine neue Kraft des Stadtwandels wächst.
3 Vgl hierzu die Website www.nationale-stadtentwicklungspolitik.de.
4 Vgl. hierzu sowie zu anderen Beispielen: Francesca Ferguson, Urban Drift Projects (Hg.): Make_Shift City, Berlin 2014.
5 Marit Rosol: »Gemeinschaftlich gärtnern in der neoliberalen Stadt?«, in: Sarah Kumnig; Marit Rosol; Andreas Exner (Hg.): Um-

kämpftes Grün. Zwischen neoliberaler Stadtentwicklung und Stadtgestaltung von unten, Berlin 2017, S. 15.

6 Martin Sondermann: »Gemeinschaftsgärten, Gemeinwohl und Gerechtigkeit im Spiegel lokaler Planungskulturen«, in: Sarah Kumnig; Marit Rosol; Andreas Exner (Hg.): Umkämpftes Grün. Zwischen neoliberaler Stadtentwicklung und Stadtgestaltung von unten, Berlin 2017, S. 211 ff.

7 Dabei gibt es unterschiedliche Organisationsformen: (1) In der *freien privaten Baugruppe* schließen sich mehrere Privatpersonen zusammen, mit dem Ziel der Erstellung eines Gebäudes. Nach Grundstückssuche, Zusammenstellung des Bauprogramms und Beauftragung des Architekten werden alle Bauleistungen beauftragt, abgenommen und abgerechnet. Da die freie Baugruppe alle organisatorischen Bauherrenaufgaben selbst übernimmt, ist ein erhöhter Zeitaufwand von rund 20 Prozent notwendig. (2) Die *betreute private Baugruppe* weist zwar die gleiche rechtliche Konstellation auf, aber Initiierung, Organisation und Steuerung erfolgen durch Dritte. Die Nachteile langwieriger Vorbereitungen bei Grundstücksfindung, Zusammenstellung des Bauprogramms und vor allem der rechtlichen Grundlagen, entfallen. (3) Die *genossenschaftliche Organisation* ermöglicht vor allem eine Wohnraumversorgung von Personen mit niedrigen Einkommen. Genossenschaften unterscheiden sich von privaten Baugruppen durch ein solidarisches Finanzierungsprinzip. Während das Ziel privater Baugruppen die Schaffung von individuellem Eigentum ist, verbleibt das Wohneigentum genossenschaftlich erstellter Gebäude im Besitz aller.

8 Es ist freilich nicht ohne Ironie, wenn solche Projekte von ihrer Umgebung mitunter heftig angefeindet werden. So stießen etwa das Karloh und das Zwillingshaus in Treptow auf den – mitunter gewaltbereiten – Widerstand von Anwohnerinitiativen, die darin den Anstoß für Verdrängung, Mieterhöhung usw. zu erkennen glauben.

9 Nachdem in den Jahren 1999 bis 2003 das Gesamtvolumen unterhalb von 150 000 gehandelten Wohneinheiten lag, kam es 2004 bis 2007 zu einer ersten Hochphase des Transaktionsgeschehens, in der bis zu 360 000 Wohnungen pro Jahr den Eigentümer wechselten. Infolge der weltweiten Wirtschafts- und Finanzkrise nahmen ab 2008 die Handelsaktivitäten spürbar ab. 2011 wurde ein erster Wiederanstieg beobachtet. Seit 2013 liegt der jährliche Verkaufsumfang auf dem Niveau der ersten Hochphase: In den vergangenen beiden Jahren wechselten jeweils gut 300 000 Wohnungen den Eigentümer. Vgl. BBSR-Analysen KOMPAKT 16/2015.

10 Siri Hustvedt: Der Sommer ohne Männer, Reinbek 2011, S. 26.

11 Jürgen Habermas: Die neue Unübersichtlichkeit, Frankfurt am Main 1985, S. 24.

12 Cornelia Cremer; Hans Joachim Kujath; Klaus Novy: Dienste ausbauen statt weiterbauen. Zur Zukunft gemeinnütziger Trägerformen im Wohnbereich. (IWOS, Arbeitspapiere Nr. 29), Berlin 1985, S. 7.

Die Smart City als vermeintlicher Heilsbringer

1 Carlo Ratti: Ein neues Betriebssystem für das Konzept der Stadt, Format C:ty, The European, 3. 1. 2014, im Web unter: http://www.theeuropean.de/carlo-ratti/7634-ein-neues-betriebssystem-fuer-das-konzept-stadt.

2 Mercedes Bunz: Die stille Revolution, 2. Aufl., Berlin 2012.

3 Viktor Meyer-Schönberg; Kenneth Cukier: Big Data – Die Revolution, die unser Leben verändern wird, München 2013.

4 Frank Schirrmacher: Payback, 2. Aufl., München 2011.

5 Bunz, 2012, S. 11.

6 Vgl. Adrian Lobe: Automatisierter Journalismus: Nehmen Roboter Journalisten den Job weg?, FAZ online, 17. 4. 2015 unter: http://www.faz.net/aktuell/feuilleton/medien/automatisierter-journalismus-nehmen-roboter-allen-journalisten-den-job-weg-13542074.html und Natalie Shoemaker: Japanese AI Writes a Novel, Nearly Wins Literary Award, unter: http://bigthink.com/natalie-shoemaker/a-japanese-ai-wrote-a-novel-almost-wins-literary-award.

7 Wohl aber bleibt die Frage nach Öffentlich oder Privat dabei von eminenter Bedeutung: »Vielleicht missfällt ihnen die Idee einer allgemeinen online Identität, aber wenn sie nicht von staatlicher Seite eingeführt wird, wird sie irgendwann von einem Unternehmen [...] durchgesetzt. Eventuell sind Ihnen diese Unternehmen heute sympathischer als die Regierung, vielleicht vertrauen Sie ihnen auch mehr, aber Sie sollten wissen, dass Technologieunternehmen die Tendenz haben, im Laufe der Zeit eine unangenehme Entwicklung zu durchlaufen.« Jaron Lanier: Wem gehört die Zukunft, Frankfurt am Main 2014, S. 322.

8 Aldous Huxley: Brave New World (dt. Schöne Neue Welt), 59. Aufl., Frankfurt am Main 2001, S. 16.

9 Vgl. Jaron Lanier: Wem gehört die Zukunft?, Hamburg 2014.

10 Aldous Huxley: Brave New World Revisited (dt. Wiedersehen mit der Schönen neuen Welt), 6. Aufl., München, Zürich, 2001.

11 Jewgenij Samjatin: Wir, Köln 1984, S. 17.

12 Bunz, 2012, S. 82.

13 Hanno Rauterberg: Wir sind die Stadt! Urbanes Leben in der Digitalmoderne, Berlin 2013, S. 97.

14 Philipp Bovermann: Wem gehört die digitale Stadt?, in: Süddeutsche Zeitung, unter: http://www.sueddeutsche.de/kultur/oeffentlicher-raum-wem-gehoert-die-digitale-stadt-1.3811322.

15 Eric Schmidt; Jared Cohen: Die Vernetzung der Welt, Ein Blick in unsere Zukunft, Reinbek 2013.

16 Ali Mostashari; Friedrich Arnold; Mo Mansouric; Matthias Finger: Cognitive cities and intelligent urban governance, in: Network Industries Quarterly, Vol. 13, Nr. 3, 2011, S. 4–7.

17 www.guide4blind.de/guide4blind/ueberuns/ueberuns.php; »Soester Modell Guide4Blind«: www.youtube.com/watch?v=UHn3qhcgKbw; »Soester Modell Guide4Blind«: www.youtube.com/watch?v=yfObCw87m1A; »Soester Modell Busguide«: www.youtube.com/watch?v=tVswJCCUEnc.

18 Viktor Meyer-Schönberg; Thomas Ramge: Das Digital – Markt, Wertschöpfung und Gerechtigkeit im Datenkapitalismus, Berlin 2017, S. 9.

19 Vgl. Mark O'Connell: Unsterblich sein, Reise in die Zukunft des Menschen, München 2017.

20 Behörden Spiegel, 9/2014, S. 56.

21 Sascha Lobo: Bevormundung durch Technik – Die Maschine will doch nur Ihr Bestes, www.spiegel.de, 8.6.2017.

22 Rauterberg (2013), S. 57.

23 Der Soziologe Hartmut Rosa hat in seinem Entwurf einer Kritischen Theorie spätmoderner Zeitlichkeit den schönen Begriff der »Gegenwartsschrumpfung« eingeführt, der wiederum auf den Überlegungen des Philosophen Hermann Lübbe fußt. Lübbes Maßstab ist einfach wie instruktiv: Für ihn ist Vergangenheit definiert als all das, *was nicht mehr gilt,* während die Zukunft dasjenige umfasst, was *noch nicht gilt*. Die Gegenwart ließe sich dann als ein Zeitraum definieren, in dem Erfahrungsraum und Erwartungshorizont zusammenfallen. Das bedeutete also, dass wir uns nur in diesen Phasen relativer Stabilität oder Verlässlichkeit auf gemachte Erfahrungen beziehen können und kluge Schlüsse für die Zukunft ziehen können. In Zeiten der sozialen Beschleunigung und des immens schnellen Stadtwandels – was sich teilweise überdeckt – erleben wir also erhöhte Verfallsraten der Verlässlichkeit von Erwartungen und Erfahrungen. Die als Gegenwart zu bestimmenden und erlebbaren Zeiträume verkürzen sich. Vgl. Hartmut Rosa: Beschleunigung und Entfremdung, Frankfurt am Main 2013.

1 Victor Hugo: Maximen der Lebenskunst, 1997, S. 108.

2 Googles Mutterkonzern Alphabet verfügt mit Sidewalk Labs über eine Tochter, die Kommunen damit lockt, ganze Viertel mit digitalbasierten Instrumenten aufzupimpen. Nun hat das kanadische Toronto angebissen: Das Areal Quayside, direkt am Ontario-See gelegen, soll in ein »Laboratorium des urbanen Lebens« transformiert werden. Neben der Google-Zentrale für Kanada sind weitere »intelligente« Gebäude mit Wohn-, Gewerbe- und Büroraum geplant, auf den Straßen sollen selbstfahrende Autos getestet und überall Sensoren und Kameras installiert werden, die Informationen über Umweltbedingungen, Lautstärke und Verkehrsdichte sammeln. Alphabet beziehungsweise Sidewalk Labs offeriert die Bereitstellung und den Betrieb von Infrastrukturen dermaßen kostengünstig, dass seit Jahren unter dem Joch der Austerität stehende Kommunen die Dienste des Internetkonzerns kaum ablehnen können. Damit stünde eine Aneignung der urbanen DNA-Stränge – also der Ströme aller in der Stadt erzeugten Daten – in Konzernhände kurz bevor. Mit anderen Worten: die Privatisierung der Stadt.

3 Google will im ehemaligen Umspannwerk am Paul-Lincke-Ufer in Berlin-Kreuzberg einen Google Campus eröffnen, wie es ihn weltweit schon in sechs anderen Städten gibt. Google nutzt seine Campusse nicht zuletzt dazu, Geschäftsideen von Nerds und Hipstern nach erfolgter Tauglichkeitsprüfung fürs eigene Portfolio zu absorbieren. Unter dem Anschein des niedrigschwelligen, informellen Zugangs sucht es deshalb die Nähe der sogenannten Kreativen. Und räumlich nicht weit entfernt will der deutsche Amazon-Rivale Zalando einen zweiten Unternehmenssitz etablieren – ausgerechnet auf der Cuvrybrache, über deren künftige Nutzung jahrelang heftig gestritten wurde. Zalandos neues, noch im Bau befindliches Hauptquartier auf der Friedrichshainer Spreeseite wird nämlich bei seiner Fertigstellung schon wieder zu klein sein, so schnell expandiert die Tochter des Rocket Imperiums der Samwer Brüder.

4 Der Name geht auf den Intel-Mitbegründer Gordon Moore zurück.

5 Friedman, Thomas L.: Thank You for Being Late, Köln 2017, S. 36 f.

6 Zitiert wird Jeremy King, der technische Leiter von Walmart eCommerce. Ebenda, S. 132 f.

7 http://googleurbanism.com/; https://www.theguardian.com/technology/2017/oct/21/google-urban-cities-planning-data; http://www.futurelab.tuwien.ac.at/blog/2017/11/verlust-der-stadtpolitik-google-urbanism/; https://www.nextbigfuture.com/2017/10/

google-urbanism-plans-data-extraction-from-smart-cities-but-splits-revenue-with-cities.html

8 Mit diesem Begriff wird eine internationale Bewegung bezeichnet, die an Slowfood anknüpft und im Oktober 1999 in Orvieto, Italien, gegründet wurde. Mit einem Netzwerk, das sich über 25 Länder erstreckt, ist Cittaslow heute das internationale Markenzeichen für Städte und Gemeinden, die sich um eine höchstmögliche Lebensqualität für ihre Bürger, Unternehmer und Gäste bemühen. Jede Stadt, die der Vereinigung beitreten möchte, muss zunächst einen umfangreichen Katalog unterschiedlichster Kriterien erfüllen, deren Einhaltung von einer Kommission überprüft wird.

9 Vgl. Matthias Horx: Im Fluss der Disruption, in: www.zukunftsinstitut.de/artikel/im-fluss-der-disruption/, 26. 11. 2017.

10 Andreas Voßkuhle: Demokratie und Populismus (Essay), in: FAZ, 23. 11. 2017, S 6.

11 http://www.laenderdaten.de/indizes/failed_state_index.aspx.

12 »In Tröglitz (Sachsen-Anhalt) ist der ehrenamtliche Bürgermeister zurückgetreten, weil Neonazis gegen ihn und seine Familie hetzen. Der Grund: Er hatte sich für eine Willkommenskultur für Flüchtlinge engagiert. Bürgermeister und Lokalpolitiker werden öfter zur Zielscheibe rechtsextremer Angriffe. Eine unvollständige Auflistung.« http://www.belltower.news/artikel/wenn-buergermeister-und-lokalpolitikerinnen-bedroht-werden-10117. Ein anderes Beispiel: »Zahlreiche nordrhein-westfälische Bürgermeister sehen sich laut einer WDR-Umfrage Beleidigungen und Anfeindungen ausgesetzt. In einer nicht repräsentativen Umfrage hätten mehr als 100 Oberbürgermeister, Bürgermeister, Landräte, Landtags- und Bundestagsabgeordnete angegeben, angefeindet zu werden oder worden zu sein. Der WDR hatte insgesamt 700 Kommunalpolitiker angeschrieben, 220 hatten geantwortet. Gefragt wurde nach Beleidigungen, Vandalismus, tätlichen Angriffen und Hetzkampagnen.« http://www.wz.de/home/politik/nrw/immer-mehr-kommunalpolitiker-werden-bedroht-und-angefeindet-1.2579214.

13 Martin Walser: Ehen in Philippsburg, Frankfurt am Main 1957, S. 166.

Literatur

Adamaschek, Bernd et al.: Der Interkommunale Leistungsvergleich Mobilität, in: Beiträge aus dem Institut für Verkehrswissenschaft an der Universität Münster, Bd. 154, Göttingen 2004.

Adorno, Theodor W.: Funktionalismus heute?, in: Ohne Leitbild. Parva Aesthetica, Frankfurt am Main 1967.

Angele, Michael: Stop it! Ein starkes Signal gegen die Zerstörung der Stadt – aber leider noch keins für Urbanismus und Bürgersinn, in: Der Freitag, Nr. 22 vom 28. 5. 2014.

Arnold, Daniel: Nachbarschaft, München 2009.

Auster, Paul: Mein New York, Hamburg 2000.

Bahrdt, Hans Paul: Die moderne Großstadt. Soziologische Überlegungen zum Städtebau, Hamburg 1969.

Beckmann, Klaus J.; Hesse, Markus; Holz-Rau, Christian; Hunecke, Marcel (Hg.): StadtLeben – Wohnen, Mobilität und Lebensstil. Neue Perspektiven für Raum- und Verkehrsentwicklung, Wiesbaden 2001.

Berding, Ulrich; Havemann, Antje; Pegels, Juliane; Perenthaler, Bettina (Hg.): Stadträume in Spannungsfeldern. Plätze, Parks und Promenaden im Schnittbereich öffentlicher und privater Aktivitäten, Detmold 2010.

Bittner, Regine (Hg.): Die Stadt als Event. Zur Konstruktion urbaner Erlebnisräume, Frankfurt am Main 2001.

Böhme, Gernot: Atmosphäre, Frankfurt am Main 1995.

Brune, Walter et al. (Hg.): Angriff auf die City. Kritische Texte zur Konzeption, Planung und Wirkung von integrierten und nicht integrierten Shopping-Centern in zentralen Lagen, Düsseldorf 2006.

Bundesinstitut für Bau-, Stadt- und Raumforschung (BBSR): Raumordnungsbericht 2017, Bonn 2017.

Bunz, Mercedes: Die stille Revolution, (2. Aufl.) Berlin 2012.

Burckhardt, Lucius: Die Kinder fressen ihre Revolution, Köln 1985.

Burckhardt, Lucius: Die Stadtgestalt und ihre Bedeutung für die Bewohner, in: Andritzky, Michael; Becker, Peter; Selle, Gerd (Hg.): Labyrinth Stadt, Köln 1975.

Calvino, Italo: Die unsichtbaren Städte, München 2007.
Conrads, Ulrich: Zeit des Labyrinths. Beobachten, nachdenken, feststellen. (Bauwelt Fundamente Bd. 136) Basel, Berlin, Boston 2007.
Cremer, Cornelia; Kujath, Hans Joachim; Novy, Klaus: Dienste ausbauen statt weiterbauen. Zur Zukunft gemeinnütziger Trägerformen im Wohnbereich (IWOS, Arbeitspapiere Nr. 29), Berlin 1985.

Dangschat, Jens S.: Gentrification – Die Aufwertung innenstadtnaher Wohnstandorte, in: dérive No. 4, Juni 2001.
Dewey, John: Kunst als Erfahrung, Frankfurt am Main 1980.
Diening, Deike: Auf Gedeih und Verderb, in: Der Tagesspiegel, 22. 8. 2017, S. 3.
Dörhöfer, Kerstin: Shopping Malls und neue Einkaufszentren. Urbaner Wandel in Berlin, Berlin 2008.

Eisenmann, Christina et al.: Deutsches Mobilitätspanel (MOP) – Wissenschaftliche Begleitung und Auswertungen Bericht2016/2017: Alltagsmobilität und Fahrleistung, Karlsruhe, 2018.
Eisinger, Angelus: Die Stadt der Architekten. (Bauwelt-Fundamente 131) Basel, Berlin, Boston 2001.
Endell, August: Die Schönheit der großen Stadt, Stuttgart 1908.

Feldtkeller, Andreas: Die zweckentfremdete Stadt. Wider die Zerstörung des öffentlichen Raums, Frankfurt am Main 1994.
Ferguson, Francesca; Urban Drift Projects (Hg.): Make_Shift City, Berlin 2014.
Flusser, Vilém: Dinge und Undinge. Phänomenologische Skizzen, München 1993.
Frecot, Janos: Berlin im Abriß. Beispiel Potsdamer Platz, Berlin 1981.
Friedman, Thomas L.: Thank You for Being Late, Köln 2017.

Gehl, Jan: Leben zwischen Häusern, Berlin 2012.
Gehl, Jan: Städte für Menschen, Berlin 2015.
Geist, Jonas: Passagen. Ein Bautyp des 19. Jahrhunderts, Berlin 1969.
Giedion, Siegfried: Befreites Wohnen, Stuttgart 1928.
Giedion, Sigfried: Architektur und Gemeinschaft. Tagebuch einer Entwicklung, Hamburg 1956.
Gigerenzer, Gerd: Risiko, Gütersloh 2012.
Goffman, Erving: Verhalten in sozialen Situationen. Strukturen und Regeln der Interaktion im öffentlichen Raum, Gütersloh 1971.

Habermas, Jürgen: Die neue Unübersichtlichkeit, Frankfurt am Main 1985.

Hackelsberger, Christoph: Lebensraum Stadt. Nachdenken über Stadt heute und morgen, Stuttgart 1985.

Halbwachs, Maurice: Das kollektive Gedächtnis, Frankfurt am Main 1985.

Hard, Gerhard: Natur in der Stadt?, in: Berichte zur deutschen Landeskunde, Bd. 75, 2001.

Harries, Karsten: The Ethical Function of Architecture, Cambridge/Mass. 1997.

Hartmann, Kristina: Alltagskultur, Alltagsleben, Wohnkultur, in: Gert Kähler (Hg): Geschichte des Wohnens. 1918–1945 Reform, Reaktion, Zerstörung, Stuttgart 1996.

Häußermann, Hartmut; Siebel, Walter: Neue Urbanität, Frankfurt am Main 1987.

Häußermann, Hartmut; Siebel, Walter: Soziologie des Wohnens. Eine Einführung in Wandel und Ausdifferenzierung des Wohnens, Weinheim, München 1996.

Häußermann, Hartmut: Urbanität und die ungleiche Stadt – eine Chance?, in: Sulzer, Jürg (Hg.): Stadtstärken. Die Robustheit des Städtischen. (Schriftenreihe Stadtentwicklung und Denkmalpflege, Band 17), Berlin 2014.

Helbig, Marcel; Jähnen, Stefanie: Wie brüchig ist die soziale Architektur unserer Städte? Trends und Analysen der Segregation in 74 deutschen Städten (WZB Discussion Paper), Berlin 2018.

Hensel, Sebastian: Ein Lebensbild aus Deutschlands Lehrjahren, Berlin 1903.

Holm, Andrej (Hg.): Reclaim Berlin. Soziale Kämpfe in der neoliberalen Stadt, Berlin 2014.

Holm, Andrej: Wir bleiben alle! Gentrifizierung – Städtische Konflikte um Aufwertung und Verdrängung, Münster 2010.

Hustvedt, Siri: Der Sommer ohne Männer, Reinbek 2011.

Huxley, Aldous: Brave New World (dt. Schöne Neue Welt), 59. Aufl., Frankfurt am Main 2001.

Huxley, Aldous: Brave New World Revisited (dt. Wiedersehen mit der Schönen neuen Welt), 6. Aufl., München, Zürich 2001.

Ipsen, Detlev: Die Kultur der Orte. Ein Beitrag zur sozialen Strukturierung des städtischen Raums, in: Martina Löw (Hg.): Differenzierungen des Städtischen, Opladen 2002.

Joffe, Josef: Der Prophet, der brillant danebengriff, in: Die Zeit, Nr. 1, 29. 12. 2016, S. 43.

Jüngst, Peter: Psychodynamik und Altbaustrukturen. Zur präsentativen Symbolik historischer Ensembles und Architektur, in: Die alte Stadt, Nr. 3, 1992, S. 210–222.

Junker, Rolf; Kühn, Gerd; Nitz, Christina; Pump-Uhlmann, Holger: Wirkungsanalyse großer innerstädtischer Einkaufscenter (Edition Difu Bd. 7), Berlin 2008.

Kähler, Gert: Nicht nur Neues Bauen!, in: ders. (Hg.): Geschichte des Wohnens. 1918–1945 Reform, Reaktion, Zerstörung, Stuttgart 1996.
Keim, Karl-Dieter: Stadtkultur heute. Vom gesellschaftlichen Wandel des Urbanitätsverständnisses, in: Neue Rundschau, 99. Jg., Nr. 4, 1988.
Kienast, Dieter; Koch, Ursula (Hg.): Kulturlandschaft Stadt, Architektur, Städtebau, Denkmalschutz, Zürich 1998.
Klages, Hellmut: Der Nachbarschaftsgedanke und die nachbarliche Wirklichkeit in der Großstadt, Köln 1958.
Kraus, Karl: Pro domo et mundo, Leipzig 1919.
Krier, Rob: Town Spaces. Contemporary Interpretations, in: Traditional Urbanism, Basel, Berlin, Boston 2003.
Kuhn, Gerd: Standard- oder Individualwohnung?, in: ARCH+ 158.
Kumnig, Sarah; Rosol, Marit; Exner, Andreas (Hg.): Umkämpftes Grün. Zwischen neoliberaler Stadtentwicklung und Stadtgestaltung von unten, Berlin 2017.

Lanier, Jaron: Wem gehört die Zukunft, Frankfurt am Main 2014.
Leyden, Friedrich: Groß-Berlin. Geographie der Weltstadt (hg. vom Museumspädagogischen Dienst Berlin), Berlin 1995.

Matzig, Gerhard: Stadtluft macht arm, in: Süddeutsche Zeitung, 20. 8. 2016.
Mayer-Dukart, Anne: Handel und Urbanität. Städtebauliche Integration innerstädtischer Einkaufscenter (Schriftenreihe Stadt + Landschaft, Universität Stuttgart), Stuttgart 2010.
Mehr, Max Thomas: Das kollektive Nein zum Neubau gehört zur Kiez-Folklore, in: Der Hauptstadtbrief 136, 13. 5. 2016.
Meyer-Schönberg, Viktor; Cukier, Kenneth: Big Data – Die Revolution, die unser Leben verändern wird, München 2013.
Meyer-Schönberg, Viktor; Ramge, Thomas: Das Digital – Markt, Wertschöpfung und Gerechtigkeit im Datenkapitalismus, Berlin 2017.
Mosebach, Martin: Und wir nennen diesen Schrott auch noch schön. – Wider das heutige Bauen, in: Frankfurter Allgemeine Zeitung, 28. 6. 2010.
Mostashari, Ali; Arnold, Friedrich; Mansouric, Mo; Finger, Matthias: Cognitive cities and intelligent urban governance, in: Network Industries Quarterly, Vol. 13, Nr. 3, 2011.
Mumford. Lewis: In the Defense of the Neighbourhood, in: Wheaton, Milgram, Meyerson: Urban Housing, New York 1967.
Musil, Robert: Der Mann ohne Eigenschaften, Reinbek 1978.

Nutt, Harry: Nach dem Rausch, in: Berliner Zeitung, 21. 11. 2017, S. 19.

O'Connell, Mark: Unsterblich sein. Reise in die Zukunft des Menschen, München 2017.

Pålsson, Karsten: Humane Städte. Stadtraum und Bebauung, Berlin 2017.

Ratti, Carlo: The sense-able city, in: The European, 21. 3. 2014.
Ratti, Carlo: Ein neues Betriebssystem für das Konzept der Stadt, Format C:ty, The European, 3. 1. 2014.
Rauterberg, Hanno: Bunte Langeweile, in: Die Zeit, Nr. 44, 26. 10. 2006 (Dossier).
Rauterberg, Hanno: Schluss mit klotzig! Warum viele deutsche Städte in Hässlichkeit versinken. Das Beispiel Hamburg, in: Die Zeit, Nr. 48, 24. 11. 2011.
Rauterberg, Hanno: Wir sind die Stadt! Urbanes Leben in der Digitalmoderne, Berlin 2013.
Roes, Michael: Rub 'al-Khali – Leeres Viertel. Invention über das Spiel, Frankfurt am Main 1996.
Rosa, Hartmut: Beschleunigung und Entfremdung, Frankfurt am Main 2013.
Ruby, Ilka u. Andreas (Hg.): Urban Transformations, Berlin 2008.

Salomon, Ilan: Telecommunications and travel relationships: a review, in: Transportation Research, 20 (3), 1986.
Samjatin, Jewgenij: Wir, Köln 1984.
Schirrmacher, Frank: Payback, 2. Aufl., München 2011.
Schmidt, Eric; Cohen, Jared: Die Vernetzung der Welt. Ein Blick in unsere Zukunft, Reinbek 2013.
Schroer, Markus: Grenzen – ihre Bedeutung für Stadt und Architektur, in: Aus Politik und Zeitgeschichte, Nr. 25, 2009.
Schulze, Gerhard: Die Erlebnisgesellschaft. Kultursoziologie der Gegenwart, Frankfurt am Main 1997.
Seel, Martin: Inszenieren als Erscheinenlassen, in: Hauser, Susanne et al. (Hg.): Architekturwissen. Grundlagentexte aus den Kulturwissen schaften (2 Bände), Bielefeld 2010.
Selle, Gert: Die eigenen vier Wände. Zur verborgenen Geschichte des Wohnens, Frankfurt am Main 1993.
Sennett, Richard: Fleisch und Stein. Der Körper und die Stadt in der westlichen Zivilisation, Frankfurt am Main 1997.
Sewing, Werner: Mass Customization und Moderne, in: ARCH+ 158.
Sewing, Werner: Über das Verschwinden der Öffentlichkeit aus dem städtischen Raum, in: Elisabeth Blum; Peter Neitzke: Boulevard Ecke Dschungel. Stadtprotokolle, Hamburg 2002.

Siebel, Walter: Die Kultur der Stadt, Berlin 2015.
Simmel, Georg: Die Großstädte und das Geistesleben (1903), in: Georg Simmel: Das Individuum und die Freiheit, Berlin 1984, S. 192 f.
Simmel, Georg: Soziologie, Berlin 1968.
Smithson, Alison u. Peter: Cluster City, in: Architectural Review, November 1957.
Smithson, Alison u. Peter: Die gebaute Welt, in: Monica Pidgeon (Hg.): Architectural Design, London 1955.
Spalt, Johannes; Czech, Herman (Hg.): Josef Frank 1885–1967, Wien 1981.
Steinmetz, Horst: Moderne Literatur lesen, München 1996.
Stresemann, Gustav: Die Warenhäuser. Ihre Entstehung, Entwicklung und volkswirtschaftliche Bedeutung, in: Zeitschrift für die gesamte Staatswirtschaft. 1900.
Strodthoff, Werner: Vandalismus und öffentlicher Raum, in: Der Architekt, Nr. 11, 1990.

Tafuri, Manfredo: Kapitalismus und Architektur. Von Corbusiers »Utopia« zur Trabantenstadt, Hamburg, Berlin 1977.
Tepasse, Heinrich: Stadttechnik im Städtebau Berlins (3 Bände), Berlin 2007.
Thiesen, Andreas: Neue Spießer. Warum die übliche Kritik an der Gentrifizierung provinziell ist und zu nichts führt, in: Die Zeit, 26. 1. 2012 Nr. 5.
Thumm, Martin: Die Macht der Bilder – vom virtuellen und realen in der Architektur der neuen Einkaufszentren, in: Sigrid Brandt; Hans-Rudolf Meier (Hg.): Stadtbild und Denkmalpflege. Konstruktion und Rezeption von Bildern der Stadt, Berlin 2008.

von Beyme, Klaus: Wohnen und Politik, in: Ingeborg Flagge (Hg.): Geschichte des Wohnens. Von 1945 bis heute: Aufbau – Neubau – Umbau, Stuttgart 1999.
Voßkuhle, Andreas: Demokratie und Populismus (Essay), in: FAZ, 23. 11. 2017.

Waldenfels, Bernhard: Heimat in der Fremde, in: Informationen zur Raumentwicklung, Nr. 7–8, 1987.
Walser, Martin: Ehen in Philippsburg, Frankfurt am Main 1957.
Wehrheim, Jan (Hg.): Shopping Malls: Interdisziplinäre Betrachtungen eines neuen Raumtyps, Wiesbaden 2007.
Welzer, Harald: Wir sind die Mehrheit, Für eine offene Gesellschaft (2. Aufl.), Frankfurt am Main 2017.
Wenzel, Eike: Erlebnismärkte 2030, München 2010.

Willemsen, Roger: Bangkok Noir, Frankfurt am Main 2009.
Wolf, Gustav: Die Grundriß-Staffel. Beitrag zur Grundrißwissenschaft, München 1931.

Zimmermann, Clemens: Wohnungsbau als sozialpolitische Herausforderung. Reformerisches Engagement und öffentliche Aufgaben, in: Jürgen Reulecke (Hg.): Geschichte des Wohnens, Band 3: 1800–1918/ Das bürgerliche Zeitalter, München 1997.

Abbildungsnachweis

Alle Fotos stammen aus dem Privatarchiv der Autoren.